U0321827

上海市高校法学高原学科环境资源法建设项目

中央财政支持环境法重点学科建设项目

THEORIES AND PRACTICE ON
CONSTRUCTION AND
SYSTEM REFORM OF
ECOLOGICAL CIVILIZATION

常纪文 著

生态文明体制改革与法治建设的理论和实践

中国法制出版社

CHINA LEGAL PUBLISHING HOUSE

作者简介

常纪文，1971 年 4 月 20 日出生，中华人民共和国首位环境与资源保护法学专业博士后，曾任中国社会科学院法学研究所社会法研究室主任、研究员，北京市安全生产监督管理局副局长，现任国务院发展研究中心资源与环境政策研究所副所长、研究员，湖南大学法学院博士生导师，中国地质大学（北京）人文经管学院兼职教授，首都经济贸易大学法学院客座教授，北京市人大常委会委员，中国环境科学学会常务理事，生态环境部环境影响评价委员会专家，最高人民法院环境审判咨询专家。曾赴德国马普研究所、日本早稻田大学、日本一桥大学、美国哥伦比亚大学、泰国最高行政法院等机构访问、交流。曾参与 2014 年 G77＋中国气候变化会议、2015 年巴黎气候变化智库会议和 2019 年"一带一路"巴黎论坛。

曾参与《物权法》《环境保护法》《大气污染防治法》《水污染防治法》《土壤污染防治法》等立法工作，参与《中国的法治建设》白皮书的起草工作。参与圆明园水质改善工程、松花江水污染事故处理、甘肃祁连山生态破坏事件追责的专家咨询活动。参与中央生态文明体制改革研究、论证、解读与第三方评估工作，中央电视台《焦点访谈》《晚间新闻》及《人民日报》《光明日报》《经济日报》等重要媒体数百次报道或者刊登其对改革的解读。多次参加中办和国办组织的专家咨询活动。

先后参与京津冀生态环境保护规划、长江经济带发展规划纲要前期研究、湖北长江经济带生态环境保护与绿色发展规划、雄安新区生态环境保护规划、粤港澳大湾区生态环境保护规划的研究、论证或评审工作。先后给省部级单位作学术报告 30 余次，给地市级单位作报告 100 余次。2014 年 3 月 20 日，应全国政协邀请，在俞正声同志主持的立法协商会上作重点专家发言。2017 年 5 月 8 日，在中南海为中共中央办公厅作长江经济带绿色发展学术报告。

先后出版《生态文明的前沿政策和法律问题》等著作 7 部，主编《环境法学》《国际环境法学》等著作 10 余部，在《法学研究》《人民日报》《美国国际法期刊》等国内外学术刊物上发表论文 380 余篇。有关学术研究成果被《自然》杂志、美国《时代周刊》等报道。

2010 年 9 月当选为首届首都十大杰出青年法学家，2011 年获得十大感动社区人物称号。因在环境保护党政同责理论首倡的法学创新贡献，2016 年 7 月获得全国人大环资委、环境保护部等授予的"绿色中国年度人物"（2014—2015）称号。2017 年 8 月获得中国社会科学院首届十大杰出法学博士后提名奖。

前　言

　　生态文明对生态环境政策、制度和法治的深入改革与实施落地提出了更高的要求。本书包括总论和各论两部分，对转型期生态文明政策和法治基本问题及各领域的前沿政策和法治问题开展了研究。总论设有三章，各论设有九章。

　　第一章对生态文明基本制度和重大政策的范围作了界定，对其过去几年的发展特点作了归纳。在此基础上，从体制改革、政策和制度建设、政策和制度的法律化、环境执法监管机制的改革等方面，梳理了生态文明体制基本制度和重大政策改革的关键举措。生态文明基本制度和重大政策的成绩显著，如政策和制度体系不断健全，生态文明制度体系的四梁八柱基本建立；法治体系不断健全，生态文明的法治保障不断夯实；政策、制度、机制不断创新和完善；政策和制度体系的改革绩效正在不断涌现。同时也积累了一些经验，如在理念方面，坚持党的领导，坚持习近平生态文明思想；在模式方面，生态环境政策和制度建设坚持综合、协调、环境保护优先和绿色发展的原则；在环节方面，生态环境政策和制度建设的发展统筹兼顾，体现区域差异性和区域、流域协同性；在措施方面，综合运用经济、法律和必要的行政手段，形成有效的激励约束机制，并注意改革创新措施的全局性、稳定性、实效性、长效性、综合性、衔接性、借鉴性以及科学性；在实效方面，生态环境共治格局正在形成，生态保护和环境污染防治的成效巨大；在依据方面，把党内法规和国家立法结合起来，创建了环境保护党政同责、中央生态环境保护督察、生态文明建设目标考核等特色的体制、制度和机制。生态文明建设和体制改革，除遇到国土空间开发和保护、资源总量管理和节约、资源有偿使用和生态补偿、生态保护和生态修复、环境污染治理等现实的资源、生态、环境问题与挑战外，也遇到一些政策和制度构建问题需要解决，如需要全面和深入体现生态文明的理念，填补立法内容的欠缺，梳理体系结构方面，均衡发展政策和制度，优化政策和制度矩阵体系，解决"一刀切"、事前监管弱化等问题。

第二章以 2035 年为目标时间节点，多角度开展生态文明基本制度和重大政策改革的方向研究，如以取得的成绩为导向，分析新时代生态文明基本制度和重大政策要坚持和发展哪些生态文明基本制度和重大政策；通过对未来经济社会发展的目标进行情境分析，预测生态文明基本制度和重大政策的适应性发展方向和走势；通过党的十八届三中全会决定、《生态文明体制改革总体方案》、党的十九大报告、水十条、土十条、打赢蓝天保卫战三年行动计划等设立的美丽中国建设目标、污染防治攻坚战目标和改革部署，预测生态文明基本制度和重大政策的发展方向与走势。

第三章以 2035 年为目标时间节点，对生态文明基本制度和重大政策的创新思路、创新重点与重大任务开展研究。创新思路主要是凝聚共识，立规矩、划框子，促进生态文明建设的规范化；短期目标与长期目标相结合、普遍性与区域性相结合、督标与督本并举、促进地方经济发展与生态环境保护相协调；加强信息公开，健全监测网络和规范，打击监测和治理造假，促进判断的科学性、决策的准确性和监督的民主化；对生态环境保护方式与监管方式进行全面转型，适应生态环境问题演化的新形势；通过绿色发展评价和考核，引导各地走上保护优先、绿色发展的道路；通过清理"散乱污"、保护生态红线、严格执法、严惩重罚、层层追责，遏制地方发展环境污染型和生态破坏型经济；通过强制措施与市场机制相结合，激励与约束并重，促进资源的合理化配置；通过示范与引领，以点带面，提质增效，促进各地通过特色发展、优势发展和错位发展步入绿色发展的道路；加强制度在区域、流域应用的整合创新，促进生态文明政策和制度在"五位一体"的格局内融合发展；通过党内法规、国家立法和社会规范相结合，落实党政机关和领导责任，推动生态环境保护工作，撬动中国环境法治的新格局。面向 2035 年，生态文明基本制度和重大政策体系的战略创新，需要从以下几个方面寻找着力点：政策和制度的研究与规划创新；生态文明体制建设创新；生态文明管理、经济、技术政策与制度创新；生态文明守法和社会共治政策与制度创新；生态文明监督政策和制度创新；生态文明司法方面政策和制度创新；生态文明国际合作政策和制度创新；生态文明保障和生态文明体制改革落实的政策和制度创新等。面向 2035 年，生态文明基本制度和重大政策体系的创新需要完成一些重大任务，如健全党、政府和人大的生态环保职责政策和制度体系，健全促进绿色发展方式和生活方式的政策与制度体系，健全生态环境信息化和生态环境信息公开的政策和制度体系，健全自然资源和生态环境产权的政策和制度体系，健全生态文明共治体系，健全生态文明法治的政策和制度体系。

　　第四章主要阐述生态文明理论的系统构建与发展创新。从历史和哲学的角度分析，习近平生态文明思想是中国传统生态环境保护思想的继承和创新，是马克思主义世界观的丰富和发展；从认识论、历史观、范畴论、矛盾观、系统论、领导观、方法论、发展观、治理论、法治观十个方面，对习近平生态文明思想的科学内涵与时代贡献作了系统的分析和阐述。在此基础上，提出全面贯彻习近平生态文明思想的措施建议，如正视现实的环境与发展问题，定好位，站得更高、视野更广阔，加强生态文明建设和改革工作，做好长远的设计和谋划等。

　　第五章从生态文明的角度研究生态文明体制改革的热点问题。

在河长制改革和实施方面，研究了河长制的法制基础及具体实施中存在的改革依据与法律依据如何衔接的问题。在省以下环保监测监察执法垂直管理改革方面，要处理好环境保护和自然资源大部制改革的地方推进与省以下垂改的关系，让横向体制改革和此次的纵向体制改革有机地结合；处理好一个部门统一监管与其他部门配合的关系；处理好垂直监管与属地负责的关系，加强县级人民政府的环境保护宏观调控及监管制度与机制设计工作；处理好管理和监督的治标与治本关系，加强与社会监督相匹配的社会治理制度建设。在自然资源资产管理体制改革方面，自然资源产权管理和专业监管分立可充分发挥市场作用，简政放权，对山水林田湖草实现综合管理，克服监管盲点，提升综合保护绩效，促进绿水青山转化为金山银山。设立专门机构开展自然资源资产管理，《生态文明体制改革总体方案》等都规定了改革依据；自然资源统一确权登记试点取得积极进展，奠定了工作基础；可与自然资源资产负债表、绿色 GDP 核算、生态文明建设目标评价考核等结合起来，促进改革的系统化和连贯化；建议在国家和省、市成立三级国有自然资源资产管理机构，在部分区域和流域派驻机构。为保障改革的实施，需界定国有自然资源资产的范围及所有权、监管权的角色和权限；改革生态补偿、排污权有偿使用、资源有偿利用等制度；明晰流域与属地的权力（利）关系；明确自然资源资产管理职责和生态环保党政同责的关系；重构环境保护税、资源税和自然资源资产使用费的关系；规定自然资源资产管理的原则、体制、制度和责任；建立自然资源资产清单、权利清单和管理信息平台；厘清各方权利边界和监管边界，建立评价考核和奖惩机制。在环境保护中介技术服务机构的信用管理体制改革方面，存在一些现实的问题，如全国层面缺乏统一的环境保护中介技术服务机构的管理立法，环境影响评价文件编制质量参差不齐，环评报告、环境监测报告、环境监理的质量难以保证等，采取完善立法、开展业绩管理、健全信用管理制度等对策。

　　第六章从生态文明的角度研究规划政策和制度的创新与发展。规划环境影响评价制度应当与建设项目环境管理制度相衔接，通过"三线一清单"等措施，既促进管制的规范性，也简政放权，减轻企业负担。近几年发生了一些社会关注的热点规划问题，如关于粤港澳生态环境保护规划区域的制度和机制协调，可以共同开展信息公开措施和信用管理制度建设。关于长江经济带绿色发展的法制建设，要创新立法理念，实行综合立法；积极开展立法，填补立法空白；推进立法修改，增强立法时效。关于长江经济带绿色发展的机制建设，要建立流域内统一的生态信息公开机制，建立流域内统一的生态环境执法监管与目标考核措施，建立流域内统一的绿色信用管理体系，加强区域生态环境保护协商合作机制建设，加强长江经济带统一的市场竞争机制建设、协同创新的机制建设和人才流动的激励机制建设。关于生态保护红线的划定，应当尊重历史事实，也要放眼未来，顾全大局，通过合适的方法，解决历史上形成的生态保护红线失守问题。

　　第七章从生态文明的角度研究美丽乡村建设、乡村振兴的相关问题。在美丽乡村的建设方面，需要界定美丽乡村建设的定位和形态、美丽乡村建设的标准和模式、美丽乡村建设的主体和基础，需要多渠道筹集经费，设计量体规划、专业培训、环境治理、特色保持、村民自治等措施，采取制度保障、考核保障、公益诉讼保障等保障和监督机制。在乡村振兴的生态文明建设方面，应当依托城市，在城乡融合发展中推进乡村生态文明的建设；发展产业，为乡村生态文明建设提供坚强的经济支撑；量体规划，通过"多规合一"形成科学合理的乡村开发利用空间；严格管控，通过乡村生态建设和污染防治倒逼乡村绿色发展；加强建设，把厕所革命、垃圾集中和污水处理作为乡村生态文明建设的抓手；发扬民主，发挥村民和村集体在乡村生态文明建设中的主体作用；以点带面，全面、深入开展乡村生态文明体制改革。乡村振兴需要产业生态化，乡村振兴需要生态产业化。乡村振兴中，要积极开展有经济效益的生态修复；大力培养和引进乡村振兴的带头人；着力推进有特色、有优势的绿色产业；稳妥开展农村土地"三权分置"改革。在农村生活垃圾分类和集中收集处理方面，要发扬农村的地利和人和优势。建立门前三包、垃圾收费及其减免、垃圾的强制分类、全程减量和理念培育等，健全分类运输、打分评比、奖励惩罚、目标评价考核和党政同责等机制。

第八章从生态文明的角度研究大气污染防治和气候变化应对的政策和法律建设。《大气污染防治法》的实施取得了一些成绩，但也存在如下问题，如目标考核放松，问题追责不严格；治理和管理造假，应付监管与考核方法众多；机构职责不清，亟须为生态环境部门单打独斗的尴尬局面解困；公众的举报被地方过滤的现象广泛存在，社会的知情权和参与权得不到充分的保障；地方人大对于大气环境保护发挥了越来越大的监督作用，但是形式重于实质，少有问责的现象。对此，可加强相匹配的党内法规建设，促进大气污染防治法的实施力；编制权力清单，建立"尽职照单免责、失职照单追责"的制度和机制；加强环境监测数据造假的刑法打击力度；进一步推进公众参与，探索建立社会组织提起大气环境保护行政公益诉讼制度；加强地方人大对大气环境保护的权力监督。对于影响空气质量监测结果的行为，可以通过现有法律的规定追究责任，对于法律依据不直接或者不充分的，可通过修改《刑法》《环境保护法》的方法予以解决。对于区域雾霾治理，区域雾霾治理要坚持顶部论和阶段论，要在区域协同发展和解决大城市病的格局中统筹开展，采取体制改革和法治创新的方法优化城市管理方法和培育新动能。关于区域大气污染侵权的法律救济问题，要针对区域大气污染损害救济是否适用《侵权责任法》的问题、区域大气污染侵权责任的主体问题、区域大气污染损害是否属于共同侵权的问题、跨区域大气污染侵权责任追究可遵循的原则问题、跨区域大气污染的侵权责任及其实施机制等问题，通过修改《环境保护法》《大气污染防治法》《侵权责任法》和《民事诉讼法》，明确规定大气污染损害公益诉讼的责任承担形式仅限于请求停止侵权等行为救济方式，让诉讼请求回归设立公益诉讼制度的本意。为了从根本上解决区域大气污染法律责任的承担问题，建议通过加强行政监管的方式解决大气污染违法现象，通过经济手段解决合规大气污染物排放行为的环境成本问题。在气候变化应对方面，中国未来的气候变化应对任重道远，对气候变化应当有历史紧迫感，但如果脱离中国的经济规律谈节能减排和大国责任，脱离全球的经济规律谈气候变化应对，必将带来系统性的经济和社会风险。

第九章从生态文明的角度研究固体废物污染环境防治的体制改革和法治建设问题。"无废城市"的建设必须坚持科学和实事求是的态度，采取合理的方法，如"无废"城市的建设应当坚持系统论，全面布局；应当坚持持久战，不宜搞运动；应当坚持安全第一，防止出现环境污染和安全生产事故；必须全面开展，重点突破，方法适当；既要考虑环境效益和社会效益，也要考虑经济成本的可行性。垃圾分类看起来是一件"小事"，但因其牵涉面广，必须进行大统筹。我国垃圾分类的决策部署合乎经济社会发展和生态文明建设的时代规律，其统筹部署需把握好时间节奏，保持必要的历史耐心，需要统筹开展、科学管理，统筹建立科学的体制，统筹构建完善的制度和标准，统筹设计长效的机制。由于固体废物跨区域运输和处理处置环境风险巨大，《固体废物污染环境防治法》修改时应予以关注：首先，必须补短板，加强固体废物处理处置能力的建设和市场公平竞争机制的建设；其次，实行全面和全方位监管，如开展审批监管和备案管理、推进信用管理和第三方支付等，加强固体废物跨区域运输和处理处置的监管；最后，衔接危险废物跨区域运输和处理处置的安全生产和环境保护监管体制与机制。

第十章从生态文明的角度审视生态环境的法治保障问题。2014

年以来，生态环境法治的总体实效得到各方认可，但在法制基础、立法问题、执法问题、司法问题、守法问题、公众参与和监督等方面也存在一些问题，如公众参与的专门立法层次仍然太低，系统性不够，难以支撑环境共治的社会需要等问题，可以采取针对性措施，如制定《环境保护公众参与办法》，通过各部门的支持和配合，促进社会组织和公民参与环境共治。

　　第十一章从生态文明的角度论证生态文明入宪的问题。在必要性方面，生态文明入宪是健全中国特色社会主义法律体系、发挥宪法总揽生态文明建设法制格局的内在要求；是党内法规和国家立法相互衔接、促进生态文明改革党内部署和生态文明法制建设全面协调的历史必然。关于入宪的思路和方法，建议内容体现党章的要求，但表述符合宪法的风格，采用理论阐述与原则规定相结合的方法，梳理现有政策和法律的规定，提炼出生态文明建设的系统性和根本性规定。关于修改方法，可在宪法"序言"中，把生态环境问题纳入新时代我国社会的主要矛盾；在宪法"序言"中，把生态文明纳入社会主义现代化强国的建设目标之中；全面修改《宪法》第26条的规定，将生态文明的基本要求写进去等。2018年3月宪法的修改尽管比较简单，不及预期，但也是一个巨大的进步，为我国生态环境法律的科学发展指明了方向。为了全面促进生态文建设，必须在宪法的生态文明规定的指引下制定综合性的《生态文明促进法》。这部法律既应是一部涉及"五位一体"的法律，是一部以促进为手段的综合性、协调性法律，也是一部将推进国内生态文明建设和共谋全球生态文明建设相结合的法律。要在该法中明确生态文明建设的目标、战略、任务、路径和方法，完整地体现"绿水青山就是金山银山"的思想，展示在保护中发展、在发展中保护的保护优先、绿色发展思路。为了落实长江经济带要共抓大保护、不搞大开发的要求，必须制定专门性的《长江保护法》，规定特殊的体制、制度、机制和责任，如在制度建设方面，重点解决区域、行业、部门职责和工作的相互打通问题。《野生动物保护法》2016 年的修改体现了动物福利思想，明确要求不得虐待野生动物，扩大了违法行为的范围，法律责任更加严厉，体现了中国法治文明的大进步，但是因为各方争议大，也在可否利用野生动物的问题、野生动植物资源所有权的问题上存在一些修改缺憾。

　　第十二章从生态文明的角度审视生态环境执法和司法的问题。澳大利亚新南威尔士州的环境法治在世界上久负盛名。其环境执法经验主要有，建立严格的法律和配套的导则与指南等文件，建立忠实且强有力的环境保护执行机构，建立监管机构和企业互动的监管文化；环境保护管理让公众充分了解、支持和参与，建立环境影响评价报告的并联审批制度，建立综合许可机制，每五年建立一个空气质量管理计划即减排计划，执行相对灵活的环境质量改善战略以平衡环境保护与经济发展的关系。该州的环境司法既有发达国家环境法治的一些共性，也具有自己的个性，如土地与环境法庭的设立及其运行以及环境保护局起诉职能的授予等，都是自己结合工作需要探索出来的，这提示中国的参考和借鉴必须结合本国国情。在应对野生动物走私方面，中国在禁止象牙等国内外贸易方面作出了不懈的努力，成效显著，但也存在国内野生动物保护名录与 CITES 公约附录不一致、人工饲养的野生动物与野外野生动物的保护存在等级差异等问题，需要通过立法完善的方式予以解决。环境保护形式主义表现众多，如文山会海，到基层检查走过场；治理和管理造假，应付监管与考核方法众多；目标考核放松，问题追责不严；遇上困难绕着走，不敢于作为，不敢于担当；监管由一个极端走向另外一个极端，对环境保护和促进经济增长都不负责任等，需要通过立法、建立权力清单、考核、社会监督和责任追究等方式予以解决。在生态环境公益诉讼方面，现有的立法和司法解释存在权利属性不清、各种诉权叠加、诉权优先顺序不明、诉求不合理等现象，需要修改《环境保护法》《民事诉讼法》予以正本清源。

第十三章从生态文明的角度审视生态环境督察追责问题。中央生态环保督察已经具备国家法律和党内法规两个方面的法制依据。经过评估认为，中央生态环境保护督察制度作用巨大，也存在一些需要完善之处，如督察缺乏法律依据；人大、纪检监察委等作用不足；国家自然资源督察与中央生态环境保护督察的关系需要理顺；督本不足；问责层次需要提高。目前进入深化督察的回头看阶段，建议加强国家法律与党内法规的衔接，明确法治依据；将环保法律巡视纳入中央生态环境保护督察；建立督察中央部门的机制；设立专门的中央自然资源督察制度或者将自然资源督察纳入中央生态环境保护督察中；重点督察地方经济和环境保护可持续协调发展的情况；适度增加对市县级党政主官的追责。祁连山生态环境事件后果严重，中央追责严肃，有必要分析中央为什么要对祁连山生态环境事件严肃追责、祁连山生态环境事件反映了什么问题、地方如何进行整改三个方面的问题，在此基础上采取统一思想、建立责任清单、以点带面整改和严肃追责等应对措施。

目录
Contents

第二部分　各　论

第一部分

总　　论

第一章　生态文明基本制度和重大政策建设与改革的现状和挑战

第一节　生态文明基本制度和重大政策概述

生态文明基本制度和重大政策包括两个方面：一是基本的生态环境法律制度，是指由国家法律设置并由国家强制力保障实施的基础性环境保护制度；二是生态环境保护重大政策，是指由国家制定并由国家保障实施的对环境保护有重大作用的环境保护政策。生态文明基本制度和重大政策体系是指由生态文明基本制度和重大政策组成的目的明确、体系完整、层次清晰、分工协调、逻辑自洽的政策和制度矩阵。

一般来讲，生态文明基本制度和重大政策体系可以分为生态环境管理基本制度和重大政策、生态环境经济基本制度和重大政策、生态环境技术基本制度和重大政策、生态环境社会基本制度和重大政策等，也可以分为综合性生态文明基本制度和重大政策及专门性生态文明基本制度和重大政策。专门性生态环境政策和制度可以分为环境污染防治基本制度和重大政策、生态保护和生态修复基本制度和重大政策、资源开发利用基本制度和重大政策等。环境污染防治基本制度和重大政策又可以进一步分为大气污染防治基本制度和重大政策、水污染防治基本制度和重大政策、土壤污染防治基本制度和重大政策、固体污染防治基本制度和重大政策、放射性污染防治基本制度和重大政策、噪声污染防治基本制度和重大政策等。这些分类可以看出生态文明基本制度和重大政策的领域性和层次性。领域性，是指生态文明基本制度和重大政策覆盖的领域或者方面；层次性，是指生态文明基本制度和重大政策的逐级派生性。

生态文明基本制度和重大政策作为国家保护、改善生活环境和生态环境，防治环境污染和其他公害，促进生态文明建设而制定的重要方法和措施，其创设必须符合以下特征：

其一，体现和服从生态环境法基本原则的统率和指导。生态环境法的基本原则，如2014年《环境保护法》规定的公众参与、经济发展与生态环境保护相协调等，是生态环境保护的基础性规则，具有普遍性、抽象性、标准性和统率性的特点，需要具体的规则或法律制度来细化或落实。生态文明基本制度和重大政策应该体现和服从生态环境法基本原则的统率和指导作用。

其二，适用于生态环境保护的主要领域。例如，环境影响评价适用于发展规划、区域开发规划和建设项目或区域开发项目的可行性研究阶段，排污许可制度成为排污企业的核心管理制度之一。

其三，共同实现生态文明规则之治的价值理念。目前，生态环境保护政策和法律规定了环境保护目标责任制、生态文明建设目标评价和考核、领导干部离任环境审计、区域环境保护联防联治、保护优先和绿色发展等政策和制度，都是围绕生态文明建设和生态文明体制改革而设计的，其目的是通过政策和法律的规则来实现生态文明的价值理念。

其四，指导具体生态文明基本制度和重大政策的创设和实施。例如，公众参与的原则和制度指导企业信息公开和政府环境信息公开制度的创设和实施。

其五，体现本国的基本国情。经济基础决定上层建筑，属于上层建筑的生态文明基本制度和重大政策显然要取决于国家的社会体制和社会经济状况。中国是一个发展中的社会主义国家，正处在市场经济体制的转型时期，这决定了我国生态文明基本制度和重大政策具有自己的特色。例如，"三同时"制度的实施尽管不再成为一个许可，但还是体现了中国的环境监管特色；环境保护党政同责制度，就是立足于社会主义国家的国情。

在新时代，中国特色社会主义的生态文明基本制度和重大政策体系还应当具有如下特征：

其一，坚持党的领导、人大监督、政府主导、市场调节、行业自律、企业主体责任、公众参与相结合的原则，也就是中国特色社会主义的生态环境共治原则。凡是否定党的领导的政策和制度，如照搬西方"三权分立"的模式来监督生态环境保护的制度，都不能成为中国特色社会主义的生态文明基本制度和重大政策；相反地，生态环境保护党政同责以及实现党政同责的中央环境保护督察制度，因为体现党的领导和责任作用，就是符合中国特色需要的生态文明基本制度和重大政策。

其二，以习近平生态文明思想为指导，在创新、协调、绿色、开放、共享发展理念的指引下，在"五位一体"的格局下，围绕理论导向、目标导向、问题导向开展生态文明基本制度和重大政策体系的构建。

其三，围绕中国特色的阶段性经济社会发展目标和生态环境保护目标开展生态文明基本制度和重大政策改革创新与完善。目前，生态文明基本制度和重大政策的改革创新与完善，必须围绕 2020 年前的污染防治攻坚战、2035 年的美丽中国基本实现、2050 年的美丽中国全面实现这三个阶段性的目标开展工作，体现生态文明基本制度和重大政策改革创新与完善的阶段性与长效性。

其四，围绕如何保障生态环境保护和自然资源大部制的科学合理运行，提升生态环境监管的绩效进行。2018 年的机构改革，设立了自然资源部和生态环境部，那么生态文明基本制度和重大政策改革创新与完善，就应当围绕这两个部门的新职能开展生态文明基本制度和重大政策的整合，如将以前由海洋部门行使的海洋生态环境政策和由环境保护部门主管的陆地生态环境政策予以整合，形成"海陆一体"的生态环境基本重大政策体系。此外，还应当结合原水利部的职能划转，对水功能区的划分和流域水污染防治与原环境保护部行使的水环境功能区划分和水污染防治工作相整合，形成新的生态环境规划制度、生态环境监测制度、生态环境执法制度等。

第二节　生态文明基本制度和重大政策的建设与改革现状

一、主要的生态环境制度和重大环境政策

中国现代的生态文明基本制度和重大政策建设，起步于 20 世纪 70 年代初期，但是得到大发展还是改革开放以后。随着生态环境保护实践的深入，我国生态文明基本制度和重大政策体系正逐步完善。中国生态文明基本制度和重大政策的体系由生态环境保护规划和决策的政策和制度体系、生态环境保护职责的政策和制度体系、生态环境保护管理与监督的政策和制度体系、环境污染防治的政策和制度体系、生态保护的政策和制度体系、自然资源开发利用与保护的政策和制度体系、生态环境保护市场准入与市场运行及经济激励方面的政策和制度体系、生态环境保护共治的政策和制度体系、环境责任与纠纷处理政策和制度体系等方面的政策和制度体系构成。从领域来分类，有生态环境保护政治政策和制度、生态环境保护经济政策和制度、生态环境保护社会政策和制度、生态环境保护文化政策和制度。从主体来分类，有以党为主体的生态环境保护领导与监督政策和制度，有以政府为主体的生态环境保护监管政策和制度，有以人大为主体的生态环境保护权力监督政策和制度，有以政协为主体的生态环境保护民主监督政策和制度，有以市场为主体的生态

环境保护市场政策和制度，有以社区和社会组织为主体的生态环境保护自治政策和制度。

目前，生态文明基本制度和重大政策一般包括：生态环境产权制度，生态环境规划制度，环境影响评价制度，"三同时"制度，环境监测制度，生态环境保护税费制度，生态环境保护目标制度，城市综合整治定量考核制度，排污许可证制度，污染集中控制制度，总量控制制度，区域和流域污染联防联控制度，生态环境保护党政同责与一岗双责、失职追责、终身追责制度，严重污染环境的落后工艺和设备限期淘汰制度，紧急或事故的应急措施制度。此外，生态环境保护督察与督查在新时代正在成为生态环境管理和监督基本制度和重大政策的新内容，排污权有偿使用、排污权交易、生态环境损害赔偿、生态保护补偿在新时代正在成为生态环境经济激励基本制度和重大政策的新内容，环境信用制度、环境信息公开和公众参与等制度在新时代正在成为生态环境共治基本制度和重大政策的新内容。

目前，除了对现行的生态文明基本制度和重大政策，如环境影响评价制度、环境行动计划与规划制度、"三同时"制度、环境事故的应急措施制度、环境监测制度、环境保护税费制度、排污许可制度、环境标准制度、自然资源产权制度、自然资源调查制度、自然资源利用许可和有偿使用制度、自然资源的综合利用制度、排污权有偿使用、生态环境补偿、生态环境损害赔偿等，进行以市场机制作用发挥和生态文明理念引导为目的的取向调整之外，还结合市场经济和生态环境保护的实践创设或者创新环境与发展综合决策制度、环境规划与宏观调控制度、多规合一制度、生态环境保护许可证制度、公众参与制度、环境信息制度、风险预防制度、环境基金和责任保险制度、污染物排放的流量控制制度，体系比较完备，结构比较严密，内外比较衔接。

概括起来，我国生态文明基本制度和重大政策的发展，目前主要体现出以下特点：一是继可持续发展战略、科学发展观以后，习近平生态文明思想正式成为生态文明基本制度和重大政策的指导思想；二是在党的领导下，重视环境民主、环境权利的保护，保障环境民生，促进社会有环境保护的获得感已经成为时代的强音；三是用信息化、生态补偿等先进的生态环境保护机制，采取确认、鼓励、保护、限制、禁止、制裁等方法指导生态文明基本制度和重大政策的建设；四是在"五位一体"思想的指导下和五大发展理念的引导下，生态文明基本制度和重大政策的体系化、综合化建设正在加强，促进经济社会的发展和生态环境保护的协调，促进保护优先和绿色发展战略的实施；五是注重与国际条约的衔接，参与全球生态文明建设，共同建设人类命运共同体。

二、党的十八大以来生态文明基本制度和重大政策的改革举措

党的十八大以来，中国共产党和中国政府直面传统的粗放式发展不可持续的现状，立足现实的大气、水体、土壤等环境污染和生态破坏问题，针对制约环境与经济协同发展的"瓶颈"因素，统筹谋划，对生态环境的制度和重大政策加强了改革和创新。

在与制度和重大政策相关的体制改革方面，加强了监测、监察和区域环境监管体制改革。在综合性体制改革方面，中共中央办公厅、国务院办公厅出台了《关于省以下环保机构监测监察执法垂直管理制度改革试点工作的指导意见》。在监测体制改革方面，国务院办公厅专门出台了《生态环境监测网络建设方案》，中共中央办公厅、国务院办公厅出台了《关于深化环境监测改革提高环境监测数据质量的意见》。在流域监管方面，中共中央办公厅、国务院办公厅出台了《关于全面推行河长制的意见》。在自然资源资产管理方面，中央深改组通过了《关于健全国家自然资源资产管理体制试点方案》；在解决区域环境问题方面，中央深改组通过了《跨地区环保机构试点方案》。

在司法体制方面，2014 年修改的《环境保护法》建立了环境民事公益诉讼制度；2015 年全国人大常委会通过了《关于授权最高人民检察院在部分地区开展公益诉讼试点工作的决定》，最高人民检察院发布了《检察机关提起公益诉讼改革试点方案》，改革成果经梳理总结后，于 2017 年被《民事诉讼法》《行政诉讼法》确认。

在政策和制度建设方面，为了促进生态文明建设的整体推进，中共中央、国务院于 2015 年发布了《关于加快推进生态文明建设的意见》。针对生态文明建设中的现实问题，中共中央、国务院于 2015 年发布了《生态文明体制改革总体方案》。在上述文件的框架内，中共中央办公厅、国务院办公厅或者有关部委出台了《生态环境监测网络建设方案》《关于深化环境监测改革提高环境监测数据质量的意见》《关于建立资源环境承载能力监测预警长效机制的若干意见》《关于设立统一规范的国家生态文明试验区的意见》《"十三五"环境影响评价改革实施方案》《关于印发控制污染物排放许可制实施方案的通知》《国务院办公厅关于推广随机抽查规范事中事后监管的通知》《环境保护督察方案（试行）》《开展党政领导干部自然资源资产离任审计试点方案》《编制自然资源资产负债表试点方案》《关于构建绿色金融体系的指导意见》《重点生态功能区产业准入负面清单编制实施办法》《关于健全生态保护补偿机制的意见》《建立以绿色生态为导向的农业补贴制度改革方案》《自然资源统一确权登记办法（试行）》《探索实行耕地轮作休耕制度试点方案》《关于加强耕地保护和改进占补平衡的意见》《湿地保护修复制度方案》《海岸线保护与利用管理办法》《国家海洋局关于海域、无居民海岛有偿使用的意见》《围填海管控办法》《生活垃圾分类制度实施方案》《大熊猫国家公园体制试点方案》《东北虎豹国家公园体制试点方案》。此外，国家发改委、生态环境部等部委出台了关于 PPP、污水处理改革、"多规合一"试点等改革文件。这些改革文件层次清晰，涉及环境许可、环境金融、环境产权、生态修复、自然保全、生活方式、环境监测、环境审计、环境执法、环境责任等领域，覆盖全面，以问题为导向，构建了自然资源资产产权制度、国土空间开发保护制度、空间规划制度、资源总量管理和全面节约制度、资源有偿使用和生态补偿制度、生态环境保护国家治理体系、环境治理和生态保护市场体系、生态文明绩效评价考核和责任追究制度八项制度构成的产权清晰、多元参与、激励与约束并重、系统完整的生态文明制度体系。各界普遍认为，生态文明制度体系的四梁八柱已基本建立。在具体的制度建设方面，目前，已经创新性地建立了规划、工业园区与具体建设项目环境影响评价制度，区域与建设项目"三同时"制度，排污许可与总量控制制度，排污权有偿使用、排污权交易，生态保护补偿制度，两级环境监测制度，生态环境损害赔偿制度等具有时代特色的制度。

在政策和制度的法律化方面，党的十八大后，坚持走党内法规和国家立法相结合的特色法治道路，针对中国的实际，创建了生态环境保护党政同责、中央生态环境保护督察、生态文明建设目标考核等特色的体制、制度和机制，破解了以前有法难依、执法难严、违法难究的难题，撬动了整个生态环境保护的大格局，成效显著。在具体的国家立法方面，在生态文明理念的指导下，2014 年 4 月，《环境保护法》修订；2018 年 10 月，《大气污染防治法》修正；2018 年 10 月，《野生动物保护法》修正；2018 年 12 月，《环境影响评价法》修正；2017 年 11 月，《海洋环境保护法》修正；2018 年 10 月，《环境保护税法》审议通过；2017 年 6 月，《水污染防治法》修正；2017 年 7 月，《建设项目环境保护管理条例》修订。在具体的党内法规方面，中共中央联合国务院，中共中央办公厅联合国务院办公厅发布了一些规范性文件，如为了明确生态文明建设中的责任分配问题，中共中央、国务院于 2015 年发布了《党政领导干部生态环境损害责任追究办法（试行）》；为了对各省、自治区、直辖市的生态文明建设和绿色发展进行评价考核，中共中央办公厅、国务院办公厅于 2016 年印发了《生态文明建设目标评价考核办法》；为了让各级党政主要领导对生态文明建设和体制改革部署切实地负起责任来，中共中央办公厅、国务院办公厅于 2017 年印发了《领导干部自然资源资产离任审计规定（试行）》。目前，形成了环境保护党政同责及配套自然资源资产负债表、领导干部自然资源资产离任审计、区域生态文明建设目标评价与考核、环境保护责任终身责任追究、党政领导干部生态环境损害责任追究制度等切合社会主义实际的机制。环境保护党政同责是习近平总书记关于安全生产党政同责、一岗双责、齐抓共管和失职追责思想的丰富和发展，它以党内法规和国家行政法规性文件的形式发布，是落实环境法律法规的一项重要制度，能够让党纪党规和国家环境保护法律法规在实践中运转起来，使党纪党规和环境法律法规"长牙"，发挥应有的作用。经过持续的努力，新常态下有法与党规可依、有法与党规必依、违法与党规必究的生态环境法治局面基本形成。在改革中，中国的生态环境法制体系、中国的环境治理制度体系、中国的环境利益救济机制都正在开展转型。

在环境执法监管机制的改革方面，通过建立健全区域环境影响评价制度和区域产业准入负面清单制度，既提高了行政审批效率，又预防和控制了区域环境风险；通过省以下环境保护监测垂直管理与惩罚造假，维护了环境监测数据的真实性，克服了以前总量控制造假的问题，初步形成了以环境质量管理为核心的大气环境管理模式，实现了管理模式的转型，有力地提高了环境质量；通过打击环境监测数据造假，打击红顶中介，保证了地方环境保护审批和环境保护考核的真实性，维护了环境保护考核和生态文明评价考核的严肃性，有利于形成正确的政绩观；通过环境保护与约谈、省以下环境保护垂直监管，一些地方设立了环境保护警察，在一定程度上遏制了市县的地方保护主义；通过环境保护党政同责、中央环境保护督察和环境保护专项督查，有力地打击了环境保护形式主义；通过对重点行业企业进一步提高排放标准，实行限期达标，或者对部分地区在一些时段实行特别排放限制，确保环境质量的安全性。通过对京津冀地区"2+26"城市的大气污染防治专项督查和量化问责，有力地倒逼地方开展对散乱污企业的整顿。通过严厉区域限批措施、查封与扣押措施、限制生产措施、停产整治措施、按日计罚措施、地方政府年度考核措施、党政问责措施、环境保护工作职责清单措施，2016年至2017年，全国追究了18000人的党纪、行政和法律责任。其中，2017年移送公安部门行政拘留的案件有8600多件，比2016年增加了112.9%。党内法规、《环境保护法》及其配套的规章"牙齿"越来越尖利，实施起来越来越顺畅，而这些问题是以前一二十年都想解决而难以解决的难题。如2017年8月，河北省廊坊市文安县赵各庄镇仍有16家企业不能落实污染治理主体责任，于2017年12月至2018年1月，未按照《文安县2017—2018年采暖季错峰生产实施方案》错峰停限产要求，违规生产，严重违反《京津冀及周边地区2017—2018年秋冬季大气污染综合治理攻坚行动方案》的要求，按照《京津冀及周边地区2017—2018年秋冬季大气污染综合治理攻坚行动量化问责规定》，应追究负有领导责任的县委、县政府主要领导及有关人员的责任。对此，2018年2月，环保部立即商议河北省人民政府对文安县党委、政府及其有关部门领导干部实施问责。① 2018年，生态环境部按照中央的部署，计划按照"党政同责、一岗双责、终身追责、权责一致"的原则，进一步加大问责力度，将适时对"2+26"城市启动大气污染综合治理强化督查，或巡查整改落实不到位的地区。

党的十九大报告明确新时代我国社会主要矛盾是人民日益增长

---

① 参见阮煜琳：《环保部公布大气污染攻坚行动量化问责首起案件》，载ht-tp：//www.chinacourt.org/article/detail/2018/02/id/3211385.shtml，最后访问日期：2018年5月3日。

的美好生活需要与不平衡、不充分的发展之间的矛盾，奋斗目标变为"富强民主文明和谐美丽的社会主义现代化强国"。对于生态文明的建设目标，按照 2020 年、2035 年和 2050 年三个时间节点作出了部署，其中从 2020 年到 2035 年，在全面建成小康社会的基础上，再奋斗 15 年，基本实现社会主义现代化，生态环境根本好转，美丽中国目标基本实现；从 2035 年到 21 世纪中叶，在基本实现现代化的基础上，再奋斗 15 年，把我国建成富强民主文明和谐美丽的社会主义现代化强国，美丽中国全面实现。在具体的行动部署上，党的十九大报告在"推进绿色发展"部分指出："加快建立绿色生产和消费的法律制度和政策导向""健全环保信用评价、信息强制性披露、严惩重罚等制度""完善生态环境管理制度""构建国土空间开发保护制度"。

目标设立了，基本的举措明确了，但如何实现呢？必须依靠生态文明基本制度和重大政策的制定与实施。基于此，有必要面对 2035 年，对目前的生态文明基本制度和重大政策进行评估，总结经验，对照目标寻找差距；研判新时代生态环境政策与制度的发展方向与走势，分析与新时代要求相适应的生态文明基本制度和重大政策基本特征。在此基础上才能够从党内制度和国家制度的衔接和互助入手，从环境管理政策、环境经济政策、环境技术政策等方面，提出面向 2035 年不同类型生态文明基本制度和重大政策的创新思路与重点，研究提出新时代重点环境政策与制度优化创新的战略方向、重大任务，并且研究提出建立健全新时代生态环境政策与制度的建议。可见，本专题的研究是非常必需的。

三、党的十八大以来生态文明基本制度和重大政策改革的重大举措

改革开放以来 40 年的不断发展与积累，为解决当前的环境问题提供了更好的、更充裕的物质、技术和人才基础，现在到了有条件

不破坏、有能力修复的阶段，全面开展生态文明建设，打好生态环境保卫战和污染防治攻坚战面临难得机遇。从党的十八大至 2035 年，中国处于不断发展的转型期，这个时期既是最佳的经济和社会发展改革窗口期，也是最佳的生态文明体制改革窗口期，不容错失。在这个时代背景下，以习近平总书记为核心的党中央，以目标、理论和问题为导向，把生态文明建设作为统筹推进"五位一体"总体布局和协调推进"四个全面"战略布局的重要内容，寻找突破口，谋划开展了一系列根本性、长远性、开创性改革，出台了生态文明建设和改革的重大举措，既解决人民群众关心的热点环境问题，也构建经济社会与环境保护协调发展的长效机制，推动生态文明建设和生态环境保护从实践到认识发生了历史性、转折性、全局性的变化。新时代生态环境的建设和改革成绩的取得，既有努力的因素，更有生态文明基本制度和重大政策改革方法论上的突破。具体来看，生态文明基本制度和重大政策改革的重大举措可以归纳为以下几个方面。

一是确立习近平生态文明思想，为中国生态文明建设提供坚实的理论支撑。目前，科学认识人与自然、人与政治、人与经济、人与社会、人与文化关系的习近平生态文明思想，主题鲜明、逻辑严密、内涵丰富，已经理论化、体系化，成为一个相对独立的理论体系。其关于生态兴则文明兴、绿水青山就是金山银山、社会主义初级阶段社会主要矛盾的转化、山水林田湖草是生命共同体、环境保护党政同责等论断，既是对马克思主义世界观的丰富和发展，也是对中国传统生态文明思想的科学传承。习近平生态文明思想作为世界生态文明建设的中国方案，其顶层设计，对于中国生态文明文化的培育、中国生态文明制度体系的构建、中国生态文明体制的改革、中国生态文明产业体系的构建、中国生态文明能力的建设、中国生态环境保卫战和环境污染防治攻坚战的开展，具有顶层的理论指导意义。此外，习近平生态文明思想具有国际性，对于广大的发展中国家结合本国实际开展生态环境保护，实行绿色发展和高质量发展，具有一定的参考和借鉴作用。其丰富和发展，也是对构建人类命运共同体的重大理论贡献。

二是健全党内法规和环保立法，开展制度建设，为环境保护工作提供法制保障。党的十八大以来，中央开始重视党内法规的建设，让党通过制度来加强对环境保护工作的领导。2012年中共中央出台《中国共产党党内法规制定条例》，并且出台第一个和第二个中央党内法规体系建设的五年规划。在此基础上，发布了《党政领导干部生态环境损害责任追究办法（试行）》《关于深化环境监测改革提高环境监测数据质量的意见》《环境保护督察方案（试行）》《开展党政领导干部自然资源资产离任审计试点方案》《编制自然资源资产负债表试点方案》《领导干部自然资源资产离任审计规定（试行）》《生态文明建设目标评价考核办法》等党内法规或者改革文件，环境保护党政同责、中央环境保护督察、生态文明建设目标评价考核、领导干部离任环境审计等举措得以实施，在严厉的追责之下，各级党委、人大和政府重视环境保护的氛围基本形成。2015年1月1日，史上最严格的新《环境保护法》开始实施，按日计罚、行政拘留、引咎辞职、连带责任、公益诉讼等严厉的法治举措，让环境保护法律法规的"牙"更锋利了、"齿"更尖锐了，有法必依、违法必究的法治氛围正在形成。

三是实行环境保护党政同责与一岗双责，促进环境共治。党的十八大以来，通过自然资源资产负债表、领导干部自然资源资产离任审计、生态文明建设目标评价考核、生态环境损害责任追究等措施，有序地发挥了地方党委、地方政府、地方人大、地方政协、司法机关、社会组织、企业和个人在生态文明建设中的作用，环境共治的格局初步形成。其中，通过权力清单的建设，确立了权责一致、终身追究的原则；通过环境保护考核、督察、督查、约谈、追责，推进了环境保护党政同责的深入实施，2016年至2018年上半年，中央开展环境保护督察和督察回头看，迄今已有2万多名人员被追究纪律、行政甚至刑事责任，环境保护的高压态势得以形成。地方人民政府向同级人大汇报环境保护工作，政协参与环境保护工作的民主监督，检察机关通过环境民事公益诉讼和环境行政公益诉讼加强对企业和地方执法机关的司法监督，公民和社会组织在信息公开的基础上加强了对企业和执法机关的监督，环境保护企业特别是龙头企业通过投融资机制积极参与环境保护第三方治理，促进了环境质量的改善。

四是开展中央环境保护督察和专项环境保护督查，倒逼地方开展转型和提质增效。党的十八大以来，以习近平同志为核心的党中央推动环境保护党政同责、一岗双责和齐抓共管的制度化，突出了地方党委在地方环境保护治理体系中的作用，强调地方党委和政府的协同监管职责，突出其他监管部门的分工负责作用，并配套以失职追责的机制。我国的生态环境保护监管监察形式，由挂牌督办督促企业发展到挂牌督办地方政府，再发展到中央环境保护督察、环境保护专项督查等督促地方党委和政府。因为环境保护存在问题，一些地方的党委和政府做出深刻检查，一些地方的政府负责人被约谈，对生态文明规则的敬畏正在转化为生态文明建设和改革的生动实践。社会各界普遍认为，中央环境保护督察是破解中国环境问题困局的一剂良方，是符合中国国情的社会主义法治形式。2016 年以来，国家环境保护部门（现为生态环境部）还创造性地开展了环境保护专项督查和"绿盾""清废"等专项行动，下沉执法督查力量，发现和解决了大量的水、气、土等环境污染问题，处理了一大批失职渎职的干部，倒逼地方重视环境保护执法，优化工业布局，开展产业转型升级。

五是打击监测数据和环境治理作假行为，开展环境信用管理，实施生态文明建设目标评价考核。为了倒逼各地加快发展转型，中共中央办公厅、国务院办公厅于 2016 年出台了《生态文明建设目标评价考核办法》。为了维护生态文明评价考核的严肃性，保证环境监测数据的真实性，国务院办公厅于 2015 年出台了《生态环境监测网络建设方案》；为了增强环境监测的独立性、统一性、权威性和有效性，建立以环境质量管理为核心的环境管理模式，中共中央办公厅、国务院办公厅于 2016 年出台了《关于省以下环保机构监测监察执法垂直管理制度改革试点工作的指导意见》，于 2017 年印发了《关于深化环境监测改革提高环境监测数据质量的意见》。在立法建设方面，《环境保护法》针对排污单位环境监测数据造假的行为，规定了行政拘留的措施；针对国家机关和国家公职人员环境监测数据造假的行为，规定了行政处罚的措施。在司法解释方面，2016 年的《最高人民法院、最高人民检察院关于办理环境污染刑事案件适用法律若干问题的解释》对监测数据作假行为规定了刑事制裁的措施。2017 年 6 月，西安市环境监测数据作假案中的 7 名国家公职人员，全部被判处有期徒刑；2018 年 5 月，临汾市环境监测数据作假案中的 16 名被告，包括市环境保护局局长，全部被追究刑事责任。对于违规的企业，按照环境信用管理的联合惩戒措施，实施股票融资、银行借贷等方面的约束措施。

六是开展区域统筹和优化工作，改善区域环境质量。为了促进经济的协同发展和生态环境的一体化保护，国家通过推行统一规划、统一标准、统一监测、协同执法、协同应急等措施，加强了京津冀、长三角、珠三角、汾渭平原、长江经济带等区域和流域的环境保护协调工作。国家通过"多规合一"、划定生态红线、建立健全区域环境影响评价制度和区域产业准入负面清单制度，优化了区域产业结构布局，预防和控制了区域环境风险。区域生态保护补偿机制正在全面建立，区域发展的公平性正在建立。通过区域协同监测、协同应急、协同保护和协同错峰生产，缓解了重点区域重点时段的空气质量。排污权交易、碳排放权交易、水权交易、用能权交易正在推行，城镇生活污水和垃圾处理的第三方治理市场火爆，农村垃圾分类收集处理和农村厕所革命取得突破，城乡环境的综合整治取得新进展。立足城市群合力发展做好产业链条转型升级的文章，增强产业上游、中游和下游的协同性，既协同推动区域经济的高质量发展，也协同减少区域的环境负荷。

第三节　生态文明基本制度和重大政策的建设成绩与经验

一、生态文明基本制度和重大政策改革创新的总体成绩

党的十八大以来，生态文明基本制度和重大政策改革在顶层设计之下开始破局，取得了如下成绩：

一是政策和制度体系不断健全，生态文明制度体系的四梁八柱基本建立。党的十八大以来，党中央坚持问题导向，在 2015 年《生态文明体制改革总体方案》中设立了自然资源资产产权、国土空间开发保护、空间规划、资源总量管理和全面节约、资源有偿使用和生态补偿、环境治理体系、环境治理和生态保护市场体系、生态文明绩效评价和责任追究八大基本制度。过去的几年，党中央、国务院、全国人大围绕这八个方面的制度体系，针对环境监测、资源确权、环境督查、生态修复、生态损害赔偿等出台了一系列改革文件，包括《生态环境监测网络建设方案》《关于深化环境监测改革提高环境监测数据质量的意见》《关于建立资源环境承载能力监测预警长效机制的若干意见》《编制自然资源资产负债表试点方案》《自然资源统一确权登记办法（试行）》《探索实行耕地轮作休耕制度试点方案》《关于加强耕地保护和改进占补平衡的意见》《环境保护督察方案（试行）》《湿地保护修复制度方案》《国务院办公厅关于健全生态保护补偿机制的意见》等；针对大气、水、土壤污染问题，印发了《大气污染防治行动计划》《水污染防治行动计划》《土壤污染防治行动计划》《打赢蓝天保卫战三年行动计划》，为大气、水、土壤的污染防治确定了详细的分工、时间表。在这些文件之中，生态

文明建设目标评价考核、领导干部自然资源资产离任审计、河（湖、湾）长制、自然生态空间用途管制、中央环境保护督察等重大制度陆续出台。2018 年的《中共中央国务院关于全面加强生态环境保护　坚决打好污染防治攻坚战的意见》设立了生态文明文化、经济、制度、责任和安全体系，设立了五大生态环境治理体系，目前正在围绕这五大体系和五大治理体系开展政策和制度的整合。

二是法治体系不断健全，生态文明的法治保障不断夯实。在生态文明理念的指导下，2013 年 11 月 9 日，十八届三中全会公布《中共中央关于全面深化改革若干重大问题的决定》，提出"建设生态文明，必须建立系统完整的生态文明制度体系，用制度保护生态文明"。2014 年十八届四中全会通过《中共中央关于全面推进依法治国若干重大问题的决定》，提出"用严格的法律制度保护生态环境，加快建立有效约束开发行为和促进绿色发展、循环发展、低碳发展的生态文明法律制度，强化生产者环境保护的法律责任，大幅度提高违法成本。建立健全自然资源产权法律制度，完善国土空间开发保护方面的法律制度，制定完善生态补偿和土壤、水、大气污染防治及海洋生态环境保护等法律法规，促进生态文明建设"。为了响应党中央的要求，先后制定和修改了 30 余部法律和 60 余部行政法规，出台或者修改了一些司法解释。例如，2014 年 4 月，修订《环境保护法》；2018 年 10 月，修正《大气污染防治法》；2018 年 10 月，修正《野生动物保护法》；2018 年 12 月，修正《环境影响评价法》；2017 年 11 月，修正《海洋环境保护法》；2018 年 10 月，《环境保护税法》审议通过；2016 年 11 月，修正《固体废物污染环境防治法》；2017 年 6 月，修正《水污染防治法》；2018 年 8 月，出台《土壤污染防治法》。法律的实施还需要一系列的配套法规、规章予以辅助。例如，2014 年修订"史上最严"《环境保护法》后，各部门结合自己的职权制定了配套的规章，包括《环境保护主管部门实施限制生产、停产整治办法》《环境保护主管部门实施查封、扣押办法》

《环境保护主管部门实施按日连续处罚办法》《企业事业单位环境信息公开办法》《突发环境事件调查处理办法》《排污许可管理办法（试行）》《国家级自然保护区监督检查办法》《农用地土壤环境管理办法（试行）》《污染地块土壤环境管理办法》《建设项目环境影响后评价管理办法（试行）》等，用以推动法律制度的实施。生态环境执法力度大幅提升，司法保障持续增强。截至 2018 年 4 月，全国共设立环境资源审判机构 1040 个。[①]

三是政策、制度、机制不断创新和完善。在生态环境管理措施方面，围绕京津冀、长三角、雄安新区、汾渭平原的突出生态环境问题，开展规划创新、发展模式创新、生态环境监测制度创新、生态补偿制度创新、生态环境执法督查制度创新、环境污染预警和应急机制创新；大气污染严重区域的能源清洁化有序推进；针对山水林田湖草气的一体化，开展管理制度的集成。在环境经济政策和机制方面，先后出台一批有利于推进生态文明建设的价格、财税、金融和社会信用政策，燃煤电厂脱硫、脱硝、除尘电价政策有力促进空气污染治理，资源税改革全面推进；火电厂、钢铁厂的超低排放正在有序推进；环境保护税法出台，有利于节能减排的环境保护税收减免措施引导企业进行技术改造；绿色债券、绿色基金等金融政策加快落实，合同能源管理、合同节水管理等市场化机制加快推行。[②]

四是政策和制度体系的改革绩效正在不断涌现。习近平总书记指出，坚持良好生态环境是最普惠的民生福祉。目前，新的发展理念和生态文明观不断清晰，生态文明体制改革全面部署，体制机制稳步改革，中央环境保护督察在实践中深化，污染防治攻坚战不断

---

① 参见国家发展改革委环资司：《新理念新思想新战略改革开放 40 年生态文明建设迈向新台阶》，载《中国经济导报》2018 年 11 月 1 日。

② 同上。

深入，相当多的热点问题在社会各界的参与下得到解决，生态文明建设的全民共识已经形成。通过生态文明建设目标评价考核，一些地方在城市群的格局中通过特色发展、优势发展、错位发展，增强产品和服务的科技含量与比较优势，减少污染和资源消耗，生产发展、生活富裕、生态良好的保护优先、绿色发展模式正在确立；通过环境保护党政同责、中央环境保护督察和环境保护专项督查，散乱污企业被清理整顿，产业结构在科学调整，工业技术在转型升级。在生态保护方面，通过"绿盾"行动等措施，侵占自然保护区、破坏湿地、污染环境的现象被大力遏制，一批综合和特色的国家公园已经建立，一些物种正在恢复，生物系统的稳定性在休养生息中得以增强。在环境质量改善方面，京津冀、长三角、珠三角等重点区域 2017 年的细颗粒物（PM2.5）平均浓度比 2013 年分别下降 39.6%、34.3%、27.7%，分别达到 64 微克/立方米、44 微克/立方米和 35 微克/立方米。在经济发展质量方面，中国 2017 年的 GDP 实际增长 6.9%，因为散乱污企业的退出，现有企业市场份额扩大，利润增长 21%；2018 年上半年，税务部门共组织税收收入 81607 亿元，同比增长 15.3%，与企业盈利水平相关的企业所得税增长 13.5%，企业发展活力和经济发展质效继续提升。这说明中国经济和社会的高质量发展迈出了坚实的一步。

总的来看，党的十八大以来，通过生态文明基本制度和重大政策的改革，社会环境保护的共识形成前所未有，党和政府对环境保护的重视前所未有，环境保护的制度出台频度之密前所未有，环境保护执法监察的严厉程度前所未有，环境保护的投入前所未有，环境质量改善程度也前所未有，全社会生态环境质量改善的获得感不断增强，我国生态环境保护从认识到实践发生历史性、转折性、全局性变化。在这个背景下，生态文明真正进入"五位一体"的格局，"绿水青山就是金山银山"得以成为社会的共识。

二、生态文明基本制度和重大政策建设的经验

在理念方面，坚持党的领导，坚持习近平生态文明思想。先进、科学的理念是行动成功的前提。改革开放四十年间，我国的生态环境政策和制度建设理念，由坚持可持续发展延伸到坚持党的领导下的生态文明全面建设和改革。在生态文明理念方面，明确提出了树立尊重自然、顺应自然、保护自然的理念，树立"绿水青山就是金山银山"的理念，树立自然价值和自然资本的理念，树立空间均衡和"山水林田湖草"是一个生命共同体的理念。党的十九大报告中对过去五年的生态文明建设做出了"成效显著"的评价，并指出"大力度推进生态文明建设，全党全国贯彻绿色发展理念的自觉性和主动性显著增强，忽视生态环境保护的状况明显改变"。2017 年 10 月 24 日修改并通过的《中国共产党章程》指出，基于我国当前的主要社会矛盾已经转变为"人民日益增长的美好生活需要和不平衡不充分发展之间的矛盾"。[1] 我们"必须坚持以人民为中心的发展思想，坚持创新、协调、绿色、开放、共享的发展理念"[2]，为"把我国建设成富强民主文明和谐美丽的社会主义现代化强国而奋斗"。[3]

在思路方面，在党的领导下，生态环境政策和制度建设紧紧抓住生态文明建设面临的主要矛盾和矛盾的主要方面，推动任务落实、制度改革的重点突破[4]，经过了吸收国外先进理念，推动社会主义市场经济发展，到市场化改革和民主化促进生态环境政策和制度建设事业，再到以环境质量改善、环境风险管理作为检验标准的发展。环境管理思路，也发生了由政府的单一行政管控，到以市场化法治

---

[1]　《中国共产党章程》总纲，2017 年 10 月 24 日。

[2]　同注释①。

[3]　同注释①。

[4]　参见国家发展改革委环资司：《新理念新思想新战略改革开放 40 年生态文明建设迈向新台阶》，载《中国经济导报》2018 年 11 月 1 日。

手段为辅、命令控制为主，再到命令控制、社会共治与市场化手段并重的变化。实际上，环境质量关系人最基本的生存安全和经济社会的可持续发展，无论是基于何种理念，采取何种管理模式，最后都要落实到把握生态环境问题的主要矛盾，落实到环境质量的改善上。基于此，环境质量改善逐渐成为如今生态环境政策和制度建设的核心思路，无论是监管模式、管理措施还是环境管理环节的设置，其最终都要透过环境质量改善的实效来检验。

在模式方面，生态环境政策和制度建设坚持综合、协调、环境保护优先和绿色发展的原则。经过松花江污染、渤海蓬莱油田溢油事故、云南曲靖铬渣污染、祁连山生态破坏事件、西安与临汾环境监测数据造假的催生和社会各界的深刻反思，目前，我国的环保工作经历了环境保护滞后于经济发展转变为环境保护和经济发展同步，再进化为经济社会发展与环境保护相协调；由重经济增长轻环境保护转变为保护环境与经济增长并重，再进化为以环境质量改善为核心；由单纯通过行政手段解决环境问题转变为综合运用法律、经济、技术和必要的行政手段解决环境问题，再进化为注重运用市场化的激励与约束手段，将环境风险防控进行综合考量。这三个转变是方向性、战略性、历史性的转变，标志着中国生态环境保护工作进入了以生态环境质量的改善为主，环境保护优先的新阶段。

在环节方面，生态环境政策和制度建设的发展统筹兼顾，体现区域差异性和区域、流域协同性。生态环境政策和制度建设是一个多元化、多层次和不断发展的事业，其模式和过程可能会因国而异、因时期而异，但无论怎样变化，环境政策和制度制定、实施、监督的关系应得到统筹兼顾。立法已成为生态环境政策和制度建设的基础，执法已成为法律实施的手段，监督已成为公正执法的保障，普法和积极守法已成为营造良好法治环境的关键。有权必有责，用权受监督，侵权须赔偿，违法要追究的原则已经得到生态环境政策和制度建设实践的印证。目前，我国的生态环境政策和制度体系建设已经能基本满足生态环境保护的需要，正朝着符合科学发展观和生态文明要求的方向前进。

在措施方面，综合运用经济、法律和必要的行政手段，形成有效的激励约束机制，并注意改革创新措施的全局性、稳定性、实效性、长效性、综合性、衔接性、借鉴性以及科学性。经过四十年的发展，生态环境政策和制度建设措施演变为既注重与政治、经济、社会、文化规则的衔接和协调，注重与国际贸易规则和环境条约的接轨，又注意与民事、行政和刑事立法的衔接，如在新《环境保护法》中规定了环境公益诉讼制度，并通过后续的不断试点与推动，将一开始局限于环境民事公益诉讼的范围扩展到环境行政公益诉讼，并实现检察机关提起公益诉讼的创新突破；既注重对国外成熟经验的借鉴，又注意国内经验的推广，如结合我国环境影响评价制度的实际效果和国外服务政府理念，推动环境影响评价制度改革，简化审批程序，降低行政成本，强调排污单位的主体责任；既注重制度和机制体系建设的完整性，又突出了重要制度和机制的关键作用，以排污许可制度为例，此次排污许可制度改革，实现了排污许可制度核心地位的回归，为发挥其在环境管理体系中的关键作用奠定了基础；既突出公众参与、环境治理体系的建设，又注重对严格的责任追究制度和机制的建设，以 2017 年修订的《水污染防治法》为例，不仅引入了《环境保护法》中新增的按日计罚、查封、扣押、行政拘留、行政处分等严厉措施，同时还结合我国的水污染实际，为排污单位增加了监测责任并提高罚款限额，扩大了惩罚范围。

在实效方面，环境共治格局正在形成，生态保护和环境污染防治的成效巨大。如前所述，经过四十年的建设，生态环境政策和制度建设分别在理念、思路、管理体制、制度措施、机制完善与创新、保障措施等多个方面取得了巨大的成就。具体实效主要体现在：其一，环境治理理念，先进的生态理念不断清晰，成为引领我国生态环境政策和制度建设发展的重要指引，对保护与发展的关系认识更加深刻，认识到人与自然是生命共同体，绿水青山就是金山银山的理念正在牢固树立，抓环保就是抓发展，就是抓可持续发展的理念逐步深入人心。① 其二，在生态环境状况明显改善方面。国务院发布实施大气、水、土壤污染防治三大行动计划，坚决向污染宣战。累计完成燃煤电厂超低排放改造 7 亿千瓦，淘汰黄标车和老旧车 2000 多万辆。13.8 万个村庄完成农村环境综合整治。建成自然保护区 2750 处，自然保护区陆地面积约占全国陆地总面积的近 14.9%。2017 年，全国 338 个地级及以上城市可吸入颗粒物（PM10）平均浓度比 2013 年下降 22.7%，京津冀、长三角、珠三角细颗粒物（PM2.5）平均浓度分别下降 39.6%、34.3%、27.7%，北京市 PM2.5 平均浓度下降 34.8%，达到 58 微克/立方米，珠三角区域 PM2.5 平均浓度连续三年达标。全国地表水优良水质断面比例不断提升，劣 V 类水质断面比例持续下降，大江大河干流水质稳步改善。② 其三，在环境执法方面，取得了巨大成果。2017 年，全国实施行政处罚案件 23.3 万件，罚款数额高达 115.8 亿元，12369 全国联网举报平台共接报处理群众举报近 61.9 万件。其四，在环境司法方面，根据《中国环境司法发展报告（2015—2017）》，截至 2017 年 4 月，全国 31 个省、市、自治区人民法院设立环境资源审判机构 946 个，其中审判庭 296 个，合议庭 617 个，巡回法庭 33 个，环境司法专门化成果显著。党的十八大后，仅 2016 年 7 月至 2017 年 6 月，各级人民法院共审理环境资源刑事案件 16373 件，审结 13895 件，给予刑事处罚 27384 人；共受理各类环境资源民事案件 187753 件，审结 151152 件；共受理各类环境资源行政案件 39746 件，审结 29232 件。

---

① 李干杰：《以习近平新时代中国特色社会主义思想为指导　奋力开创新时代环境保护新局面》，载《环境保护》2018 年第 5 期。

② 同上。

在依据方面，把党内法规和国家立法结合起来，创建了环境保护党政同责、中央环境保护督察、生态文明建设目标考核等特色的体制、制度和机制，把党领导和政府主导下的环境共治、环境管理和市场机制、公众参与和民族文明素质提高、经济增长和促进环境公平、挖掘自身潜力和经济全球化、促进改革开放同保持社会稳定结合起来，把环境保护与全面建设小康社会结合起来，把生态文明建设和政治建设、社会建设、经济建设、文化建设有机结合起来，稳中求进，破解了以前有法难依、执法难严、违法难究的难题，撬动了整个环境保护的大格局，成效显著，也是四十年中国生态环境政策和制度建设的基本经验。

第四节　生态文明基本制度和重大政策建设的问题与挑战

生态文明基本制度和重大政策的改革是对原有生态文明基本制度和重大政策的否定、替代和补充，否定、替代和补充必须具有针对性。生态文明基本制度和重大政策的建设要反省过去、立足现在、借鉴中外、放眼未来。只有这样，其发展才是系统的、开放的、发展的、结合实践的，体现针对性和时代性。在新时代，虽然已经建立与社会主义市场经济基本相适应的生态文明基本制度和重大政策框架体系，我国生态环境质量持续好转，出现了稳中向好的趋势。但由于环境保护全面发力时间较短、区域和行业发展不平衡不充分、环境保护基础能力建设差异较大等原因，取得的成效并不稳固，生态文明建设仍面临突出问题与严峻挑战。这需要针对新挑战和新问题继续改革创新。

一、现实的资源、生态和环境问题与挑战

在国土空间开发和保护方面，有的地方由于无序开发、过度开

发、分散开发，导致优质耕地和生态空间占用过多，环境资源承载能力下降，不同程度地出现了环境污染和生态破坏问题。近年来，我国大江大河干流的水质稳步改善，但仍有少数流域的污染问题没有得到有效治理。有的地方在湿地自然保护区建设大型养殖场，造成生态环境破坏。

在资源总量管理和节约方面，有的地方产业结构和能源结构不合理、资源浪费严重、利用率不高，特别是自然资源及其产品价格偏低、生产开发成本低于社会成本、保护生态得不到合理回报的问题依然存在。近年来，我国天然气、水电、核电、风电等清洁能源消费量占能源消费总量的比例不断攀升，但以煤炭为主的能源结构还没有彻底改变。

在资源有偿使用和生态补偿方面，一些地方落实资源有偿使用和生态补偿等制度不严格，不同程度地存在监管职能交叉、权责不一致、违法成本低的问题。例如，在危险固体废物的收集和处理上，有的单位或企业仍然存在非法填埋、非法转移的问题，对生态环境安全构成威胁。

在生态保护和生态修复方面，存在自然保护区在长期的开发利用过程中被侵占，湿地破碎化的问题。例如，中央环境保护督察组反馈，黑龙江省自然保护区违法违规开发建设问题严重；扎龙国家级自然保护区、挠力河国家级自然保护区、乌裕尔河国家级自然保护区等存在违法违规情况，导致部分湿地、草地等被破坏；自然保护区内违法违规开发问题仍然多见。内蒙古自治区 89 个国家和自治区级自然保护区中有 41 个存在违法违规情况，涉及企业 663 家，且矿山环境治理普遍尚未开展。一些地区传统的粗放式发展方式没有根本改变，如中央环境保护督察组反馈，宁夏自治区贺兰山国家级自然保护区 81 家为露天开采，破坏地表植被，矿坑没有回填，未对渣堆等实施生态恢复，2018 年在中央环境保护督察组的督察下整改力度加大。在 2018 年的中央环境保护督察回头看时，发现江苏省镇江市对长江豚类省级自然保护区保护管理工作长期不重视，在 2016 年中央环保督察后，不但未按照整改要求清理保护区违法违规项目，反而继续加大开发力度，导致江滩湿地被严重破坏。

在环境污染治理方面，一些地方环境保护基础设施建设缓慢，环境问题依然突出甚至环境质量恶化。例如，中央环境保护督察组反馈，2016 年，河北省部分河流水库水质恶化明显，滹沱河石家庄和衡水跨界枣营断面 2015 年化学需氧量、氨氮平均浓度分别比 2013 年上升 63% 和 21%，水质恶化严重，群众意见较大。江苏省连云港市灌云县临港产业区、灌南县化工产业园区企业违法排污问题突出，周边地表水污染严重，七圩闸和大咀大沟化学需氧量分别超过地表水 Ⅳ 类标准约 50 倍和 8 倍等，导致 2018 年环境保护局长出现变更。广西自治区环保基础设施建设滞后，2016 年，36 个自治区级以上工业园区中 24 个尚未动工建设污水集中处理设施。云南省的一些地方和部门没有严格落实大气和水环境治理任务。在 2018 年的中央环境保护督察回头看时，发现不少地方存在敷衍整改、表面整改、假装整改的现象，如河北省沧州市通过在监测断面上游数百米范围内临时投加药剂，快速降低断面水质监测数据，掩盖河道污染问题，甚至在"回头看"期间仍采取这种措施；江西省萍乡市近年来水环境质量持续下降，为了在不采取污染治理措施的情况下实现考核断面达标，治污"另辟蹊径"，将污水直排管绕过国考断面。①

二、现实的生态文明基本制度和重大政策问题与挑战

上述问题和挑战的存在，既有自然的原因，也有政策和制度体系不健全、不接地气等原因。

在生态文明基本制度和重大政策体系的目的方面，需要全面和

① 参见《多地敷衍、表面、假装整改！人民日报：环保整改必须真改》，载 http：//mini. eastday. com/mobile/181027080745805. html。

深入体现生态文明的理念。生态文明进入了党的十八大报告和十九大报告，进入了党章，进入了最近几年的中央经济工作会议文件，进入了所有专门生态文明改革文件，进入了所有制定或者修改的法律的立法目的中。2018 年 7 月，十三届全国人大常委会第四次会议还表决通过了《全国人民代表大会常务委员会关于全面加强生态环境保护依法推动打好污染防治攻坚战的决议》，但是总的来看，目前生态文明基本制度和重大政策对生态文明的体现有必要深化。例如，PPP 机制、长江流域的生态环境执法体制改革、垃圾分类、农村污水处理、湿地的整体保护、国家公园的设立和保护等，急需开展立法；一些法律，如《环境噪声污染防治法》需要修改，在政策和制度之中体现生态文明的要求；急需制定《长江保护法》《黄河保护法》等专门的法律，使现有政策和制度的区域和流域化整合符合生态文明的要求。通过法制建设，才能使生态文明的理念得到法律的规范和支持，生态文明体制改革才能走得远。也只有这样，生态文明的理念才可能深入所有的领域，才能推进五大发展理念的统一，推动"五位一体"发展格局的形成。

在生态文明基本制度和重大政策体系的内容方面存在一些欠缺。目前，虽然《生态文明体制改革总体方案》规定了八大制度体系，但是在具体构建这些政策和制度体系时，发现一些政策和制度欠缺。一是具有更高法律效力的《排污许可条例》并未出台，排污许可统筹各部门环境监管的效果还不充分；排污权有偿使用、排污权交易制度还没有全面推广。二是《规划环境影响评价条例》没有修改，针对工业园区、开发区的环境影响评价仍然缺乏法律依据；建设项目的简政放权和区域开发的环境风险控制仍然没有得到有效衔接，一些地方的规划环境影响评价仍然虚化。三是生态环境损害赔偿、生态补偿方面的改革措施目前没有通过专门立法体现在行政法规层面，对于环境保护所发挥的作用有限。四是生态保护的综合性立法欠缺，国家公园管理改革措施没有巩固为法律或者行政法规，《自然保护区条例》没有被修改，不适合新形势的需要。五是按照流域进行资源、环境统筹的流域立法目前没有出台。六是湿地保护立法、国家公园保护立法、化学品环境安全立法目前欠缺。七是环境执法和司法的政策和法律不完善，如环境公益诉讼，特别是跨区域的环境公益诉讼在诉讼受理、损害赔偿资金管理方面，仍然缺乏法律上的明确规定；在环境执法和司法实践中，因环境污染行为具有瞬时性，而后果具有复杂性和长期性，对证据的取得、后果的认定、损失的鉴定、因果关系的认定或推定等事项，存在很大的难度，是实践中急需解决的问题。而目前的国家立法和司法解释，缺乏系统的具有可操作性的规定，各地做法不统一，应继续出台指导性的法律规定或者司法解释。八是环境保护措施的出台和标准、计划的趋严，缺乏一个整体的规划，企业履行主体责任时，心里没底，大投入之后担心马上又变要求，不知投入是不是打了水漂。在这点上，企业对生态环境部门的批评声音较大。这可能与中国正处于转型期，未来发展具有不确定性，生态环境部门对环境问题的阶段定位难以清晰有关。九是在新时代，环境保护工作也具有新的特点，对于环境污染强制保险、环境信用管理、环境管家服务、环境保护产业化等新型工作，缺乏专门的制度和重大政策。下一步，需要以生态文明为指导，对生态文明政策体系和制度体系进行整体的规划，查漏补缺。

在生态文明基本制度和重大政策体系的结构方面，一些政策和制度发展不均衡。主要的表现是信息公开、公众参与、环境经济激励、环境公益诉讼的政策和制度的比重有必要加强。在公众参与方面，一是公众参与程度仍然较低，参与模式单一。目前，公众参与的程度大多局限于通过政府部门公布环境信息的被动接受，采取的方式也主要是对违法行为的举报或是对环评、法规等提出相应的建议，距离真正参与到环境治理中尚存不足。二是环境保护社会组织出现两极分化的现象，一些组织在环境保护事业中发展壮大，一些组织的社会影响越来越弱，环境保护社会组织的数量仍然偏少，影响力总体仍然偏弱，建设性总体不足，作为全社会环境保护的参与和协调组织，难以填补政府、公民、中介技术服务组织和企业之间的角色空白，亟须立法予以经济、技术等方面的支持。在生态环境监管方面，一些地方经济社会发展绩效评价不够全面、责任落实不到位，不同程度地存在环境保护的形式主义、官僚主义等问题。例如，中央环境保护督察"回头看"发现，一些地方生态环境治理进展滞后，存在"虚假整改""表面整改""敷衍整改"等问题。对于这些问题的解决，有必要发挥社会的监督作用，以弥补体制内监督的不足。

在生态文明基本制度和重大政策体系的关系方面，需要优化目前的政策和制度矩阵体系。一是即使 2018 年采取了大部制改革，部门分割的现象仍然存在，需要协调不同部门的政策和制度体系。例如，按照部门的名称，生态环境部有生态监管的职责，但是生态环境保护和生态环境修复的工作抓手，如森林、草原、湿地、海洋等领域的生态保护，在自然资源部。因此，必须优化自然资源、生态保护和环境保护方面的政策和制度矩阵体系，衔接相互之间的关系，发挥各自的积极性，整体提升生态文明的综合绩效。二是生态文明基本制度和重大政策体系需要与政治、经济、社会和文化领域的基本制度和重大政策体系在不同层面上开展衔接和协调工作，使生态环境保护得到各方面的支持，使生态环境保护也成为各方面工作的合理约束。在调研中发现，地方各部门虽然口头上都很重视生态环境保护，但是在具体的工作推进中，不难发现，主要还是生态环境保护部门在单打独斗。所以，在未来，必须强化政治、经济、社会、文化与生态文明建设政策和制度的整合及相互渗透，使一岗双责真正落实到位。三是把生态文明基本制度和重大政策体系运用到长江经济带、京津冀地区等具体的流域、区域时，需要面对特殊的问题，开展政策和制度的整合式创新，形成特殊的制度和机制。但是目前京津冀一体化发展在产业结构调整、产业结构协调、生态环境的协同保护方面，效果有待提升。从中央生态环境保护督察组的反馈就可以发现这一点。

在生态文明基本制度和重大政策体系的功能方面，引导功能存在一些欠缺。最近几年，生态文明基本制度和重大政策体系的构建，在环境监测、环境应急、环境追责等方面做了很多工作，体现了政策和制度的预防功能和制裁功能，但是在政策和制度的引导性功能方面，存在一些欠缺，如最近几年，有关部门和有关地方出台的环境保护标准、环境保护行动方案等，采取的措施比较急，提高的标准也有些急，企业上马设备需要资金、土地，而且不同部门的措施要求可能相互冲突，导致一些企业适应不了，意见比较大。这需要进一步强化政策和制度体系的统一协调和规划预期功能，让企业吃下定心丸，促进经济和生态环境保护的协调。

在生态文明基本制度和重大政策的能力建设方面，由于经济和技术基础不足，导致一些生态文明基本制度和重大政策的要求难以全面实施。根据 2017 年中央环境保护督察组的反馈，一些地区传统的粗放式发展方式没有根本改变，绿色发展的能力差，如宁夏自治区贺兰山国家级自然保护区 81 家为露天开采，破坏地表植被，矿坑没有回填，未对渣堆等实施生态恢复；内蒙古矿山环境治理普遍尚未开展。广西自治区全区环保基础设施建设滞后，36 个自治区级以上工业园区中 24 个尚未动工建设污水集中处理设施。河北省环境保护基础设施建设缓慢，部分河流水库水质恶化明显，滹沱河石家庄和衡水跨界枣营断面 2015 年化学需氧量、氨氮平均浓度分别比 2013 年上升 63% 和 21%，群众意见较大。大气污染防治虽然取得了举世瞩目的成绩，但是从总体上来讲，大气污染防治还处在"靠天吃饭"的状态，天帮忙，空气质量就好一点，天不帮忙，雾霾就比较重。①

_____

① 参见 2018 年 3 月环境保护部部长李干杰在全国"两会"新闻发布会上的讲话。

这说明无论是环境督察，还是环境保护专项督查，治标的成分多一些。治本还得依靠经济和经济能力的增强，而这是难以一下子实现的，因此，治本的能力需要继续加强。雾霾经常来临，说明环境法治的空间还很大，未来要做的事还很多，2018 年及以后需要继续严格执法、规范执法、精准执法，辅之以党政同责机制的进一步创新，用新环境保护法律法规的要求，倒逼地方企业通过技术提升、改造，提高环境保护的资本能力。

在生态文明基本制度和重大政策的实施方面，存在以下问题：一是"一刀切"式执法、形式主义、事前监管弱化。在中央环境保护督察中，地方政府为了应付督察，采取"一刀切"的形式执法，直接关停排污企业，甚至关停一些民生服务项目，对人民的生活造成极大的影响。二是在实际的执法中形式主义盛行，地方部门"遇上困难绕着走，不敢于作为，不敢于担当"。① 上级监管部门将难以执行的职权下放至下级监管部门，而下级监管部门并不具备相应的人力、物力水平，这就使得环境法律法规的贯彻落实大打折扣。三是事前监管弱化。尽管有了"三线一清单"和地区的产业准入负面清单制度的初步把关，一些落后的产业被卡在门外，但是一些地方环境影响评价制度的实施，被政府以简政放权的名义，在时间上和程序上放水，审批质量堪忧。有的要求环境影响评价表一天内审批，而在一些地方，科技支撑明显不足。经过调研发现，全国市县两级环境影响评价审批的技术支撑力量严重不足，难以保证其效果。为此，原环境保护部在 2017 年下半年开展对地方环境影响评价的督导，取得了一些成绩。但是要想彻底扭转轻视环评的现象，还得继续努力。

---

① 李干杰：《以习近平新时代中国特色社会主义思想为指导　奋力开创新时代环境保护新局面》，载《环境保护》2018 年第 5 期。

三、结语

在新时代，中国特色的生态文明建设道路会越来越清晰，生态文明基本制度和重大政策体系会越来越健全。与之相适应，中国的环境保护标准要逐步提升，环境执法要越来越严格，环境司法监督要越来越深入，环境监督要越来越有力，环境信息公开要越来越全面，公众参与要越来越有序和有效，环境守法会成为常态。在此进程中，一些生态文明基本制度和重大政策的改革措施将被巩固夯实，一些改革措施将被不断创新，一些改革措施将以点带面推广，一些制度和重大政策的实施将获得新的成效。

第五节　生态文明基本制度和重大政策改革需稳中求进

一、生态文明基本制度和重大政策建设的时代背景与改革逻辑

2005 年《国务院关于落实科学发展观加强环境保护的决定》在国家层面首提倡导生态文明，党的十七大把生态文明建设纳入全面建设小康社会的奋斗目标体系，党的十八大把生态文明建设纳入全面建成小康社会的奋斗目标体系，并纳入"五位一体"的大格局。自此，生态文明正式进入经济和社会发展的主战场。党的十八届三中全会启动了生态文明体制改革，尽管面临巨大的环境保护与经济协调发展的挑战，但在党中央的高度重视和坚强领导下，经过各方面的努力，绿色发展观已经建立，生态文明理论已经体系化，资源能源节约、环境友好等生态文明制度体系的四梁八柱基本建成，成效不断地显现，生态文明新时代正在来临。

这些辉煌成就的取得是有其时代背景和改革逻辑的。时代背景是，党的十八大之后至 2030 年前后，中国处于不断发展的转型

期，这个转型期既是最佳的经济和社会发展改革窗口期，也是最佳的生态文明体制改革窗口期，不容错失。改革逻辑是，建立系统的生态文明理论，通过灌输、自发到自信、自觉，培育生态文明理念；通过打击生态环境监测数据造假保证环境与发展决策及生态文明建设目标评价与考核的真实性；通过环境保护党政同责及与之配套的区域生态文明建设目标评价与考核、党政领导干部自然资源资产离任审计、中央环境保护督察、党政领导干部生态环境损害责任追究等机制来走出环境保护监管监察不力的困境；通过生态补偿、生态环境损害赔偿、行政拘留、按日计罚、引咎辞职等严厉的环境法律责任和严肃的党内纪律惩治机制来保证法律的充分和公正实施；通过信息公开、公众参与和司法介入来调动各方面的力量与资源促进环境共治，使环境保护真正进入"五位一体"的大格局，使经济社会发展与环境保护进入良性互动的协调发展格局。

二、生态文明基本制度和重大政策改革需稳中求进

今后五年乃至 2030 年前后，我国经济和社会正处于由总量型向质量型转型的窗口期，不容错失。转型会产生阵痛，若考虑周全，转型成本会小些。党的十九大后，中国在深度融入国际经济发展时代潮流的同时，要研究发达国家的环境和发展协调背景与逻辑，分析中国作为后发追赶国家如何促进环境保护与经济发展的协调，统筹好国内和国际两个环境保护与经济协调发展的大局。中国的经济体量目前很大，生态文明体制改革的总体承受能力强，但从另一个角度看，风险也大。目前，中国正进入技术和经济发展的瓶颈期，一些行业发展处于艰难期，但是困难是阶段性的，不能因为困难而不改革，不要发展。要充分估计目前遇到的困难和问题，实事求是地改革，不要超越承受能力搞冒进。为此，需要总结经验和教训，以新思想和新观点为指导，对未来直至中华人民共和

国成立 100 周年的重大形势和发展路径作出判断，稳步推进生态文明建设和体制改革，使建设和改革在实践中不断迸发新的活力，释放新的红利。只有这样，在世界环境共治的格局中才能解决中国自身的环境问题，用中国环境治理模式体现大国智慧和大国责任，讲好中国故事。

生态文明的内涵包括生产发展、生活富裕、生态良好。单纯地搞好环境保护很容易，对企业进行限产和停产就行了；单纯地发展经济、提高国民收入也很容易，所有的企业开足马力生产经营就行了，但要实现生产发展、生活富裕、生态良好的多赢式发展就艰难了。在生态文明建设的地方实践中，需要各地有发展的依托、发展的特色、发展的优势和发展的抓手，特别是有发展的创新点和适合自己的转型战略，这很考验地方党委和政府的执政能力，稍有闪失便会双输，因此生态文明建设和体制改革要立足基本国情与区情，既不违背经济规律，也不违背环境保护和技术发展规律，要坚持稳中求进、稳中求新，既要发扬长项，也要动态地补足短板，让短板变长、长板更长，整体提升生态文明建设的内生动力。

三、生态文明基本制度和重大政策改革如何继续稳中求进

从技术规律和经济规律来看，环境保护要求的提升具有阶段性。这种阶段性的周期律，通常表现为创新期、积蓄与上升期、稳定发展期、发展瓶颈期。在一个周期之内，环境质量不可能一直往上走。要想突破，须要有新的经济基础、技术基础作为支撑。在新的经济条件支撑下，在重大技术创新的支持下，环境保护要求可以进一步提升。在经济发展的瓶颈期，可以通过严格执法倒逼企业加强环境保护，但如果环境保护的标准和要求冒进或者大跃进，超越企业和社会的承受能力，将不利于企业渡过难关。在目前的经济和技术条件下，2014 年修订的《环境保护法》和环境保护党政同责体制、制

度和机制实施以来，此轮环境保护要求、措施的效用已基本用尽，难以有进一步的突破空间。目前，中国正进入技术和经济发展的瓶颈期，不要超越国情和区域经济和社会发展实力全面提高环境保护的目标、标准和要求，应严格执行现有的要求和标准，保证现有的法律要求得到全面的遵守，抓基础，抓全面，让所有的企业实现达标排放，从全局层面整体提升环境保护的效果。

在技术和经济创新的推动下，下一个经济和技术发展的周期一旦来临，可以进一步整体提升环境保护的目标、标准和要求。如果不给经济发展一个整理期和消化期，不培育和积蓄环境保护所需要的经济基础，而生态环境部门一味地持续提升改善环境质量的目标，发展和改革部门一味地提升经济发展总量，不基于经济和技术发展战略协同建立环境保护和经济发展企业发展的战略目标，不夯实经济基础和遵守环境法律法规的能力，今后还会出现环境政策实施"一刀切"的不正常现象，不仅会挫伤经济的元气和企业创新发展的动力，也危及环境的持续保护。这需要基于 2020 年、2030 年和 2050 年三个时间节点的经济和社会发展的战略目标，设计与战略目标实现节奏一致的环境保护目标，制定符合经济发展和技术发展实际的环境保护标准与要求提升战略。从目前各方面反映的环境保护执法"一刀切"现象来看，这一战略需要改进或者完善。

四、结语

党的十九大后，可以考虑对现行的生态文明建设和改革措施进行全面的评估，扬长补短，针对现实的重点难点问题、制度构建的薄弱环节和体制、制度运行中的梗阻问题，加强体制优化、制度整合和机制创新，确保生态文明建设与体制改革在生态文明新时代不断取得更大的实效。在下一步的生态文明建设和改革中，要倾听各方面的意见，边建设边改革，基于城乡差别，东中西部地区差别，第一、二、三产业差别开展目标和政策的分类施治，不搞"一刀切"。建议中共中央、国务院组织力量对"大气十条""水十条"设立的目标、实施战略与方法进行评估，对于不符合国家和区域经济和科技发展规律的目标、战略、标准与要求要予以修正。对于环境保护目标和政策的制定，要开展区域和行业的经济承受能力评估，建立经济可行的环境保护标准和要求制度。

第二章　生态文明基本制度和重大政策面向 2035 年的发展方向与走势

第一节　以成效为导向看新时代生态文明基本制度和重大政策的发展方向与走势

改革开放四十年特别是党的十八大以来，各级党委和政府在环境保护、绿色发展方面久久为功，生态环境质量出现稳中向好的趋势，侵占自然保护区、破坏湿地、污染环境的现象被大力遏制，环境保护的形式主义和地方保护主义正在被克服，一批综合和特色的国家公园已经建立，一些植物物种正在恢复，一些消失的野生动物重新出现，生物系统的稳定性在休养生息中得以增强。在能源革命方面，2017 年全国能源消费总量比上年增长约 2.9%。天然气、水电、核电、风电等清洁能源消费占能源消费总量比重比上年提高约 1.5 个百分点；加强散煤治理，煤炭所占比重下降约 1.7 个百分点，比五年前下降 8.1 个百分点，清洁能源消费比重比五年前提高 6.3 个百分点。五年共提高燃油品质，淘汰黄标车和老旧车 2000 多万辆。单位产品能耗多数下降，39 项重点耗能工业企业单位产品生产综合能耗指标中 8 成多比上年下降。其中，合成氨生产单耗下降 1.5%，吨钢综合能耗下降 0.9%，粗铜生产单耗下降 4.9%，火力发电煤耗下降 0.8%。在京津冀地区，煤改气、煤改电取得了重大进展，在取暖季节对于缓解区域大气污染起了较大作用。在污染治理方面，京津冀、长三角、珠三角等重点区域 2017 年的细颗粒物（PM2.5）平均浓度比 2013 年分别下降 39.6%、34.3%、27.7%，分别达到 64 微克/立方米、44 微克/立方米和 35 微克/立方米。总的来看，按照中央的判断，我国的生态环境保护正发生历史性、转折性、全局性变化，全社会的生态环境质量改善的获得感不断增强，生态文明的理念不断深入民心，生态文明建设和体制进一步深化改革的共识已经形成。

党的十九大后，中国进入绿色发展史上的重要转承期，既要完成 2020 年的绿色发展目标，也要为 2035 年乃至 2050 年的绿色发展目标奠定基础。为了巩固这些生态环境保护成果，就必须结合现实需要，对现有的起作用的生态环境保护重大政策和主要制度进行坚守甚至强化和完善。经过梳理，在过去的几年，发力的生态环境保护重大政策和主要制度措施包括：

一是通过实行环境共治，发挥地方党委在环境保护大局中的决定性作用，发挥地方人民政府的执行作用，发挥人大的权力监督和政协的民主监督作用，发挥司法机关的监督尤其是公益诉讼审判的作用，发挥社会组织和公民的参与和监督作用，发挥企业的主体作用，在分工之中开展环境保护大合唱的管理和监督格局正在形成。为此，在 2035 年前，特别是转型期，必须继续强化环境保护党政同责制度，创新中央生态环境保护督察制度，落实生态文明建设目标评价考核制度、自然资源资产负债表制度、自然资源资产离任审计制度，创新人大的权力监督制度，试点政协有效的民主监督制度。在公益诉讼方面，可以在时机合适时，在部分地区扩大社会组织的环境民事公益诉讼起诉权，建立地方党委和政府及其有关部门的生态环境保护权力清单制度。

二是通过优化区域的空间发展格局，区域环境风险正在通过规划环境影响评价和建设项目环境影响评价的衔接实施得到控制。为此，在 2035 年前，特别是转型期，必须科学划定和严守生态保护红线，科学划定生产空间、生活空间和生态空间，实现"三生"空间的有机协调，既不约束经济的高质量发展，也不危及区域的生态安全。在空间管控方面，首先，该地要结合本地特点，出台产业准入条件。在环境容量紧张的地区，要针对新建、改建项目主要污染物总量设立准入条件。地方人民政府也可以针对企业准入设定投资总额、亩均税收、能效等要求。规划环境影响评价在改革时，必须与建设项目环境影响评价衔接，必须制定区域开发利用空间管控措施、环境准入负面清单、环境质量底线、污染排放总量、污染物容纳能力、污染物集中处理设施建设等宏观调整措施；明确工业园区必须进行环境影响评价，必须采取区域环境保护"三同时"措施。区域环境保护"三同时"措施必须开展环境保护设计和验收。应简化程序，明确不需要进行环境影响评价的项目、扩大编制环境影响报告表项目的范围。

三是通过打击数据造假，建立全国生态环境监测网络建设，保障了生态环境保护判断、决策和考核的真实性、准确性，倒逼地方人民政府开展转型升级。为此，在 2035 年前，特别是转型期，必须吸取山西临汾和陕西西安环境监测数据作假窝案的教训，强化生态环境监测制度改革，确保数据采集的一体化、及时性和准确性。在体制建设方面，推进省以下环境监测垂直管理制度；在法律责任方面，加强对环境监测数据作假或者影响环境监测数据准确性的责任追究。

四是试点环境管家服务，通过对中介组织和企业推行环境信用管理，填补政府监管和企业主体责任之间的技术支撑缝隙。环境影响评价机构和环境监测机构的专业化深度介入，有利于减少环境监管机构的工作任务，使监管回归本位。为了让中介技术服务机构发挥作用，目前，各省、市、自治区生态环境部门都在针对环境保护中介技术服务机构开展改革，通过信用管理制度建设促进行业运行的规范化。如南京市一些园区的管委会就购买第三方公司的环境监测服务。为了保障环境监测数据的真实性，要求监测机构保存监测时的原始材料、数据和视频资料备查，并对监测机构和环评机构开展信用评估，定期公开这些机构的信用等级，供市场参考。在 2035 年前，特别是转型期，必须规范中介组织的发展，发挥其对于企业遵守主体责任的科技支撑作用。为此，今后要健全立法，对环境影响评价机构和环境监测机构实行信用评估，建立技术服务机构和建设单位连带的信用管理制度，凡是环评弄虚作假的、凡是环境监测作假的、凡是环境保护承诺弄虚作假的，在全国范围内实行严厉的连带惩戒；强化质量监管，对环评文件质量低劣的，实行环评机构和人员双重责任追究。建议制定环境保护第三方监理立法，明确环境监理的概念、内容、程序和法律效果；取消环境影响评价、环境监测和环境服务机构的资质，改为对企业实行业务条件制和业绩管理制。符合一定条件的技术服务机构，就可以开业运行。在环评机构管理方面，中介技术服务机构要对环评结论、监测结论和咨询结论终身负责。

五是通过环境许可管理，使区域以环境质量管理为核心的环境法律制度得以有效实施；通过生态文明建设目标评价考核，生产发展、生活富裕、生态良好的发展模式正在确立。为此，在 2035 年前，特别是转型期，无论是大气污染防治，还是水污染防治和土壤污染防治，都必须贯彻以环境质量改善为目标的政策和制度体系。在政策和制度体系的构建中，应当贯彻环境影响评价、生态环境保护许可、自然资源产权管理、生态环境保护监督等管理制度的衔接和并重。如在环境污染防治的政策和法律中，应当以排污许可管理为核心。无论是环境影响评价、"三同时"、排污总量控制、排污权交易、现场检查、环境影响后评价等制度的实施，都应当以排污许可制度为核心。也就是说，排污许可制度对于企业科学、忠实履行主体责任具有重要的作用。对于各级行政区域，地方党委和政府要尽职履责，就要结合各自的主体功能区定位，进行共同但又有区别的评价考核体系，如对于青海的一些地区，工业不发达，就应当侧重考核生态保护；对于一些工业地区，可以按照现有的规定，既考核绿色经济、绿色生活、生态环境保护投入、环境质量，还要考核生态保护的情况。

六是通过中央环境保护督察、环境保护专项督查，环境保护党政同责、一岗双责、失职追责的机制正在发挥更大的作用，"小散乱污"型企业正在被清理整顿，产业结构正在科学调整，工业技术正在转型升级。为此，在 2035 年前，特别是转型期，必须通过地方环境保护责任制的落实，强化中央环境保护督察、中央环境保护督察回头看和环境保护专项督查，通过经济手段继续清理"散乱污"企业，优化空间开发利用布局，要求环境保护不达标的企业在规定的限期内转型升级，达到规定的绿色经济绩效和环境保护要求。对此，必须加强对中央环境保护督察制度、环境保护权力清单制度、企业和政府环境保护责任追究制度、企业退出和转型升级制度、区域环境保护定量化考核和追责制度等政策和制度的改革。

七是加强生态环境监管执法队伍建设，促进严格执法。在全国环境执法大练兵的基础上，通过狠抓党建和执法队伍建设，促进执法的规范化、制度化和程序化，全面提升环境执法监察的水平和实效。为此，在 2035 年前，特别是转型期，可以把环境保护监管能力的提高和监管规范化作为工作重点，如实施新时代的生态环境保护监管能力规划制度，在全国层面，科学定任务、定编制、定经费、定岗位，确保依法行政和依法监管。要加强环境保护监管的专业化和监管设施、设备的建设，让环境保护监管队伍能够成为尽职履责的铁军。为了促进尽职履责，下一步应当健全尽职免责的制度，让生态环境保护铁军敢于执法、敢于监管。

八是采取适当的环境经济激励方法，促进企业和区域守法，优化资源配置，减少环境污染和资源消耗。下一步，应当加强资源费的改革和环境保护税的改革，真正体现少消耗资源少缴税、少污染环境少缴税的经济调整目的。在金融、保险机构参与企业环境管理方面，试点推行一些领域的环境污染责任强制保险。在试点领域之外，鼓励企业自愿参与环境污染责任强制保险。鼓励银行加强对企业的环境信用考核及基于环境信用的有差别的信贷制度，鼓励保险机构加强对企业的环境信用考核及基于环境信用的有差别的保险制度。鼓励金融机构和保险机构成立专门的环境技术评估、风险评估机构，或者聘请专门的机构，加强对服务对象的环境管理和风险排查。目前，一些地方正在采取区域自然资源资产负债表和绿色审计制度进行区域的生态环境保护考核和奖惩，作用比较大，值得在全国推广。例如，湖北鄂州在规定的区域内发展高质量的工业，在其他区域严格生态保护，将一些污染环境和破坏生态的产业淘汰出去。在此基础上以自然资源资产负债表的数据作为对区域进行经济奖惩的依据，如鄂州市明确将水流、森林、湿地、耕地、大气作为生态补偿的五大重点领域，通过"谁污染、谁补偿、谁保护、谁受益"的正向激励机制，构建起市域内生态保护者与受益者良性互动的多元化补偿机制。补偿金的计算方法一般是采取生态服务价值和获得生态服务价值相互折抵的方式综合计算，如果总体上属于生态服务的获得者，那么就应当付费。2017 年，梁子湖区分别支付鄂城区和华容区 657 万元、942 万元；鄂城区须分别支付梁子湖区和华容区 17164 万元、8131 万元；华容区须分别支付梁子湖区和鄂城区 9594 万元、3172 万元。互相冲抵之后，梁子湖区应分别从鄂城区和华容区得到 21466 万元和 3693 万元。考虑到这项工作刚起步，鄂州市先按实际提供生态服务价值 20% 的权重实施生态补偿，即 5031 万元。同时，市财政承担 70%，区级承担 30%。最终，鄂城区出了 1288 万元，华容区出了 221 万元。总的来说，2017 年，梁子湖区获得生态补偿资金 5031 万元；2018 年，获得生态补偿资金 8286 万元，成为生态补偿的最大受益者。① 这个机制会倒逼企业将绿色发展落到

---

① 参见禹伟良、卞民德、范昊天：《湖北鄂州探索生态价值实现路径 呵护绿水青山 构建生态补偿机制》，载《人民日报》2018 年 11 月 2 日。

实处，大力发展环境污染小、资源消耗少的产业。按照鄂州市的路线图，生态服务价值的权重比例将逐年增大。市财政的补贴比例也将逐年降低，直至完全退出。

第二节 以问题为导向看新时代生态文明基本制度和重大政策的发展方向与走势

一、从现实的环境问题看新时代生态文明基本制度和重大政策的发展方向与走势

在 2018 年 5 月的全国生态环境保护大会上，习近平总书记指出，总体上看，我国生态环境质量持续好转，出现了稳中向好趋势，但成效并不稳固。习近平总书记关于成效还不稳固的判断是非常准确的。我国环境问题的积累，从改革开放到今年是 40 周年，积累了40 年，环保措施一直在采取，但是以前主要是防御战，污染防治和生态保护工作很被动，很多措施和手段都采取了，但是效果并不尽如人意。西方发达国家治理环境污染有的二十多年，有的三十几年，但是我们才用三年多的时间，就取得如此成绩。数据可以说明一切，根据国家统计局发布的数据，PM2.5、氮氧化物、硫氧化物、水污染物的排放，这几年都大幅减少。但是有一点值得注意的是，中央生态环保督察在 2018 年前主要是解决生态文明建设特别是生态环境保护的态度是否端正问题，治标的成分多一些，要治本还得靠各地绿色发展的基础和能力。

自 2012 年起，雾霾污染开始严重化，环境污染物的排放总量正处于历史高位，复合型污染的特征更加明显，环境质量状况非常复杂。党的十八大是中国绿色发展史上的重要转折点。通过几年的努力，生态文明建设取得了重大进展，但是中国目前仍然属于发展中国家，区域发展差异大，环境保护全面发力的时间短，整体的技术

实力和经济实力离发达国家还有较大的差距，因此，我们在看到巨大成绩的同时，也应看到生态环境保护的形势仍然严峻，存在如下问题：

一些地方和部门对生态环境保护认识不到位，责任落实不到位；经济社会发展同生态环境保护的矛盾仍然突出，一些地区生态退化依然严重，环境资源承载能力下降，有的已经达到或接近上限；区域和行业特别是东部地区与西部地区发展不充分、不均衡，一些地方仍然在发展黑色经济；一些地方产业结构偏重、能源结构偏重、产业分布偏乱；环境保护的形式主义和地方保护主义根深蒂固，区域之间的污染转移时有发生；城乡区域统筹不够，新老环境问题交织，区域性、布局性、结构性环境风险凸显，重污染天气、黑臭水体、垃圾围城、生态破坏等问题时有发生；传统的环境污染治理形势严峻，新业态导致的环境污染和资源浪费问题纷纷涌现；在环境保护的基础设施和能力建设方面，污水收集管网的建设、污水处理设施的建设、垃圾收集和储运设施的建设，总体上不足；一些地方和部门生态环境保护工作平时不用力，到时候用"一刀切"来应付。在具体的问题方面，我国的单位 GDP 能耗仍然是发达国家的两倍；生活污染仍然很重，1 吨散煤的燃烧相当于 15 吨燃煤电厂所产生的污染；汽车尾气成为一些城市的主要污染源，汽车运输的比重多，能源浪费和环境污染的问题大，柴油车污染占机动车的 60% 以上；生活污水的收集处理能力仍然不高，一些已经建成的污染治理设施因为运转经费困难出现晒太阳的现象；危险固体废物的收集处理能力低，尽管打击严厉，非法倾倒问题仍然比较突出；土壤污染容易，但是防治代价高，污染的地方大多是贫困地区，土壤污染防治和农民脱贫致富、乡村振兴结合的难度大；秸秆焚烧产生的污染难以真正解决；因为出口的产品技术含量整体不高，所以在巨大贸易顺差的背后，是巨大的环境逆差。这些问题，成为重要的民生之患、民心之痛，成为经济社会可持续发展的瓶颈制约，成为全面建成小康社会和制约经济社会进一步可持续发展的明显短板。从这些问题可以看出，中国的生态环境保护基础还不牢固，生态文明建设面临的挑战仍然巨大，必须按照国务院办公厅 2018 年 10 月发布的《关于保持基础设施领域补短板力度的指导意见》，通过能力建设来夯实基础，补足短板。

转型期是发达国家普遍采取的环境治理时期。这一时期有一定的技术和经济基础，可以解决历史的环境污染和生态破坏存量，并可以控制环境污染和生态破坏的增量，为未来的绿色发展打下基础。总的来说，目前正是中国的转型时期，也是环境保护的攻坚期、关键期，当然更是生态环境保护的窗口期。也就是说，我国生态环境保护的行动部署和转型升级步入更高发展阶段的时机是契合的。我国的生态环境保护时期和发达国家当年发力治理环境污染的时机也是基本同步的。为此，国家应当凝聚各方面的共识，针对上述问题，按照《中共中央　国务院关于全面加强生态环境保护　坚决打好污染防治攻坚战的意见》的规定，开展政策和制度建设，如加大力度、加快治理、加紧攻坚，在 2020 年年底前打好柴油货车污染治理、城市黑臭水体、渤海综合治理环境保护、长江保护修复、水源地保护、农业农村污染治理等重大环境保护战役，针对每类战役制订攻坚计划和考核办法，合理确定总目标和年度任务，实行中期考核和终期验收，并采取奖惩措施和督察措施予以保障，通过动真格，确保生态文明建设的成效更加稳固。只有成效显著并且稳固了，才能调动全社会的主动性和积极性，生态文明建设和体制改革才能得到最广泛的拥护和支持。

不过，"十三五"期间乃至 2035 年美丽中国基本实现前，尽管在不同的阶段会有不同的环境污染防治速度，但是生态环境保护工作会一直在夹缝中前行，治标与治本同步推进，环境保护治理措施与经济协调发展同步推进。2020 年前，因为要打赢蓝天保卫战，打好渤海湾环境综合整治等环境污染防治攻坚战，艰巨性会前所未有。

二、从现实的政策和制度问题看新时代生态文明基本制度和重大政策的发展方向与走势

在生态环境保护重大政策和制度的建设和实施方面，目前出现了一些问题，需要通过政策和制度改革的方法予以解决或者强化：

一是各区域生态文明理念的培育不深入，存在两极分化的现象，信息公开有待加强，公众参与程度有待加深。因为条件、基础的不同，在发达地区，生态文明理念的发展正进入自信和自觉阶段，环境保护成为社会共识。而在广大的欠发达中西部地区，生态文明理念仍然处于灌输和自发阶段，环境保护的工作压力层层衰减。在环境共治方面，信息公开制度的实施不全面，公众参与不充分，参与模式单一，环境保护社会组织出现两极分化的现象，影响力总体仍然偏弱，难以填补政府、公民、中介技术服务组织和企业之间的角色空白，亟须经济、技术等方面的支持；促进环境保护多元共治的体制机制和重大政策尚不健全，靠监管来解决监管问题的现象比较突出，行政成本仍然居高不下。公众参与程度仍然较低。为此，在 2035 年前，特别是转型期，按照《生态文明体制改革总体方案》提出的"树立尊重自然、顺应自然、保护自然的理念，生态文明建设不仅影响经济持续健康发展，也关系政治和社会建设，必须放在突出地位，融入经济建设、政治建设、文化建设、社会建设各方面和全过程"和"树立绿水青山就是金山银山的理念，清新空气、清洁水源、美丽山川、肥沃土地、生物多样性是人类生存必需的生态环境，坚持发展是第一要务，必须保护森林、草原、河流、湖泊、湿地、海洋等自然生态"，加强生态文明理念培育和考评的制度构建工作。

二是区域和行业发展不均衡，生态文明建设的能力发展不均衡。一些地区产业结构偏重、能源结构偏重、产业分布偏乱、环境资源承载能力下降的问题需要予以长效的解决。发达地区已经进入后工业化时代，绿水青山和金山银山相互转化，生态文明建设进入良性

循环。但在一些中西部地区，经济和技术发展落后，环境保护基础设施建设滞后，环境污染治理和生态修复的历史欠债多，生态文明建设的内生动力不足，难以适应产业转型升级和布局优化的要求。一些地区传统的粗放式发展方式没有根本改变，绿色发展的能力差，仍然在发展黑色经济，接受发达地区污染型产业的转移。党的十九大报告正视了我国上述问题，指出"中国特色社会主义进入新时代，我国社会主要矛盾已经转化为人民日益增长的美好生活需要和不平衡不充分的发展之间的矛盾"，生态环境问题与民主、法治、公平、正义、安全等一起被纳入社会主义初级阶段的主要矛盾。下一步，为此，在 2035 年前，特别是转型期，按照《生态文明体制改革总体方案》提出的"树立空间均衡的理念，把握人口、经济、资源环境的平衡点推动发展，人口规模、产业结构、增长速度不能超出当地水土资源承载能力和环境容量"，要按照绿色发展和高质量发展的要求，通过健全完善发展与环境保护相协调的政策和制度体系，来解决环境与发展的协调共进问题。

三是环境保护和经济发展的协调能力有待提升。环境保护既不能违背环境保护规律，也不能违背经济发展的规律，而环境与发展综合决策体系不健全，一些环境保护标准、规划和行动计划的制订缺乏经济损益的分析，缺乏区域和领域的灵活性，历史遗留问题和现实能力一揽子解决的考虑不足，一些地方出现执法"一刀切"现象，科学性有待加强；以环境质量管理为核心的环境管理模式，遇到区域之间发展的不均衡，如果环境保护目标、政策和行动计划不具有灵活性，容易产生中央政策和标准在地方实施的"一刀切"；区域城市群产业定位不协调，区域绿色发展的拉动作用继续加强，区域和流域生态环境保护的协调性不足，难以解决区域大气和流域水环境问题。为此，在 2035 年前，特别是转型期，建议制定环境标准和环境保护行动计划提升的宏观战略，积极稳妥推进经济发展和环境保护的协调共进，既防止环境保护冒进，也防止环境保护不作为；

建议制订长江经济带等区域和流域的协同创新计划和区域联动发展规划，促进产业的相互衔接和支持，促进区域和流域的特色发展、优势发展和错位发展。为此，在 2035 年前，特别是转型期，按照《生态文明体制改革总体方案》提出的"树立发展和保护相统一的理念，坚持发展是硬道理的战略思想，发展必须是绿色发展、循环发展、低碳发展，平衡好发展和保护的关系，按照主体功能定位控制开发强度，调整空间结构，给子孙后代留下天蓝、地绿、水净的美好家园，实现发展与保护的内在统一、相互促进"，开展国土空间开发利用格局优化、保护优先与绿色发展、区域绿色发展规划制度、全国统一的区域产业准入负面清单制度、绿水青山的规范化使用制度等。

四是不同领域、不同层级的生态环境保护政策和制度性改革文件多，系统性和协调性不足，亟须全面、充分落地。一些改革文件没有考虑基层千差万别的实际情况，没有考虑各地财政承受能力的差异，缺乏可实施性。由于视角与方法的不同，各部门下发的改革文件，尺度、标准、方法与目标也不同。一些地方出现了以文对文，出现说的多做的少、开会多落实少的现象。为此，在 2035 年前，特别是转型期，建议按照《生态文明体制改革总体方案》提出的"树立山水林田湖是一个生命共同体的理念，按照生态系统的整体性、系统性及其内在规律，统筹考虑自然生态各要素、山上山下、地上地下、陆地海洋以及流域上下游，进行整体保护、系统修复、综合治理，增强生态系统循环能力，维护生态平衡"，结合各地情况，开展政策和制度的灵活性构建和制度的相互衔接工作。

五是生态环境保护的行政监管色彩浓厚，市场化不够，所有权和监管权没有真正分开，自然资源和生态的资产化管理不够，绿水青山变成金山银山的机制尚需全面建立，地方开展生态环境保护的信心和动力不足。为此，在 2035 年前，特别是转型期，建议按照《生态文明体制改革总体方案》提出的"树立自然价值和自然资本的理念，自然生态是有价值的，保护自然就是增值自然价值和自然资本的过程，就是保护和发展生产力，就应得到合理回报和经济补偿"，开展相关的制度构建工作。

六是环境保护的责任追究难以自动启动，地方"捂盖子"的现象比较普遍；生态环境保护责任追究科学性不足。生态环境保护党政同责的责任追究机制的启动不是自动的，靠上级领导的重视，因此地方的环境保护形式主义仍然存在。环境保护执法监察一阵风，不作为、慢作为、轻作为与虚假整改、拖延整改和敷衍整改的现象并存，平时不用力、到时候"一刀切"的问题比较普遍。如何有效克服地方生态环境保护的形式主义和官僚主义，建立环境保护党内法规、国家法律法规自动启动的全天候运行机制，是下一步需要破解的政策和制度难题。另外，目前很多地方的生态环境保护干部工作积极性不足，主要的原因是干的活越多，越有可能被追责。为此，在 2035 年前，特别是转型期，建议按照《生态文明体制改革总体方案》、党的十九大报告、《中共中央　国务院关于全面加强生态环境保护　坚决打好污染防治攻坚战的意见》《打赢蓝天保卫战三年行动计划》等文件的要求，通过环境保护党政同责、一岗双责、人大检查、政协监督、失职追责、终身追责的原则，层层压实责任，层层传导工作压力；同时也要制定激励措施，调动地方的积极性特别是地方环境保护干部工作的积极性，做到尽职免责，既要使他们尽职尽责，也不要让他们流汗的同时流泪。

中国的经济发展进入新常态，正经历新旧动能转化的阵痛，生态文明建设正处于关键期、攻坚期和窗口期。2018 年的全国生态环境保护大会指出，生态文明建设正处于压力叠加、负重前行的关键期，已进入提供更多优质生态产品以满足人民日益增长的优美生态环境需要的攻坚期，也到了有条件、有能力解决生态环境突出问题的窗口期。在中美贸易战的背景下，尽管经济下行的压力增大，但是中国经济的韧性很强，经济稳定发展的基本情况没有改变，对持续加强生态环境保护的经济和技术支撑也没有大的改变。目前的世界经济体系和中国的经济体系是一个高度开放的经济体系，对外的市场和技术依赖程度高，如果中美双边经贸关系严重恶化，导致美国对中国进行技术封锁和人才封锁，对中国的产品全面征收高额关税，一旦被其他发达国家效仿，那么会危及中国高质量发展的国际环境，中国经济转型成功的具体时间就难以预测，美丽中国基本实现和全面实现的时间可能会随之改变。如果中国的应变缺乏灵活性，可能会掉入中等收入陷阱。从乐观的角度来看，中国的主要污染物排放目前总体上正进入跨越峰值并进入下降通道的转折期。到"十三五"末期，主要污染物的拐点可能全面到来。今后几年是环境与经济发展矛盾的凸显期，环境标准与要求的提高期，遇上经济下行的压力期，过关越坎的难度更大。为此，要用改革的思维和方法，建立科学、稳妥的发展战略来创新和完善生态环境保护重大政策和制度。在具体的政策和制度的实施节奏方面，既要有解决环境问题的历史紧迫感，同时也要有历史耐心，以与经济社会发展相协调的方式、污染防治与生态建设相结合的方式，稳中求进地推进生态文明制度改革，在绿色发展中逐步解决生态环境问题。

在新时代，生态环境保护新阶段应是中国新动能发展壮大的时期，是质量型国家和质量型社会建设的时期，也是更高的环境保护要求提升期，需要跨越一些常规性和非常规性关口。我们必须咬紧牙关，通过政策和制度建设，促进绿色发展爬过这个坡、迈过这道坎。

第三节　以发展为导向看新时代生态文明基本制度和重大政策的发展方向与走势

一、总体的情景分析

党的十八大至 2035 年，中国仍然处于不断发展的转型期。改革开放以来四十年的不断发展与积累，为解决当前的环境问题提供了更好的、更充裕的物质、技术和人才基础，现在到了有条件不破坏、有能力修复的阶段，打好污染防治攻坚战面临难得机遇。这个转型期既是最佳的经济和社会发展改革窗口期，也是最佳的生态文明体制改革窗口期，不容错失。这说明，我国生态文明体制改革时机与新旧动能转化时机是高度契合的。

根据基准方案的预测，2020 年中国的人口总量约为 14.1 亿，2028 年左右出现人口总量的峰值为 14.3 亿。2050 年下降至 13.5 亿。从人均 GDP 来看，据测算，2016 年中国人均 GDP 为 8123 美元，2018 年接近 9000 美元，接近于 20 世纪 70 年代末的美国、德国、法国、日本，80 年代初的英国，90 年代初的韩国。2015 年我国城镇居民人均可支配收入约为 5060 美元，同期美国居民人均可支配收入为 42400 美元，中国相当于同期美国水平的 12%、日本水平的 26%、韩国水平的 35%、英国水平的 17%，大约等同于美国 20 世纪 70 年代初的水平。我国当前重化工业发展阶段相当于发达国家 20 世纪 70 年代末，但赶超速度加快；工业化是我国经济迅速崛起的根本动力之一，轻工业、重工业、高新科技的发展使得我国经济越来越"硬"，越来越有竞争力。① 在环境保护方面，中国的单位能耗相当于全球平均单位能耗 1993 年的水平，中等收入国家 2000 年左右能耗水平，高收入国家 20 世纪 80 年代水平。"十三五"期间单位能耗比 2015 年下降 15%。环境污染与经济发展往往呈现倒"U"型关系，即环境库兹涅茨曲线（EKC）。从主要的大气污染物人均排放量看，中国和英美日等发达国家均已经进入 EKC 曲线右侧下滑区域，中国相比英美日等发达国家进入 EKC 右侧通道晚 20—30 年。② 目前，普遍认为，中国总体的环境库兹涅茨曲线即将迎来拐点。回顾美国、德国、

---

① 参见 http：//www.sohu.com/a/197723833_ 465479。

② 参见 http：//www.sohu.com/a/197495354_ 288631。

英国、法国、日本、韩国等发达国家，它们基本上都是在与我国目前的人均 GDP 同期时期大力加强生态环境保护工作特别是区域环境污染防治的。也就是说，中国目前开展的生态环境保护政策和制度的大发展及其强力执行，是与世界的污染治理规律完全契合的，这说明习近平生态文明思想的提出时机恰当，中央作出的全面加强生态环境保护、坚决打好污染防治攻坚战的部署，是完全科学的。

但是中国目前的环境污染防治攻坚战能否胜利，取决于中国能否进入以创新为标志的制造强国行列。目前我国正在进行新旧动能的转化，一些发达地区已经或者正在完成转化，但是西部落后地区和东北老工业基地的难度加大。目前，需要各地深化产业结构性改革，构筑新的经济增长推动力。前几年的供给侧结构改革和环境污染防治工作，劳动力和原材料等价格上涨，有利于淘汰落后产业，推动经济由粗放型向集约型和创新型转变。目前的环境污染防治带来的就业问题还比较突出，GDP 也出现了一定程度的下滑，但这些是高质量发展必须付出的代价。因此目前稳中求进地开展生态环境政策和制度改革，促进产业的平稳升级，是我国现阶段的较大挑战。

在国际环境变幻的情况下，中国 2035 年的经济和社会发展具有不确定性，特别最近的中美贸易战的中长期影响更是难以准确估量。如果中国在 2035 年前不能步入制造强国，技术革命进程受阻，核心技术仍然为发达国家所控制，或者因为台海、朝韩、印巴等地缘政治的负面影响，甚至发生战争或者大规模武装冲突，影响中国绿色、和平发展的道路，我国经济发展和环境保护相协调的进程可能将更为艰难和漫长，甚至步入中等收入陷阱，那么中国的生态环境保护重大政策和制度的改革进程也将遇阻。如社会矛盾仍然广泛存在，环境行政公益诉讼制度完成放开就可能难以实现，自然资源资产完全产权化管理也会遇到行政权力的干预，环境保护党政同责制度仍然将是倒逼企业和地方政府加强环境保护工作的主要手段。不过，经过最近几年的努力和 GDP 可预期的未来几年，我国的空间开发格局正在优化，生态红线于 2018 年年底全部划定并于 2020 年年前钉桩定界，我国的一些传统型化工和机械产业总体实力仍然雄厚，因此，目前采取的生态环境重大政策和主要制度不可能出现倒退的趋势。如果经济出现问题，实现严格的环境保护行动计划的节奏可能放缓，但是在国家生态环境保护运动和绿色贸易的压力之下，还是会不断提高环境保护标准和要求。加上加强生态环境保护基础设施的建设可以拉动内需，促进 GDP 的发展，从面上减轻垃圾和污水所产生的环境污染，提高环境容量，改善人居环境，减少环境污染的社会成本。例如，目前我国当前城市化率只接近 20 世纪 30 年代的美国、50 年代的日本，空间巨大；2016 年中国城市化率达到57.35%，2020 年将达到 60% 左右进入中级城市型社会，投资和生态环境保护的潜力巨大；2035 年城镇化率达到 68% 左右，进入城镇化的后期；2050 年的城镇化率达到 72% 左右，总体完成与社会主义现代化强国相适应的城镇化水平，总体完成城镇化任务。从这点看，中国的生态文明制度还是会不断往前推进。中国有集中力量干大事的社会主义制度优势，如西方治理雾霾需要 20—30 年，中国目前的大幅改善只用了 3 年多的时间。因此，乐观地估计，如果一些关键技术和产业发展的创新超过预期，生态环境保护的后发优势也就随之会显现，那么中国 2035 年的生态环境保护目标可能会提前实现，或者更高质量地实现。

　　预计到 2035 年，中国的人口总量约为 14.5 亿，人均 GDP 在2.4 万美元至 2.7 万美元，相当于美国的 30% 左右，三产占比大约为 63%，常驻人口城镇化率约 70%—72%，如果不考虑购买力的因素和中国的经济追赶速度，相当于发达国家 20 世纪 90 年代中后期的水平。如果考虑购买力的因素和中国的经济追赶速度，中国的经济发展水平仍然落后于美国、德国等 20 年左右。与此相适应，中国的生态环境保护政策和制度体系的改革，就应当参考和借鉴发达国家既有的能够为我国借鉴的生态环境保护政策和制度，但是和环境保护标准、要求和实施节奏等有关的政策和制度，可能要重点参考与我国 2035 年 GDP 同期的发达国家的生态环境保护政策和制度，大约就是目前的政策和制度体系。但是由于我国经济发达地区和不发达地区并存，发达国家现行的先进政策和制度，如生态环境监测、生态环境部门协调等政策和制度，不论 GDP 是否同期，都可以为我国借鉴和参考。

二、具体的发展方向和走势

在生态环境保护的各具体领域，基于发展的角度，生态环境保护政策和制度会出现以下发展方向和趋势：

从资源和能源消耗的水平看，在节能减排的大背景下，中国的水资源消耗和能源消耗，在 2035 年前，都会处于一个平台整理期；单位 GDP 能耗、水耗将进一步下降，2035 年用水量控制在 7000 亿立方米以内；2030 年，煤炭消费总量约为 54 亿吨标准煤，用电量达到 9 万亿千瓦时，清洁能源占比约为 35%；2035 年能源消费总量约为 60 亿吨标准煤，其中煤炭占比 45% 左右，清洁能源占比约为 40% 以上，煤炭的减量主要依靠天然气和非化石能源来填补，非化石能源发电装机占比提高至 54%；2030 年单位 GDP 能耗比 2015 年下降 48%；二氧化碳排放 2030 年到达峰值，控制在 100 亿吨以内，碳排放强度比 2015 年下降超过 40%。公民、社区、单位节约用水、节约用电、绿色出行、垃圾分类等环境友好型生活方式将普及。因此，在 2035 年前，特别是在目前的转型期，要加强对水资源消耗和能源消耗的使用强度和总量的控制工作；我国 2017 年单位 GDP 能耗比上年下降 3.7%，但是目前的单位 GDP 能耗仍然大约是发达国家的 2 倍，因此下一步要加强相关的区域考核，利用价格、交易和合同管理等机制建设，促进最严格的节水、节能等资源和能源节约工作，争取 2035 年将单位 GDP 能耗控制在 0.29 吨标准煤的水平，将万元 GDP 水耗控制在 34 立方米左右，与发达国家 2018 年的整体水平相当。如果储能技术发生重大创新，则目前北方冬季取暖的煤改气工作会发生很大的变化，这会利于秋冬季节的大气污染防治。今后，要利用行政强制和市场交易手段，加强碳减排和碳交易等政策和制度构建工作；进一步强化化石能源的"双控"制度建设和机制创新工作；继续推行水资源、电力资源的梯级计价制度；通过政策支持，促进储能技术的研究。

从产业结构转型的角度看，通过全球产业的再配置，以及我国"一带一路"等战略的实施，到 2035 年我国第三产业的占比将为63% 左右，与美国、欧盟等主要发达国家 20 世纪 80 年代末到 90 年代初的发展水平相当。中国的制造业、化工业和现代农业将出现稳中有进的发展趋势。到 2035 年，我国如果进入制造强国的行列，将不再主要依靠生态环境和自然资源来获得 GDP 的增长，科技含量在GDP 的占比中将大幅提高，预计达到 70% 左右，智能和传统产业的融合度将进一步提高，一些领域的产业和环境保护信息化、智能化、科学化将获得突破性发展。在 2035 年前，我国重化工行业的发展将会趋缓，一些化工园区的分布正在优化，主要重化工产品的产量将进入平台整理期。但是一些污染突出的产能过剩项目，如一般水泥、粗钢、生铁等，因为供给侧结构性改革的因素，产量将会下降，如钢材产量 2035 年将下降 9.5 亿吨。一些优质产品的产量会进一步提升。因此，这意味着，在 2035 年前，特别是在目前的转型期，我国生态环境保护政策和制度体系的构建，应当重点围绕继续压减过剩的产能开展工作，如秋冬季节的错峰生产方案制订等；应当通过环境保护税、资源税、环境保护保险、环境保护融资、环境保护产权交易等调节措施，重点围绕传统产业智能化和技术创新发展，开展相关的绿色金融和绿色税收等扶持工作。

从机动车污染防治的角度看，2017 年年底，全国机动车保有量达到 3.1 亿辆，其中汽车保有量达到 2.17 亿辆。燃油车的数量发展，因为技术变革的不确定性，今后具有一些不确定性。因为人口总量仍然处于高位，根据有关研究机构的预测，2030 年我国汽车保有量将达到 3.0 亿—5.4 亿辆（南京大学环境学院的研究），2035 年我国的汽车保有量将达到 5.0 亿—5.5 亿辆（中国环境规划研究院的研究），机动车污染物颗粒物和氮氧化物的排放总量预计将为美国的 3—4 倍。在区域分布方面，出现不平衡的特点，长三角、珠三角、京津冀地区以及中西部地区经济发达和人口密集地区，机动车数量及其危害大一些。因此，今后应当提升油品质量，加强机动车特别是柴油货车等的大气污染物排放标准提升工作。目前，一些国家基于保护大气环境、应对气候变化，开展或者正在考虑立法禁止销售燃油车，如西班牙在气候变化法案中要求，将于 2040 年禁止汽油车、柴油车和混合动力汽车的销售①，但更多的国家对于此议题仍然处于讨论的阶段，加上一些国家的执政党不断轮换，对于燃油车的态度的变动性也很大。如果电动汽车在 2035 年通过进一步的技术革新，解决充电时间过长、充电周期行驶里程较短、充电设施建设缓慢等问题后，将成为城市家庭汽车的主流。同时，氢能电池汽车由于量产少，目前价格昂贵，但是随着技术的进一步提升和量产的增加，在传统的柴油货车和公共汽车运输等机动车高频度使用领域，氢能电池汽车因为续驶里程多，会得到更加广泛的利用。预计 2030 年新车中将有 40%—45% 的新能源汽车。电动汽车的用电大部分将继续来源于火力发电，氢能电池汽车所需要的氢气也将主要为火电所电解生产，也可以来源于风力发电、太阳能发电和潮汐能发电等清洁能源所制造。由于火电厂将全部实现超低排放改造，那么其供应的电力所产生的大气污染物总量，将可能比目前数量巨大的柴油和汽油汽车所产生的大气污染物要少，这也是改善大气环境质量所需要的。最乐观的估计，如果中国的新能源汽车技术发达，人民对

---

① 参见《西班牙将禁止销售燃油车》，载环球网，最后访问日期：2018 年 1 月 18 日。

环境保护的要求进一步提高，那么 2035—2050 年将有可能在全国全面禁售目前的燃油车，但是什么时候禁售，目前难以预测。因此，在 2035 年前，特别是在目前的转型期，应当考虑加强对新能源汽车投资、运营、运行、保养等方面的政策和制度体系，特别是经济激励措施以及充电、充气等基础设施建设政策方面的构建工作。在 2035 年前，燃油车的污染将一直是大气污染防治政策和制度管控的重点。为了替代汽油，目前正在加强乙二醇生产的企业，以煤制乙二醇为主，如新疆天业、新杭能源、湖北三宁化工、国家能源（神华集团）、陕煤集团等，预计 2020 年产能达到 1100 万吨，表观消费量 1520 万吨；2025 年年产 1400 万吨，表观消费量 1750 万吨。

从大气污染物排放控制的角度看，预计到 2030 年甚至 2035 年，我国单位国土面积污染物排放强度为 1.3 吨—1.4 吨每平方公里。二氧化硫和氮氧化物的排放总量约分别为美国 2000 年和 2008 年的水平，好于发达国家 GDP 同期的水平。在 2020 年打赢蓝天保卫战以后，我国的大气污染物排放将进一步削减，一些"散乱污"企业被整顿甚至关闭，加上火电行业正在实现超低排放、钢铁正在准备实现超低排放，一些地方实现了大气污染物排放的特别排放限值，到 2035 年全国空气质量的平均值有望达到世界卫生组织第二过渡阶段的标准。那么，一些环境保护政策和制度的适用机会就会自然地减少，如排污指标有偿使用制度是否需要推行，大气污染物的排污权交易能否在各行业开展，都需要重新审视。如大气污染物的排污权交易，可能会在排放量巨大的火电厂、钢铁厂等有限的范围内进行。对于水污染物的排放交易，因为 2020 年水环境的整治，以及 2035 年水环境保护的要求进一步提高，可能限于流域内的特定企业，限于一些碱水（如澳大利亚）等污染物的交易。但是基于目前我国的臭氧污染已经开始在一些地区、一些时段成为主要的污染物质，而且臭氧也是发达国家目前主要的污染物质，因此，2035 年前，臭氧物质的污染预计可能成为全国层面的主要污染物质之一，在交通、农业、煤化工、石油炼化等领域加强臭氧污染的排放控制的政策和制度的构建和完善，将是一项长期的任务。

从水污染排放控制的角度看，对于污水的处理，虽然成效比较明显，但是对于一些水体不流动或者少流动的地区，黑臭水体的治理将是一个长期的过程，如截至 2018 年 11 月 15 日，上海市有 1.88 万条劣 V 类河道。① 参照发达国家的水治理进程，大约需要 20 多年，有的需要 30—35 年，我国的黑臭水体的根治，要有一个规划的统筹政策和制度，今后，应当通过经济激励、环境污染第三方治理、PPP 等政策和制度建设，通过污水管网和污水处理厂、垃圾收集处理设施的建设等，对城镇和农村污水和垃圾的收集采取相对集中与相对分散相结合的处理办法，予以妥善处置。争取到 2030 年，农村环境根本好转，美丽乡村全面实现；到 2030 年，在确保水污染治理和水体休养生息的基础上基本全面恢复水生态。如果这样，可能在 2035 年前全面消除黑臭水体，水功能区基本全面达标，好于三类水体的地区超过 80%，碧水中国基本实现。在制度设计时，必须加强水污染排放许可管理制度和污染物的排放管制、污染物的相对集中治理、污染物的流量管制、水的流量测算、湿地保护、水生态保护、岸线保护等有机结合。

从土壤污染控制的角度看，可以按照《土壤污染防治行动计划》设立的 2020 年、2030 年目标，开展污染普查、分类管控等政策和制度的改革工作，力争到 2030 年或者 2035 年，农业土壤环境质量得到严格保护，全国土壤污染环境质量稳中向好，部分区域土壤质量明显改善。

从生态建设的角度看，预计到 2035 年，中国的森林覆盖面积会达到 27%，一些地区会超过 70%、80% 甚至 90%。总体上看，在生态保护红线、国家公园体制改革及产业生态化、生态产业化政策的

① 参见陈逸欣：《上海今年完成 7650 条劣 V 类河道整治，力争 2 年后全面消除》，载澎湃新闻，最后访问日期：2018 年 11 月 15 日。

推动下，森林和草原等的结构会更加优化，各方面保护生态的经济性将会更高，生产空间更加高效、生活休闲空间更加适宜、生态空间更加美丽的国土空间开发格局将形成。因此，在 2035 年前，特别是在目前的转型期，应当加强生态建设的产权改革，加强绿水青山变成金山银山的体制改革和生态效益的核算工作，以及加强山水林田湖草的一体化保护和监管改革；在 2035 年前，应当健全生态功能空间安全管控和资源环境承载能力预警制度，对山水林田湖草进行一体化监控和预警，完善城镇开发边界制度，调整开发利用格局和布局，确保生产空间、生活空间和生态空间得到优化。

从生态环境保护工作的模式来看，西方发达大国首先走了先污染后治理的路子，该阶段从 20 世纪 60 年代开始起步，到 20 世纪 70 年代末期和 80 年代中期基本结束，治理污染的方式既有对点源企业的环境污染控制，也有对区域面源的污染防治。经济转型期结束后，基本进入后工业化社会，环境污染得到根本控制，生态环境保护的治理进入全面恢复生态、以环境质量管理为核心的阶段。在化工行业、交通运输业、工业园区大发展的年代，大约为 20 世纪 90 年代，发达国家开始进入环境风险管控的阶段。我国具有经济增长和环境污染治理的后发追赶优势，环境治理的进程可能加快，因此，在 2020 年不仅会加强以环境质量管理为核心的监管，还会加强环境风险的管控工作。因此环境政策和制度的发展，应当开展相关的转型。不过，在近期，雾霾污染和区域黑臭水体的污染还是存在，因此，在加强点源污染管控的同时，要加强区域大气污染、流域水环境污染、气候变化应对、区域环境污染地方病（如重金属污染产生的地方病）的风险管控政策和制度的建设探索工作，加强化学品环境污染的风险管控政策和制度建设。

从区域协调发展和城乡协调发展的角度看，2030—2035 年，中国预计会整体完成工业化进程，步入后工业化阶段。比较乐观的估计是，上海、北京、浙江、江苏、福建在 2035 年领先于内地 5—15

年。比较保守的估计是，相对发达的后工业化地区，如上海、北京、浙江、江苏南部等，与刚完成工业化改造的地区，发展差距可能进一步拉大。但是总的来说，城乡区域的发展差距会缩小。另外，二、三线城市的发展取决于城市群的综合实力和对每个城市的拉动作用。因此，在城市群的重新构建中，不排除出现一些具有后发追赶优势的城市群。在城市群的拉动下，区域和流域生态环境保护的协调将更强，一些区域的大气和流域水环境问题将得到解决或者缓解。一些一、二线城市、经济发达的沿海中等城市、城市群内的重点和支点城市，如深圳、上海、北京、杭州、丽水、嘉兴、湖州、金华、合肥、武汉、青岛、大连、宁波、珠海等，生态环境治理水平会有很大的提高，城市的绿色发展品质会高于一般城市，城市空气质量有望达到世界卫生组织第三阶段的标准。到 2035 年，全国的美丽乡村和乡村振兴水平，可能整体会达到目前浙江的美丽中国建设水平。因此，在 2035 年前，特别是在目前的转型期，各地应当结合本地的实际情况，加强美丽乡村建设和乡村振兴的政策和制度构建工作，走产业生态化、生态产业化等特色发展、优势发展、信息化发展、标准化发展的路子；制定关于城市群产业发展规划和生态环境保护规划的政策和制度，促进城市群绿色协调发展。如果这样，一些区域和流域的环境质量改善，会分区域、分阶段实现。

通过以上生态环境保护政策和制度的构建工作，到 2035 年，我国无论是在全国层面，还是地方层面，生态环境治理体系和治理能力的水平会与那时的经济和技术发展水平相适应，基本实现现代化。

三、发达国家的启示

发达国家环境政策和制度体系在转型期、后工业化社会、信息化社会的发展，特别是 GDP 同期的发展，对中国的环境政策和制度体系的构建有重要的借鉴和参考意义。具体的启示包括：一是健全和完善环境法律体系，丰富和完善环境保护政策和法律制度；二是健全市场机制，发挥市场的调节作用，提升环境保护的绩效；三是加大环保研究投入，弄清环境污染和环境治理的机制，发挥政策和制度的精准调控和规范作用；四是通过相对集中的统一监管和分工负责相结合的体制及流域和区域污染联防联治，促进山水林田湖草的一体化保护和环境污染的一体化治理；五是深入推进信息公开，通过环境民主的机制鼓励公众参与，进一步创新环境行政公益诉讼制度，争取到 2025 年工业化到一定阶段，工业污染得到有效控制且社会矛盾较少时，开始研究设立社会组织提起行政公益诉讼的制度；六是建立中长期可持续发展的战略，扎实推进经济发展与环境保护协调共进。基于此，中国的环境政策和制度体系也要围绕这些问题或者目标、任务开展构建、创新和完善工作。

第四节　以目标为导向看新时代生态文明基本制度和重大政策的发展方向与走势

生态环境问题是人类经济和社会活动的副产物，因此不能就生态环境保护而论生态环境保护，必须将生态环境保护问题的解决整合到经济和社会的发展进程中统筹考虑。每个历史阶段的生态环境保护水平是与当时的经济和社会发展水平相适应的。有什么阶段的经济社会发展水平，就有什么样的生态环境问题；有什么阶段的经济社会发展水平，就有什么样的能力解决这个阶段的生态环境问题。为此，生态环境保护目标的设定和政策、制度体系的构建必须实际。中国在 2020 年、2030 年（2035 年）、2050 年这三个目标年设立的生态环境保护目标，都是和目标年份的经济社会发展目标相适应的。

一、2020 年生态环境保护目标及生态文明基本制度和重大政策的发展方向与走势

2020 年是第一个一百年奋斗目标实现之年，即全面建成小康社

会的目标之年,其目标的实现具有承上启下的作用。

关于综合性发展目标,2017 年党的十九大报告指出,从现在到 2020 年,是全面建成小康社会决胜期。要按照全面建成小康社会各项要求,紧扣我国社会主要矛盾变化,统筹推进经济建设、政治建设、文化建设、社会建设、生态文明建设,坚定实施科教兴国战略、人才强国战略、创新驱动发展战略、乡村振兴战略、区域协调发展战略、可持续发展战略、军民融合发展战略,突出抓重点、补短板、强弱项,特别是要坚决打好防范化解重大风险、精准脱贫、污染防治的攻坚战,使全面建成小康社会得到人民的认可、经得起历史的检验。与此相适应,就应设立适合小康社会要求的环境保护目标,那就是遏制生态环境保护恶化的趋势,打好污染防治攻坚战。在具体的政策和制度设计方面,应当设计强有力的环境污染和生态破坏狙击措施,设计改善人居环境的基础设施建设和生态建设等改革措施。

在综合性的生态文明体制改革目标方面,2015 年,《生态文明体制改革总体方案》就设立了如下政策和制度体系的构建目标,即到 2020 年,构建起由自然资源资产产权制度、国土空间开发保护制度、空间规划体系、资源总量管理和全面节约制度、资源有偿使用和生态补偿制度、环境治理体系、环境治理和生态保护市场体系、生态文明绩效评价考核和责任追究制度八项制度构成的产权清晰、多元参与、激励约束并重、系统完整的生态文明制度体系,推进生态文明领域国家治理体系和治理能力现代化,努力走向社会主义生态文明新时代。这八个制度体系的改革将是生态环境重大政策和制度改革的重要指导。文件出台后,中央和地方就以此为指导,逐级进行了自然资源、生态保护、污染治理等流域的生态文明体制改革,出台了数量众多的文件,如《党政领导干部生态环境损害责任追究办法(试行)》《生态文明建设目标评价考核办法》等;开展了大部制改革,授予新组建的部门统筹协调的权力等。

在环境污染防治和生态保护的综合性目标方面,2018 年 6 月的

《中共中央　国务院关于全面加强生态环境保护　坚决打好污染防治攻坚战的意见》的总体目标规定，到 2020 年，生态环境质量总体改善，主要污染物排放总量大幅减少，环境风险得到有效管控，生态环境保护水平同全面建成小康社会目标相适应；在具体指标方面，要求 2020 年全国细颗粒物（PM2.5）未达标地级及以上城市浓度比 2015 年下降 18% 以上，地级及以上城市空气质量优良天数比率达到 80% 以上；全国地表水Ⅰ—Ⅲ类水体比例达到 70% 以上，劣Ⅴ类水体比例控制在 5% 以内；近岸海域水质优良（Ⅰ、Ⅱ类）比例达到 70% 左右；二氧化硫、氮氧化物排放量比 2015 年减少 15% 以上，化学需氧量、氨氮排放量减少 10% 以上；受污染耕地安全利用率达到 90% 左右，污染地块安全利用率达到 90% 以上；生态保护红线面积占比达到 25% 左右；森林覆盖率达到 23.04% 以上。为了实现上述目标，必须围绕如下主题大力加强生态环境政策和制度的改革和创新、完善：如何将生态环境保护与全面建设小康社会建设相结合；生态环境保护政策的制定和实施如何适应区域、行业发展不充分、不平衡的特点；如何将科教兴国战略、人才强国战略、创新驱动发展战略、乡村振兴战略、区域协调发展战略、可持续发展战略、军民融合发展战略与生态环境保护的政策有机结合；如何将防范化解重大风险、精准脱贫、污染防治的攻坚战有机结合；如何补足生态环境保护的短板；如何打好污染防治攻坚战等。

在大气环境的保护方面，2018 年《打赢蓝天保卫战三年行动计划》对于目标之年 2020 年设立的目标是：经过 3 年努力，大幅减少主要大气污染物排放总量，协同减少温室气体排放，进一步明显降低细颗粒物（PM2.5）浓度，明显减少重污染天数，明显改善环境空气质量，明显增强人民的蓝天幸福感。具体指标是，到 2020 年，二氧化硫、氮氧化物排放总量分别比 2015 年下降 15% 以上；PM2.5 未达标地级及以上城市浓度比 2015 年下降 18% 以上，地级及以上城市空气质量优良天数比率达到 80% 以上，重度及以上污染天数比率比 2015 年下降 25% 以上；提前完成"十三五"目标任务的省份，要保持和巩固改善成果；尚未完成的，要确保全面实现"十三五"约束性目标；北京市环境空气质量改善目标应在"十三五"目标基础上进一步提高。为了实现上述目标，必须围绕如下主题大力加强生态环境政策和制度的改革和创新：如何开展技术改造削减主要大气污染物的排放总量；如何通过节能减排的措施协同减少温室气体排放；如何通过考核、监管等手段减少重污染天气；如何应对重污染天气等。

在土壤环境保护的具体目标方面，2016 年《土壤污染防治行动计划》规定，到 2020 年，全国土壤污染加重趋势得到初步遏制，土壤环境质量总体保持稳定，农用地和建设用地土壤环境安全得到基本保障，土壤环境风险得到基本管控。主要指标是：到 2020 年，受污染耕地安全利用率达到 90% 左右，污染地块安全利用率达到 90% 以上。为了实现上述目标，必须围绕如下主题大力加强生态环境政策和制度的改革和创新：如何保障农用地的安全；如何保障建设用地的安全；如何对土壤污染的风险进行管控。

在能源环境问题和气候变化应对方面，目前采取生态建设、污染防治、节能减排和气候变化应对"四结合"的对策。事实上，我国在节能减排的同时，单位 GDP 的温室气体排放量也同时减少，根据《中国落实 2030 年可持续发展议程国别方案》，2014 年和 2005 年相比，单位 GDP 能耗下降 33.8%，森林面积增加 3278 万公顷，荒漠化土地实现零增长。根据美国芝加哥大学能源政策研究所 2018 年 3 月发表的报告称，2013 年至 2017 年，中国空气中细颗粒物水平平均下降 32%。[①] "四结合"的对策，在转型期，也就是到 2035 年都

---

① 参见邹志鹏：《人类命运共同体理念深入人心　应对气候变化贡献中国方案》，载 http://www.cma.gov.cn/2011xwzx/2011xmtjj/201810/t20181006_479359.html。

应当坚持，有关的政策和制度也会重点围绕这几个方面进行。根据"十三五"规划纲要，我国要在"十三五"期间实现单位 GDP 二氧化碳排放量累计下降 18% 这一约束性指标。而 2017 年，我国单位 GDP 二氧化碳排放比 2005 年下降了 46%，相当于减少二氧化碳排放 40 多亿吨，已经超过对外承诺的到 2020 年碳强度下降 40%—45% 的上限目标，但有研究指出，2017 年中国碳排放量占到全球碳排放总量的近 26%，2017 年中国的温室气体排放量可能增长 3.5%，达到 105 亿吨。① 但是，根据习近平总书记在全国生态环境保护大会上的讲话，中国的单位 GDP 能耗整体上仍然是发达国家的两倍，这说明我们仍然有很大的节能空间。由于人口总量和发展需要的满足，根据《"十三五"控制温室气体排放工作方案》的描述，加快推进绿色低碳发展，确保完成"十三五"规划纲要确定的低碳发展目标任务，推动我国二氧化碳排放 2030 年左右达到峰值并争取尽早达峰。估计到 2030 年，中国的温室气体排放总量应当会不断增加。《巴黎协定》指出，到 2050 年实现碳中和；到 2100 年，把全球平均气温较工业化前水平升高控制在 2 摄氏度之内，并为把升温控制在 1.5 摄氏度之内而努力。在 2020 年的目标方面，我国《"十三五"控制温室气体排放工作方案》指出，单位国内生产总值二氧化碳排放比 2015 年下降 18%，碳排放总量得到有效控制。在这方面，我国的压力将会因发达国家的强化减排行动持续增加，如日本要求，与 2013 年相比，2030 年日本将减排 26% 的温室气体；到 2050 年，日本将实现减排 80% 的长期目标。② 在 2020 年的目标方面，我国《"十三五"控制温室气体排放工作方案》指出，到 2020 年，单位国内生产总值二氧化碳排放比 2015 年下降 18%，碳排放总量得到有

---

① 参见《外国科学家：中国燃煤致使 2017 年全球碳排放量激增 2%》，载 https：//www. sohu. com/a/204390623_ 825427。

② 参见李禾：《到 2050 年日本将减排 80% 的温室气体》，载《科技日报》2018 年 6 月 12 日。

效控制；氢氟碳化物、甲烷、氧化亚氮、全氟碳化、六氟化硫等非二氧化碳温室气体控排力度进一步加大；碳汇能力显著增强。支持优化开发区域碳排放率先达到峰值，力争部分重化工业 2020 年左右实现率先达峰；能源体系、产业体系和消费领域低碳转型取得积极成效；全国碳排放权交易市场启动运行，应对气候变化法律法规和标准体系初步建立，统计核算、评价考核和责任追究制度得到健全，低碳试点示范不断深化，减污减碳协同作用进一步加强，公众低碳意识明显提升。到 2030 年，煤炭消费总量约为 54 亿吨标准煤，用电量达到 9 万亿千瓦时，清洁能源占比约为 35%；2035 年能源消费总量约为 60 亿吨标准煤，其中煤炭占比 45% 左右，清洁能源占比约为 40% 以上，煤炭的减量主要依靠天然气和非化石能源来填补，非化石能源发电装机占比提高至 54%；2030 年单位 GDP 能耗比 2015下降 48%；二氧化碳排放 2030 年到达峰值，控制在 100 亿吨以内，碳排放强度比 2015 年下降超过 40%。

下一步，中国的气候变化应对政策和制度体系应当围绕以下几个方面开展工作：一是继续从"四结合"来开展政策和制度体系构建，在减排的同时，也开展植树造林种草，增加碳汇。二是在生产和生活两个方面开展环境经济、管理和技术政策的构建工作，既开展工业的节能减排，也开展生活方式的低碳化，这需要采取强制和引导两个方面的管理措施和经济措施。强制方面的管理措施，如生产和消费限制；激励方面的措施，如采取税收、价格等方式激励企业和消费者采取低碳的生活方式，节约能源和资源。三是继续推行区域化石能源的消耗总量和强度的双控政策和制度构建工作。四是比《巴黎协定》的要求早三年，即从 2020 年起，中国可以开展碳排放盘点审查。五是采取经济激励、政策性投资等方法，鼓励技术创新，对气候变化应对技术实现革命化的突破。六是制定经济可行的激励政策，大力发展清洁能源和可再生能源，减少对化石能源的消耗。

二、2050 年生态环境保护目标及生态文明基本制度和重大政策的发展方向与走势

2050 年是 21 世纪中叶，是第二个一百年奋斗目标实现之年。目标是要建设社会主义现代化强国，与目前的美国、日本、德国等发达国家发展水平相当。那么，中国的政治、经济和社会发展水平会非常高，社会治理水平应当非常高，因此，与此相关的生态环境保护目标，应当是美丽中国全面实现，生态环境保护的政策和制度体系相当健全，生态环境保护和经济社会发展应当形成互动的格局，国家生态环境治理的能力和水平也应当相对成熟，生态环境政策和制度体系应当与经济和社会政策体系相互融合、相互促进。

在综合性目标方面，党的十九大报告指出，从 2035 年到 21 世纪中叶，在基本实现现代化的基础上，再奋斗十五年，把我国建成富强民主文明和谐美丽的社会主义现代化强国。到那时，我国物质文明、政治文明、精神文明、社会文明、生态文明将全面提升，实现国家治理体系和治理能力现代化，成为综合国力和国际影响力领先的国家，全体人民共同富裕基本实现，我国人民将享有更加幸福安康的生活，中华民族将以更加昂扬的姿态屹立于世界民族之林。

在生态环境保护的综合性目标方面，习近平总书记在 2018 年的全国生态环境保护大会上明确提出，到 21 世纪中叶，生态文明与物质文明、政治文明、精神文明、社会文明一起全面得到提升，全面形成绿色发展方式和生活方式，建成美丽中国。2018 年 6 月的《中共中央　国务院关于全面加强生态环境保护　坚决打好污染防治攻坚战的意见》规定，到 21 世纪中叶，生态文明全面提升，实现生态环境领域国家治理体系和治理能力现代化。为了实现上述目标，必须围绕如下主题大力加强生态环境政策和制度的改革和创新：生态文明与物质文明、政治文明、精神文明、社会文明如何融合发展；如何实现国家生态环境治理体系和治理能力现代化，如何成为生态

环境保护国力和国际影响力领先的国家；生态文明如何与幸福安康生活相融合；如何全面形成绿色发展方式和生活方式；美丽中国全面实现的主要指标体系和实现路径、方法等。

在水环境保护的具体目标方面，2015 年《水污染防治行动计划》中规定，到 21 世纪中叶，生态环境质量全面改善，生态系统实现良性循环。为了实现这一目标，必须围绕水生态系统如何形成良性循环、如何提升水环境质量等主题大力加强生态环境政策和制度的改革和创新。

在土壤环境保护的具体目标方面，2016 年《土壤污染防治行动计划》中规定，到 21 世纪中叶，土壤环境质量全面改善，生态系统实现良性循环。为了实现上述目标，必须围绕土壤生态系统如何形成良性循环、如何提升土壤环境质量等主题大力加强生态环境政策和制度的改革和创新。

三、2030（2035）年生态环境保护目标及生态文明基本制度和重大政策的发展方向与走势

2035 年是 2020—2050 年的中间年份，按照党的十九大报告的展望，2035 年将是阶段性生态文明目标的实现年份，即美丽中国基本实现的时间节点。

在综合性发展目标方面，党的十九大报告指出，在全面建成小康社会的基础上，再奋斗十五年，基本实现社会主义现代化。到那时，我国的经济实力、科技实力将大幅跃升，跻身创新型国家前列；人民平等参与、平等发展权利得到充分保障，法治国家、法治政府、法治社会基本建成，各方面制度更加完善，国家治理体系和治理能力现代化基本实现；社会文明程度达到新的高度，国家文化软实力显著增强，中华文化影响更加广泛深入；人民生活更为宽裕，中等收入群体比例明显提高，城乡区域发展差距和居民生活水平差距显著缩小，基本公共服务均等化基本实现，全体人民共同富裕迈出坚

实步伐；现代社会治理格局基本形成，社会充满活力又和谐有序。与此相适应，生态环境保护目标被设定为生态环境根本好转，美丽中国目标基本实现。为了实现上述目标，必须围绕如下主题大力加强生态环境政策和制度的改革和创新：人民平等参与、平等发展权利的生态环境保护领域有哪些领域、路径、程序和方法；如何建设生态环境法治的国家、政府和社会，如何促进生态环境治理体系和自理能力的高度现代化；如何增强中国生态文明的影响，如何促进中国生态文明与世界生态文明思想的互动，如何促进中国生态文明建设与世界生态文明建设的对接；如何有效促进城乡生态文明的协调发展；生态环境根本好转的指标体系是什么，有什么路径和方法等。

在生态环境保护的综合性目标方面，2018 年 5 月 18 日，习近平总书记在全国生态环境保护大会上明确提出，确保到 2035 年，生态环境质量实现根本好转，美丽中国目标基本实现。2018 年 6 月的《中共中央　国务院关于全面加强生态环境保护　坚决打好污染防治攻坚战的意见》规定，通过加快构建生态文明体系，确保到 2035 年节约资源和保护生态环境的空间格局、产业结构、生产方式、生活方式总体形成，生态环境质量实现根本好转，美丽中国目标基本实现。生态环境的根本好转是全局性的，是全环境要素的，也是治本性的。从设立目标来看，与我国以往的生态环境保护战略相比，战略进程基本提前了 15 年左右。这说明 2035 年的生态环境保护工作，压力将是持续的。为了实现上述目标，必须围绕如下主题大力加强生态环境政策和制度的改革和创新：美丽中国基本实现的指标体系是什么，实现路径和方法是什么；生态文明体系有什么内容，如何构建；如何形成节约资源和保护生态环境的空间格局，如何优化产业结构，实现新旧动能的有效衔接；如何培育环境友好和资源节约型的生产方式、生活方式等。

在水环境保护目标方面，2015 年的《水污染防治行动计划》对于 2030 年的目标之年设立的具体目标为：到 2030 年，力争全国水环境质量总体改善，水生态系统功能初步恢复；在具体的指标方面，要求到 2030 年，全国七大重点流域水质优良比例总体达到 75% 以上，城市建成区黑臭水体总体得到消除，城市集中式饮用水水源水质达到或优于Ⅲ类比例总体为 95% 左右。为了实现上述目标，必须围绕如下主题大力加强生态环境政策和制度的改革和创新：如何实现全国水环境质量总体改善；如何实现水生态系统功能初步恢复；如何通过面源方法解决农村和农业的水污染；如何保证优良水体的环境质量；如何标本兼治地消除城市黑臭水体；如何保障城市集中式饮用水水源水质等。

在土壤环境保护的具体目标方面，2016 年的《土壤污染防治行动计划》对于 2030 年的目标之年设立的具体目标为：到 2030 年，全国土壤环境质量稳中向好，农用地和建设用地土壤环境安全得到有效保障，土壤环境风险得到全面管控；具体指标是：到 2030 年，受污染耕地安全利用率达到 95% 以上，污染地块安全利用率达到 95% 以上。为了实现上述目标，必须围绕如下主题大力加强生态环境政策和制度的改革和创新：如何对农用地和建设用地的环境进行分类管控，确保安全；如何采用符合实际的办法，通过种植结构调整等，逐步缓解土壤污染；如何开展大规模的土壤污染修复等。

四、展望

按照上述的目标，在 2020 年前要打赢蓝天保卫战，打好长江经济带生态修复等环境污染攻坚战，实现大气、水生态、水环境的总体改善或者阶段性改善，这个目标目前很艰巨。因为很多城市仍然在艰难地进行工业转型，转型如果不成功，那么基本改善生态环境质量的 2020 年目标就难以全面实现。按照 2035 年设立的实现生态环境根本好转的目标，包括"水十条"提出的到 2030 年"全国水环境质量总体改善、水生态功能初步恢复"，"土十条"提出的到 2030

年"全国土壤环境质量稳中向好"等目标，亦即有效控制污染物排放，环境质量全面改善，因为区域和行业发展不充分、不均衡，在未来的十几年时间里，任务同样非常艰巨。如果度过了这个时期，中国的环境保护工作将进入以控制环境风险为主要任务的阶段。中国的环境政策和制度也要开展相应的转型。

如果 2030 年的生态环境保护目标和 2035 年的美丽中国建设目标基本实现或者全面实现，那么生态环境保护政策和制度体系的构建将非常全面、系统，衔接性、协调性和可操作性强，实现全民的生态环境保护共治，生态环境保护的成效会在全行业范围内得到广泛的认可。在具体的成效方面，应当是既治理新产生的污染，也还清历史的生态环境保护欠账。这就为 2050 年的美丽中国全面实现的目标奠定了基础。按照党的十九大报告和中央有关改革方案的设计，2050 年美丽中国全面实现，那么意味着中国的经济社会发展和环境保护完全协调，环境质量和保证环境质量的生态环境保护政策和制度体系的构建将完全与人民群众不断提高的生态环境需求相一致，与构建社会主义现代化强国的治理格局和政策、制度构建需求一致。

第三章 生态文明基本制度和重大政策面向 2035 年创新的思路、重点与重大任务

第一节 生态文明基本制度和重大政策体系面向 2035 年创新的思路与重点

中国的生态文明建设正处于压力叠加、负重前行的关键期，进入提供更多优质生态产品以满足人民日益增长的优美生态环境需要的攻坚期。中国的经济在继续深度融入国际经济发展潮流的同时，正处于由总量型向质量型转型的关键时期。面向 2035 年这一时期也是重大机遇期，是有条件、有能力解决生态环境突出问题的窗口期。在这一时期，我们要从中华民族永续发展的高度看生态环境政策和制度建设的重要性，要从环境与发展的协同共进大局看待生态环境政策和制度建设的困难性，要从社会主义主要矛盾发生转换的角度看生态环境政策和制度建设的艰巨性，从短期与长期看生态环境政策和制度建设的阶段性，要从国际和国内两个高度来认识生态环境政策和制度建设的国际性。对于新时代的生态文明建设任务，党的十九大做出了推进绿色发展、着力解决突出环境问题、加大生态系统保护力度、改革生态环境监管体制、坚决制止和惩处破坏生态环境行为等行动部署，要求打好污染防治攻坚战和自然生态保卫战。

具体来看，新时代的生态环境政策和制度体系或者政策矩阵的改革创新思路，要围绕这些任务开展提炼工作。

一、凝聚共识，立规矩、划框子，促进生态文明建设的规范化

面向 2035 年中国特色的生态文明建设，道路会越来越清晰，生态文明制度体系会越来越健全。与之相适应，中国的生态环境保护标准要逐步提升，环境执法要越来越严格，环境司法监督要越来越深入，环境监督要越来越有力，环境信息公开要越来越全面，公众参与要越来越有序和有效，环境守法会成为常态。要想实现这一点，必须凝聚共识，按照一定的规则进行。

一是生态环境政策和制度的改革创新必须在"五位一体"的大格局下进行。也就是说，必须把生态环境政策和制度的改革创新与政治、经济、社会和文化的政策和制度创新相结合，不能就生态环境保护而论生态环境保护，而是让生态环境保护进入经济社会发展的主战场，把环境变成约束指标和激励指标，并用主流的方法、手段支持和支撑生态环境保护工作。只有这样，生态环境政策和制度的改革创新才能获得最广泛的支持。

二是生态环境政策和制度的改革创新必须以五大发展理念为指导。目前，绿色发展理念进入五大发展理念，即创新、协调、绿色、开放、共享的发展理念。那么生态环境政策和制度的改革创新，必须强调科技和管理的创新，通过创新，为发展奠定基础，释放活力，走出困境；必须强调生态环境保护政策和制度与其他领域的政策和制度的协调，实行协调共进；必须强调改革开放，在改革开放的大格局中，发挥市场的作用，通过市场的机制和方法，促进资源的有效配置和有效竞争，提高生态环境保护的绩效；必须按照习近平生态文明思想提出的"坚持生态惠民、生态利民、生态为民，重点解决损害群众健康的突出环境问题，不断满足人民日益增长的优美生

态环境需要"和"美丽中国是人民群众共同参与共同建设共同享有的事业。必须加强生态文明宣传教育，牢固树立生态文明价值观念和行为准则，把建设美丽中国化为全民自觉行动"，突出生态环境保护的共建共享，使生态环境保护的成效为全社会所共享，体现优美生态环境是最普惠的民生福祉的宗旨和要求。

三是生态环境政策和制度的改革创新必须以习近平生态文明思想为指导。习近平生态文明思想的八大原则，即坚持生态兴则文明兴；坚持人与自然和谐共生；坚持绿水青山就是金山银山；坚持良好生态环境是最普惠的民生福祉；坚持山水林田湖草是生命共同体；坚持用最严格制度、最严密法治保护生态环境；坚持共谋全球生态文明建设，深度参与全球环境治理；坚持建设美丽中国全民行动，要成为指导中国生态文明建设及其政策和制度改革创新的原则。习近平生态文明思想提出的生态文明五大体系，即加快建立健全以生态价值观念为准则的生态文化体系，以产业生态化和生态产业化为主体的生态经济体系，以改善生态环境质量为核心的目标责任体系，以治理体系和治理能力现代化为保障的生态文明制度体系，以生态系统良性循环和环境风险有效防控为重点的生态安全体系，要成为生态环境政策和制度改革创新的主要任务。习近平生态文明思想提出的五个生态环境治理体系，即完善生态环境监管体系，健全生态环境保护经济政策体系，健全生态环境保护法治体系，强化生态环境保护能力保障体系，构建生态环境保护社会行动体系，要成为生态环境治理政策和制度改革创新的主要任务。

四是生态环境政策和制度的改革创新必须建立政治规矩，健全政策和制度体系，为生态环境保护工作划定边框。党的十八大以后，2014 年修订的《环境保护法》将以往以经济社会发展为主的生态环境保护模式转变为"使经济社会发展与生态环境保护相协调"，突出了生态环境保护的优先地位；在第五条的基本原则中明确了"保护优先、预防为主、综合治理、公众参与、损害担责的原则"，确立了生态环境保护优先的地位。2018 年 4 月，习近平同志在长江经济带绿色发展座谈会上强调，对长江经济带保护不力就是与中央没有保持一致；在 2018 年 5 月的全国生态环境保护大会上，习近平同志指出，生态环境问题既是重大的民生问题，也是最大的政治问题。目前，发展保护优先、绿色发展既成为政治规则，也成为法律规矩。那么必须坚持节约优先、保护优先、自然恢复为主的方针，像保护眼睛一样保护生态环境，像对待生命一样对待生态环境，让自然生态美景永驻人间，还自然以宁静、和谐、美丽；必须加快制度创新，强化制度执行，让制度成为刚性的约束和不可触碰的高压线。

二、短期目标与长期目标相结合，普遍性与区域性相结合，督标与督本并举，促进地方经济发展与生态环境保护相协调

一是生态环境政策和制度的改革创新必须立足现在，放眼长远，也就是说，既要面对现实的生态环境问题和绿色发展问题，也要面对 2020 年、2025 年、2030 年、2035 年开展前景预测和分析，设立经济社会发展预期目标和相关的生态环境保护指标，在此基础上开展生态环境政策和制度的适应性和保障性改革创新。在对生态环境政策和制度进行阶段性的改革创新设计时，要基于经济社会条件的情景分析论证改革创新目标的可达性。只有稳中求进，不搞"一刀切"，生态环境保护工作才能和经济社会在不断协调中共同发展。

二是生态环境政策和制度的改革创新必须完善普遍性的一般规则，也要根据区域条件建立相应的改革路线图，体现灵活性。各地和各行业转型的窗口期和能力不一样，所以生态环境政策和制度的改革创新也要接地气，体现一定的灵活性，防止一些地方因为转型过急，新旧动能衔接不上，出现经济下滑或者失速的现象。一旦转型过急，生态环境保护标准和要求的提升节奏过急，就会出现"一刀切"的现象，导致经济发展和环境保护的双输。对于生态环境政

策和制度的建设及其改革创新，要结合各地的主体跟功能区以及能力和条件，分区研究，如在全国产业准入负面清单的大范围内，分东部地区、中部地区、西部地区设计符合各自实际的产业准入负面清单。对于东部地区、中部地区、西部地区的环境质量提升计划或者生态环境保护行动计划的制订，也要体现区域发展和生态环境保护工作的稳中求进性。

三是生态环境保护督标与督本并举。中央生态环境保护督察工作的成效已经获得各界认可。目前，中央生态环境保护督察正从以端正生态环保态度和打击环境违法为主要任务的阶段，步入以增强生态环保基础、提升绿色发展能力为主要任务的阶段。以前，中央生态环境保护督察的重点主要是生态环保认识是否到位、环境质量是否达标、生态破坏是否恢复、矿山开采是否破坏环境、是否侵占自然保护区、产业淘汰是否执行到位、污染事件是否有效处理、追责是否彻底、环保基础设施是否按期完成、机构是否健全、执法是否积极、联防联控是否顺畅、整改是否到位等问题。2018 年启动的中央生态环境保护督察回头看重点盯住督察整改不力，甚至"表面整改""假装整改""敷衍整改"等生态环保领域形式主义、官僚主义问题，开始侧重于层层传导压力和责任。在以后的督察中，中央生态环境保护督察工作在具有普遍性的同时，应当更加具有针对性，针对国有企业和特定区域、特定行业采取专项督察。今后，督察的重心可以往以下几个方面的督本措施倾斜：地方是否开展"多规合一"工作，区域空间开发利用结构是否优化，农业农村环境综合整治基础设施是否按期建设和运行，产业结构是否体现错位发展、特色发展和优势发展的要求，地方是否建立符合本地特色、发挥本地优势而且不与其他行政区域产生同质恶性竞争的工业、农业和现代服务业链条，体制、制度和机制是否改革到位，规划和建设项目的环境影响评价制度是否衔接，区域产业负面清单制度是否建立，生态红线制度是否贯彻到位，生态文明建设目标评价考核是否真实，生态环境保护监管机构和人员配备是否健全，生态环境保护基础能力建设是否到位，企业环境管理是否专业化等。发现问题后，中央生态环境保护督察办公室应当与地方和有关部门协商，派出技术咨询力量，采取"一市一策"的方法，加强对地方加强生态环境保护和绿色发展的辅导。为了落实部门的责任，今后应当健全中央环境保护督察的体制、制度和机制，按照《中共中央　国务院关于全面加强生态环境保护　坚决打好污染防治攻坚战的意见》的规定，对中央部门的生态环境保护工作进行督察，传导服务地方和基层绿色发展的压力。考核只有标本兼治，才能促进各地方、各行业更好地协调经济发展和生态环境保护。

三、加强信息公开，健全监测网络和规范，打击监测和治理造假，促进判断的科学性、决策的准确性和监督的民主化

一是通过信息公开促进环境民主监督。关于信息公开，2014 年修改的《环境保护法》作出了一些规定，第 7 条规定："国家支持环境保护科学技术研究、开发和应用，鼓励环境保护产业发展，促进环境保护信息化建设，提高环境保护科学技术水平。"第 47 条第 2 款规定："县级以上人民政府应当建立环境污染公共监测预警机制，组织制定预警方案；环境受到污染，可能影响公众健康和环境安全时，依法及时公布预警信息，启动应急措施。"该法还设立专门的一章"信息公开和公众参与"来促进生态环境保护的信息公开，其中，第 53 条规定："公民、法人和其他组织依法享有获取环境信息、参与和监督环境保护的权利。各级人民政府环境保护主管部门和其他负有环境保护监督管理职责的部门，应当依法公开环境信息、完善公众参与程序，为公民、法人和其他组织参与和监督环境保护提供便利。"第 54 条规定："国务院环境保护主管部门统一发布国家环境质量、重点污染源监测信息及其他重大环境信息。省级以上人民政府环境保护主管部门定期发布环境状况公报。县级以上人民政府环

境保护主管部门和其他负有环境保护监督管理职责的部门，应当依法公开环境质量、环境监测、突发环境事件以及环境行政许可、行政处罚、排污费的征收和使用情况等信息。县级以上地方人民政府环境保护主管部门和其他负有环境保护监督管理职责的部门，应当将企业事业单位和其他生产经营者的环境违法信息记入社会诚信档案，及时向社会公布违法者名单。"第 55 条规定："重点排污单位应当如实向社会公开其主要污染物的名称、排放方式、排放浓度和总量、超标排放情况，以及防治污染设施的建设和运行情况，接受社会监督。"下一步，环境政策和制度的改革创新应当围绕上述法律要求展开，使政府的信息公开和企业的信息公开具有可操作性。

二是健全环境监测网络，推进信息化，为信息公开的真实性和准确性奠定基础。关于监测网络的一体化建设，2015 年，国办出台了《生态环境监测网络建设方案》；2016 年起，开始推行省以下环境监测的垂直管理制度。2018 年的《中共中央　国务院关于全面加强生态环境保护　坚决打好污染防治攻坚战的意见》要求，到 2020 年实现长江经济带入河排污口监测全覆盖，并将监测数据纳入长江经济带综合信息平台。以后，长三角、粤港澳大湾区、京津冀地区也都会实现环境监测数据的共享，建立综合信息平台。这些信息公开措施和信息整合措施，会促进对环境污染形势的科学评判，促进环境污染联防联控措施的精准性。下一步，环境政策和制度的改革创新应当加强生态监测网络和环境监测网络的衔接与信息共享，加强水资源监测网络和环境监测网络的衔接与信息共享，加强气象监测网络与环境监测网络的衔接与信息共享，使政府信息公开和企业信息公开的充分性具有条件基础。

三是打击监测和治理造假，为信息公开的真实性奠定法治环境。关于打击监测和治理造假，最近几年中央和生态环境部出了重拳。近几年，因为城市开发、工业生产和社会生活的影响，一些城市空气中 PM10 和 PM2.5 的浓度较高。为了降尘，地方政府利用喷雾车或者雾炮车向空中喷水雾的做法比较普遍，不仅在北方地区有，在南方的地区也有。但有的地方却重点在大气环境质量监测站点边上持续喷水雾，有的让汽车绕行空气采样区域，有的甚至在大气环境监测设备上做手脚，故意干扰环境监测数据，应当予以禁止。2015年以来，干涉监测数据的案例时有发生，严重影响对环境状况的科学判断，严重影响生态环境保护和绿色发展决策的准确性，严重侵犯社会公众的环境权益，为此，2017 年中央出台了《关于深化环境监测改革提高环境监测数据质量的意见》，2016 年年底，最高人民法院修改了涉及环境监测数据造假的刑事司法解释，对于重点排污单位环境监测信息造假的，追究刑事责任。2017 年，西安市环境保护局 7 名干扰大气环境监测的官员被判刑；2018 年生态环境部通报山西临汾环境监测数据造假窝案，17 名责任人员被追究刑事责任。2018 年年初，生态环境部还通报一批故意影响环境监测数据的行为。这些警示案例的威慑作用很明显，地方环保部门环境质量监测数据明目张胆作假的情况得到有效遏制。不过由于该案件没有公开深挖地方党政领导的责任，所以警示作用还不是很强，打擦边球的造假行为还是偶有发生。由于《关于深化环境监测改革提高环境监测数据质量的意见》不是法律法规，因此下一步应加强对监测数据作假的专门立法工作，包括修改刑法，设立专门的罪名，使改革的建议性政策变成法律的强制制度，使惩治有法可依。在严厉打击的基础上，要求重点排污单位全部安装自动在线监控设备并同生态环境主管部门联网，依法公开排污信息。

四、对生态环境保护方式与监管方式进行全面转型，适应生态环境问题演化的新形势

一是生态环境质量与污染物排放总量控制相结合。以前的污染物排放总量控制制度之所以效果不佳，主要的原因是无法防止企业偷排或者超总量排污。为此，2015 年以来，原环境保护部转变了监

管模式，由总量管理转向总量管理和质量管理相结合的模式。在机构改革方面，撤销了环境污染总量控制司，截至目前，成立了大气、水、土地、固体废物和化学品四个监管司，其中，对大气、水、土地污染防治就是针对环境要素的，有利于采取总量管理和质量管理相结合的管理模式。在法律规定方面，2018 年修正的《大气污染防治法》第 2 条明确规定："防治大气污染，应当以改善大气环境质量为目标，坚持源头治理，规划先行，转变经济发展方式……"目前，生态环境质量与污染物排放总量控制相结合的政策和制度已经取得了很好的实效，重雾霾天气明显减少。下一步，生态环境政策和制度的改革创新应当以环境质量改善为目标，通过完善监测网络，打击环境监测数据造假，科学利用污染物排放总量控制工具对生态环境流量进行实时的科学控制。

二是环境质量管理模式下区域环境风险管理与项目环境管理的模式相结合。《"十三五"环境影响评价改革实施方案》提出，以改善环境质量为核心，以全面提高环境影响评价有效性为主线，以创新体制机制为动力，以"生态保护红线、环境质量底线、资源利用上线和环境准入负面清单"（简称"三线一单"）为手段，强化空间、总量、准入环境管理，划框子、定规则、查落实、强基础，不断改进和完善依法、科学、公开、廉洁、高效的环境影响评价管理体系。下一步，应当把区域开发的环境影响评估制度做实，做出科学评判，统筹规划设立集中的水污染物和固体废物收集与处理设施，为区域的产业合理定位和控制区域生态环境风险奠定基础。在此基础上，简化企业的环境影响评价、"三同时"、排污许可证等环境管理手续，释放简政放权的红利。

三是坚持环境影响评价和排污许可管理衔接、并重的环境管理制度。在新时代，环境管理应当以改善环境质量为目标，以许可证管理为管理制度的核心。2016 年 11 月 10 日，国务院办公厅印发了《控制污染物排污许可制实施方案》，是在总结各地排污许可实施的经验与问题的基础上，为了进一步推动环境治理基础制度改革、改善环境质量而提出的改革方案。2016 年 12 月，环保部发布了《排污许可证管理暂行规定》。由于《排污许可证管理暂行规定》的法律效力较弱，2018 年 1 月 10 日，环保部公布部门规章《排污许可管理办法（试行）》，明确了排污者责任，强调守法激励，违法惩戒，针对排污者规定了企业承诺、自行监测、台账记录、执行报告、信息公开五项制度。《排污许可管理办法（试行）》的出台与实施，将排污许可制度确立为一项将环境质量改善、总量控制、环境影响评价、污染物排放标准、污染源监测、环境风险防范等环境管理要求落实到具体点源的综合管理制度。目前《排污许可管理条例》（草案）已由生态环境部向国务院递交。在过去的几年里，在简政放权的背景下，很多地方的环境影响评价工作出现虚化的现象。因为基层专业性和管理能力有限，上面下放的一些环境影响评价等审批权，基层既无权力又无能力去落实，权责不对等，接不住，一旦出了问题，还要被问责，这是生态环境保护的形式主义。① 为此，2017—2018年生态环境保护开展了工作督导。下一步，要在《环境影响评价法》《建设项目环境保护管理条例》的基础上，尽快制定系列部门规章，让环境影响评价与排污许可证工作衔接、并重，既简政放权，也确保环境的安全。

四是生产和生活污染防治相结合，工业和农业相结合，节能减排与优化产业结构、新能源替代相结合。我国的环境污染防治，特别是大气和水污染防治、固体污染防治，生活类污染的比重较大，如水污染物的排放，生活类污水的排放在一些地方占比超过 50%。这就需要在 2035 年前，特别是近几年，在继续控制生产污染的同时，出台政策和制度，控制生活类污染物的排放，加强对农村垃圾、

---

① 参见《中纪委：借"属地管理"之名压给基层，是形式主义新表现!》，载 http：//wemedia. ifeng. com/85938387/wemedia. shtml。

农村生活污水的收集和处理的一揽子承发包机制建设。环境污染的控制，除末端的治理外，还可以制定政策和制度，特别是激励性的措施，通过产业结构的调整、整顿"散乱污"企业来实现，为此在今后几年，应当进一步优化空间开发布局，优化产业结构，淘汰对税收贡献少的"散乱污"企业。环境污染物的排放减量，也可以通过能源结构的调整来实现。《大气污染防治法》第 2 条明确规定，"防治大气污染，应当以改善大气环境质量为目标，坚持……优化产业结构和布局，调整能源结构……"下一步，可以通过煤改气、煤改电等能源清洁化的措施改善北方和中部地区秋冬季节的环境空气质量；继续推进散煤的替代，适度增加超低排放的燃煤电厂的发电量，弥补能源需求的不足；采取激励措施，推进新能源的应用技术创新，减少环境污染物质和温室气体的排放总量。

　　五是海洋与陆地、陆地和水体污染防治相结合。2018 年的大部制改革，将原国家海洋局的海洋生态环境保护职责划转到生态环境部，那么下一步就应当实现生态环境保护政策和制度的海陆统筹，如将《海洋石油勘探开发环境保护管理条例》《海洋倾废管理条例》《防止拆船污染环境管理条例》《防治陆源污染物污染损害海洋环境管理条例》《防治海岸工程建设项目污染损害海洋环境管理条例》设立的海洋倾倒废物许可、海洋环境排污许可、海洋环境影响评价审批、海洋排污许可、海洋环境行政处罚等政策和制度与陆地的相关制度进行整合。如果难以整合，就实行协调。同样地，2018 年的大部制改革，将原水利部承担的一些环境污染防治职责划转至生态环境部，那么就应当做好如下两个方面的工作：一是协调《水法》和《水污染防治法》的污染防治职责规定，使污染防治职责一体化；二是对生态环境保护规划和管理模式进行改革，如陆地和水体的环境污染防治一体化。

　　六是生态保护、污染防治、能源节约、气候变化应对相结合。山水林田湖草气是一个生命共同体，具有系统性，其保护措施也具有系统性和相关性，因此，要采取生态保护、污染防治、能源节约、气候变化应对相结合的方式，解决生态修复与保护、环境污染的综合防治以及气候变化的综合应对。只有实现"四结合"，发挥各项措施的综合效应，减少各项支出，才能调动各方的积极性。下一步，在政策和制度改革创新时，应当加强生态保护、污染防治、能源节约、气候变化措施的相互渗透性或者交叉性，减缓温室气体的排放。只有这样，才能在国际气候变化谈判的舞台上赢得主动权。

七是点源污染防治、各地生态保护与区域、流域生态环境保护相结合。把控区域环境污染救助，区域生态补偿。2014 年以来，无论是《环境保护法》《大气污染防治法》还是《水污染防治法》的修改，都把点源污染防治、各地生态保护与区域和流域生态环境保护相结合，只有这样，综合性的生态环境保护效益才能体现。下一步，在政策和制度改革创新时，应当采取更加有力的一揽子生态补偿措施等机制，发挥生态补偿对于区域生态保护和流域生态保护的促进作用，减少区域和流域的环境污染物排放；加强区域内和流域内不同行政区域之间的环境信息共享；促进各省级行政区域在区域和流域开展区域和流域生态环境保护考核与定量补偿；在湖北鄂州等地试点的基础上，促进各行政区域实行区域自然资源资产负债表制度，使生态价值支付成为各行政区域之间进行相互补偿的常态化工具。如果可能，通过体制改革和制度、机制创新，探索建立区域和流域生态环境监管机构，实行环境监测、环境执法、环境考核、环境监督、环境司法等环境治理方式的协同化甚至一体化。

八是产权机制、市场机制、社会信用机制和环境监管机制相结合。中国的生态文明基本制度和重大政策体系的发展，走过了绝对的管控型模式阶段，目前处于相对的管控型模式阶段，市场化和共治化在政策和制度中体现得越来越多，但是命令和控制在其中仍然占有优势。到 2030 年或者 2035 年，中国的环境状况一旦实现根本性的好转，相对的管控模式将向市场化、民主化的共治模式转变。

在生态环境共治的新时代，必须发挥社会、市场和所有者或者产权行使者的作用，减少政府的监管负担，使治理格局科学化，治理方式协调化，治理秩序规范化。下一步，应当完善环境信用管理制度，发挥社会信用机制在环境保护方面的调整作用；全面推行环境管家服务，发挥中介技术服务组织的作用，弥补政府监管责任和企业主体责任之间的能力缝隙；通过自然资源产权管理政策和制度改革，界定国有自然资源产权和自然资源开发、利用、保护的监管者角色，减少政府的监管负担，释放自然资源对于促进经济发展和扩大环境容量的政策红利。

五、通过绿色发展评价和考核，引导各地走上保护优先、绿色发展的道路

2016 年 12 月，中共中央办公厅、国务院办公厅印发《生态文明建设目标评价考核办法》，随后，国家发展改革委、国家统计局、原环境保护部、中央组织部制定了《绿色发展指标体系》和《生态文明建设考核目标体系》，作为生态文明建设评价考核的依据。2017年 12 月 26 日，国家统计局、国家发展和改革委员会、原环境保护部、中央组织部联合发布了《2016 年生态文明建设年度评价结果公报》（以下简称《公报》）。2017 年的结果也会出台。2016 年的《公报》显示，在绿色发展指数总得分的排名上，凡是工业基础雄厚、技术相对发达的地方，如北京、福建、浙江位列前三，而西藏、青海、内蒙古、宁夏等生态保护较好的地区，因为工业的绿色发展基础相对差一些，排在倒数几名。在公众满意程度排名方面，西藏、贵州、海南位列前三。此次发布的生态文明建设年度评价结果排序，引起了广泛关注。本次评价中，绿色发展指数采用综合指数法进行测算。绿色发展指标体系包括资源利用、环境治理、环境质量、生态保护、增长质量、绿色生活、公众满意程度 7 个方面，共 56 项评价指标。

通过绿色发展指数，可以发现各省（市、区）绿色发展的投入情况，可了解自身与其他省（市、区）相比短板在何处，政策效果如何，其结果直接影响地方政府的考核努力方向，使得该指数和基于五年指数的任期生态文明考核成为干部评价和考核的依据，起了导向作用，同时给地方政府以压力，对照该指数补短板，有利于地方各级政府转变发展观念，朝着绿色发展的方向发展。

在 2035 年以前，中国将处于长期的转型期。在这个时期内，通过每年开展绿色发展指数的排名，每五年开展生态文明建设目标的考核，有利于各省级行政区域树立正确的发展观。不过，为了防止一些生态脆弱地区盲目发展污染型和生态破坏型工业，下一步，建议各省级行政区域绿色发展指数要按照主体功能区（如生态功能区、工业区等）的类别来排名，不要搞全国统一排名，如把西藏、青海、宁夏、内蒙古、甘肃、四川高原等地置于一个类别来排名。这样才能体现评价的公平性和每年考核的公正性。

下一步，建议建立相应的指标体系，考核省级、市级和县级人大及其常委会在绿色发展方面的履职情况；要考核中央部委在绿色发展方面的履职情况。只有这样，才能实现国家机关绿色发展职责的公平化。

六、通过清理"散乱污"、保护生态红线、严格执法、严惩重罚、层层追责，遏制地方发展环境污染型和生态破坏型经济

在 2016—2018 年的大气污染防治攻坚战中，一个成功的经验是，清理"散乱污"企业。"散乱污"企业的存在，增加了环境污染的负担。因此，下一步应当按照《中共中央 国务院关于全面加强生态环境保护 坚决打好污染防治攻坚战的意见》的要求，出台经济激励政策和制度，全面清理"散乱污"企业，为空气质量的全面提升腾出环境容量。对于不能转型升级的企业，一律关闭。

对于生态保护红线的划定，要解决两个现实的问题：一是在自然保护区核心区、缓冲区，涉及数量众多的原住民和原住民的传统种植问题。按照生态保护红线和保护区的属性，原住民的居住和耕种都是不允许存在的，但是自然保护区划定时就有原住民。这些区域大部分是集体土地，而自然保护区的土地一般要求是国有土地，如果要征收变成国有土地，涉及数量众多的移民，而国家和地方财政支付不起。这种现象相当普遍，需要引起重视。二是国家公园、自然保护区、风景名胜区的属性界定和区域交叉协调问题，包括体制的协调、管理制度的协调和管理机制的协调，都需要下一步的改革予以解决。如果有可能，应尽快出台《国家公园法》。

对于生态保护红线的严守，要解决一个各方面都反映强烈的问题，那就是自然保护区内的矿业权问题。甘肃祁连山事件后，很多地方的党政领导害怕被追责，把自然保护内的矿权全部废除，引发了一些社会矛盾。对于这个事情必须予以妥善处理。对于采矿确实不破坏生态的，可以考虑允许继续。对于采矿破坏生态的，应当废除采矿权。

对于执法监管的问题，目前来看，打造环境保护铁军，发挥生态环境部门、纪检和国家监察部门、中央环境保护督察机构、人大法律巡视的作用，效果很明显。下一步必须通过政策和制度改革创新的措施，解决如下问题：一是确保严格执法的问题，就是对于违法行为，应启动自动追责的机制，防止人为原因的干扰。二是确保严惩重罚的问题，就是按照改革文件的要求，修改《环境保护法》和其他相关法律法规，建立干扰环境执法监察的留痕制度，确保严惩重罚不受干扰。三是确保层层追责传导压力的问题，就是出台量化的环境保护党政同责的权力清单和职责规定，如制定省市县三级党委、政府主要领导和分管、联系领导每年必须亲自推动的折子工程，防止用文件对文件的形式主义来推动生态环境保护工作。四是出台改革文件，协调国家自然资源督察、中央环境保护督察、环境资源法律巡视，防止政出多门，防止地方应接不暇地接待各种督察和巡视。五是确保严肃追责，对于发展黑色经济、承接污染型产业、拒不执行中央生态文明决策部署以及拖延整改、敷衍整改、假装整改的行政区域，建立量化追责的制度。达不到一定的标准，就可以追究省市县党委、人大、政府主要负责人的责任。只有这样，才能遏制地方发展环境污染型和生态破坏型经济。

七、通过强制措施与市场机制相结合，激励与约束并重，促进资源的合理化配置

国家对生态环境保护的监管是国家公权力对企业生产经营活动采取的约束性公法干预。干预分为强制干预和非强制性干预两类，强制干预如建立生态保护红线、环境质量底线、资源消耗上限、产业准入清单、设备淘汰名录和产业淘汰清单；制定环境保护标准、总量排放指标、特别排放限制；项目环境影响评价、"三同时"自主验收、许可证申请与管理等。产业淘汰清单是借鉴浙江等地的经验，采取亩均绿色产值或者亩均税收予以考核，排名落后，不符合考核要求的，可以要求其退出该行政区域。对于纳入黑色名录的禁止转移清单的工艺和设备，应当采取信息共享的方式在全国范围内予以封杀。强制性的干预必须以必需和适度为原则。后者在行政法上也称比例原则。非强制性的干预，如行政指导、行政合同等。

环境保护的市场化措施，是指运用市场机制对环境保护行为进行引导和调整。例如，利用信用管理的措施，让企业自觉自愿地遵守环境法律法规，维护良好的绿色信誉，赢得市场份额，赢得绿色保险、绿色信贷、绿色证券及绿色供地、供水、供电等政策支持。再如，采取排污权交易、绿色产权和经营权的市场抵押等措施鼓励企业节能减排，鼓励企业开展生态建设。

下一步，在改革创新环境保护行政干预和市场机制方面的政策和制度时，应当坚持政府的工作定位，既要防止政府越位，也要防

止干预不到位。对于属于市场职能的事项，应当交给市场去配置资源。对于能够采取以奖代补措施的 PPP 机制，应当采取；对于能够采取押金制、基金制、收费制的，应当严密论证，确保环境有效、经济可行、管理具有可操作性。只有强制措施与市场机制相结合，激励与约束并重，才能促进资源的合理化配置，促进生态环境保护绩效的最大化。

八、通过示范与引领，以点带面，提质增效，促进各地通过特色发展、优势发展和错位发展步入绿色发展的道路

生态环境保护需要区域的示范引领。例如，浙江的平均发展水平领先于内地发展 10 多年，在 2005 年就遇到经济发展和环境保护如何协调的问题，习近平同志当时提出"两山"理论，就是从理念上转变传统的发展观，树立保护优先、绿色发展的观念。在"两山"理论的指导下，浙江经过 10 多年的坚守和努力，转型成功。目前浙江处于后工业化社会，生产发展、生活富裕、生态良好。与此类似的地方还有上海、北京、山东、福建、江苏等省、直辖市的一些发达区域。因此，浙江的经验能够为全国所借鉴和参考。这也是中央要坚持建设生态文明的原因。下一步，应当把浙江等地作为生态文明建设的榜样，总结其理念、路径、方法及其背景，制定引领全国开展生态文明建设的政策和制度，供全国参考和适用。

生态环境保护需要行业和企业的示范引领。在具体的行业上，要健全引领者或者领跑者的政策和制度，发挥新技术、新模式对于全国的示范带头作用，促进一个个地区完成工业化进程，把一个个行业带出转型升级、提质增效的困境，走出一条条绿色发展的新型工业化道路，通过发展绿色的、高质量工业化的做法手段促进生态文明建设。

生态环境保护需要就业和经济效益的支撑。生产不发展不是生态文明，生活不富裕也不是生态文明，绿水青山必须转化为财富，

生态文明建设必须和小康社会的建设相结合，充分调动老百姓的积极性，保障老百姓有获得感和参与的积极性，生态文明才能持久地建设。各地不应走先污染后治理的老路，也不能走捧着金山银山过苦日子的穷路。下一步，在严格保护生态环境的前提下，需要总结各地把绿水青山转化为金山银山的经验，建立相关的引领性政策和制度，在区域一体化和信息一体化的格局中，通过信息平台、标准体系的建立，引领各地区、各行业走特色发展、优势发展和错位发展的道路，防止各地无序竞争，形成良性发展和竞争的绿色发展道路，确保生态文明的理念在各地区由灌输、自发走向自信甚至自觉。

九、加强制度在区域、流域应用的整合创新，促进生态文明政策和制度在"五位一体"的格局内融合发展

目前的环境政策和制度体系，很多具有一般性和普适性的特点。对于一个特定的有特性的区域，如京津冀地区、长三角地区、粤港澳大湾区等，需要以问题为导向，对现有生态环境政策和制度进行整合，形成新的政策和制度矩阵，相互协调，形成合力，发挥新的作用和功能。下一步，在区域和流域的协同发展甚至一体化发展方面，需要建立新的政策和制度矩阵体系，促进区域和流域的生态环境保护协同保护、区域和流域的城市集群融合发展、区域和流域的产业协同发展。例如，在京津冀地区范围内，应当按照《大气污染防治法》的规定，在京津冀大气污染防治局的协调下，建立统一规划、统一监测和协同应急、协调执法的大气环境保护模式；在长江经济带，在制定《长江保护法》时，建立统一规划、统一监测、统一执法、协同应急等生态环境保护模式。在长江、黄河等重点流域，可以探索设立专门的生态环境保护机构，促进区域和流域环境共治。

在具体的创新方面，国家应当加强长三角、京津冀、雄安新区、粤港澳大湾区、长江经济带等实行区域战略的地区或者流域开展生态环境保护管理政策和制度的整合改革，如对现有的普适性环境监

测、生态补偿、环境审批、环境产权交易、环境信息通报、环境执法、环境监督、社会参与、环境保护第三方治理、环境保护应急等政策和制度进行区域权力相互让渡的改革，向区域或者流域一体化或者协同实施的政策和制度矩阵转型。

十、通过党内法规、国家立法和社会规范相结合，落实党政机关和领导责任，推动生态环境保护工作，撬动中国环境法治的新格局

我国是社会主义国家，中国共产党在立法和国家、社会事务方面的领导地位已为宪法所确定。因此，不能忽视中国共产党的领导政策和领导规则来空谈中国特色社会主义的法治工作。基于此，党的十八届四中全会决定把党内法规体系纳入中国特色社会主义法治体系。环境保护党政同责、一岗双责、齐抓共管的政策基础不仅包括国家的政策基础，还包括党的政策基础。在党的政策基础方面，党的十八大报告和十八届三中、四中、五中及六中全会文件，都或多或少地涉及生态环境保护的党政同责、一岗双责、失职追责、终身追责的问题，如党的十八届三中全会决定建立生态环境损害责任终身追究制，对领导干部实行自然资源离任审计制度等。在国家的政策基础方面，国民经济和社会发展"十三五"规划纲要以及生态环境保护规划，涉及长远目标、近期目标等方面的规定，就为生态环境保护党政同责、一岗双责、依法追责、终身追责的实施奠定了目标责任基础。

党的十八大把生态文明建设纳入党章，成为全党的根本遵循。在具体举措方面，中共中央和国务院于 2015 年联合发布了《党政领导干部生态环境损害责任追究办法（试行）》，中办和国办于 2015 年联合发布了《生态环境保护督察方案（试行）》，中共中央办公厅联合国务院办公厅于 2016 年发布了《生态文明建设目标评价考核办法》。《党政领导干部生态环境损害责任追究办法（试行）》第 1 条

规定，"根据有关党内法规和国家法律法规，制定本办法"，可以看出这些文件的党内法规属性。这些联合法规性文件不仅是党和国家在环境保护国家治理方面制度化、规范化、程序化的尝试，体现了环境保护党内法规与国家立法的衔接和互助，还是中国特色社会主义环境法治的重大创新。从目前来看，因为责任层层落实、层层追究，生态环境保护出现了转折性、根本性的变化。下一步，应当以中央的改革文件为基础，在《中国共产党纪律处分条例》等党内法规和《环境保护法》等国家环境保护法律、法规、规章中都设立相互衔接、相互引用的接口，促进党政领导责任的落实。

在社会规范方面，生态环境部、中央文明办、教育部、共青团中央、全国妇联于 2018 年 6 月 5 日发布并实施了《公民生态环境行为规范（试行)》，这个指导性规范属于社会规范，对于促进社会文明的发展起到了积极的作用。下一步，要制定相应的实施细则，把行为规范的各项要求融入垃圾分类、人居环境整治的立法和指南之中。

第二节　生态文明基本制度和重大政策体系面向 2035 年创新的战略方向

生态环境保护任重道远，生态文明政策和制度的建设和实施也任重道远。为了党的十九大确立的美丽中国建设目标，不仅要牢固树立社会主义生态文明观，还要按照要求加快生态文明体制改革，健全生态文明政策和制度体系。对未来五年的工作任务，党的十九大作出了推进绿色发展、着力解决突出环境问题、加大生态系统保护力度、改革生态环境监管体制、坚决制止和惩处破坏生态环境行为等行动部署，要求打好污染防治攻坚战和自然生态保卫战，久久为功，为保护生态环境做出我们这代人的努力。按照 2018 年《政府工作报告》的部署，2018 年二氧化硫、氮氧化物排放量要下降 3%，重点地区细颗粒物（PM2.5）浓度继续下降，化学需氧量、氨氮排放量要下降2%。实施重点流域和海域综合治理，全面整治黑臭水体。要加强生态系统保护和修复，全面完成生态保护红线划定工作，完成造林1亿亩以上，耕地轮作休耕试点面积增加到3000万亩，扩大湿地保护和恢复范围，深化国家公园体制改革试点。严控填海造地。加强生态环境保护基础设施建设，有效利用生态环境保护资金，把宝贵的资金更多用于为发展增添后劲，为环境民生改善雪中送炭。对照党的十九大的生态文明建设要求和《中共中央　国务院关于全面加强生态环境保护　坚决打好污染防治攻坚战的意见》等文件的部署，根据中国生态环境保护政策和制度的构建与实施现状，参考发达国家相关政策制度的发展现状和趋势，对中国生态环境重大政策和主要制度创新的战略方向，提出如下建议。

一、政策和制度的研究与规划方面创新的战略方向

（一）生态文明政策和制度理论研究创新的战略方向

在生态文明政策和制度的理论研究方面，建议采取以下重点改革、创新或者完善措施：

1. 2020年前的理论研究创新领域和重点

首先，建议针对生态文明政策和制度的薄弱领域及薄弱环节、争议处和不清晰之处加强研究，特别是中国特色社会主义的生态文明政策和制度理论研究，如党委、人大、政府的责任分配和互动关系，党内法规和国家立法的衔接和互助关系，党政追责机制等，特别是目前党政职能在一些领域的合一，各方面生态环境督察、巡视权限的统一或者协调，如2018年中央生态环境保护督察职权被授予生态环境保护部行使，更要研究党政生态环境保护规则的协同关系。

其次，没有离开政治的事业，习近平总书记在2018年也强调，生态文明既是重大的民生问题，也是重大的政治问题，因此生态文明政策和制度的理论研究应当偏重于生态文明的政治化、经济化、

社会化、法制化和文明化。目前，仅有国务院发展研究中心、中国社会科学院法学研究所、武汉大学等少数科研机构和法学院校启动了这项工作，建议教育部统一部署推进加强党内法规的学科建设，把党内法规和国家生态环境保护法律法规的教学、研究融合起来，形成中国特色社会主义生态文明政策和制度研究新局面。

最后，研究管制之外如何加强生态环境保护市场机制的作用，确保生态环境保护机制适应新时代共治和市场调节的需要。

2. 2030 年（2035 年）前的理论研究创新领域和重点

首先，需要研究自然资源资产管理体制、制度和机制改革与山水林田湖草综合保护需要的关系，研究改革需求与现有体制的突破。

其次，研究社会组织如何有效参与环境社会治理，尤其是研究如何建立社会组织提起环境行政公益诉讼的体制、制度和机制。

再次，研究能源革命对于气候变化应对和雾霾污染防治的影响，研究微塑料对海洋生态环境、对人体健康的政策和法律制度对策。

复次，在 2035 年前，要研究社会主要矛盾的新特点和新转化，研究生态环境保护的新特点和发展趋势，为实现 2050 年美丽中国的目标奠定基础。

最后，研究 2025 年后，城乡一体化发展情境下如何优化空间开发布局，促进城乡生态环境保护基础设施一体化的政策和制度；研究农村和城市土地同地同价情境下如何加强生态建设的政策和制度。

（二）生态环境保护战略、规划、行动计划创新的战略方向

在生态环境保护战略、规划、政策、行动计划的制订方面，在生态文明政策和制度的建设目标方面，需要体现稳中求进的基调。如何把握好节奏，统筹好发展和生态环境保护，统筹好发展和执法、统筹好生态环境保护目标设定和提质增效进程，实现共同提升，是必须解决的问题。需要正视现实的环境与发展问题，定好位，做好长远的设计和谋划。建议采取以下重点改革、创新或者完善措施：

一是明晰 2019—2025—2035 年经济社会发展的阶段性发展要求和生态环境保护的阶段性提升要求，让企业的生态环境保护投入和生态环境保护工作具有可预期性，增强企业治本的能力。政策和行动计划目标的设定以及标准的严厉程度要与经济发展阶段一致，不要脱离各地方和各行业实际的承受能力。过急的标准会给执法造成困难，导致生态环境保护执法形式主义，损害环境法治的威信。目标、标准与行动计划若与地方实际相适应，在加强普遍性严格守法的监察下，大多数企业通过努力如能达标，会实现经济与环保的双赢。执法监察与督察督查既有治标的作用，解决社会关心的热点环境污染和生态破坏等问题，也通过优化体制和机制，促进治本事项的解决。过去五年生态文明建设所取得的成绩，从目前来看，需要通过发展经济和技术提升环境问题治本的能力来予以巩固。在现有的经济和技术条件之下，经过几年的严格整顿，环境执法监察、督察督查的环境效用快要用尽。绿色生产和绿色生活理念的树立与模式的建立，需要一两代人，不是几年就能够完成的，因此生态环境保护既要有历史紧迫感，也要有必要的历史耐心，需建立国家和地方战略，合理设立目标和标准，把握好生态环境保护工作节奏，科学谋划，排出时间表、路线图、优先序，稳步推进，既保护好环境，确保风险隐患得到有效控制，又促进就业，发展经济，实现人人有事做，家家有收入。2017 年中国生态环境保护国际合作委员会的专家组就提出要开展生态环境保护战略研究，增强战略的清晰性和生态环境保护措施的可预期性，减少企业因为生态环境保护措施的不可预期性而产生的投资担忧。

二是明晰 2019—2025—2035 年各地和各行业生态环境保护政策和制度建设目标的灵活性。目前，环境污染防治的能力出现区域和行业不均衡的现象，有的地方因为经济和技术实力雄厚，雾霾减轻了；有的地方因为能力有限，产业结构不合理，雾霾污染不降反升，甚至出现扩大化的趋势，有的地方风停了雾霾就来了的现象没有得到根本改观，这说明我们正处于环境污染防治的持久战时期，要做好在较长时间内打攻坚战的准备。国家地域广袤，行业、区域和城乡差距仍然很大，各地、各行业的转型期窗口时间不一样，转型的能力和进度不一样，因此，政策和目标既要有原则性，也要考虑各地经济、社会发展的差异性，保证措施的可操作性。而要打好攻坚战，对于生态环境保护的战略、规划或者行动计划，要体现区域和行业能力的差异、环境容量的差异、城乡之间的差异、产业之间的差异。只有围绕新格局、新任务，面对新问题，以改革发展的方法实事求是地持续做出新的努力，蓝天白云碧水才能常态化。

三是按照中央的自然生态保护和污染防治攻坚战部署，针对每类战役的特点和难易程度，在 2020 年前，分类制订详细的攻坚计划和考核办法，合理确定总目标和年度任务，实行中期考核和终期验收，确保生态文明建设取得预期成效。只有这样，才能促进经济社会发展与生态环境保护的长期协同共进。

（三）生态环境保护政策和立法体系创新的战略方向

在生态文明政策和法律的制定方面，要加强体系化和协调性工作。建议采取以下重点改革、创新或者完善措施：

一是在把对社会主要矛盾的新判断写入党章、宪法的基础上，在 2020 年前写入所有起草、修改的生态环境保护法律、法规和政策，并在生态环境保护方面对要求予以具体化，成为社会各界的共同遵循准则。只有这样，才能通过高质量、有效益的发展推动形成人与自然和谐发展现代化建设新格局，实现党的十九大报告提出的"在全面建成小康社会的基础上，分两步走在 21 世纪中叶建成富强民主文明和谐美丽的社会主义现代化强国"的目标。

二是在 2022 年前，按照十八届四中全会决定和《中央党内法规制定工作第二个五年规划（2018—2022）》的要求，加强党内法规规定的制度和国家法律法规规定的制度的衔接化工作，使中央生态环境保护督察、生态环境保护专项督查、生态环境保护党政约谈具备党内法规和国家立法基础，也使生态环境部这个行政机构行使中央生态环境保护督察这个党政双重职能的工作职责，具备法制基础。在 2030 年前，使生态环境保护党内法规和政策体系基本健全。

三是加强生态文明立法体系的完善工作。2018 年 7 月的《全国人民代表大会常务委员会关于全面加强生态环境保护　依法推动打好污染防治攻坚战的决议》要求，加强要统筹山水林田湖草保护治理，加快推进生态环境保护立法，完善生态环境保护法律法规制度体系，强化法律制度衔接配套。加快制定《土壤污染防治法》，为土壤污染防治工作提供法制保障。加快固体废物污染环境防治法等法律的修改工作，进一步完善大气、水等污染防治法律制度，建立健全覆盖水、气、声、渣、光等各种环境污染要素的法律规范，构建科学严密、系统完善的污染防治法律制度体系，严密防控重点区域、流域生态环境风险，用最严格的法律制度护蓝增绿，坚决打赢蓝天保卫战、着力打好碧水保卫战、扎实推进净土保卫战。抓紧开展生态环境保护法规、规章、司法解释和规范性文件的全面清理工作。在 2025 年前，建议全国人大和国务院按照本意见和不断出现的生态文明体制改革要求加强立法研究和立法工作，将所有出台的改革措施巩固到相关的生态环境保护立法之中，使相关立法根据理论导向、目标导向和问题导向得以立、改、废。基于此，中共中央可以出台对全国人大党组立法领导的考核工作。在全国人大和国务院的立法中，建议在 2025 年前，把区域生态补偿、生态环境损害赔偿、省政府代表国家开展生态索赔、生态环境保护 PPP 机制、生态环境保护第三方治理机制、排污权交易制度、环境管家服务、环境信用管理、环境污染强制保险等生态文明体制改革措施在法律中制度化或者进一步制度化。在 2035 年前，重点加强环境信用管理、环境污染强制保险、生态环境保护 PPP 机制、绿色 GDP 考核等政策和制度的健全工作。

四是加强生态文明的重点立法工作。在法律层面，在 2020 年前，建议修改《环境影响评价法》，针对工业园区、开发区的建设规定环境影响评价制度，规定"三线一清单"制度和产业准入负面清单制度，总体控制区域风险；规定党中央、国务院作出涉及生态环境保护的重大决策前，如雄安新区等新区在决策前必须开展全面的环境影响评价。在此背景下，修改《规划环境影响评价条例》，使之与 2017 年修改的《建设项目环境保护管理条例》相衔接；在 2025 年前，制定综合性的《流域环境管理法》，针对大江大河制定专门的《长江法》《黄河法》，开展生态环境的综合法律调整和综合执法监察，规定河长制、湖长制和湾长制，用法律来巩固按照流域进行水生态和水生态环境保护的新体制、制度、机制，使生态文明体制改革的成效法制化；在 2025 年前，配合《民法典》分编的陆续出台，修改《侵权责任法》《环境保护法》等法律法规，对环境损害的证据取得、后果的认定、损失的鉴定、因果关系的认定或推定等事项，作出统一的、系统性的规定。如果有难度，建议先行出台司法解释。在行政法规层面，建议 2020 年前出台《排污许可管理条例》，使排污许可成为地方环境污染物排放总量控制和环境质量达标的核心手段，使企业的环境监管和环境守法体现一般化和个性化，更加实事求是；巩固以前的环境执法经验和成果，结合 2018 年机构改革的综合执法要求，针对生态保护和环境污染防止执法监察，在 2020 年左右制定《环境执法监察条例》，使执法监察专业化、制度化、规范化、程序化；在 2020 年年底前，修改《自然保护区条例》，把祁连山自然保护区破坏事件的处理、2017 年"绿盾 2017 国家级自然保护区监督检查专项行动"的成果和生态红线的划定及严守要求，用行政法规的形式予以巩固。

五是推动能源与气候变化领域的立法工作。在开展生态保护和环境污染控制的立法的同时，也要面向 2035 年，开展能源与气候变化领域的法制建设研究。在具体立法方面，因为 2018 年的机构改革整合，气候变化应对的职责已由发改委划转至生态环境部，在 2030年前，应当加强"四结合"的立法，即在生态保护、节约能源、污染物减排立法方面，如《环境保护法》《森林法》《草原法》《大气污染防治法》《煤炭法》《海洋环境保护法》等法律的修改时，要留一个加强气候变化应对工作的接口，把气候变化的原则要求纳入进去；凡是可以设立气候变化应对内容的，也可以在这些立法中对如何应对这些领域的气候变化作出基本规定，实现法律法规之间的衔接和协调。在现有格局下，推动制定《气候变化应对法》和相关的碳排放交易、监测、管控等条例或者规章的建设，促进生态保护、节约能源、污染物减排、温室气体减排综合效益的提高。在政策和制度构建方面，要面向 2030 年不断建立健全能源碳排放指标控制制度，节能评估审查、节能监察等能源节约制度，有序推进水电、风电、太阳能、地热能、生物质能、海洋能开发的制度，安全高效发展核电制度，控制煤炭消费总量和强度制度，淘汰落后产能和过剩产能制度，促进科技创新制度，企业能源和碳排放管理体系管理制度，低碳农业发展制度；生态系统碳汇增加制度，城乡低碳化建设和管理制度，建设低碳交通运输体系制度，培育低碳生活方式的制度，碳排放目标的区域控制制度，部分区域率先达峰制度，创新区域低碳发展试点示范制度，支持贫困地区低碳发展制度，碳排放权交易制度，低碳技术研发与示范制度，低碳技术推广应用力度，应对气候变化标准制度，温室气体排放统计与核算制度，温室气体排放信息披露制度，碳盘查（盘点）制度，国际技术、经济和交易制度等。

六是加强生态文明立法体系的梳理工作。建议在 2022 年前，制定生态文明促进方面的基本法律《生态文明促进法》，从宏观、系统的角度为生态文明建设和改革指明方向，做出规划，提出要求，统领生态文明有关的法律法规；加强中央和地方生态文明建设和体制改革文件的体系化，防止部门环境污染防治改革文件出现碎片化和相互不一致的现象，形成各方面、各层级共同开展生态环境保护和环境污染防治的合力。

二、生态文明体制建设创新的战略方向

在生态文明的体制建设方面，需要疏通堵点，保证制度和机制的顺畅运行。建议采取以下重点改革、创新或者完善措施：

一是加强生态环境保护的区域化、流域化监管体制的改革，既体现统筹性、协调性，也与属地监管有机结合。2018 年 11 月，习近平总书记提出，长三角一体化发展成为国家战略，建议 2022 年前，国家加强长三角、京津冀、雄安新区、粤港澳大湾区、长江经济带的生态环境保护管理措施，如环境监测、环境管理、环境执法、环境保护监督、环境保护第三方治理、环境保护应急等体制的协调。在长江、黄河等重点流域，在 2022 年前探索设立专门的生态环境保护机构，促进区域和流域环境共治。

二是在大部制改革的背景下，建议在 2019 年年中，全面落实省以下生态环境保护监测和监察垂直管理体制改革；建议在 2020 年年底前出台尽职免责的环境监管制度，克服地方保护主义和生态环境保护形式主义；建议在 2019 年年底前，在改革文件的指导下，出台杜绝生态环境监测数据作假的具有强制实施力的党内法规和行政法规性文件。

三是建议在 2019 年年底前，理顺中央生态环境保护督察与国家国土资源督察、国家海洋督察和林草等部门的部门督察关系，将各项督察整合于中央生态环境保护督察的大盘子中，由中央生态环境保护督察组统一代表中共中央、全国人大、国务院统一开展生态环境和自然资源方面的综合督察或者工作部署。

此外，在中央生态环境保护督察组督察回头看结束后，建议从 2019 年起，中央生态环境保护督察组考虑督察与生态环境保护有关的各部门，促进各部门生态环境保护的指导、协调、服务和监督工作。

三、生态文明管理、经济与技术政策和制度创新的战略方向

（一）生态文明管理政策和制度创新的战略方向

在生态文明管理政策和制度建设方面，建议采取以下重点改革、创新或者完善措施：

一是在 2020 年年底前，全面建立生态环境保护权力清单，建立尽职免责的环境监管制度，给监管人员依法监管创造法治氛围。只有这样，才能标本兼治，各地才能更好地协调经济发展和生态环境保护。

二是在 2020 年年底前，在加强事中监管和事后补救制度建设的基础上，加强事前预防性的制度建设，特别是加强环境影响评价制度的改革，通过修改《规划环境影响评价条例》，建立工业园区和开发园区等园区的规划环境影响评价制度，把区域环境风险控制和建设项目环境影响风险控制相结合，使环境影响评价、"三同时"验收、排污许可证管理衔接和并重。对于一些中西部城市超越发展阶段试点生态环境保护零审批制度的现象，要立即叫停。

三是在 2020 年年底前，创新管理模式，全面启动建立行政管制、市场调节、技术服务、信用管理相结合的生态环境管理模式，适应新形势下生态环境保护方式的转型需要。

四是在 2025 年前，在发展之中创新机制特别是信息化、信息公开、公众参与、社会监督和公益诉讼机制，建立行政处罚、引咎辞职、诉讼受理和行政追责等行政措施或者行政处罚自动启动的机制，让行政监管的权力受到权利和其他权力的制度化约束，使环境法律法规实施常态化、透明化，让制度和改革措施运转起来，防止成为墙上挂、嘴上讲的摆设。只有这样，才能克服中央生态环境保护督察非常态化的不足，才能克服地方保护主义的不足。

（二）生态文明经济政策和制度创新的战略方向

环境经济政策是实现生态环境治理现代化的重要手段。在生态环境经济政策和制度方面，建议采取以下重点改革、创新或者完善措施：

一是在 2020 年年底前，继续量化地改革环境保护税费制度，按照减排的比例减少环境保护税的征缴，促进企业在经济下行压力之下加强技术改造，减少污染物的排放。

二是在 2020 年年底前，尽快出台资源税立法，让资源使用有偿，让减少资源使用者少付费，形成节约和集约利用资源的政策和制度环境。在矿产开发领域，建立生态修复税收，为生态修复基金的成立奠定制度基础。

三是在 2025 年前，启动自然资源产权大改革，研究建立国有自然资源的专门管理机构，对国有自然资源在公开招投标的前提下实行特许经营，允许对特许经营权等经营性权利进行抵押等，让绿水青山变成金山银山，惠及经济和社会。在自然资源资产管理体制改革的前提下，按照流域对山水林田湖草实行一揽子的产权管理，全面建立绿色 GDP 制度。

四是在 2020 年年底前，对于循环经济领域的起始端，因为从家庭和个人等处取得资源回收的发票艰难，建议通过成本核算的方法，对增值税进行改革，提升资源循环利用的积极性；通过价格等机制改革，促进"散乱污"资源回收点的退出，促进资源回收利用的规范化，实现"两网"的真正融合。

五是在 2020 年年底前，在火电钢铁、水泥、冶炼等重点行业全面开展大气污染物的排污权交易，促进节能减排；在流域针对特定的污染物推行水污染物的排污权交易。如果有可能，在国内经济环境转好时，如 2025 年起，全面实行排污权有偿使用的制度。通过排污权的有偿使用和交易，促进企业节约资源，减少污染物的排放。

六是在 2025 年前，在经济下行压力解除之后，考虑在化学品领域和其他有重大环境污染风险的领域，全面实行环境污染责任保险制度；通过环境保护法律和劳动法律、信贷、保险法律等细化环境信用制度，使生态环境保护的联合奖惩制度与社会信用体系接轨，让 2014 年《环境保护法》规定的"县级以上地方人民政府环境保护主管部门和其他负有环境保护监督管理职责的部门，应当将企业事业单位和其他生产经营者的环境违法信息记入社会诚信档案，及时向社会公布违法者名单"落地；在法律层面，让绿色保险、绿色基金、绿色出口、绿色证券有法可依，实行生态环境经济制度和传统经济制度的有机衔接。

七是借鉴新安江和赤水河流域等地方的经验，在 2020 年年底前完善区域和流域生态补偿的政策与制度。

此外，在防范金融风险和稳妥进行自然资源产权改革、环境容量产权改革的基础上，加强绿色金融政策和制度的创新工作，让绿色金融在生态环境保护基础设施、生态环境建设、生态环境治理、生态环境投融资等方面发挥作用。

（三）生态文明技术政策和制度创新的战略方向

生态环境技术的创新和发展程度决定生态环境工作能够走多远，决定生态环境保护产业能否实现良性循环。在生态环境技术政策和制度方面，建议采取以下重点改革、创新或者完善措施：

一是鼓励创新，建议在 2020 年年底前，对于一些关键的环境污染防治、节能减排技术和生态修复技术，减免环境保护税收；对于储能技术、电池汽车、氢能电池汽车的发展，对于环境监测、环境治理等仪器设备的创新发展，建议在 2020 年年底前采取税收补贴措施和地方试点政策，鼓励技术创新和试点应用。

二是为了适应打击散乱污企业和即时违法的工作需要，建议在 2020 年前，生态环境保护部门与市场监管部门协商，筛选成熟的技术，强化快速取证的技术手段，提高现场的快速监测和鉴定能力；在此基础上，在 2022 年前，陆续修改《行政处罚法》《环境保护法》等法律法规，认可这些技术对排污行为和危害后果的认定效力，认可无人机对环境违法行为进行锁定的取证效力。

三是在 2020 年年底前，统一省市的生态红线划定，科学制定生态红线划定的方式方法，建立健全生态红线管控制度。结合实践，总结规律，由生态环境保护部在 2020 年年底前出台指导各级生态环境保护部门及时、全面、客观取证的《环境违法取证的指南》。

四是在 2020 年年底前，修改相关法律，在重点地区、重点时段实行大气污染物和水污染物排放的特别限值，让生态环境监管动态化和法治化。对于一些地方秋冬季节的限产停产，在以环境质量管理为核心的原则下，借鉴 2018 年京津冀及周边地区大气污染防治攻坚行动方案的做法，实行一市一策、一厂一策、一个生产线一个对策，发挥各地的灵活性。对于一些采用清洁能源、新技术能够实现达标排放甚至超低排放，在同行业处于领先地位的企业，可以不实现限产停产。

五是通过公开招投标、特许经营等开放式的合作方法，放开环境保护治理市场，吸纳有核心技术的国外企业在华开始技术研发和推广。建议在 2020 年年底前，在全国对环境保护第三方治理的投资和运行市场进行一次全面的检查，确保市场的开放性。

四、生态文明守法和社会共治方面政策和制度创新的战略方向

（一）生态文明守法政策和制度创新的战略方向

在生态环境守法政策和制度方面，建议采取以下重点改革、创新或者完善措施：

一是在 2019 年年底前，基于落后地区的环境意识总体落后于发达地区，各地区尤其是中西部地区，要通过广播电视、报纸等传统

媒体和微信等新媒体，加强对典型违法案例的宣传。生态文明建设目标评价和考核工作应当把宣传纳入考核指标体系。

二是大力推行环境信用管理。在 2015 年原环境保护部、国家发展和改革委员会《关于加强企业环境信用体系建设的指导意见》及 2013 年原环境保护部、国家发展和改革委员会、中国人民银行、中国银监会《企业环境信用评价办法（试行）》的基础上，针对企业、生态环境保护中介组织、生态环境保护社会组织，建议在 2022 年年底前由国务院制定《环境信用管理条例》。

三是为了促进环境损害责任社会化，建议在 2013 年《关于开展环境污染强制责任保险试点工作指导意见》的基础上，生态环境部联合其他部门于 2025 年前出台《环境污染强制责任保险管理办法》。

四是为了有效填补环境监管职责和企业环境守法主体责任之间的空白，促进企业更好履行生态环境保护主体责任，防止政府的监管错位并且担责，在环境管家服务试点的基础上，2020 年年底前，由生态环境部研究制定《环境管家服务管理办法》或者《环境管家服务管理办法（试行）》。

（二）生态文明社会共治政策和制度创新的战略方向

在生态文明共治政策和制度方面，需要按照习近平生态文明思想的八大原则，构建生态环境保护社会行动体系。建议采取以下重点改革、创新或者完善措施：

一是健全生态文明共治的立法。首先，在 2022 年年底前，由国务院制定《生态环境保护公众参与条例》，通过各部门的支持和配合，促进社会组织和公民全面参与环境共治。其次，在 2020 年年底前，修改《绿色发展指标体系》和《生态文明建设目标评价考核办法》，将各地公众代表的评议结果，作为公众满意程度的结果，使公众参与有序化。最后，对于重点企业环境监测数据作假的，对于企业在一定时间内屡次偷排、连续作假的，建议在 2016 年《最高人民法院、最高人民检察院关于办理环境污染刑事案件适用法律若干问题的解释》的基础上，于 2020 年年底前修改《刑法》和《环境保护法》，追究刑事责任。

二是在信息公开方面，针对各级地方人民政府建立环境信息公开的统一模板，在 2020 年年底前纳入《绿色发展指标体系》和《生态文明建设目标评价考核办法》，开展评价和考核；加强业务培训，提高信息公开负责人员对环境信息公开法律法规的认识，提高网站管理水平，利用互联网技术做好信息公开工作；建议尚未搭建信息公开平台的地区，充分利用上级政府网站技术平台开办政府网站，保障技术安全，加强信息资源整合，避免重复投资；对于企业不按照法律要求进行信息公开的，建议修改法律法规，设立按日计罚的制度。

三是在宣传教育方面，要防止目前一些地方宣传教育网络的空心化、形式化，建议在 2020 年年底前，由生态环境部和中宣部联合出台《环境保护社会宣传教育办法》，明晰环保教育的主体、兼顾环保宣传的新老媒体、注重环保宣传教育的系统化与专业化、环境宣传教育要整体覆盖。

四是在 2020 年年底前，研究出台《生态环境保护社会共治办法》，对生态环境保护社会组织开展辅导，通过政府购买社会服务的方式，鼓励各级党委和政府与生态环境保护社会组织合作，开展培训、宣传、社会调查、技术服务和监督；鼓励设立民间河长制、湖长制和湾长制，加强社会监督。

五、生态文明监督政策和制度创新的战略方向

在生态文明权力监督、民主监督政策和制度方面，建议采取以下重点改革、创新或者完善措施：

一是在 2022 年年底前，修改《环境保护法》，明确规定地方各级人民政府除了在政府工作报告中阐述生态环境保护工作之外，还

需每年派行政官员参加本级人大常委会，汇报生态环境保护工作情况；鼓励人大常委和人大代表开展相关质询；建议各级人大在执法检查、听取审议工作报告、专题询问、质询等方面建章立制，加强人大对生态环境保护工作监督的制度化，建立人大对同级政府生态环境保护专门汇报的表决制度；建议各级人大加强权力监督信息的全面公开与问责机制。

二是推进政协的生态环境保护民主监督规范化、制度化、程序化，建议在 2015 年中共中央办公厅《关于加强人民政协协商民主建设的实施意见》的基础上，由中办、国办与全国政协办公厅在 2022 年年底前联合发文，将包括生态环境保护民主监督在内的民生工作协商纳入年度协商计划，并且制定落实和反馈机制。

在生态文明督察政策和制度方面，建议采取以下重点改革、创新或者完善措施：

一是在 2020 年年底前，进一步加强中央生态环境保护督察、中央生态环境保护督察回头看、中央生态环境保护后督察和中央生态环境保护专项督察的制度化工作，充分解决深层次的问题。

二是在中央生态环境保护督察组督察各省的同时，从 2019 年起考虑同时督察国家发展改革、自然资源、工业信息、住建、水利、气象等与生态环境保护有关的部门，让这些部门寻找对地方和行业开展生态环境保护法治指导、协调、服务和监督的不足，然后限期整改。只有这样，才能理顺中央和地方生态文明法治的事权关系，才能使国务院有关部门的工作部署和改革措施的推进切合地方实际，使得改革措施更加有效。

三是在 2020 年年底前，加强督标和督本的制度建设，特别是各地的空间开发布局、产业结构、绿色发展动力等。

四是在巩固中央生态环境保护督察和生态环境保护专项督查制度的基础上，在 2020 年年底前，首先，推行中央生态环境保护督察回头看和生态环境保护问题的量化问责制度建设，建议生态环境部联合国家监察委在 2020 年年底前制定《生态环境保护量化问责规定》。只有这样，天上遥感、地上检查、公众积极参与的机制才能发挥更大的作用，生态环境保护监督的常态化效果才能显现。其次，加大有奖举报力度，鼓励公众举报工业企业偷排、企业污染物排放监测数据作假和地方生态环境保护监测部门环境质量监测数据作假的现象。

五是对于"一刀切"式的执法，开展追责和损害赔偿制度建设。

六、生态文明司法方面政策和制度创新的战略方向

在生态文明司法政策和制度方面，建议按照 2018 年 7 月的《全国人民代表大会常务委员会关于全面加强生态环境保护　依法推动打好污染防治攻坚战的决议》的规定，采取以下重点改革、创新或者完善措施，坚持有法必依、执法必严、违法必究，让法律成为刚性约束和不可触碰的高压线：

一是对于立案难或者拒绝受理的环境公益诉讼案件和环境私益诉讼案件，由中共中央办公厅和国务院办公厅在 2020 年年底前联合出台《生态环境保护监督办法》，鼓励社会组织和当事人将情况反映到生态环境保护部常设的中央生态环境保护督察机构，加强党中央、国务院对环境司法的领导和监督；在示范案例的基础上，在 2022 年年底前，加强全国环境司法案件审判案卷的统一评估，促进案件裁判尺度的统一，进一步提升环境资源司法水平。

二是在 2022 年年底前，修改《环境保护法》，健全生态环境保护行政执法和刑事司法衔接机制，充分发挥监察机关和司法机关的职能作用，让追责制度化、便利化、程序化。

三是完善生态环境保护领域民事、行政公益诉讼制度。在行政公益诉讼方面，如果 2025 年的中国制造目标如期实现，绿色的工业化能够有效控制工业污染，社会矛盾较少时，开始考虑修改《行政诉讼法》和《环境保护法》，争取在 2030—2035 年建立社会组织提

起环境行政公益诉讼的制度，并让社会组织的起诉权优先于监察机关的起诉权。在环境民事公益诉讼方面，建议到 2020 年年底前，修改《民事诉讼法》和《环境保护法》，明确建立社会组织提起可以索赔的民事公益诉讼制度，根据改革方案建立省级和市级人民政府提起可以索赔的环境民事公益诉讼制度；如社会组织和省级人民政府提起诉讼关注的利益竞合，后者的起诉权应优先于前者的起诉权。在 2022 年年底前，协调《物权法》第 90 条与《最高人民法院关于审理环境侵权责任纠纷案件适用法律若干问题的解释》第 18 条第 2 款之间的规定，协调、厘清合同行为与环境侵权行为，努力提高环境污染受害人证明责任能力，改变污染侵权索赔困难的局面。

四是在司法部的管理下，争取到 2020 年年底前成立环境公益诉讼和环境私益诉讼救助基金，解决环境诉讼资金短缺的问题，进一步发挥环境公益诉讼对于生态环境保护的作用。

五是优化审判资源配置，在 2020 年年底前，针对检察系统和法院系统，由中共中央办公厅出台《环境检察和审判资源配置改革办法》，对环境诉讼的热点和重点领域加强人员配置，切实解决一些生态环境法庭案源过少的问题，提高一审法院环境行政诉讼的审判专业性问题。

七、生态文明国际合作政策和制度创新的战略方向

在生态文明国际合作政策和制度方面，建议采取以下重点改革、创新或者完善措施：

一是依据国务院 2017 年的禁令，在 2019 年年底前修改《固体废物污染环境防治法》，将禁止洋垃圾写入该法，成为长期坚持的工作。要坚持对走私固体废物的持续打击，防止洋垃圾非法进入中国；加强对沿海、沿江地区循环经济产业的检查和环境监管，淘汰落后、低端的企业和产业园，促进产业园区和产业的转型升级，堵塞固体废弃物走私到国内低端行业的渠道。

二是向广东等地学习，鼓励企业组织联盟，与银行合作，到国外特别是废物产生国开展废弃物的利用与再生，再将加工后的原料出口到中国境内，促进双赢。

三是在 2020 年年底前，加强"一带一路"企业信息平台的建设，加强生态环境保护交流和合作，促进国内环境信用和国外环境信用的对接，督促中国企业在域外遵守环境法律规定。争取到 2025 年前，国内外一体化的诚信系统建设基本完善。

四是在 2020 年年底前，修改《野生动物保护法》，将禁止象牙贸易等举措巩固进法律，继续加强野生动物保护的国际合作，夯实象牙贸易禁止的成果，使中国成为野生动物保护领域的引领者。

五是在 2020 年年底前，由生态环境部、国家发改委等相关部委联合出台《生态环境保护产业国际化发展指导意见》，加强生态环境保护产业国际合作，提高市场化竞争；深度融入国际组织的活动，发出中国声音，保护国家利益。

六是在 2035 年前，持续加强国内、国际环境法律的衔接，提高履约能力；加强对能力建设与技术转让的呼吁，强调共同但有区别的责任原则；关注新兴和优势领域，充分发挥对国际环境法律发展的推动作用；加强国际化环境法律人才培养，提高环境智库国际化水平；积极推进、引领生物多样性等生态环境保护国际议题的谈判。

八、生态文明保障和生态文明体制改革落实的政策和制度创新的战略方向

在生态文明保障和生态文明体制改革落实的政策和制度方面，建议采取以下重点改革、创新或者完善措施：

一是深入开展全民生态文明宣教工作，加强对关键少数人群的生态文明理念培育工作，加强与工作需要相适应的能力建设。建议在 2020 年年底之前，完成对地方各级党政领导的生态文明和绿色发展的第一轮培育。

二是围绕人民群众关心的热点问题，继续以问题为导向，制定改革措施，并采取切实措施让改革措施落地，克服区域生态文明理念和成效两极分化的现象，解决区域发展不充分和不平衡的问题。建议在 2019 年年底之前，开展生态文明改革和建设的全面评估和对地方的督促检查，确保改革措施和建设措施落地。

三是在 2020 年年底前，制定《城市精细化管理指南》，通过城市精细化管理，科技和管理创新，推进能源革命、公共交通等改革，加强污水集中处理设施建设，通过清洁采取措施和清洁能源的推进，系统性地解决大中城市的城市病问题，缓解和解决区域大气污染和流域水污染。

四是发展才是解决环境问题的关键举措，在 2020 年年底前，发布指南，对全国各市县开展城市发展定位、发展能力和创新能力评估，督促各城市和城市群定好位，巩固和发展现有产业基础，做大做强新兴产业集群，做好新旧动能的衔接，提升转型升级的内生动力，只有这样，才能在发展之中解决大气、水和土壤环境问题，在生态保护之中促进绿色发展，才能让绿水青山转化为金山银山。

五是在生态环境保护措施的继续推进方面，应在 2019 年年底前制定生态文明体制改革推进时间表，稳中求进，健全生态文明体制和机制建设，重点加强自然生态空间用途管制，推行生态环境损害赔偿制度，完善生态补偿机制，逐步提升污染排放标准，实行全面的限期达标，加强环境信用和事中事后监管，以更加有效的制度保护生态环境；继续淘汰落后产能，继续压减无效和低效供给，化解过剩产能、淘汰落后产能。只有这样，才能给企业以预期感，促进经济发展和环境保护的协调统一。

九、总结

从 2019 年年初到 2025 年，再到 2035 年，大约还有 16 年的时间。今后的十几年，将是中国经济和社会发展转型的关键期间，是中国新动能发展壮大的期间，是质量型国家和质量型社会建设的期间，是更高的生态环境保护要求与经济社会不断协调发展的期间，因此，必须正视在发展中出现的不同形态的环境问题，定好位，站得更高、视野更广阔，加强生态文明政策和制度的构建、完善工作，做好长远的设计和谋划。

第三节　生态文明基本制度和重大政策体系
面向 2035 年创新的重大任务

什么样的事业需要什么样的制度，中国 2025 年的中期生态保护目标和 2035 年的远景生态保护目标明确了，那么就应当按照需求，研究建立什么样的政策和制度体系。党的十八届三中全会拉开了生态文明体制改革的序幕，在总体的改革思路方面，十八届三中全会决定要求紧紧围绕建设美丽中国深化生态文明体制改革，加快建立生态文明制度，健全国土空间开发、资源节约利用、生态环境保护的体制机制，推动形成人与自然和谐发展现代化建设新格局。其中，在健全自然资源资产产权制度体制方面，决定指出对水流、森林、山岭、草原、荒地、滩涂等自然生态空间进行统一确权登记，形成归属清晰、权责明确、监管有效的自然资源资产产权制度。在健全国家自然资源资产管理体制方面，决定提出要统一行使全民所有自然资源资产所有者职责。在完善自然资源监管体制方面，决定指出要统一行使所有国土空间用途管制职责。在改革生态环境保护管理体制方面，决定指出要建立和完善严格监管所有污染物排放的环境保护管理制度，独立进行环境监管和行政执法。为了实现十八届三中全会决定建立的改革目标，2015 年的《生态文明体制改革总体方案》规定了生态文明建设的目标制度体系，即自然资源资产产权制度、国土空间开发保护制度、空间规划制度、资源总量管理和全面节约制度、资源有偿使用和生态补偿制度、环境保护国家治理体系、环境治理和生态保护市场体系、生态文明绩效评价考核和责任追究制度。要建成这个制度体系，需要完成一些重点任务。

一、健全党、政府和人大的生态环保职责政策和制度体系

关于如何全面加强党和政府对生态环境保护的领导，加强人大对生态环境保护工作的监督，继续强力推进目前的生态环境保护好局面，从《中共中央 国务院关于全面加强生态环境保护 坚决打好污染防治攻坚战的意见》的规定来看，要解决如下政策和制度的改革创新问题：

一是健全生态环境保护领导规则，解决各级党委、政府如何强化对生态文明建设和生态环境保护的总体设计和组织领导问题。下一步，政策和制度的改革的创新，要解决如何统筹协调处理重大生态环境问题，如何指导、推动、督促各地区各部门落实党中央、国务院重大政策措施。

二是落实领导干部生态文明建设责任制，严格实行党政同责、一岗双责。下一步，政策和制度的改革的创新，要明确地方各级党委和政府的生态文明建设及生态环境保护的政治责任，明确地方党政主要负责人对本行政区域生态环境保护的责任和考核要求，要解决如何针对党委和政府部门制定责任清单，把任务分解落实到有关部门。

三是健全环境保护督察制度和机制，确保全国生态环境保护在全国范围内有序开展。下一步，政策和制度的改革的创新，要解决如何完善中央和省级环境保护督察体系，如何制定环境保护督察工作规定，如何完善督察、交办、巡查、约谈、专项督察机制，如何开展重点区域、重点领域、重点行业专项督察。

四是强化考核问责的政策和制度。下一步，政策和制度的改革的创新，要制定对省级党委、人大、政府以及中央和国家机关有关部门污染防治攻坚战成效考核办法，对生态环境保护立法执法情况、

年度工作目标任务完成情况、生态环境质量状况、资金投入使用情况、公众满意程度等相关方面开展考核。要在试点的基础上全面建立领导干部自然资源资产离任审计的制度。对于生态文明建设目标评价和考核的结果，要建立机制，如何把考核结果作为领导班子和领导干部综合考核评价、奖惩任免的重要依据。

五是严格责任追究的政策和制度。下一步，政策和制度的改革的创新，要针对省级党委、政府以及负有生态环境保护责任的中央和国家机关有关部门的考核结果，建立约谈、严肃追责和终身追责制度，确保贯彻落实党中央、国务院决策部署坚决彻底，确保生态文明建设和生态环境保护责任制执行到位，确保污染防治攻坚任务按时完成。

二、健全促进绿色发展方式和生活方式的政策及制度体系

一是健全经济绿色低碳循环发展的政策和制度。下一步，政策和制度的改革的创新，要关注如下几个问题：通过什么样的路径和方法，转变发展方式，促进传统产业优化升级，构建绿色产业链体系，协同推动经济高质量发展和生态环境高水平保护，走生产发展、生活富裕、生态良好的文明发展道路；如何修改《规划环境影响评价条例》，对重点区域、重点流域、重点行业和产业布局开展规划环评，调整优化不符合生态环境功能定位的产业布局、规模和结构；如何在全国性、流域性"三线一清单"的基础上，因地制宜地建立本地的产业准入负面清单，严格控制重点流域、重点区域环境风险项目；采取什么样的激励和约束措施，加快城市建成区、重点流域的重污染企业和危险化学品企业搬迁改造，加快推进危险化学品生产企业搬迁改造工程；在技术政策方面，如何构建市场导向的绿色技术创新体系，强化产品全生命周期绿色管理；如何培育生态环境保护的骨干企业，大力发展节能和环境服务业；如何推行合同能源管理、合同节水管理，积极探索区域环境托管服务或者环境管家服

务等新模式。

二是强化能源资源全面节约的政策和制度。下一步，政策和制度的改革的创新要关注如下几个问题：国家和地方如何建立能源和水资源消耗、建设用地等总量和强度双控行动，针对耕地保护、节约用地和水资源管理建立最严格的标准；如何创新节水的水价形成机制，如何健全节能、节水、节地、节材、节矿标准体系；如何推行生产者责任延伸制度，实现生产系统和生活系统循环链接；如何健全立法，建立完善的全国碳排放权交易规则体系。

三是深化引导公众绿色生活的政策和制度。下一步，政策和制度的改革的创新要关注如下几个问题：加强让生态文明宣传教育切合老百姓的感受，如何让生态文明教育基地做实，如何有效地倡导简约适度、绿色低碳的生活方式。开展创建绿色家庭、绿色学校、绿色社区、绿色商场、绿色餐馆等行动；如何针对快递业、快餐业、共享经济等新业态出现的资源和环境问题，出台规范标准，推广环境标志产品、有机产品等绿色产品；如何规定合理的消费标准，合理控制公共机构夏季空调和冬季取暖室内温度；如何通过价格激励和基础设施建设等手段，促进绿色出行。

三、健全生态环境信息化和生态环境信息公开的政策和制度体系

一是解决生态环境信息化的问题。环境信息化能够解决监管死角的问题，能够解决决策不准确的问题，也能够发现和规范处理环境违法的问题，能够解决决策不民主的问题。要解决环境信息化，除继续加强国家和省级环境监测网络的建设外，还要加强生态环境部门不同层级之间的信息共享，加强生态环境部门和其他部门之间生态环境信息、政府管理信息的共享。目前。这些工作都需要在一个部门的牵头下予以统筹解决。

二是解决生态环境信息的自由获得问题。市场经济具有盲目性

和自利性，在运行中不可避免地存在环保和与环保有关的市场信息不能均等获取的问题，不能解决环保和与环保有关的市场信息混乱和不充分的问题。信息不充分必然导致环境保护市场发育不完善，使环境保护公众参与权和监督权难以充分地实现。为此，一些国际法律文件作了对策性的规定，规定政府规范下的市场必须及时向市场主体或者公众平等地提供信息，实现信息的对称性，使他们各自能作出符合自身利益的理性判断。在专门的国际环境保护信息领域，如 1990 年欧洲共同体理事会通过了获取环境信息的 90/313 号指令，该指令规定了环境信息的范围、可以获取的信息范围和获取的途径、方法及相关的费用等，从而使环境信息权在欧洲成为一项包括政策与法律信息、行政管理体制信息、环境状况信息、环境科学信息和环境生活信息在内的法定权利。1992 年的《里约与环境发展宣言》原则 10 强调："在国家一级，每一个人都应能适当地获得公共当局所持有的关于环境的资料。"在危险化学品污染防治和其他国际环境保护领域，一些国际条约规定了信息交流和通报的机制。例如，1989 年的《控制危险废物越境转移及其处置巴塞尔公约》第 4 条（一般义务）第 2 款第 5 项规定，各缔约国应采取措施，规定向有关国家提供关于拟议的危险废物和其他废物越境转移的资料，详细说明拟议的转移对人类健康和环境的影响。

三是解决环境信息的收集权问题。就环境信息权的保障来看，强调政府在环境信息的收集、传播和指导中的作用仍然是世界各国环境信息立法的共同点。例如，设在荷兰的欧洲环境局是欧洲共同体的一个信息和咨询机构，负责收集成员国的环境状况信息，为共同体的决策提供依据。环境共同体发布了一系列保障公众环境知情权的指令（如 90/313EEC），明确了环境信息权的保证范围、保证途径和保证程序，要求政府自己收集并公开或要求企业公开有关的环境信息。在希腊，整合后的环境、土地使用规划和公共工程部，其一个重要的职责是在国内和国际上协调、收集和分发环境信息。

2002 年的《俄罗斯联邦环境保护法》第 5 条要求俄罗斯联邦国家权力机关编制和发布国家环境状况和环境保护年度报告，保证向居民提供可靠的环境状况信息；第 12 条要求俄罗斯联邦国家权力机关、俄罗斯联邦各主体国家权力机关、地方自治机关、其他组织和公职人员向从事环境保护活动的社会团体和其他非商业性团体提供关于环境状况、环境保护措施，以及对环境和公民的生命、健康、财产造成威胁的经济活动和其他活动的情况和事实的及时、充分而可靠的信息。我国的环境立法对环境信息权的保障规定目前比较充分，既有《环境保护法》《环境影响评价法》等法律作出的专门规定，也有《信息公开条例》的系统性规定，更有生态环境部制定的几个与环境信息公开有关的部门规章。但是，对于社会组织收集环境信息并发布环境信息的规定目前还很不健全。当然害怕引起公众的恐慌也是一个原因。建议予以补足，让社会各方多渠道地提供环境信息。

四是解决环境信息权的法制保障问题。在基本法层面，2002 年的《俄罗斯联邦环境保护法》第 3 条第 19 项规定："遵守每个人都有获得可靠的环境状况信息的权利，以及公民依法参与有关其享受良好环境权利的决策的权利。"在环境基本法的指引下，一些国家结合本国的国情对环境信息权的保障作出专门或附带性的立法，如德国 1994 年的《环境信息法》第 1 条规定："制定本法的目的是确保自由获取并传播由主管部门掌握的环境信息，规定获取环境信息的先决条件。"其后，该法规定了环境信息的应用范围、环境信息的定义、环境信息权的宣告、环境信息获取申请和审批、环境信息的代表申请、环境信息权的限制、管理体制、环境信息权的经费保障、环境信息的公开报道等方面的内容。1998 年的《法国环境法典》把环境信息的保障纳入第二编"信息和民众参与"之中，并专门在第 4 章规定了除公众审议、环境评估和公众调查外的其他获取环境信息的渠道。我国的环境信息立法在法律法规层面来看，比较零散。在规章层面，还比较丰富，但是法律层级低，建议加强《生态环境信息条例》的立法研究工作。

四、健全自然资源和生态环境产权的政策和制度体系

自然资源和生态环境产权制度是自然资源和生态文明基本制度及重大政策的基础性制度，它决定其他制度的构建和实施，是指关于环境因素和自然资源归谁所有、使用、如何流转以及由此产生的法律后果由谁承担等一系列相对完整的政策和制度。在我国，自然资源和生态环境制度包括自然资源产权制度、建立在自然资源基础之上的环境容量产权制度、环境美感及舒适性环境功能的产权制度。自然资源产权制度是指自然资源归谁所有、使用、如何流转以及由此产生的法律后果由谁承担等的政策和制度，如矿藏的所有权、探矿权、开采权，农民自留地的树木所有权等。环境容量产权制度，是指环境的污染与破坏容量归谁所有、使用、如何流转以及由此产生的法律后果由谁承担等一系列相对完整的实施规则系统，如排污权、污染物排放总量控制指标的市场化转让权等。环境美感及舒适性环境功能的产权制度，是指森林、风景名胜区、自然保护区、疗养区、森林公园、自然遗迹和人文遗迹等区域具有特殊美感和舒适性的环境功能（这些生态功能不是通过实物形态为人类服务，而是以脱离其实物载体的一种相对独立的功能形式存在）归谁所有、使用、如何流转以及由此产生的法律后果由谁承担等一系列相对完整的实施规则系统，如风景名胜区的有偿参观或享受制度、风景名胜区经营权的有偿转让制度、疗养区的有偿使用制度等。由于环境美感及舒适性环境功能具有一定的溢出性，在该区域外的人有时也可获得一定的美感或舒适感，有时也可以为他们带来一定的经济利益，如公园树木能够净化空气致使周围居民楼盘价格上涨、自然保护区的花香溢出使保护区外的人无须购票就可以享受等。但是，依法享有对环境美感及舒适性环境功能的所有权和使用权的人能够得到比

其他"搭便车"享受或使用优美环境的人更大份额的美感。

我国正处于社会转型期，新旧动能正在进行转换。转换的动力是多方面的，如果缺乏产权的支持，市场的活力难以有效释放，新动能的培育和壮大会更艰难。因此，有必要健全自然资源和生态环境产权制度，建立把绿水青山变成金山银山的机制，发挥生态环境保护对于经济发展的贡献。在 2035 年前，要针对国有、集体的自然资源和生态环境产权，建立主体多元化、客体多样化的环境产权制度，如自然资源资产登记制度、自然资源资产抵押制度、自然资源资产融资制度、自然资源资产流转制度、自然资源资产经营的招拍挂制度、排污权有偿使用制度、排污权交易制度，最大限度地发挥环境的经济作用和生态功效。

五、健全生态文明共治体系

在生态文明共治方面，1972 年的《斯德哥尔摩人类环境宣言》原则 7 指出："为实现这一环境目标，将要求公民和团体以及企业和各级机关承担责任，大家平等地从事努力的工作。"信念 19 指出："为了更广泛地扩大个人、企业和基层社会在保护和改善人类各种环境方面提出开明舆论和采取负责行为的基础，必须……"1992 年的《里约宣言》对传统的环境权理论进行了重大突破，如原则 10 规定了公众参与和知情权的原则，明确提出了"环境问题最好是在全体有关市民的参与下，在有关级别上加以处理，在国家一级，每一个人都应适当地获得公共当局所有的关于环境的资料，及包括关于在其社区内的危险物质和活动的资料，并有机会参与各项决策进程。各国应通过广泛提供资料来便利及鼓励公众的认识与参与；应让人人都能有效地使用司法和行政程序，包括补偿和救济的程序"。国际环境保护的公众参与权宣告需要国内立法进行制度化的措施。国内立法首先需要在宪法中进行政策宣告，如我国《宪法》第 2 条规定："中华人民共和国的一切权力属于人民……人民依照法律规定，通过各种途径和形式，管理国家事务，管理经济和文化事务，管理社会事务。"显然公众参与属于管理国家事务、经济、文化和社会事务的范围。

在宪法规定的指引下，需要在环境基本法或者综合性环境保护法中对环境保护参与权作出基础性或者基本性的规定。我国 2014 年的《环境保护法》专门设立第五章"信息公开和公众参与"来促进生态环境共治。第 53 条规定："公民、法人和其他组织依法享有获取环境信息、参与和监督环境保护的权利。各级人民政府环境保护主管部门和其他负有环境保护监督管理职责的部门，应当依法公开环境信息、完善公众参与程序，为公民、法人和其他组织参与和监督环境保护提供便利。"

在专门法律的层面，我国的《环境影响评价法》等相关的法律也对环境影响评价中的公众参与问题作出了相关的规定，如《环境影响评价法》第 11 条规定："专项规划的编制机关对可能造成不良环境影响并直接涉及公众环境权益的规划，应当在该规划草案报送审批前，举行论证会、听证会，或者采取其他形式，征求有关单位、专家和公众对环境影响报告书草案的意见。但是，国家规定需要保密的情形除外。编制机关应当认真考虑有关单位、专家和公众对环境影响报告书草案的意见，并应当在报送审查的环境影响报告书中附具对意见采纳或者不采纳的说明。"

《中共中央　国务院关于全面加强生态环境保护　坚决打好污染防治攻坚战的意见》在国内共治方面，规定要坚持建设美丽中国全民行动；必须加强生态文明宣传教育，牢固树立生态文明价值观念和行为准则，把建设美丽中国化为全民自觉行动。在国际共治方面，规定要坚持共谋全球生态文明建设。生态文明建设是构建人类命运共同体的重要内容。必须同舟共济、共同努力，构筑尊崇自然、绿色发展的生态体系，推动全球生态环境治理，建设清洁美丽世界。为了实现这个目标，在 2035 年前，应当加强社会全面参与生态环境保护投资、咨询、运营、监督等方面的政策和制度建设与工作。其中，要重点加强社会公众对政府生态环境保护工作的司法监督。这需要对《行政诉讼法》进行修改。

六、健全生态文明法治的政策和制度体系

《中共中央　国务院关于全面加强生态环境保护　坚决打好污染防治攻坚战的意见》规定，要坚持用最严格制度、最严密法治保护生态环境。保护生态环境必须依靠制度、依靠法治。必须构建产权清晰、多元参与、激励约束并重、系统完整的生态文明制度体系，让制度成为刚性约束和不可触碰的高压线。那么，在2035年前，要按照前面的阐述，加强国家生态环境立法的查漏补缺和升级改造，加强党内生态环境法规的建设工作，并加强两者的衔接和协调，实现生态环境保护有法与党规可依、有法与党规必依、执行法与党规必严、违反法与党规必究的法治新局面。

第二部分

各　论

第四章　生态文明与理论构建[1]

第一节　习近平生态文明思想是马克思主义
世界观的丰富和发展

世界观是人对整个世界及人与世界的总的看法和根本观点，人与自然的关系是其中一个重要方面。认识和处理当今世界的环境与发展矛盾，必须树立科学的世界观，采取科学的措施和方法。

人与自然关系的科学世界观既要正确认识人与生态环境的关系，也要稳妥处理人与生态环境之间的矛盾。直至 2035 年，中国将长期处于转型期。这个转型期既是关键期，即提供更多优质生态产品以满足人民日益增长的优美生态环境需要的时期，也是压力叠加、负重前行期，即矛盾凸显期，经济发展和环境保护的矛盾突出，发展不平衡、不充分的问题需要解决。同时，改革开放四十年的经济和技术发展积累，使得转型期具有较为雄厚的经济和技术基础，因而是解决环境问题的最佳窗口期。另外，环境保护作为一个宏观调控的手段，可以淘汰落后的工艺设备和技术，促进"散乱污"企业的出局和转型，为环境友好型企业的发展腾出更大的市场份额，促进了中国经济高质量的发展。因而，可以说，这个时期也是重大的发展机遇期。

---

① 《习近平生态文明思想的科学内涵与时代贡献》，载《中国党政干部论坛》2018 年 11 月。

在这个时代背景下，2012 年 11 月，党的十八大将生态文明纳入"五位一体"的大格局，对生态文明建设和改革作出全面部署。党的十八大以来，习近平总书记带领中国共产党和中国政府，结合中国的现实国情，对生态文明建设作了重大理论突破，开展了制度体系建设，通过工作抓手和突破口以点带面，全面推进了生态文明建设和体制改革。2017 年 10 月，党的十九大对生态文明建设作出了阶段性总结和历史性部署，设计了 2020 年、2035 年和 2050 年的美丽中国建设目标，并修改了党章，对生态文明建设的目标和行动部署作出规范性规定。2018 年 3 月，全国人民代表大会修改宪法，生态文明进入国家建设目标和国务院的工作职责。五年以来，生态文明建设成效显著，促进了中国的绿色发展和高质量发展，举世公认，如 2017 年 GDP 实际增长 6.9%，工业增速回升，企业利润增长 21%，实现了经济的中高速增长，中国的高质量发展迈出了坚实的一步。在生态环境保护的实效方面，党的十八大以来，全民的环境保护共识已经形成，我国生态环境保护从认识到实践发生历史性、转折性、全局性变化，如 2017 年全国 338 个地级及以上城市可吸入颗粒物（PM10）平均浓度比 2013 年下降 22.7%，首批实施新环境空气质量标准的 74 个城市优良天数比例上升 12 个百分点，达到 73%；重污染天数比例下降 5.7 个百分点，达到 3%，与五年前相比，重点城市重污染天数减少一半，人民群众在具体、生动的生态文明实践中感受到了环境改善的效果。在以习近平为核心的党中央领导下，近几年，党和国家对生态文明的重视前所未有，各方的支持与投入前所未有，法治措施的严厉前所未有，改革措施之密集前所未有，环境质量的改善前所未有，人民群众的获得感前所未有，全社会关于生态文明建设的共识也前所未有，这为中国迈向高质量发展奠定了坚实的基础。

在伟大的斗争和实践中，习近平总书记考察了中国传统的环境保护史，总结了马克思、恩格斯对生态环境保护的论述，立足于中国的现实，顺应时代潮流和人民意愿，站在坚持和发展中国特色社会主义、实现中华民族伟大复兴中国梦的战略高度，深刻回答了为什么建设生态文明、建设什么样的生态文明、怎样建设生态文明等重大理论和实践问题，立足于"五位一体"的习近平生态文明思想得以系统形成。2018年6月，中共中央、国务院发布《关于全面加强生态环境保护坚决打好污染防治攻坚战的意见》，提出要深入贯彻习近平生态文明思想。可以说，是时代造就了习近平生态文明思想。从另外一个方面看，也是习近平同志在人与自然的关系上审时度势，作出科学判断，丰富和发展马克思主义，时机恰当地提出了新时代生态文明领域的治国理政思想体系。总的来看，作为习近平新时代中国特色社会主义思想的重要组成部分，习近平生态文明思想既是中国民族传统生态环境文化的传承和发展，也是马克思、恩格斯环境保护思想的继承、丰富和创新，是马克思主义生态文明中国化的理论产物，是中国历史发展的必然。这个思想有力地指导生态文明建设和生态环境保护取得历史性成就、发生历史性变革，并有利于中国的可持续全面协调发展。

第二节 习近平生态文明思想的科学内涵与时代贡献

《中共中央 国务院关于全面加强生态环境保护 坚决打好污染防治攻坚战的意见》在"深入贯彻习近平生态文明思想"中提出，坚持生态兴则文明兴、坚持人与自然和谐共生、坚持绿水青山就是金山银山、坚持良好生态环境是最普惠的民生福祉、坚持山水林田湖草是生命共同体、坚持用最严格制度最严密法治保护生态环境、坚持建设美丽中国全民行动、坚持共谋全球生态文明建设。这八个坚持，从哲学、法学、经济学、政治学、历史学、社会学的维度，可以归纳为以下几个方面的世界观和方法论：

一是习近平生态文明思想的认识论。首先，关于人与自然的关系，马克思指出，人靠自然界生活，人是自然界的一部分。恩格斯也指出，如果说人靠科学和创造天才征服了自然力，那么自然也对之进行报复。可见，必须正确认识和处理人与自然的关系。在社会主义中国的新时代，习近平总书记指出，人与自然是生命共同体，人类必须尊重自然、顺应自然、保护自然，我们要建设的现代化是人与自然和谐共生的现代化，要坚持节约优先、保护优先、自然恢复为主的方针。这种既通俗又深刻的表述，将人与自然的关系以及如何处理人类生产与自然的关系的认识论发展到了一个新的高度，这是马克思主义世界观中国化的新发展。其次，环境污染和生态破坏已经成为制约中国经济和社会可持续发展的短板，因此生态环境保护很重要。关于生态环境重要性的认识，习近平总书记反复强调要培育生态道德，"像保护眼睛一样爱护生态环境，像对待生命一样对待生态环境"。党的十九大报告指出，建设生态文明是中华民族永续发展的千年大计，必须树立和践行绿水青山就是金山银山的理念，坚持节约资源和保护环境的基本国策，像对待生命一样对待生态环境。为了让此认识论得到实践的响应，习近平总书记提出发展底线和环境质量底线两个底线，通过立法和改革方案要求划定和严守生态红线，对环境污染和生态破坏实行严惩重罚。再次，环境保护也是民生问题。习近平总书记强调，良好生态环境是最普惠的民生福祉，坚持生态惠民、生态利民、生态为民，重点解决损害群众健康的突出环境问题，不断满足人民日益增长的优美生态环境需要。最后，习近平总书记不仅要求中国对于全球环境安全做出自己的贡献，还基于全球气候变化、全球动物保护、全球环境保护和全球共同发展，对世界提出了"人类命运共同体"的理念，要实施积极应对气候变化国家战略，推动和引导建立公平合理、合作共赢的全球气候治理体系，彰显我国负责任的大国形象，推动构建人类命运共同体，得到国际社会的积极响应。该理论不仅体现了中国人与本国环境的和谐共生关系，还体现了人类与地球环境关系和谐共生、休戚与共的关系，更体现了各国与地球环境和谐共生、休戚与共的关系。目前，推进构建人类命运共同体已经写入党章和宪法。在 2018 年的全国生态环境保护大会上，习近平总书记提出要共谋全球生态文明建设，深度参与全球环境治理，形成世界环境保护和可持续发展的解决方案，引导应对气候变化的国际合作。这体现了习近平生态文明思想认识论的国际化。可以说，习近平生态文明思想的认识论是对马克思主义关于人与环境关系的新突破。

二是习近平生态文明思想的历史观。一个复兴的民族必然是国家经济发展、人民生活富裕和生态环境良好的民族。从历史上看，文明的衰退除民族凝聚力和经济的衰退外，还伴随着生态环境特别是森林、草原和河流的衰退。基于此，习近平总书记总结道，"生态兴则文明兴，生态衰则文明衰"；建设生态文明，关系人民福祉，关乎民族未来。加入 WTO 后，中国在经济快速发展的同时，环境形势也越来越严峻，若不及时补救，会危及中华民族的长远发展。发达国家的相关实践也证明，适时保护环境不仅不会阻碍经济的发展，相反地会变为新的经济增长点。为此，习近平总书记在总结世界文明兴亡规律的基础上，立足于中华文明持久繁荣昌盛的大格局，要求给后代留下青山绿水的净土，强调"生态环境保护是功在当代、利在千秋的事业""走向生态文明新时代，建设美丽中国，是实现中华民族伟大复兴的中国梦的重要内容""在生态环境保护上一定要算大账、算长远账、算整体账、算综合账，不能因小失大、顾此失彼、寅吃卯粮、急功近利""生态环境保护是一个长期任务，要久久为功"。也就是说，环境保护要有历史责任感和历史紧迫感，要有整体发展观、长远发展观和平衡发展观。目前，习近平生态文明思想的历史观正在指导改革的稳步推进。

三是习近平生态文明思想的范畴论。严重的生态环境问题会影响生产力。发展必须是遵循经济规律的科学发展，是遵循自然规律的可持续发展，是遵循社会规律的包容性发展。不遵循自然规律，必然招致自然的报复。治理环境污染和生态破坏需要巨大的经济代价，治疗环境污染产生的疾病也需要付出沉重的经济和社会代价。

资金和人才的缺乏，必将影响生产力发展和环境的保护。实践证明，区域性大气污染和流域水污染已经成为严重制约一些地方生产力发展的因素。相反地，优良的生态环境却和先进技术一起支撑了沿海经济的持续发展。基于此，习近平总书记总结道，如果其他各方面条件都具备，谁不愿意到绿水青山的地方来投资、来发展、来工作、来生活、来旅游呢？从这一意义上说，绿水青山既是自然财富，又是社会财富、经济财富；绿色生态是最大财富、最大优势、最大品牌，一定要保护好，做好治山理水、显山露水的文章。在绿色范畴论的具体内容方面，习近平总书记指出，要正确处理好经济发展同生态环境保护的关系，牢固树立保护生态环境就是保护生产力、改善生态环境就是发展生产力的理念；保护生态环境就是增值自然资本；让良好生态环境成为人民生活质量的增长点，成为展现我国良好形象的发力点。在如何使理念落地方面，习近平总书记指出，要通过高科技大力促进经济转型升级，对生产力和生产关系范畴的新时代关系进行了创新和发展。这些创新和发展，是对马克思主义政治经济学的理论突破。

四是习近平生态文明思想的矛盾观。以前，社会主义初级阶段的主要社会矛盾是人民日益增长的物质文化需求同相对落后的社会生产之间的矛盾。十几年来，环境污染、生态破坏和资源紧缺已经成为制约我国经济社会进一步可持续发展的全局性短板，习近平总书记在不同的场合多次强调了这一点。在此背景下，生态文明才得以进入"五位一体"的总体布局，"绿水青山就是金山银山"才得以成为社会的共识。也就是说，良好的生态环境已成为人民群众迫切的现实需要。为此，2016年国民经济和社会发展"十三五"规划纲要在"发展主线"部分提出："贯彻落实新发展理念、适应把握引领经济发展新常态，必须在适度扩大总需求的同时，着力推进供给侧结构性改革，使供给能力满足广大人民日益增长、不断升级和个性化的物质文化和生态环境需要"，对社会主义初级阶段的主要社会矛盾进行了初步修改。2017年党的十九大修改了党章，把矛盾转化为"人民日益增长的美好生活需要和不平衡不充分的发展之间的矛盾"，把美丽中国的建设纳入社会主义现代化强国的建设目标体系。党的十九大明确指出，生态环境问题是主要社会矛盾中之一。2018年3月，新的矛盾观写入宪法，开始指导国家的各项工作。

五是习近平生态文明思想的系统论。环境问题是一个系统性问题，习近平总书记讲过，山水林田湖草是一个生命共同体，人的命脉在田，田的命脉在水，水的命脉在山，山的命脉在土，土的命脉在树。可见环境是一个内部有机联系的生态功能共同体，其保护既涉及经济和社会的协调发展，也涉及城乡的协同发展，还涉及空间的优化整合，因此措施不能是孤立和不协同的，而是多方面和互助的，习近平总书记特别指出，如果种树的只管种树、治水的只管治水、护田的单纯护田，很容易顾此失彼，最终造成生态的系统性破坏；环境治理是一个系统工程，必须作为重大民生实事紧紧抓在手上；要统筹兼顾、整体施策、多措并举，全方位、全地域、全过程开展生态文明建设，科学布局生产空间、生活空间、生态空间，扎实推进生态环境保护。在措施上，环境保护的措施既应包括技术和资金支持机制，也应包括宣传和科研措施；既涉及生产和生活方面措施，也涉及体制、制度、机制的建设和改革措施。在体制方面，涉及通过大部制改革，克服自然资源和生态环境保护职权的无效和低效治理，涉及通过省以下环境保护监测监察垂直管理形成新型的监管监察体系。在技术方面，建立了全国大一统的生态环境监测体系。在制度方面，已经形成了生态文明体制改革的四梁八柱。生态文明建设和改革的系统性，与生态环境的系统性相匹配，正在改革的实践中得到充分的体现。

六是习近平生态文明思想的领导观。以前，环境法律法规数量众多，政府出台的措施为数也不少，但是全国范围内的生态破坏和环境污染却越来越普遍，说明环境法律法规的实施和倒逼地方党委和政府转变发展观的机制出了问题。2013 年 7 月，习近平总书记针对频发的安全生产事故首创了安全生产党政同责、一岗双责、齐抓共管的理念，要求地方党政一把手要亲自抓，负总责。在生态环境保护问题上，习近平总书记强调，不能越雷池一步，否则就应该受到惩罚。为此，2015 年，安全生产党政同责、一岗双责的理念被《党政领导干部生态环境损害责任追究办法（试行）》借鉴，拓展到环境保护领域，形成环境保护党政同责、一岗双责、人大检查、政协监督、失职追责、终身追责及与之相匹配的中央环境保护督察等体制、制度和机制，通过严格执法和对党政领导干部严肃问责，克服环境保护形式主义，倒逼地方各级党委和政府转变发展观念，加强转型发展与生态建设，开辟了"老大重视就不难"的环境保护新局面。目前，党通过党内规范来领导国家、政府通过法律法规来治理国家的衔接机制已经形成，大大提升了环境保护工作的有效性。

七是习近平生态文明思想的方法论。习近平总书记既担任过村党支部书记，也担任过县、市、省级党委负责人，任职经历丰富，深刻地了解中国各层级的现实问题，对于如何寻找突破口解决中国的特色问题也有自己独到的思考。在生态环境保护的破局方面，建立全国统一的生态环境保护监测网络，建立领导干部违法干预的留痕制度，通过法律法规、党内法规和环境污染犯罪司法解释，严厉打击生态环境监测数据造假等行为，确保数据的真实性。在此基础上开展生态文明建设目标评价考核与领导干部离任审计，以追责作为保障让地方党政领导对本地的绿色发展和环境保护切实地负责。2017 年年底的中央经济工作会议提出，改革要循序渐进，稳中求进。目前在经济发展中不断提升环境保护的能力，杜绝环境保护"一刀切"，已经成为各方的共识。这些新的方法论的实施，解决了以前一直想解决的环境法律实施乏力的大问题，撬动了新时代各方面高度重视环境保护的大格局。

八是习近平生态文明思想的发展观。首先是绿色发展观。单纯地搞好环境保护很容易，单纯地发展经济也很容易，但是既要保护好环境又要快速发展经济就很难。鉴于以前的粗放式发展不可持续，习近平总书记指出，经济发展不应是对资源和生态环境的竭泽而渔，生态环境保护也不应是舍弃经济发展的缘木求鱼，而是要坚持在发展中保护、在保护中发展，实现经济社会发展与人口、资源、环境相协调；绿色发展是生态文明建设的必然要求，代表了当今科技和产业变革方向，是最有前途的发展领域。在具体要求上，习近平总书记强调，要形成创新、协调、绿色、开放、共享的新发展理念；生态文明建设要融入经济建设、政治建设、文化建设、社会建设的各方面和全过程，把生态建设和贫困地区的脱贫致富相结合，形成节约资源和保护环境的空间格局、产业结构、生产方式、生活方式；以优质的制度供给、服务供给、要素供给和完备的市场体系，增强发展环境的吸引力和竞争力，提高绿色发展水平。其次是高质量发展观，即实现高质量、有效益、公平、可持续的发展。在实现模式上，习近平总书记强调，推动经济高质量发展，要把重点放在推动产业结构转型升级上，把实体经济做实做强做优。要立足优势、挖掘潜力、扬长补短，努力改变传统产业多新兴产业少、低端产业多高端产业少、资源型产业多高附加值产业少、劳动密集型产业多资本科技密集型产业少的状况，构建多元发展、多极支撑的现代产业新体系，形成优势突出、结构合理、创新驱动、区域协调、城乡一体的发展新格局。在高质量的保障上，习近平总书记指出，要全面推进体制机制创新，提高资源配置效率效能，推动资源向优质企业和产品集中，推动创新要素自由流动和聚集，使创新成为高质量发展的强大动能。在具体的实践上，我国正在开展供给侧改革，大力推进技术革新和转型升级，煤改气、煤改电等工作也在有序推进。经过几年的坚守，2017年全国工业生产增速扭转了自2011年以来连续六年的下降态势，呈现企稳向好的发展态势，主要工业产品产量出现积极的变化；工业产能利用率为77%，同比回升3.7个百分点，结束了自 2012 年以来连续五年的下降态势。

　　九是习近平生态文明思想的治理论。这个治理论包括国内生态文明治理和共谋全球生态文明建设两个方面。在国内层面，坚持建设美丽中国全民行动，通过发挥各方面的参与作用，特别是党委的全面领导、政府的组织实施、人大的权力监督、政协的民主监督、社会的广泛参与和公益诉讼监督，绿色、低碳、节约的生产方式和生活方式正在形成。习近平总书记指出美丽中国是人民群众共同参与、共同建设、共同享有的事业，必须加强生态文明宣传教育，牢固树立生态文明价值观念和行为准则，把建设美丽中国化为全民自觉行动。习近平总书记在很多场合强调环境保护共治，促进国家治理体系的现代化，建立大家的事情大家协商、大家的事情大家办的共治机制；强调要健全多元环保投入机制，研究出台有利于绿色发展的税收政策，充分运用市场化手段，完善资源环境价格机制，采取多种方式支持环境保护产业的发展。目前，无论是党内法规建设还是《环境保护法》等立法建设，在党领导和监督下各方各司其职的共治体制和机制已经建立，政府向人大汇报环境保护工作、政协开展视察和调研、检察机关和社会组织提起公益诉讼、中介组织提供管家式技术服务的格局已经形成。在国际层面，中国深度参与全球环境治理，形成世界环境保护和可持续发展的解决方案，在应对气候变化国际合作、野生动物保护国际合作等方面，正在成为事实上的引领者，得到国际的广泛认可。

　　十是习近平生态文明思想的法治观。只有通过严格的法制建设，用规则来保障，生态文明的建设才具有长效性。为此，习近平总书记指出，不能让制度变为无牙齿的老虎，只有实行最严格的制度、最严密的法治，才能为生态文明建设提供可靠保障。之后，党的十九大要求制定最严格的环境保护制度，实施严惩重罚，促进企业全面守法。在 2018 年的全国生态环境保护大会上，习近平总书记指出，用最严格制度、最严密法治保护生态环境，加快制度创新，强化制度执行，让制度成为刚性的约束和不可触碰的高压线，再次强调法治的重要性。目前，主要是通过党内法规建设、改革文件制定和国家立法来共同规范和促进生态文明建设和改革。首先，生态文明写入了党章，通过党内法规和党内文件建设，建立了环境保护权力清单，对地区党委和政府开展生态文明建设目标考核，实行党政领导干部离任审计，实施党政干部环境保护监管的失职问责制度，推行生态环境损害赔偿和流域区域生态补偿。其次，在党的领导下，生态文明写入了宪法和法律、法规和规章，其关于生产发展、生活富裕、生态良好的要求得到法规范的转化。2016—2017 年，习近平生态文明思想的法治观开始发力，通过中央环境保护督察，对一些省部级领导干部、近 200 多位厅级干部和一大批处级和处级以下干部严肃问责，对于倒逼地方产业转型、督促官员尽职履责，发挥了关键作用。

第三节　习近平生态文明思想的贯彻和落实

以上世界观和方法论相辅相成，是习近平新时代中国特色社会主义思想密不可分的组成部分。目前，科学认识人与自然、人与政治、人与经济、人与社会、人与文化关系的习近平生态文明思想主题鲜明、内涵丰富、逻辑严密，已经理论化、体系化，成为一个相对独立的理论体系。习近平生态文明思想作为世界生态文明建设的中国方案，对于广大的发展中国家结合本国实际开展生态环境保护，实行绿色发展和高质量发展具有一定的参考和借鉴作用。其丰富和发展是对构建人类命运共同体的重大理论贡献。

中国目前仍然属于发展中国家，区域发展差异大，整体的技术实力和经济实力离发达国家还有较大的差距，环境质量持续改善的基础还不稳固，因此，我们在看到巨大成绩的同时，也应看到中国的生态文明建设能力和水平离发达国家还有较大的差距。在今后几年，我们必须咬紧牙关，打一场污染防治和生态建设方面的硬仗、大仗、苦仗，在全面建成小康社会的同时，实现污染防治攻坚战的预定目标。我们要有历史使命感和时代紧迫感，再接再厉，久久为功，使环境保护和经济社会发展在双赢的格局中协同共进，做出我们这代人应有的贡献。为了推进生态文明建设，2018 年由党中央、国务院联合召开的全国生态环境保护大会提出要加快建立健全以生态价值观念为准则的生态文化体系，以产业生态化和生态产业化为主体的生态经济体系，以改善生态环境质量为核心的目标责任体系，以治理体系和治理能力现代化为保障的生态文明制度体系，以生态系统良性循环和环境风险有效防控为重点的生态安全体系。为了全面贯彻习近平生态文明思想，《关于全面加强生态环境保护　坚决打好污染防治攻坚战的意见》提出要完善生态环境监管体系，健全生态环境保护经济政策体系、健全生态环境保护法治体系，强化生态环境保护能力保障体系，构建生态环境保护社会行动体系。这些规定和部署为习近平生态文明思想的落地生根奠定了基础。

在新时代的新征程，要认真贯彻落实习近平生态文明思想。首先，必须正视现实的环境与发展问题，定好位，站得更高、视野更广阔，加强生态文明建设和改革工作，做好长远的设计和谋划；要在新时代背景下全面把握其思想体系，不能断章取义，不能以偏概全；要从中华民族永续发展的高度看生态文明建设和体制改革的重要性，要从环境与发展的协同共进大局看待生态文明建设与体制改革的困难性，要从社会主义主要矛盾发生转换的角度看生态文明建设和优美生态产品、服务持续提供的艰巨性，要从国际和国内两个高度来认识中国生态文明建设和体制改革的国际性。其次，各地要按照优势发展、特色发展、错位发展的思路，培育所在城市群和所在城市的经济竞争力，升级优化传统产业，发展战略新兴产业，培育新动能，为生态文明的建设奠定坚实的产业基础和经济基础。再次，按照 2017 年中央经济工作会议和 2018 年全国生态环境保护大会的要求，通过生态修复等措施恢复绿水青山，使绿水青山变成金山银山；坚持生态惠民、生态利民、生态为民，通过建立绿水青山和金山银山的转化机制和"绿水青山"的生态支付机制，使广大人民群众在生态优先、绿色发展的大局中获得生态效益、社会效益和经济效益。复次，加强城镇基础设施建设，提升污水和固体废物的收集和处理能力；通过市场化建设运营和价格收费、财政支持等机制，确保治理设施不晒太阳，补齐城市生活污染的防治短板；按照城乡统筹的要求，促进乡村经济发展的同时，扎实推进乡村垃圾收集、运输和处理工作，全面推行农村厕所革命，如期完成乡村环境整治目标，补齐农村环境保护的短板，提升区域环境容量。最后，按照中央的污染防治攻坚战和自然生态保卫战部署，通过环境保护党政同责、一岗双责、人大检查、政协监督、失职追责、终身追责的原则，层层压实责任，层层传导工作压力，在 2020 年年底前打好柴油货车污染治理、城市黑臭水体、渤海综合治理环境保护、长江保护修复、水源地保护、农业农村污染治理等重大环境保护战役，针对每类战役制订攻坚计划和考核办法，合理确定总目标和年度任务，实行中期考核和终期验收，并采取奖惩措施和督察措施予以保障，通过动真格，确保生态文明建设的成效更加稳固。只有成效显著并且稳固了，才能调动全社会的主动性和积极性，生态文明建设和体制改革才能得到最广泛的拥护和支持。

在新时代的新征程，在习近平生态文明思想的指导下，要坚定不移走生态优先、绿色发展新道路，坚持统筹兼顾，协同推动经济高质量发展和生态环境高水平保护，协同发挥政府主导和企业主体作用，协同打好污染防治攻坚战和生态文明建设持久战。在这场历史性的战役中，生态文明建设将以新的历史使命、新的奋斗目标、新的精神状态、新的动能催生，通过社会主义制度集中力量办大事的优势，不断夯实基础和能力，到 2020 年和 2035 年，美丽中国建设的阶段性目标，一定会按期实现。

第五章　生态文明与体制改革

第一节　河长制的法制基础和具体实施[①]

一、河长制出台的现实和法制基础

关于水污染防治和水环境保护，我国的《环境保护法》和《水污染防治法》《水法》《水污染防治行动计划》等法律和规划性文件设立了很多制度，譬如环境影响评价、排污许可证、取水许可证、排污交易试点、污染物排放总量控制、污水集中处理制度等；不仅规定了地方人民政府对本地区的环境质量负责，还规定了水利、环保、住建等部门的水污染防治和水环境保护职责。表面看来，这些制度和发达国家相比，都不缺；这些机构的监管职责也相互衔接，但是目前我国的很多流域水污染仍然很严重，有的还加重了，这说明在现有体制下，上述立法和规划在现实中没有得到有效的运行，作用没有得到有效的发挥。也就是说，严峻的水环境问题是倒逼水环境监管体制改革的现实基础。

"河长制"的设立目的主要有两个：一是结合中国的国情，让水环境保护法律法规规定的职责和要求运转起来。地方党政一把手担任河长或者总河长，有利于调动行政资源，对不认真履责的人追究责任，有利于让急需解决的环境问题在最短的时间内得到有效解决。

---

① 　本节的核心内容以《河长制，突破现有体制局限》为题，被《人民日报（海外版）》于 2017 年 6 月 13 日发表。

在目前的国情之下，通过党内文件和国家立法相衔接，以问题为导向，规定地方党政主要领导担任"河长制"，可抓住关键少数，形成一股强大的力量，解决突出的水环境污染问题。二是解决目前的立法难以解决的问题，如一些水污染是由岸上的生活垃圾和农田的秸秆腐烂造成的，或者由农村面源生活污水流入造成的，涉及上下游、左右岸、不同行政区域和行业，很复杂，而这些，水利部门和环保部门难以依据现行的《环境保护法》《水污染防治法》《水法》予以解决。设立河长制，可以突破现有法律制度和监管体制的局限，让地方党政主要领导对水环境保护工作兜底，对河湖管理保护这项复杂的系统工程负起责，牵头解决现有部门难以解决的问题。由于环境保护党政同责理论已经由理论走向现实，被《党政领导干部生态环境损害责任追究办法（试行）》和《生态文明建设目标评价考核办法》采纳，为此，2016 年 12 月中共中央办公厅、国务院办公厅结合浙江、江西等地的试点情况，以党政机关联合发文的方式印发了《关于全面推行河长制的意见》，再次强调流域水环境保护的党政同责制度。可以说，环境保护的党政同责制度和《环境保护法》规定的地方人民政府对本地区环境质量负责是河长制的法制基础。

2017 年 6 月 27 日，第十二届全国人民代表大会常务委员会第二十八次会议通过了《关于修改〈中华人民共和国水污染防治法〉的决定》。修改后的《水污染防治法》第 5 条规定："省、市、县、乡建立河长制，分级分段组织领导本行政区域内江河、湖泊的水资源保护、水域岸线管理、水污染防治、水环境治理等工作。"河长制正式写入《水污染防治法》，具有明确的法律依据。

二、河长制的实践推进

中央出台《关于全面推行河长制的意见》后，一些省级党委政府甚至市县级党委政府联合出台了实施方案，如上海市出台了《关于本市全面推行河长制的实施方案》。2017 年 2 月 6 日，上海市政府举行新闻发布会，披露上海将全面推行河长制，开展 631 公里中小河道综合整治。按照分级管理、属地负责的原则建立市—区—街镇三级河长体系。在谁担任河长的问题上，规定市政府主要领导担任全市总河长，市政府分管领导担任全市副总河长；区、街镇主要领导分别担任辖区内区、街镇的总河长。目前，上海首批河长名单已经公布，年底前将公布其他镇村管河道的河长，实现全市河湖河长制全覆盖。

上海市之所以这么安排，是因为 2016 年《关于全面推行河长制的意见》明确规定，全面建立省、市、县、乡四级河长体系；各省级行政区域设立总河长，由党委或政府主要负责同志担任；各省级行政区域主要河湖设立河长，由省级负责同志担任；各河湖所在市、县、乡均分级分段设立河长，由同级负责同志担任；县级及以上河长设置相应的河长制办公室，具体组成由各地根据实际确定。水利部、原环境保护部制定的《贯彻落实〈关于全面推行河长制的意见〉实施方案》对河长制的推进措施也予以了细化。

不仅上海如此，其他省级行政区域也出台了或者正在出台相关的实施意见，而且实施意见的制定和落实有的已到了区县一级，如北京市通州区出台了《通州区"河长制"实施意见》，湖北省秭归县人民政府出台了《关于建立"河长制"的实施意见》。湖北省监利县已有 1000 多名"河长"上岗。最近调研发现，湖北省监利县朱河镇"中心河"边统一竖立了"河长公式（标志）牌"，载明河道名称、河段长度、总河长姓名（镇长担任）、副总河长（副镇长担任）、河长（两人联合担任）、公示电话。其中，责任单位为朱河镇人民政府。值得指出的是，标志牌上还提出整治目标，如无漂浮物、无拦网、无新增阻水物、水草，内外边坡物新建违章建筑、无乱堆放和乱采砂取土。这些要求不只是说说而已，调研发现，河道里以前漂浮的很多垃圾和河坡边长的很多水草，都已经被清理了。因为水质明显变好，即便是腊月二十九，河边钓鱼的人也不少。这说明，河长制目前已一竿子捅到底，由省级层面步步深入最基层，开了一个好头。

总的来看，截至目前，地方行政一把手担任总河长的多一些，地方党委一把手担任总河长的少一些，因此，下一步应当鼓励更多的地方党委主要负责人担任总河长或者河长。

三、如何让河长制发挥预期的作用

河长如果认真履职，可以促进流域和湖泊的水污染治理。河长如果不认真履职，河长制的设立会形同虚设，和现有立法规定的监管体制没有两样，水污染问题仍然难以得到解决。为此，需要设立监督制约机制，如考核、督察、督查等，以及相应的奖惩机制。中央在生态文明体制改革设计时，针对地方主要的党政领导设计了自然资源资产负债表、领导干部离任审计制度和领导干部生态环境损害责任终身追究制度。所以河长制的设计和其他制度的设计是相互匹配的，如果出现了水环境污染问题，联网的环境监测数据会说真话，公众的举报投诉会说实话，中央和地方环境保护督察制度也会发现问题。关于考核，中共中央办公厅、国务院办公厅出台了《生态文明建设目标评价考核办法》，每年评价一次，每五年考核一次。无论是评价、考核发现的水质变差问题，还是现实中发现的水污染事件，都要按照《党政领导干部生态环境损害责任追究办法（试行）》的规定来追究地方党政领导的责任。正因如此，由各级党政主要负责人担任"河长制"，一级一级地担起统帅的责任，效果比目前纯粹依靠法律和规划应当好一些。

有了河长制，不是说现有的职责部门责任就轻松了，就可以把全部的监管责任都推给河长了。相反地，水利、环保等部门仍需依法履职，严格执法，向河长负责，接受河长协调，受河长监督。因为河长基本上都是本区域的行政负责人，因此这个体制与《环境保护法》第6条第2款规定的"地方各级人民政府应当对本行政区域的环境质量负责"是一致的。为了让河长制更好地在法律方面发挥作用，下一次修改《水法》时，可以考虑把现行的监管体制和河长制有机地衔接起来。为了让河长制更好地在党内法规方面发挥作用，下一次中共中央、国务院或者中共中央办公厅、国务院办公厅联合制定或者修改涉及水污染防治和水环境保护方面的文件时，可以考虑把河长制明确纳入考核和监督体系。

此外，要治理好水环境，使河流清澈，必须配套性地加强水利设施建设，加强农村垃圾分类收集，推进农村生活污水处理，从源头系统性地解决问题。这些工作的加强，需要一个比较长的过程。因此，公众想要通过河长制使水质得到明显的提升，也需要一定的耐心。

第二节　省以下环保监测监察执法垂直管理改革①

一、改革背景和基本考虑

（一）改革背景

近十几年来，我国生态环境问题相当突出，大气、水、土壤污染严重，已成为全面建成小康社会和经济社会下一步可持续协调发展的突出短板。扭转环境恶化、提高环境质量是广大人民群众的热切期盼。要回应这些期盼，必须以生态文明理论为指导，以现实存在的问题为导向，开展生态文明体制改革。党的十八届三中全会以来，中央开始全面推进生态文明体制改革。截至目前，中央已经在生态文明制度和机制建设及改革方面出台了系列文件，开展了系列试点，取得了很大的成效。生态文明制度和机制要发挥预期作用，必须建立健全与新形势、新任务相适应的监管体制。

---

①　本节的核心内容以《省以下环保监测监察执法垂直管理改革试点要义评析》为题，被《环境保护》于 2016 年 11 月发表。

目前，我国现行环境保护监管体制存在以下突出问题：一是难以落实对地方党委、地方政府及其相关部门的监督责任；二是难以解决地方保护主义对环境监测监察执法的干预；三是难以适应统筹解决跨区域、跨流域环境问题的新要求；四是难以规范和加强地方环保机构队伍建设。① 体制不顺畅会阻碍改革效果的发挥，为此，一些地方近年来开展了环境监管体制改革试点。原环境保护部环境规划院、中国科学院、国务院发展研究中心等参与生态文明体制改革研究和第三方评估的单位也提出了自己的机构改革建议。

中国共产党是我国的执政党，它可以基于党内共识依照法定程序向全国人大和国务院提出体制改革的建议。为了增强环境执法的统一性、权威性、有效性，党的十八届五中全会报告指出要实行"最严格的环境保护制度"，并结合在陕西等地的环境保护垂直监管试点经验，参考各方面提出的改革建议，提出实行省以下环保机构监测监察执法垂直管理制度。受中央政治局委托，习近平总书记就《中共中央关于制定国民经济和社会发展第十三个五年规划的建议》起草的有关情况向十八届五中全会作说明时，针对省以下环境监测监管提出了比较具体的改革措施，即"省以下环保机构监测监察执法垂直管理，主要指省级环保部门直接管理市（地）县的监测监察机构，承担其人员和工作经费，市（地）级环保局实行以省级环保厅（局）为主的双重管理体制，县级环保局不再单设而是作为市（地）级环保局的派出机构"。经过中央全会的广泛讨论，《中共十八届五中全会公报》正式提出实行省以下环保机构监测监察执法垂直管理制度的建议。

为了响应《中共十八届五中全会公报》的建议，2016 年 3 月全国人大通过了《国民经济和社会发展第十三个五年规划纲要》，在国

① 参见习近平：《关于〈中共中央关于制定国民经济和社会发展第十三个五年规划的建议〉的说明》，载 http://cpc.people.com.cn/n/2015/1103/c64094-27772663.html? t=1446550645692，最后访问日期：2016 年 9 月 30 日。

家层面作出了省以下环境监管体制改革的工作部署，即"实行省以下环保机构监测监察执法垂直管理制度，探索建立跨地区环保机构，推行全流域、跨区域联防联控和城乡协同治理模式"。

为了落实中共中央和全国人大的改革部署，经过充分酝酿，中共中央办公厅、国务院办公厅于 2016 年 9 月联合印发了《关于省以下环保机构监测监察执法垂直管理制度改革试点工作的指导意见》（以下简称《意见》），对生态文明体制改革作出了工作部署。《意见》要求各地区各部门结合实际认真贯彻落实，在试点基础上全面推开，力争"十三五"时期完成改革任务，到 2020 年全国省以下环保部门按照新制度高效运行。

（二）基本考虑

综观《意见》全文，其出台的基本考虑应是改革环境保护监管事权的分配，形成适应新形势、新任务的监管体系，提高环境监测监察和监管的能力，增强环境监测监察执法的独立性、统一性、权威性和有效性，克服地方保护主义。

一些学者质疑，此前中央下发了《党政领导干部生态环境损害责任追究办法（试行）》《环境保护督察方案（试行）》《开展领导干部自然资源资产离任审计试点方案》《关于设立统一规范的国家生态文明试验区的意见》《生态文明建设目标评价考核办法》等涉及环境保护监管体制改革文件，其目的就是克服地方保护主义，为何此次还要开展省以下环保监测监察执法垂直管理体制改革？是不是多余？我们认为，《生态文明建设目标评价考核办法》的目的是督促地方党委和政府平衡好经济和环境保护的关系，加强制度建设，落实监管责任，加大环境保护投入，严格环境保护执法，提升监管监察监测能力，提高生态环境质量；《党政领导干部生态环境损害责任追究办法（试行）》的目的是规定责任追究的情形，明确责任追究的程序，督促地方党委、政府和有关领导干部忠实履行环境保护职责；

《开展领导干部自然资源资产离任审计试点方案》的目的是审计地方党政主要领导的生态环境保护职责是否落到实处，对造成生态环境损害负有责任的领导干部严肃追责；《环境保护督察方案（试行）》的目的是明确督察主体，健全督察程序，督促地方各级党委和政府落实生态文明改革部署，加强环境保护执法，加快产业结构调整和区域空间优化。而对于地方各级党委和政府的环境保护事权划分，对于地方各级生态环境部门的职责关系，对于管理、执法、监察、监测的职责定位和协调，目前还缺乏体制性的改革文件规定。从《意见》的内容来看，它规定了调整市县环保机构管理体制、加强环境监察工作、调整环境监测管理体制、加强市县环境执法工作、加强环保机构规范化建设、加强环保能力建设、加强党组织建设、加强跨区域、跨流域环境管理、建立健全环境保护议事协调机制、强化环保部门与相关部门协作、实施环境监测执法信息共享、稳妥开展人员划转、妥善处理资产债务、调整经费保障渠道等环境监管事权划分的事项，目的是厘清职责，理顺关系，改革环境治理基础制度，建立健全条块结合、各司其职、权责明确、保障有力、权威高效的地方环境保护管理体制，切实落实对地方政府及其相关部门的监督责任，适应统筹解决跨区域、跨流域环境问题的新要求，规范和加强地方环保机构队伍建设，为生态文明制度和机制的改革和运行提供坚强的体制保障。可见，《意见》的发布目的和其他文件不同，出发点是从事权的分配和体制的保障上来克服地方保护主义，其发布还是很有必要的。

二、发文形式和改革部署

（一）发文形式

由中共中央、国务院联合发文，或者由中共中央办公厅、国务院办公厅联合发文，一般仅针对既涉及党务或者党员，又涉及国家事务的重要改革领域。截至目前，这样的文件主要有《中共中央　国务院关于加快推进生态文明建设的意见》《生态文明体制改革总体方案》《党政领导干部生态环境损害责任追究办法（试行）》《环境保护督察方案（试行）》《开展领导干部自然资源资产离任审计试点方案》《关于设立统一规范的国家生态文明试验区的意见》《生态文明建设目标评价考核办法》。此次，中共中央办公厅、国务院办公厅联合发文，发布《意见》，具有以下几个方面的重大突破：

一是明确环境保护工作既是地方各级政府的工作职责，也明确了地方各级党委的领导责任。以前的机构改革，一般不涉及地方党委，即使涉及，往往也是强调组织领导，而此次的改革文件，以环境保护党政同责、一岗双责为思想指导，对地方党委及其领导成员的环境保护责任作了具体规定，如"地方各级环保部门应为属地党委和政府履行环境保护责任提供支持""落实地方党委和政府对生态环境负总责的要求。试点省份要进一步强化地方各级党委和政府环境保护主体责任、党委和政府主要领导成员主要责任，完善领导干部目标责任考核制度，把生态环境质量状况作为党政领导班子考核评价的重要内容。建立和实行领导干部违法违规干预环境监测执法活动、插手具体环境保护案件查处的责任追究制度，支持环保部门依法依规履职尽责"。这种把地方党委纳入环境保护工作的体制改革部署，不是削弱地方政府对环境保护的领导，相反地，因为《意见》规定了党的领导职责和支持职责，《党政领导干部生态环境损害责任追究办法（试行）》《环境保护督察方案（试行）》《开展领导干部自然资源资产离任审计试点方案》《生态文明建设目标评价考核办法》等文件配套地规定了对地方党委履行环境保护职责的督促和追责内容，为地方政府开展环境保护工作奠定了坚实的基础，这恰恰是加强地方政府对环境保护工作的领导。

二是既规定了地方各级政府的支持任务，也规定了地方各级党委的领导责任，如"地方党委和政府对本地区生态环境负总责。建立健全职责明晰、分工合理的环境保护责任体系，加强监督检查，推动落实环境保护党政同责、一岗双责。对失职失责的，严肃追究责任""试点省份党委和政府对环保垂直管理制度改革试点工作负总责，成立相关工作领导小组。试点省份党委要把握改革方向，研究解决改革中的重大问题""鼓励市级党委和政府在全市域范围内按照生态环境系统完整性实施统筹管理，统一规划、统一标准、统一环评、统一监测、统一执法，整合设置跨市辖区的环境执法和环境监测机构"。这种明确地方各级党委环境保护职责的改革设计，突出了地方党委统领全局的作用，克服了以往仅规定政府环境保护职责的不足，与中国政治体制运行格局相适应的改革设计，抓住了改革措施落地的"牛鼻子"。

（二）改革部署

一是既规定了省级层面的改革，又规定了省级以下层面的改革。以前的一些部门的机构改革部署，往往由中编办和有关部委联合发文，仅针对省级机构提出改革要求，作出改革部署。对于省级以下的机构改革，因为情况复杂，有的仅作出原则要求，有的则根本不予涉及。而此次关于省以下环保机构监测监察执法垂直管理制度改革试点文件的出台，则一竿子捅到底，不仅涉及地方各级党委和政府的改革任务，还规定省、市、县和乡镇四级的改革要求。例如，对于市一级，《意见》规定：市级环保局实行以省级环保厅（局）为主的双重管理，仍为市级政府工作部门；直辖市所属区县及省直辖县（市、区）环保局参照市级环保局实施改革；计划单列市、副省级城市环保局实行以省级环保厅（局）为主的双重管理。对于县一级，《意见》规定：县级环保局调整为市级环保局的派出分局，由市级环保局直接管理；现有县级环境监测机构主要职能调整为执法监测，随县级环保局一并上收到市级，由市级承担人员和工作经费，具体工作接受县级环保分局领导，支持配合属地环境执法，形成环

境监测与环境执法有效联动、快速响应，同时按要求做好生态环境
质量监测相关工作。对于乡镇一级，《意见》规定：乡镇（街道）
要落实环境保护职责，明确承担环境保护责任的机构和人员，确保
责有人负、事有人干。这种分层次的体制改革设计工作，全面、细
致、具体，在部门的改革历史上是很罕见的，可见党中央、国务院
之重视。这种设计方法既体现了改革工作的艰巨性，又体现了新的
国家环境治理思路和治理方法，有利于增强环境执法的统一性、权
威性、有效性。

二是既规定了环保机构的行政体制改革，又部署了环保机构的
党务改革。在组织人事方面，《意见》规定，"省级环保厅（局）党
组负责提名市级环保局局长、副局长，会同市级党委组织部门进行
考察，征求市级党委意见后，提交市级党委和政府按有关规定程序
办理，其中局长提交市级人大任免；市级环保局党组书记、副书记、
成员，征求市级党委意见后，由省级环保厅（局）党组审批任免"，
现有市级环境监测机构"主要负责人任市级环保局党组成员"。在党
务工作方面，"在符合条件的市级环保局设立党组，接受批准其设立
的市级党委领导，并向省级环保厅（局）党组请示报告党的工作。
市级环保局党组报市级党委组织部门审批后，可在县级环保分局设
立分党组。按照属地管理原则，建立健全党的基层组织，市县两级
环保部门基层党组织接受所在地方党的机关工作委员会领导和本级
环保局（分局）党组指导。省以下环保部门纪检机构的设置，由省
级环保厅（局）商省级纪检机关同意后，按程序报批确定"。这种
党政机构一体化的改革，有利于加强党组织对环境保护工作的领导，
提升改革措施部署和推进的系统性、协同性和有效性。

三、改革举措和主要亮点

综合来看，《意见》在体制改革举措的具体设计方面，创新纷
呈，如《意见》要求试点省份积极探索按流域设置环境监管和行政

执法机构、跨地区环保机构，有序整合不同领域、不同部门、不同层次的监管力量；试点省份县级以上地方政府要建立健全环境保护议事协调机制，研究解决本地区环境保护重大问题，强化综合决策，形成工作合力；实施环境监测执法信息共享等。在众多创新之中，以下三个亮点尤其值得关注：

一是监测、监察、许可、执法四权既有协调，又有分置，既保证了环境监测的真实性和环境监察的独立性，保证环境管理的科学性，又有利于基层集中力量打击环境违法行为。在环境监测机构的改革方面，《意见》规定，本省（自治区、直辖市）及所辖各市县生态环境质量监测、调查评价和考核工作由省级环保部门统一负责，实行生态环境质量省级监测、考核。现有市级环境监测机构调整为省级环保部门驻市环境监测机构，由省级环保部门直接管理，人员和工作经费由省级承担；领导班子成员由省级环保厅（局）任免；省级和驻市环境监测机构主要负责生态环境质量监测工作。这样，可以保证环境监测工作不受市县人民政府行政力量的干扰，保证监测数据的真实性，有利于落实生态文明建设的目标责任制，有利于环境保护督察工作的推进，有利于领导干部自然资产审计工作的推广和党政领导干部生态环境损害责任的追究。在环境监察机构的改革方面，虽然市级生态环境部门采取双重管理，有一定的工作独立性，但是此次改革还是设立了更为独立的环境监察机构。《意见》规定，试点省份将市县两级环保部门的环境监察职能上收，由省级环保部门统一行使，通过向市或跨市县区域派驻等形式实施环境监察。这种把监察权与执法权、许可权相隔离的制度，更有利于省级生态环境部门发现市县级行政区域存在的环境保护问题。为了保证这种独立的监察体制真正发挥作用，《意见》还规定，经省级政府授权，省级环保部门对本行政区域内各市县两级政府及相关部门环境保护法律法规、标准、政策、规划执行情况，一岗双责落实情况，以及环境质量责任落实情况进行监督检查，及时向省级党委和政府报告。在环境执法体制的改革方面，《意见》规定，环境执法重心向市县下移，加强基层执法队伍建设，强化属地环境执法；市级环保局统一管理、统一指挥本行政区域内县级环境执法力量，由市级承担人员和工作经费；依法赋予环境执法机构实施现场检查、行政处罚、行政强制的条件和手段。可见，监测、监察、许可、执法四权统一归于省级生态环境部门，但在具体的层级实施中，又具有一定的分置性。这种改革设计，有利于环境保护监管工作的科学性、分权性和独立性。

二是县级环境保护审批权限上收，调结构、转方式的工作重心将转向市级人民政府和市级生态环境部门。以前大多数建设项目的环境行政许可工作，都由县级生态环境部门承担，相应地，调结构、转方式的供给侧改革重担就压在了县级人民政府身上。县级人民政府既是地方经济发展的责任主体，又是环境保护工作的责任主体，要凭借自身能力平衡好环境与发展的关系很难。此次《意见》发布，将县级环保局调整为市级环保局的派出机构，由市级环保局直接管理；规定县级环保部门强化现场环境执法，现有环境保护许可等职能上交市级环保部门，在市级环保部门授权的范围内承担部分环境保护许可具体工作。这意味着，县级生态环境部门承担的环境影响评价、许可证颁发等涉及项目审批的环境行政许可工作将上收至市级生态环境部门。那么，按照"谁许可，谁监管"的原则，今后，地方调结构、转方式和生态空间优化的职责将主要由市级人民政府及其有关职能部门负责。更高层面的把握，将有利于中央生态文明体制改革措施和供给侧改革任务落实到更大的区域。由于市级生态环境部门实行双重领导，县级生态环境部门又属于市级生态环境部门的派出机构，那么，中央和省级人民政府的环境与发展综合决策及有关工作部署将会以更高的效率落到一线，并可以防止一些决策和工作部署在基层的实施中走样、变形。

三是解决了生态环境部门的执法身份和规范化发展问题，增强了环境执法的规范性和严肃性。党的十八大把生态文明建设纳入中国特色社会主义事业"五位一体"总体布局，首次把"美丽中国"作为生态文明建设的宏伟目标。生态环境部门作为对环境保护工作进行统一监督管理的部门，在生态文明建设中承担重要的任务，但是目前，无论是人员配备、执法装备配备还是执法标准化建设，都不符合新形势的要求。为此，《意见》提出，将环境执法机构列入政府行政执法部门序列，配备调查取证、移动执法等装备，统一环境执法人员着装，保障一线环境执法用车。为了提升监管效能，《意见》还规定了环保机构规范化、环保能力建设等制度，如试点省份要在不突破地方现有机构限额和编制总额的前提下，统筹解决好体制改革涉及的环保机构编制和人员身份问题，保障环保部门履职需要；目前仍为事业机构、使用事业编制的市县两级环保局，要结合体制改革和事业单位分类改革，逐步转为行政机构，使用行政编制。这种把事业编制划转为行政编制的做法，有利于做强环境保护监管的格局，调动生态环境部门的积极性。下一步，全国将开展环保监测监察执法能力标准化建设，加强人员培训，提高队伍专业化水平。

四、现实问题和解决建议

按照统一部署，省以下环保机构监测监察执法垂直管理制度改革试点工作将在 12 个省、市、自治区开展。在开展试点工作时，一些现实的问题也应当引起注意，需要稳妥处理：

一是处理好环境保护和自然资源大部制改革的地方推进与省以下环保监测监察执法垂直管理改革全面推进的关系，让横向体制改革和此次的纵向体制改革有机地结合。建议修改环境保护法律，加强生态环境部门对其他部门履行环境保护工作职责的监督权力，使其环境保护的监督在横向上具有统一性、权威性和有效性。

二是处理好一个部门统一监管、其他部门配合的问题。《意见》指出"试点省份环保、机构编制、组织、发展改革、财政、人力资源社会保障、法制等部门要密切配合，协力推动"，而各部门协力推动环境保护工作，形成监管合力，已是一个老大难问题。建议各试点省份在党委和政府的领导下，不仅制定各级党委和政府的权力清单，还要使环境保护的党政同责和一岗双责制度化、规范化和程序化。

三是处理好垂直监管与属地负责的问题，加强县级人民政府的环境保护宏观调控和监管制度和机制设计工作。目前法律规定县级人民政府对本行政区域的环境质量负责，《意见》也规定包括县级党委和政府在内的"地方党委和政府对本地区生态环境负总责"，而县级生态环境部门改为市级生态环境部门垂直管理，因此县级人民政府开展环境保护工作、对本地区环境质量负责也就缺腿了。如何设计新的制度和机制，让地方人民政府有机构、有手段地对本行政区域的环境质量负责，是一个值得深入思考的问题。《意见》要求试点省份县级以上地方政府要建立健全环境保护议事协调机制，研究解决本地区环境保护重大问题，强化综合决策，形成工作合力。为了处理这个问题，建议在省级党委和政府制定地方党委和政府、地方党委和政府有关部门环境保护权力清单的基础上，全面恢复设立各级人民政府环境保护委员会，负责协调本行政区域各部门的环境保护工作，部署本行政区域的环境保护宏观调控和打非治违工作，指导乡镇开展环境保护巡查工作。县级生态环境部门应当参加环委会会议，列席县级人民政府的有关会议，代表市级生态环境部门通报环境许可和执法情况，提出环境保护工作意见。县级人民政府可以发挥发展改革部门在宏观调控监管方面的协调作用，加强对违法项目的查处，加强对落后项目的淘汰，加强对现有项目的提质增效，加强散煤的燃烧管控。

四是处理好管理和监督的治标与治本问题，加强与社会监督相匹配的社会治理制度建设。省以下环保机构监测监察执法的垂直主义，仍然是体制内的监督形式。为此，此次环境保护监管体制改革措施的落地，还要着力解决社会参与程度不高、社会参与渠道不畅通等问题。弥补行政监测、监察、执法和许可角色的不足。建议引入并强化公众问责机制，使新的环境监管体系公开透明，并可问责。

第三节　自然资源资产管理的体制和机制构建

从世界发达国家自然资源管理的经验来看，产权制度建设是贯穿市场经济始终的主线。我国正在全方位进行生态文明体制改革，从权力和权利分置以及同类权利整合的角度，探索我国自然资源资产产权和监管制度的改革，对于提升生态环境保护的整体绩效尤其必要。

一、生态环境产权视野下的自然资源资产管理制度

（一）生态环境产权及其分类

生态环境产权制度是生态环境制度的基础性制度，它决定了其他制度的构建和实施。生态环境产权制度是指法律关于环境因素、环境容量和自然资源归谁所有、开发、利用、如何流转以及由此产生的法律后果由谁承担等一系列相对完整的实施规则系统。在我国，生态环境产权制度包括自然资源产权制度、建立在自然资源基础之上的环境容量产权制度、生态美感及舒适性生态环境功能的产权制度。

自然资源产权制度是指自然资源归谁所有、开发、利用、如何流转以及由此产生的法律后果由谁承担等一系列相对完整的实施规则系统，如矿藏的所有权、探矿权、开采权，农民自留地的树木所有权，水面权、水头权的开发利用等。

环境容量产权制度，是指环境的污染与破坏容量归谁所有、开发、利用、如何流转以及由此产生的法律后果由谁承担等一系列相对完整的实施规则系统，如排污权、污染物排放总量控制指标的市场化转让权等。

生态环境美感及舒适性生态环境功能的产权制度，也称环境质量产权制度，是指森林、风景名胜区、自然保护区、疗养区、森林公园、自然遗迹和人文遗迹等区域具有特殊美感与舒适性的生态环境功能（这些生态功能不是通过实物形态为人类服务，而是以脱离其实物载体的一种相对独立的功能形式存在）① 归谁所有、开发、利用、如何流转以及由此产生的法律后果由谁承担等一系列相对完整的实施规则系统，如风景名胜区的有偿参观或享受制度、风景名胜区经营权的有偿转让制度、疗养区的有偿利用制度等。由于生态环境美感及舒适性生态环境功能具有一定的溢出性，在该区域外的人有时也可获得一定的美感或舒适感，有时也可以为他们带来一定的经济利益，如公园树木能够净化空气致使周围居民楼盘价格上涨，自然保护区的花香溢出使保护区外的人无须购票就可以享受等，但是，依法享有对生态环境美感及舒适性生态环境功能的所有权和使用权的人能够得到比其他"搭便车"享受或使用优美生态环境的人更大份额的美感。

（二）生态环境产权视野下的自然资源资产管理制度

从上面的分析可以看出，生态环境产权是一个综合性的产权，既包括自然资源资产产权，也包括基于自然资源所产生的环境容量、环境质量产权。党的十八大以来所进行的自然资源资产管理制度改革，实际上，既包括林业、水等单项自然资源资产的改革，也包括山水林田湖草综合体的自然资源资产改革，如国家公园体制改革。此外，还包括基于综合体所产生的环境容量、环境质量产权，如排污权交易改革、景区游览经营权改革等。所以本文研究的国有自然资源资产管理体制改革，实际上就是自然资源资产和基于自然资源所产生的生态环境资产的管理体制改革。

---

① 常纪文著：《环境法律责任原理研究》，湖南人民出版社 2001 年版，第2—3 页。

二、设立国有自然资源资产管理机构开展自然资源资产管理的理论逻辑

　　财产的管理分为所有权管理和监管权管理。监管权是为了公序良俗等国家利益和社会公共利益的保护不得已对所有权这个私权施加的公法干预职责。目前，对自然资源和生态环境的管理，可以分为产权管理与基于保护国家利益和社会公共利益的公权介入管理。所有者和监管者两者的角色不同，权力（利）的界限也不一样，不能混同于一个机构形式，集"裁判员""运动员"于一身。公权介入管理，一般是指基于生态保护、环境污染治理、抗灾救灾、税收征收等国家利益和社会公益，国家通过立法授权，允许公权对资产的所有者、占有者、使用者和收益者附加一定的公法义务，如划定和遵守生态红线，环境影响评价、"三同时"及其自主验收、排污许可证的申请、环境保护税的征收、自然资源税的征收等。按照行政法原理，公权的介入管理，应当以必要和比例为原则。必要原则是指只有保护国家利益和社会公共利益，公权才能介入。如果私权能够自我实现而且不损害公益，公权不宜介入。这也是私权保护的需要。比例原则是指公权的介入程度要和国家利益、社会公共利益的保护需要相一致。对于生态环境保护而言，在环境共治的时代，对于能够通过产权和交易形式解决的，必须发挥市场的作用，专业监管不能越位。对于不能通过产权和交易形式解决的问题，以及规范产权行使和交易的问题，可以进行必要的专业行政监管。

　　在生态环境保护方面，环境保护的主体一般为自然资源或者依托自然资源的生态要素的所有者、占有者、使用者和受益者，专业监管的主体为政府及其有关部门。前者的责任称为生态环境保护的主体责任，后者的责任称为生态环境保护的专业监管责任。对于国有自然资源的主体责任者能够通过自我管理实现对生态环境的保护的，如看护林木、养护草原、出租资源经营权，可以通过制定国有

自然资源的管理规范，让国家所有权代表者、占有者、开发者、承包者、经营者、租赁者和受益者在行使自然资源权益的基础上，履行管理规范所施加的生态保护职责。这种职责的履行，可以通过内部考核等方式予以保障，自然资源和生态环境的专业监管权一般不介入。如果职责的履行存在问题，对国家利益和社会公共利益产生的不利影响不大，可以通过内部的奖惩予以解决。如果对国家利益和社会公共利益产生严重的不利影响，则需要公权介入，追究相应的行政甚至刑事责任。

2018 年 11 月 18 日《中共中央　国务院关于建立更加有效的区域协调发展新机制的意见》规定："进一步完善自然资源资产有偿使用制度，构建统一的自然资源资产交易平台"，说明自然资源资产管理是今后的工作方向。在新时代，通过改革让自然资源的所有者、占有者、使用者和受益者对基于该自然资源的生态环境保护负主体责任，具有以下两个方面的优势：

一是简政放权，让自然资源的所有者管理和专业监管者分离，可以充分发挥市场和市场主体的能动作用，减轻国家的专业行政监管负担，开启新的管理和监督模式。如果专门设立自然资源的所有权行使机构，很多基于该自然资源的生态环境保护职责就可以由该机构依照"一岗双责"的要求履行。如对于国有森林的保护，就由其所有权代表者或者所有权行使者履行。如果该国有森林被承包，那么所有权代表者或者行使者，就可以依照有关规定，和承包者签订国有森林承包合同，并把森林有关的公法义务，如森林砍伐、湿地保护、环境污染防治、生态保护红线等要求，写进合同，约定双方的权益和义务。这样，国家林草部门以前对该国有森林进行细致的专业监管，可以改为进行规划监管、监测监管、预警监管、考核监管和执法监督，有利于理顺专业监管职权。这需要行政监管的思想和思路进行转型，由行政主管部门主导来搞区域和流域的全部自然资源和生态环境保护，转变为所有者基于主体责任来开展自然资源和生态环境保护。按照此思路，全国人大应当修改宪法和有关法律，允许国家自然资源资产所有权行使部门基于所有权履行保护自然资源和生态环境保护的主体义务，有关林草保护、生态环境保护、水资源保护等专业监管部门的监管角色、监管条件、监管方式要实现大转型，专业监管者要由无微不至的监管者身份向专业监督者的身份转变，该退出的退出，该放手的放手，该宏观调控的宏观调控，该事中事后监管的事中事后监管。这种调整，也是新时代"放管服"的一种表现。当然，如果因为保护国家整体利益和社会公共利益，专业监管者的一些许可确有必要保留，也可以保留。如向河流排放污染物，既污染国家所有的河流，降低国有河流水资源资产的品质，也影响公共的生态环境。排污者是向生态环境部门申请排污许可证，搞传统的排污许可管理，还是向流域自然资源资产管理部门申请排污许可，搞自然资源资产管理，就需要国家拿出改革的勇气，予以明确。如果进一步，按照自然资源资产管理的理念，如在一些区域和流域向水体排放污染物，可以将向国家缴纳环境保护税变为向所有权行使者缴纳生态环境容量使用费。环境保护税和生态环境容量使用费都缴纳给国家，不同的是，前者直接缴纳给国库，后者缴纳给国家所有权的行使者，由后者来使用这笔经费。

二是有利于对山水林田湖草实现一体化自然资源资产综合管理，防止部门分割导致生态环境保护绩效降低的现象出现，也防止资产管理和专业监管出现盲点。目前，管林草的部门不管水资源，管水资源的部门不管水生态水环境，管水生态水环境的部门不管水安全。如果协调得好，"九龙治水"也可以出现好的综合监管绩效，但是现在的自然资源和基于自然资源的生态环境管理，还是以要素管理为主，并以要素为基础逐级设立管理部门，构建管理制度，加强科技支撑，完善管理机制，管理越具体越深入就导致与其他部门的分割越明显，跨越体系进行部门协调就越来越难，如管水量的水利部门和管水环境质量的生态环境部门，两个部门之间信息至今不共享，将导致决策和部署不协调。如果按照区域和流域，设立区域和流域的国有自然资源资产监管机构，对于流域和区域内的国有山水林田湖草，实现一体化管理，行使自然资源资产的综合事务管理权限，就可以克服这个不足。如对于国家所有的长江流域一定范围内（如国家确定的范围可以为距离长江河道10公里、5公里、2公里或者1公里）的自然资源，可以建立对山水林田湖草进行综合产权管理的模式。2015年的《生态文明体制改革总体方案》指出："树立山水林田湖是一个生命共同体的理念，按照生态系统的整体性、系统性及其内在规律，统筹考虑自然生态各要素、山上山下、地上地下、陆地海洋以及流域上下游，进行整体保护、系统修复、综合治理，增强生态系统循环能力，维护生态平衡。"这一体制改革的措施契合了山水林田湖草"生命共同体"系统保护的需要，体现了生态系统的综合性和监管的综合性，可以克服以往多头监管和"碎片化"监管问题。只有这样，才能实现自然资源资产管理部门行使自然资源的综合管理权限，林草、生态环境保护、水利、规划等部门就可以基于山水林田湖草进行专业化的监督和宏观管理。

开展自然资源资产管理后，部门的专业化监督和宏观管理，与目前传统的部门监管方法有很大的区别。所以，要在2018年机构改革的基础上，继续开展部门之间的"三定"再分配，明确自然资源产权管理和自然资源专业监管、生态环境保护专业监管等专业监管的职责边界。为此，需要进一步开展理论大讨论，实现思想大解放，在此基础上建立自然资源资产管理的职责清单和专业监管部门的监管职责清单。只有这样，才能促进行政监管的社会性与生态系统的自然性实现最大程度的契合。下一步，中央生态环境保护督察及其回头看，由现在的对地方党委和政府的督察，可以转变为对区域和流域自然资源所有权行使者的综合生态环境保护督察，对地方党委、政府的监管督察，及对有关部门的专业监管督察。

三、设立国有自然资源资产管理机构开展自然资源资产管理的政策依据

2013 年召开的党的十八届三中全会拉开了生态文明体制改革的序幕。在生态文明体制改革的总体思路方面，三中全会决定要求紧紧围绕建设美丽中国深化生态文明体制改革，加快建立生态文明制度，健全国土空间开发、资源节约利用、生态环境保护的体制机制，推动形成人与自然和谐发展的现代化建设新格局。其中，在健全自然资源资产产权制度体制方面，十八届三中全会决定指出对水流、森林、山岭、草原、荒地、滩涂等自然生态空间进行统一确权登记，形成归属清晰、权责明确、监管有效的自然资源资产产权制度。在健全国家自然资源资产管理体制方面，决定提出要统一行使全民所有自然资源资产所有者职责。在完善自然资源监管体制方面，决定指出要统一行使所有国土空间用途管制职责。在改革生态环境保护管理体制方面，决定指出要建立和完善严格监管所有污染物排放的环境保护管理制度，独立进行环境监管和行政执法。

关于生态文明体制改革的系统部署，2015 年的《生态文明体制改革总体方案》在"（三）生态文明体制改革的原则"中明确指出："坚持正确改革方向，健全市场机制，更好发挥政府的主导和监管作用，发挥企业的积极性和自我约束作用，发挥社会组织和公众的参与和监督作用。坚持自然资源资产的公有性质，创新产权制度，落实所有权，区分自然资源资产所有者权利和管理者权力，合理划分中央地方事权和监管职责，保障全体人民分享全民所有自然资源资产收益。"

关于生态文明体制改革措施的落地，2017 年的十九大报告在"（四）改革生态环境监管体制"中要求"加强对生态文明建设的总体设计和组织领导，设立国有自然资源资产管理和自然生态监管机构，完善生态环境管理制度，统一行使全民所有自然资源资产所有

者职责，统一行使所有国土空间用途管制和生态保护修复职责，统一行使监管城乡各类污染排放和行政执法职责。构建国土空间开发保护制度，完善主体功能区配套政策，建立以国家公园为主体的自然保护地体系。坚决制止和惩处破坏生态环境行为。"

经认真梳理上述改革部署，发现如下几点。

首先，党的十九大报告所要求的三个"统一行使"事权范围，即"改革生态环境监管体制。加强对生态文明建设的总体设计和组织领导，设立国有自然资源资产管理和自然生态监管机构，完善生态环境管理制度，统一行使全民所有自然资源资产所有者职责，统一行使所有国土空间用途管制和生态保护修复职责，统一行使监管城乡各类污染排放和行政执法职责"，与党的十八届三中全会总体改革思路中的"健全国土空间开发、资源节约利用、生态环境保护的体制机制"是完全一致的。

其次，十八届三中全会决定用了两个"统一行使"的措辞，而十九大报告在阐述自然资源资产管理、国土空间用途管制和生态保护修复管理、环境污染排放和行政执法三个方面监管体制时，用了三个"统一行使"，差别在于，十九大报告增加了"统一行使监管城乡各类污染排放和行政执法职责"这一具体化的内容，实际上与十八届三中全会决定规定的"决定指出要建立和完善严格监管所有污染物排放的环境保护管理制度"是一致的。可见，十九大报告的生态文明体制改革内容，是党的十八届三中全会决定关于生态文明体制改革全面部署的继承和具体化。

最后，十九大报告关于生态文明体制改革的阐述，是《生态文明体制改革总体方案》及其各领域改革实施方案的呼应与发展。《生态文明体制改革总体方案》在健全自然资源资产管理体制方面，提出按照所有者与监管者分开和一件事情由一个部门负责的原则，整合分散的全民所有自然资源资产所有者职责，组建对全民所有的矿藏、水流、森林、山岭、草原、荒地、海域、滩涂等各类自然资源统一行使所有权的机构，负责全民所有自然资源的出让等。该要求完全得到了十九大报告的"统一行使全民所有自然资源资产所有者职责"的响应。

从逻辑上看，基于以上分析，可以得出一个结论，即国家成立专门的自然资源资产管理机构，对自然资源和以之为依托的自然生态统一行使所有权，开展自然资产管理，是符合党的十八届三中全会、《生态文明体制改革总体方案》和十九大的要求的。

从现实上看，国家成立专门的自然资源资产管理机构，可和目前的自然资源资产负债表、党政领导干部自然资源资产离任审计、绿色 GDP 核算、生态文明建设目标评价考核等结合起来，实现改革的系统化和连贯化。目前，虽然中央出台了党政领导干部自然资源资产离任审计、生态文明建设目标评价考核的政策，如 2016 年 12 月，中共中央办公厅、国务院办公厅联合印发了《生态文明建设目标评价考核办法》，国家发改委、国家统计局、原环境保护部、中央组织部联合印发了配套的《绿色发展指标体系》《生态文明建设考核目标体系》。2017 年有关部门组织了 2016 年全国各省级行政区域的绿色发展指数评价，指数既包括资源利用、环境治理、环境质量及现状，也包括生态保护情况，其中，资源利用、生态保护包括了用水总量、重要江河湖泊水功能区水质达标率、森林覆盖率、森林蓄积量、草原综合植被覆盖度、自然岸线保有率、湿地保护率、陆域自然保护区面积、海洋保护区面积、新增矿山恢复治理面积、可治理沙化土地治理率等自然资源资产的指标。这些指标的统计可能会因为部门工作标准和方法的不同产生一些偏差，如果国家成立专门的自然资源资产管理机构，就可以统一自然资源资产方面的统计标准和方法。2017 年 1 月，中共中央办公厅、国务院办公厅联合印发了《领导干部自然资源资产离任审计规定（试行）》，要求开展领导干部自然资源资产离任审计，主要审计领导干部贯彻执行中央生态文明建设方针政策和决策部署情况，遵守自然资源资产管理和生态环境保护法律法规情况，自然资源资产管理和生态环境保护重大决策情况，完成自然资源资产管理和生态环境保护目标情况，履行自然资源资产管理和生态环境保护监督责任情况，组织自然资源资产和生态环境保护相关资金征管用和项目建设运行情况，以及履行其他相关责任情况。而目前，中国缺乏相对独立的自然资源资产管理机构和制度，因此，目前依据《领导干部自然资源资产离任审计规定（试行）》追责的情况不明，除非出现生态环境事件，很少听说被追责的情形。如果国家按照区域和流域成立专门的自然资源资产管理机构，建立相关的制度和机制，那么各级审计机关应当顺利地开展工作，根据被审计领导干部任职期间所在地区或者主管业务领域自然资源资产管理和生态环境保护情况，结合审计结果，对被审计领导干部任职期间自然资源资产管理和生态环境保护情况变化产生的原因进行综合分析，客观评价被审计领导干部履行自然资源资产管理和生态环境保护责任情况。

从借鉴上看，国资委和国有企业目前的规范关系就可以为国有自然资源资产体制改革提供参考。目前，国有资产管理委员会代表国家行使出资人的民事权利，指导企业的经营和发展，理顺了政府与企业的关系。国有企业的经营层按照有关章程和法律法规的要求开展相对独立的自主经营，政府对国有企业的直接干预和保护已经大为减少。如果成立类似于国资委的自然资源部，对国有自然资源资产的开发、利用、保护进行监管，然后成立类似于国有企业的国有自然资源资产管理机构，代表国家行使国有自然资源资产的所有权，允许社会各方通过开放式的竞争方式进行特许经营，可以保证国有自然资源资产的结构优化和保值增值，促进自然资源的可持续利用。

从工作基础上看，在中央安排下，原国土资源部和现自然资源部经过探索，自然资源统一确权登记试点取得积极进展。截至2018年11月，12个省份、32个试点区域共划定自然资源登记单元1191

个，确权登记总面积 186727 平方公里，并重点探索了国家公园、湿地、水流、探明储量矿产资源等确权登记试点。各试点地区以不动产登记为自然资源附着的工作基础，划清全民所有和集体所有之间的边界，划清全民所有、不同层级政府行使所有权的边界，划清不同集体所有者的边界，划清不同类型自然资源的边界，以"四个边界"为核心任务，以支撑山水林田湖草整体保护、系统修复、综合治理为目标，按要求完成了资源权属调查、登记单元划定、确权登记、数据库建设等工作，建立了一套行之有效的自然资源统一确权登记工作流程、技术方法和标准规范。2018 年年底起，将利用 5 年时间完成对国家公园、自然保护区、各类自然公园等自然保护地和大江大河大湖、重要湿地、国有重点林区、重要草原草甸等自然资源的统一确权登记。此外，生态环境部、国家统计局开展绿色 GDP核算的研究多年，一直没有找到应用的结合点，如国家成立专门的自然资源资产管理机构，可以促进绿色 GDP 的核算，促进各地绿色发展。①

四、现有自然资源资产管理和监管体制改革的缺陷

尽管十八届三中全会决定、《生态文明体制改革总体方案》和十九大报告一再阐述，要区分自然资源资产所有者权利和管理者权力，但是 2018 年的大部制改革，却出现了学者们看不懂的改革结果，一是将环境污染的统一监管权授予新组建的生态环境部，这与当初的改革设计预期是一致的。二是将自然资源资产所有者权利和管理者权力集中于自然资源部。例如，关于所有者的职责，该部的"三定"方案规定："履行全民所有土地、矿产、森林、草原、湿地、水、海洋等自然资源资产所有者职责""负责自然资源资产有偿使用工作……

---

① 参见栗鸿源：《年底全面铺开重点区域自然资源确权登记》，载《中国矿业报》2018 年 10 月 31 日。

合理配置全民所有自然资源资产。负责自然资源资产价值评估管理，依法收缴相关资产收益""负责自然资源的合理开发利用"。关于监管者的职责，该部的"三定"方案规定："履行所有国土空间用途管制职责""负责矿产资源管理工作""负责建立空间规划体系并监督实施""负责海洋开发利用和保护的监督管理工作""根据中央授权，对地方政府落实党中央、国务院关于自然资源和国土空间规划的重大方针政策、决策部署及法律法规执行情况进行督察。查处自然资源开发利用和国土空间规划及测绘重大违法案件。指导地方有关行政执法工作"。一些学者甚至提出质疑，认为国有自然资源资产管理、国土空间用途管制和生态保护修复监管职责由一个部门行使，还是混淆了自然资源资产管理和自然生态保护监管的关系，违背了改革的初衷。另外，虽然授予了生态环境部在生态方面的统一执法和监督权，但是自然资源部仍然具有生态修复等方面的生态保护监管权，除非生态环境部在生态保护方面具有超部门的监管职责，否则生态保护职责将难以有机协调。

仔细分析，这一改革结果是有苗头或者预兆的。在国家统一安排和地方自主探索下，自2015年以来，浙江、福建、青海、吉林等地开展了自然资源资产统一监管和生态环境保护统一监管的试点工作。例如，2016年6月，三江源国家公园管理局在青海西宁挂牌。三江源国家级自然保护区管理局相关人员及资产由青海省林业厅正式划转移交三江源国家公园管理局。根据改革要求，该局加挂了自然资源资产管理局的牌子，探索实现国家公园范围内自然资源资产管理和国土空间用途管制"两个统一行使"。在国家层面，2017年年初，中共中央办公厅、国务院办公厅先后印发《东北虎豹国家公园体制试点方案》，明确东北虎豹国家公园试点区域全民所有自然资源资产所有权由国务院直接行使，试点期间，具体委托国家林业局代行。2017年8月，国家成立东北虎豹国家公园国有自然资源资产管理局、东北虎豹国家公园管理局，后者加挂前者的牌子。在具体的管理方式上，管理局统一行使东北虎豹国家公园内的自然资源资产管理职责，在开展自然资源调查、产权界定和登记、自然资源出让管理和收益征缴等方面探索如何行使职责。这些改革探索和改革部署，尽管在一个部门内部分设不同的司局，将自然资源的所有权和监管权行使分开了，但是因为还是在一个中央部门，自然资源的所有权行使机构不具备相对独立性，还是将自然资源的所有权和监管权合二为一了，因此一些学者提出了质疑。

本文认为，上述质疑有道理，建议国家进一步深化生态文明体制大部制改革，参考国务院国资委设立的经验，将自然资源的所有权和监管权行使部门分置，在国家层面设立正部级的国家自然资源资产管理委员会（部），或者在自然资源部管理下成立副部级的国家自然资源资产管理局，通过专业化的相对独立管理，在一个机构的区域和流域统筹下实现自然资源的保值和增值，实现绿水青山和金山银山的良性转化。这也是社会主义市场经济的必然要求。

五、设立国有自然资源资产管理机构开展自然资源资产管理的建议

（一）基本构想及其取舍

关于国有自然资源资产管理机构的设置，目前有四个基本方案的构想：

第一个方案是，剥离自然资源部的自然资源资产管理职责，在国家、省、市三级政府分别成立独立的自然资源资产管理委员会（部）、厅、局，代表国家行使对自然资源资产的国家所有权，自然资源部仅负责在自然资源的开发利用和保护方面的监管权。

第二个方案是，成立由自然资源部管理的副部级国家自然资源资产管理局，各省和市级政府参照办理。

第三个方案是，将第一个方案中的自然资源资产管理委员会改

为自然资源资产管理公司，对国有自然资源资产公司化管理，如在国家层面建立中国自然资源资产管理总公司，在省、市层面分级建立省、市自然资源资产管理公司，代表国家行使自然资源资产的所有权、管理权、经营权、受益权等权利。但是考虑到一旦中国自然资源资产管理总公司及省市级自然资源资产管理总公司经营不善，甚至可能破产，就会对国家的生态安全造成巨大的影响，引发社会动荡。当然，如果通过法律的明确规定，限制中国自然资源资产管理总公司及省市级自然资源资产管理总公司的经营权限，保证其能够确保国有自然资源资产的保值和增值，也可以采取公司化管理的模式。

第四个方案是，借鉴国家国有资产管理委员会管理国有公司的做法，考虑在国家和省市自然资源资产管理机构之下设立若干国家和地方自然资源资产公司，负责自然资源资产的运营，包括资产结构优化和保值增值。因为经营有风险，一旦亏损，特别是抵押等各种金融衍生产品的介入，风险更大，会对流域的生态保护和资源保护不利，与设立自然资源资产管理制度的初衷不符。如果采取这种模式，建议按照公平、公开、公正的原则，对区域和流域自然资源资产的开发、利用、运维等权限实现开放式的特许许可或者公开招投标，实现资产保值和增值收益的最大化。自然资源资产的管理，必须接受自然资源监管部门和生态环境保护部门、水利部门等的专业行政监管，必须符合有关监管部门发布的规划、标准和法律法规施加的公法要求。

本文认为，上述四种方案中，从长远来看，第二种方案比较科学；但由于 2018 年已经完成了大部制改革，不宜大改，因此目前比较稳妥的方法还是第一种方案，即设立专门的管理机构开展公益性的资产管理。但是这种管理权限受限，如国有自然资源特许经营权和收益权，包括人工林的收益权和经营权，可以依据 2018 年 11 月 18 日《中共中央　国务院关于建立更加有效的区域协调发展新机制的意见》规定的"进一步完善自然资源资产有偿使用制度，构建统一的自然资源资产交易平台",进行抵押甚至交易,但是不能抵押和交易危害国家经济和环境安全的国有自然资源资产,如生态保护红线等。对于国有自然资源资产,可以按照公平、公开、公正的原则,对区域和流域自然资源资产的开发、利用、运维等权限实现开放式的特许许可或者公开招投标,即不论是国有的公司,还是民营公司,都可以参与,体现了市场自由的原则,实现资产保值和增值收益的最大化。

(二)国家层面的设计

在国家层面,国务院设立国家自然资源资产管理委员会(部、局),代表国家对全国的自然资源资产行使所有权,负责自然资源资产的保值和增值的管理。该委员会对全国各省级行政区域自然资源资产管理机构行使管理权。在行使所有权方面,接受自然资源部有关自然资源保护的行政监管,接受生态环境部关于生态破坏和环境污染防治的行政监管。至于国家自然资源资产管理委员会(部、局)内部的部门,可以设立各省自然资源资产管理部门和流域与湖泊、山地、水、森林、湿地与草地、土地、矿产、自然保护区与国家公园、生态修复与环境整治、综合资产等资产管理部门。这些部门的设置可按照山水林田湖草的要素配置,如流域与湖泊、山地、水、森林、湿地与草地、土地、矿产、自然保护区与国家公园等,也可按照职责来配置,如设置生态修复与环境整治、综合资产核算等部门。

在流域的自然资源产权管理方面,对长江、黄河、淮河、海河、珠江、松辽、太湖流域,组建全国七大流域的自然资源资产管理机构,其名称可以参照现有的国有资产管理委员会(取名为委员会)。这些流域的自然资源资产管理委员会按照国家的职责规定,对流域一定范围内的自然资源行使所有权。国家自然资源资产管理委员会(部、局)行使对这些机构的管理权。流域自然资源资产管理机构在行使所有权方面,接受自然资源部有关自然资源保护的指导和行政监管，接受生态环境部关于生态破坏和环境污染防治的指导和行政监管。建议作为改革试点，由国家修改宪法有关自然资源所有权行使机构的规定，修改《水法》《水污染防治法》等法律，在其下，国家自然资源资产管理委员会（部、局）针对设立长江水利委员会、黄河水利委员会、淮河水利委员会、海河水利委员会、珠江水利委员会、松辽水利委员会、太湖流域管理局的几大流域，组建全国七大流域的自然资源资产管理机构。其中，在长江流域设立长江流域自然资源资产管理委员会，委员会作为自然资源资产国家所有的代表人，也是共抓长江大保护的执行主体，在长江流域一定范围内，代表国家对水资源、水环境、水生态、水头、水面、水工程行使许可、发包、收费、处分等公益性的所有权能。鉴于中国三峡公司有着自己的职责，负责水电等的开发经营，是市场主体，不能违背竞争法律，因此不宜由国家授予其有悖于市场竞争的公益性职责。学者们普遍认为，中国三峡公司既不适宜牵头组建长江流域自然资源资产管理机构，也不适宜牵头开展长江流域的大保护工作。牵头开展长江经济带大保护的工作需要一个公益性的机构，如代表国家对长江流域的国有自然资源资产行使所有权的机构，来统一组织开展。在流域的自然资源资产管理机构内部，设立水资源资产、水环境资产、水生态资产、水头资产、水面资产、水工程资产、森林资产、湿地资产、河滨资产、综合资产等部门，在一体化管理思维的指导下，分别对山水林田湖草行使综合的自然资源资产所有权的权限。

在跨省级区域的自然资源产权管理方面，对一些自然保护区、国家公园管理机构进行改革，设立专门的自然资源资产管理机构和专门的综合监管机构，实现机构的分置。国家自然资源资产管理委员会（部、局）行使对这些专门自然资源资产管理机构的管理权。专门自然资源资产管理机构在行使所有权方面，接受自然资源部有关自然资源保护的指导和行政监管，接受生态环境部有关生态破坏和环境污染防治的指导与行政监管。

（三）省级层面的机构设计

各省级人民政府对照国家机构的设置，设立省级自然资源资产管理委员会（厅、局），该机构接受国家自然资源资产管理机构的业务领导，代表国家对全省自然资源资产行使所有权，负责自然资源资产的保值增值和优化。至于内部的部门，可以设立各市自然资源资产管理部门和流域与湖泊、山地、水、森林、湿地与草地、土地、矿产、自然保护区与国家公园、综合资产等资产管理部门。

在省域内跨地市流域的自然资源产权管理方面，组建流域自然资源资产管理机构，按照国家的职责规定，对流域一定范围内的自然资源行使所有权。省级自然资源资产管理委员会（厅、局）行使对这些机构的管理权。省域内流域自然资源资产管理机构在行使所有权方面，如果有外部的影响，如环境影响、自然资源总量减少的风险，要接受省级自然资源监管机构有关自然资源保护的指导和行政监管，接受省级生态环境监管机构有关生态破坏和环境污染防治的专业指导和专业行政监管。具体的部门设置，可以参照前述的七大流域自然资源资产管理机构内部部门的设置。

在跨地市级区域的自然资源产权管理方面，对一些自然保护区、国家公园等设立专门的自然资源资产管理委员会。省级自然资源资产管理机构会行使对这些机构的管理权。专门的自然资源资产管理机构在行使所有权方面，接受省级自然资源监管机构有关自然资源保护的指导和行政监管，接受省级生态环境机构关于生态破坏和环境污染防治的专业指导与专业行政监管。

按照上述设计，以湖北省为例，在湖北省自然资源资产委员会（厅、局）之下，除了在全省各市设立市级自然资源资产管理委员会（局）之外，还可以设立汉江流域自然资源资产管理委员会，负责全省国有自然资源的保值和增值。

（四）市级层面的机构设计

各设区的市级人民政府应当设立市级自然资源资产管理机构，该机构接受省级自然资源资产管理机构的业务领导，代表国家对全市自然资源资产行使所有权，负责自然资源资产的保值和增值。

该机构的管辖设计，参考省级自然资源资产管理机构的设置，设计地市级自然资源资产管理。为了维护国家资产安全和环境安全，在县级层面，不宜设立属地的国有自然资源资产。在各县级行政区域，可以由市级自然资源资产管理委员会（局）设置派出机构。这种往下只到市一级的国有自然资源资产管理体制设计，也与国家生态环境损害赔偿往下只到市一级人民政府的索赔体制基本相适应。

（五）纵向体制的内部监督

国家和地方自然资源资产管理机构代表国家行使所有权，但是如果监管失当，也会出现一些资产风险和生态安全风险，如一旦出现资源环境的无序开发和破坏式利用，将产生不可逆后果，因此必须加强上级对下级的监督。为此，需要建立自然资源资产审计制度，建立上级对下级的巡视制度。

各级地方人民政府因为对自然资源和生态环境的监管失当，也会出现自然资源资产的减值问题，为此，必须坚持现有的党政领导干部自然资源资产离任审计制度。这种由专门的自然资源资产管理机构出具的自然资源资产负债表和领导干部离任审计报告，具有专业性和权威性，可以避免现在的自然资源资产负债表编制口径不统一的问题。

有一种观点认为，国有自然资源资产的管理宜实行垂直管理制度。[①]

---

① 参见黄小虎：《自然资源产权与监管制度改革的关键》，载《红旗文稿》2014 年第 5 期。

这种观点有一定道理，但是如果剥夺了省市级人民政府在自然资源资产管理方面的职责，会导致两个方面的后果：一是地方的工作积极性不足，二是生态环境保护依赖于自然资源资产的保护，一旦垂直管理，国家的生态环境保护工作就可能缺乏基层的充分支持，难以实现生态环境保护的党政同责。

（六）横向体制的外部协调

在组建统一行使自然资源资产管理权限的国家和省市机构时，自然资源部和省市自然资源监管机构有关所有权行使的职责能够独立剥离的，应当予以剥离，合并到新的机构之中；不能独立剥离的，则可按照"一岗双责"的要求予以保留，分工负责。如果保留，保留所有权的部门在行使自然资源资产的所有权时，必须接受统一行使自然资源资产管理权限的机构的监督。为此，必须设立相关的监管制度。

在国家和省市自然资源资产管理机构行使自然资源资产管理权限时，应当遵守《环境保护法》《水法》《水土保持法》《农业法》《水污染防治法》《土壤污染防治法》《森林法》《草原法》《航道法》《渔业法》等专业行政法律法规施加的公法要求，接受各专业部门的专业监管。当然，一旦实现自然资源资产管理，对这些法律必须做出调适性的修改，对行政许可和行政监管的制度设计做出相应的调整。

（七）典型案例分析与改革建议

密云水库跨越北京市和河北省。河北省内的地域主要涉及张家口市和承德市，北京市主要涉及密云区。因为首都安全运行的极端重要性，密云水库的水被称为"政治水"，其保护应当予以足够的重视。流至密云水库的水，来源于几个相对独立的小流域，而不是一个流域，因此如果针对此区域设立一个国家级的自然资源资产管理机构和对应的国家级自然资源、生态环境保护等监管机构，开展跨省域的生态环境保护，似乎不太可能。最好的办法是，北京市和河北省可以成立专门的自然资源资产管理机构，各管自己行政区域的一块，然后开展水量、水质的跨界评价和考核，在此基础上开展跨省份的一揽子综合生态补偿措施。

无论是北京市还是河北省，对密云水库的上游地区和密云水库区域，目前的保护措施仍然偏重于区域的行政管理。虽然目前北京市采取了一定的综合监管措施，如密云区整合了环保、水利国土资源等部门的执法监管力量，成立了密云水库综合保水大队，开展综合监管执法，这个体制改革的措施很新颖，管理措施的综合性契合了生态环境保护的系统性，有利于山水林田湖草的综合和系统管理，得到社会各界好评，但是这一体制仅限于密云水库周边一定的区域，没有覆盖北京市地域内密云水库的全流域范围，有必要予以拓展。河北省承德市和张家口市因为属于上游区域，一直觉得北京市的生态补偿资金过少，没有积极地在密云水库上游地区开展生态环境保护体制改革，特别是强化监管力量，加强监管力度。目前河北省域内密云水库的上游地区没有采取国有自然资源资产的综合管理和类似于密云区的综合报税执法措施。如果河北省和北京市在密云水库的上游地区开展国有自然资源资产管理，就可以促进密云水库全流域实现国有山水林田湖草的综合和系统管理，有利于破解目前的管理体制条块化和管理措施专门化不系统、不衔接的问题，提升该区域国有自然资源综合保护的绩效，确保密云水库的水量和水质保护符合党中央和国务院的要求。

在北京市域内，参考目前的密云水库保水大队的体制改革，可以考虑设立一个本市的密云水库国有自然资源资产管理局，相对应地，设立本市的包括自然资源执法、生态环境执法、农业执法、水利执法等职责在内的综合监测和执法监察机构，管辖的地域范围与国有自然资源资产管理机构的管理范围一致。北京市密云水库国有自然资源资产管理局负责对北京市地域内密云水库及周边一定地域的自然资源资产进行管理，北京市政府可以对该区域的自然资源资产实行负面清单管理和评价考核管理。负面清单管理是指明确规定哪些开发利用行为是禁止的，哪些开发利用行为是限制的，如在国有林地施用化肥就是禁止的事项。评价考核管理是指北京市政府对该机构的工作实行以政治保水为目的的水质、水量和生态保护年度评价和年度考核，确保国有自然资源资产的结构得到优化，资产总额实现保值增值。由于该区域的集体所有土地，对于保护密云水库的水质至关重要，因此除了开展垃圾分类收集处理和农村农业水污染防治设施建设之外，还应当针对农村和农业建立产业负面清单管理，淘汰落后的污染性产业，限制和禁止产业的进入，限制种植结构，限制和禁止农药和化肥的施用。由于该措施限制了农民的产业经营权和农村集体自然资源资产的经营权，因此必须予以补偿。可以由北京市密云水库自然资源资产管理局采用租赁、补偿的方式，对于农民的机会成本损失和生态环境保护投入予以充分补偿。如果可能，北京市密云水库自然资源资产管理局可以按照一定的价格租用一定区域的集体土地，开展生态建设，确保密云水库的水质符合要求。北京市密云水库综合监测和执法监察机构负责执行本区域水资源、水生态、水环境、水安全、农业产业、农村环境整治等方面的规划和要求，开展综合监测和综合执法监察，开展必要的许可，打击违法行为。

在河北省区域内，可以参考上述针对北京市域内的机构改革建议和生态保护措施建议，开展相关的机构改革和执法监察工作。但是，这一工作增加了本地区的财政负担，需要得到北京市的技术指导和财政扶持，如河北省内生态环境监测力量的加强和监测设施的建设，需要得到北京市的财政支持。这些支持措施，也可以纳入一揽子的综合生态补偿机制，予以统筹解决。

北京市与河北省的管理体制和监管方式目前有必要予以对接。

河北省内针对密云水库上游地区的生态环境监管体制和措施与国家的一般管理体制和措施基本一致。而北京市作为直辖市，其管理体制与河北省的管理体制有一定的区别，因此，在调研中发现，由于发展水平的差异和行政区域的管理思路不一致，两个省级行政区域在生态环境保护的管理体制、管理方法上还有很大的区别。因此，如果国家启动国有自然资源资产管理体制改革，就有必要以此为契机，加强北京市与河北省的国有自然资源资产管理体制和综合监管体制的对接，确保密云水库各流域的水量、水质保护的绩效最大化。

关于北京市对河北省的生态补偿，虽然目前的补偿措施突出了生态补偿的工作重点，抓住了关键领域，但是整体的补偿绩效还有提高的余地。如果河北省和北京市均采取国有和集体自然资源资产的所有权管理模式，那么，就都在各自的行政区域内实现了山水林田湖草的综合性系统管理。基于此，有必要废除现在北京市对河北省采取的分类别的生态补偿措施。实行北京市对河北省的一揽子综合生态补偿措施，生态补偿的条件和标准，如水量、水质的等级考核等，在生态环境部等部门的协调下，由双方协商确定。补偿要体现奖励与惩罚并举的原则，对于水量和水质保证工作达到一定标准，予以一定标准的奖励；工作成绩提升的，奖励标准也可以进一步提高。对于工作业绩不佳，水量和水质不符合国家或者双方约定的要求的，既要减少生态补偿的资金总额，也要开展相关的责任追究工作。河北省接受一揽子综合性生态补偿措施后，再根据自己的管辖权限，对有关区域、有关行业、有关个体予以针对性的补偿。为了保证生态补偿的充分性和针对性，河北省应当针对密云水库上游地区建立国家和集体自然资源资产清单，摸清家底，在北京市的帮助下，建立资产管理平台。河北省张家口市和承德市密云水库上游区域内自然资源资产管理机构得到北京市的补偿后，再根据资产清单，开展相应的资金发放工作。

六、实施国有自然资源资产管理制度的配套政策和法治建议

（一）界定国有自然资源资产的范围

按照《宪法》第 9 条的规定，矿藏、水流、森林、山岭、草原、荒地、滩涂等自然资源，都属于国家所有；由法律规定属于集体所有的森林和山岭、草原、荒地、滩涂除外。按照该条的规定，矿藏和水流只能属于国家所有；森林、山岭、草原、荒地、滩涂可以由国家所有，也可以由集体所有。那么，对于国家所有的矿藏、水流、森林、山岭、草原、荒地、滩涂，国家应当享有所有权。对于集体所有的森林、山岭、草原、荒地、滩涂，也可以由国家予以介入，作出法律规定，实现集体所有自然资源的资产管理。但是，对于空气，因为其是流动的，和河流相比，更加难以控制并为国家所独享，因此各国宪法并未规定其所有权。在国际法上，大气的法律属性为"人类共同关切之事项"，它仅供各国无害化利用。[①] 因此国家对于大气行使国家所有权是不现实的。但是大气的利用，如排放污染物，会占用大气环境容量，危及公共利益，因此，国家必须基于保护公共利益的需要，对大气污染物的排放进行管控。管控的措施，包括环境影响评价、"三同时"、排污许可、现场检查等。至于向大气污染物排放行为征收环境保护税，针对的是一定区域的环境容量这个公共的资产。按照法律规定，这个公共的资产不属于国家所有，从理论上看应当属于全社会所共有。国家针对占用全社会资源的行为，可以征税。税收再用于公共事业。基于此，大气环境容量的自然资源资产管理，无论是理论基础还是管理模式，与国有自然资源资产管理是不同的。

---

① 参见常纪文：《首起"雾霾公益诉讼案"是个样本》，载《光明日报》2016 年 7 月 26 日。

目前，很多自然资源资产的划分很细，这对于建立资产台账很有必要，但是对于山水林田湖草的综合管理未必有利。建议 2018 年年底，自然资源部全面启动自然资源确权登记工作时，对于一个区域和流域的山水林田湖草，加强自然资源资产的整合，根据区域的特点、生态的总体特征和自然资源的特色形成大类别的资产，有利于形成一揽子的管理和监督体制。

（二）界定所有权和监管权的角色与权限

如何区分和协调所有权与监管权，既简政放权，又促进生态环境的保护和自然资源资产的增值，促进经济、就业，是一个值得深入思考的问题。如前所述，所有者承担的是对国有自然资源资产的占有、使用、收益和处分权，处分的方式如特许经营许可、承发包经营等。监管权是专业监管部门基于国家利益和生活与社会公共利益进行的行政干预，如自然资源部基于生态红线保护的公法要求，对国家自然资源资产管理部门代表国家行使所有权所进行的生态保护进行监督；生态环境部就环境污染防治的公法要求，对国家自然资源资产管理部门代表国家行使所有权开展环境污染防治工作的行为进行监督。在生态环境保护方面，专业监管部门的监督包括环境影响评价文书的审批、排污许可证的许可、企业有序排污、生态保护红线维护、采砂许可与控制、规划控制、水环境质量目标管控、排污口的设置、排污总量核算、非法排污的查处、环境污染应急等。对于国家公园、自然保护区、风景名胜区，可以把目前的经营、维护机构改成国家自然资源资产管理机构，同时设立综合性的监管机构。

以利用长江流域自然资源资产为例，如在长江流域取水、建水电站、建坝、排污、挖沙、建码头，利用长江流域水资源、水环境、水生态、水头资源、水面资源，国有自然资源资产管理机构代表国家所有权人行使同意权。利用者基于这种同意，按照一定的收费标准，针对自己利用自然资源资产的行为，支付有偿使用费。建议修改《环境保护法》等生态环境与自然资源保护法律法规，向流域排污的企业事业单位在设置排污口时，在向流域生态环境保护监管部门申请属于排污许可的行政许可前，要事先经过流域国有自然资源资产管理机构基于流域所有权的同意。对于自然资源资产所有权如不加限制可能走偏的，专业监管权有必要介入，纠正方向；对于自然资源资产所有权有可能滥用的，专业监管权有必要介入，划定边框；对于自然资源资产所有权不能有所作为的领域，专业监管权必须到位；对于既需要自然资源资产所有权行使者同意，也需要监管权到位的，必须两者发挥作用。例如，国有自然资源资产的管理要接受自然资源监管部门、生态环境部门的统一规划和空间用途管制；自然资源资产的使用权进入市场流转的，需要到监管部门办理使用权登记和变更登记，还要接受工商、税务、证监会等部门的统一管理。① 这样区分与协调，合理限制所有权，合理设置监管权，既有利于保护国家利益和社会公共利益，也有利于自然资源资产在预防优先、绿色发展的轨道上得到保值和增值。

这种产权管理和行政监管分开的体制，可以进一步促使生态环境保护行政监管机构瘦身。如建立该体制，可以在长江流域统一开展自然生态空间统一确权登记制度，制作统一的自然生态空间登记表卡簿册及证书，建立统一的自然生态空间登记信息管理基础平台，对长江流域县（市、区）开展水流、森林、山岭、草原、荒地、滩涂（湿地）等自然生态空间统一确权登记，方便社会依法查询。目前确权登记工作正在初步试点的基础上扩大试点，2023 年年底前，自然资源部完成对国家公园、自然保护区、各类自然公园等自然保护地和大江大河大湖、重要湿地、国有重点林区、重要草原草甸等

---

① 参见黄小虎：《自然资源产权与监管制度改革的关键》，载《红旗文稿》2014 年第 5 期。

自然资源的统一确权登记。在明晰产权的基础上，建立针对自然资源资产的环境权利和义务制度，确保山水林田湖草在一个主体的一体化产权管理中得到长久的保护。值得注意的是，国家所有与集体所有的自然资源资产权利，在法律上应当是平等的。

（三）改革目前的生态补偿、排污权有偿使用、排污权交易、资源有偿利用等制度，与自然资源资产管理的模式相匹配

目前，尽管国家出台了生态补偿的改革文件，希望其能够调节跨地区的环境与发展关系，但是成功的流域生态补偿案例目前仅见于行政区划关系简单的小流域或者大流域的支流，对于跨境多省份的长江、黄河等大流域，各省份之间的环境污染和生态破坏关系复杂，各省份向国家缴纳税收和享受财政转移支付的关系也很复杂，想通过生态补偿这个技术性手段平衡上游、中游、下游和对岸省份的环境与发展关系，实在是勉为其难。所以，生态补偿虽然在局部，如新安江流域、赤水河流域等试点取得了成功，但是在几大流域的主干流域，因为关系复杂，基本上尚未启动。尚未启动的原因主要是：

其一，由于缺乏专门的机构和核算、考核评价方法，国家对于流域的资产利益目前缺乏整体的核算，各行政区域为了保证本行政区域自然资源资产利用价值的最大化，忽视流域的整体价值保护。

其二，让下游支付费用，钱再多，上游的贡献主体太多，都觉得自己付出，总觉得下游支付的补偿费少，因此出现上游不愿意少要、下游不愿意多给的尴尬局面。主要的原因是生态环境容量是一个公共产品，下游认为上游保护环境是应当的，是法律义务，上游超出法律义务保护流域的水质，真正付出了多少保护费用，牺牲了多少机会成本，科学地核算很难。另外，上游从下游得到的钱，和上游发展工业获得的经济效益与解决就业等产生的社会效益相比，后者更大，所以上游还是倾向于利用流域的生态环境容量发展工业。

以密云水库的生态补偿为例，目前，在生态环境部门的协调下，北京市已提出基于河流水质和水量考核为基础的一揽子综合生态补偿方案，北京市认为补偿数目已经很大了，但是水库的上游——河北省还是认为以前的分类别补偿数目更大，对于一揽子补偿方案还是不愿意接受。河北省提出，北京市补偿的数额太少，不足以填补河北省承德市、张家口市等地区牺牲的经济发展机会成本。

如果按流域实现国有自然资源资产管理，那么这一尴尬的境况可能发生改变。以长江流域为例，在国家自然资源资产管理委员会（部、局）之下成立长江流域自然资源资产管理委员会，统一行使长江流域一定范围内自然资产的国家所有权。那么上、中、下游之间的生态补偿就可以在机构内部进行操作。对于在长江流域取水、利用水面开发旅游、利用水头发电、向流域排放水污染物等获得行政许可和所有权行使者同意的行为，必须依照国家规定的标准向长江流域自然资源资产管理委员会缴纳国有自然资源资产使用费。如上游保护生态环境措施有力，该委员会可以代表国家对于享受良好水质这个优质自然资源资产的下游地区和企业，针对其取水、利用水面开发旅游、利用水头发电等行为，征收更高标准的资源特许利用费。长江流域自然资源资产管理委员会将收取来的经费，一揽子支付给上游地区的地方人民政府，再由上游地区的人民政府支付给相关的生态环境保护贡献者。长江流域自然资源资产管理委员会应否支付以及支付多少给上游地区的人民政府，国务院要牵头制定相应的跨省生态环境保护考核标准和支付方法。这种生态补偿就是一个主体内部的转移支付，关系相对简单一些，操作也相对容易一些，其优越性在于可以克服目前双方都不愿意的不足，化解各省级行政区域在生态价值理解和核算方法的分歧。如果上游地区违反生态环境保护法律，减少了上游来水，降低了上游的来水水质，那么，上游就应当向长江流域自然资源资产管理委员会承担生态环境损害赔偿或者补偿的责任。① 长江流域自然资源资产管理委员会获得资产补偿后，再对受到损害的中下游行政区域甚至企业进行补偿。在这种模式下，获得长江流域自然资源资产管理委员会排污同意和生态环境部门排污许可的，必须向长江流域自然资源资产管理委员会有偿购买排污权，排污权的价格由国家指导、市场决定。如果企业节约了水污染物排放指标或者需要水污染物排放指标的，可以向生态环境部门和长江流域自然资源资产管理委员会提出申请，在长江流域自然资源资产管理委员会组建的排污权交易平台上竞价交易。

这种模式，一方面可以在一个主体的统筹协调下促进自然资源资产结构优化和保值增值；另一方面可以把资产的增值反馈用于长江大保护的资金投入，减少国家财政的投入。流域自然资源资产管理委员会通过差别性收费和支付转移，可以对流域上中下游的生态利益进行统筹，协调上中下游各省份的环境保护与经济发展。例如，对于生态受益地区，流域自然资源资产管理委员会可以对取水、游览等事项开展收费；对于生态环境损害地区，委员会或者公司可以针对国家的涉水权利受损对地方政府开展索赔；对于生态保护付出的地区，流域自然资源资产管理委员会对地方政府予以补偿，再由地方政府予以再分配。这样，可以减轻国家生态补偿的财政压力，以各方都能接受的方式助力流域补偿机制实施落地，破解目前的尴尬局面。

---

① 例如，新安江流域横向生态补偿第三轮试点为期三年（2018—2020年），浙江、安徽每年各出资2亿元，并积极争取中央资金支持。当年度水质达到考核标准，浙江支付给安徽2亿元；水质达不到考核标准，安徽支付给浙江2亿元。

（四）建立明晰流域与属地的权力（利）关系的体制、制度和机制

一是科学划分流域和属地所有权的关系。在流域和河段属地的所有权行使分割方面，既要加以区分，也要相互衔接。在区分方面，如对于长江流域的自然资源资产管理委员会，其管理权限可以确定为长江主干道的一定距离（具体是几公里或者以地形地貌来划分资产管理范围，由国家法律来统一规定）。至于流域的支流，如一级支流、二级支流一定范围内的国有自然资源资产管理权限，由长江流域的自然资源资产管理委员会行使还是由所在省份的资产管理机构行使，应由国家统一规定。资产管理权限的划分既要考虑流域整体自然资源资本的保护，也要考虑维护地方的积极性。在衔接方面，虽然长江流域自然资源资产管理委员会代表国家行使国有自然资源的资产管理权，各省级人民政府的自然资源资产管理机构也代表国家行使国有自然资源的资产管理权，但是涉及费用的收取和支配使用，还是可以产生国家部门利益和地方利益的。对于同一条河流，几公里范围内的自然资源资产所有权由上级人民政府的流域自然资源资产管理委员会行使，而几公里之外河段的自然资源资产所有权由属地人民政府的流域或者区域自然资源资产管理委员会行使。对于法律没有明确国有自然资源资产管理主体的，由属地人民政府的资产管理机构负责。如何协调两者的关系，特别是收费权产生的利益关系，既体现流域自然资源资产管理的整体性，也体现管理的分工性，这是一个难题。可以考虑设置水量、水质、生物多样性等考核指标，让上级人民政府的流域自然资源资产管理委员会来考核河段属地人民政府的相关自然资源资产管理委员会。这种考核也可以纳入生态环境保护的党政同责制度和领导干部自然资源资产离任审计制度。

二是统筹协调流域和属地监管权的关系。在监管权方面，所有

权人和利用人对所有权的行使，应当遵守公法的限制或者约束规定。所以，执法监管既包括对自然资源资产所有权行使者的监管，也包括对自然资源资产利用人的监管。在协调流域和属地监管权的关系方面，建议整合目前一些大中型流域的监测、执法监管部门，设立单列的流域综合监测和执法监察机构，监管的地域范围与前述的资产管理地域范围一致。对于法律没有明确国有自然资源的专业监管权限的，由属地人民政府的专业监管部门负责。以长江流域为例，可以由国家设立单列的综合监测和执法监察机构，由生态环境部和水利部共管，以生态环境部管理为主。为了防止部门监管分割和国家投资的重复化，提升监管的综合绩效，建议以长江水利委员会下设的执法监察机构为主体组建流域综合执法队伍，包括水资源、水污染、水生态、水运输、矿产资源开采等方面的综合执法；建议依托长江水利委员会组建的长江水文站网，统筹开展水量、泥沙、水生态、水环境的综合监测，不要推倒重新构建，毁掉已有的工作基础和优势。2018 年 10 月 24 日，第十三届全国人大常委会第六次会议审议了《国务院关于 2017 年度国有资产管理情况的综合报告》，参照此法，建议全国人大和河段属地的地方人大加强对流域生态环境保护和自然资源资产保护的监督，要求政府、检察院、法院每年向同级人大常委会专门汇报流域综合保护的情况。对于法律或者国务院的生态环境保护规划要求，如长江流域几公里范围内的化工企业环境风险控制，如果超越了长江流域生态环境综合监测和执法监察的管辖范围，那么属地的生态环境保护、自然资源开发利用、防洪抗涝等专业监管部门就应当衔接性地履行好本行政区域河段的专业监管责任。当然，可以考虑设置水量、水质、生物多样性等考核指标，让上级人民政府来考核河段属地人民政府的行政监管绩效。这种考核也可以纳入生态环境保护的党政同责制度。

（五）妥善处理自然资源资产管理职责和生态环境保护党政同责的关系

目前，生态环境保护党政同责已经成为党和政府治国理政解决生态环境问题的重大经验。那么，一旦实现国有自然资源资产的专门机构管理，管理体制变了，地方党委和政府对什么样的自然资源和生态环境问题负责，就是一个值得深入研究的问题。

在流域的考核和党政同责方面，以跨省的流域长江为例，长江流域的自然资源资产管理委员会首先要组织编制流域的全部自然资源资产负债表，开展相关的登记造册，然后建立相关的台账。那么长江流域自然资源资产管理委员会就应当对长江流域的国有自然资源资产，包括水量、水质、生物多样性种类、森林蓄积量、重要江河湖泊水功能区水质达标率、森林覆盖率、森林蓄积量、草原综合植被覆盖度、自然岸线保有率、湿地保护率等自然资源资产结构优化和保值增值负责。国家自然资源资产管理委员会（部、局）负责对长江流域自然资源资产管理机构开展定期评估和考核。如果因为长江流域自然资源资产管理机构的统筹和管理失当，出现了自然资源资产管理的绩效不佳，那么就应当追究资产管理委员会相关单位和个人的责任；如果是有关河段所在地的人民政府自然资源资产管理失当或者环境污染监管失当，导致自然资源资产管理绩效不佳的，那么就应当追究地方党委和政府的责任。地方党委和政府再追究有关产权管理机构和专业监管机构的责任。同样地，省内跨市河流，也可采用近似的机制开展评价和考核。

在区域的考核和党政同责方面，以河北省为例，其省自然资源资产管理委员会（厅、局）应当编制国有自然资源资产清单和台账，摸清家底，实行清单管理。河北省自然资源资产管理委员会（厅、局）依法代表省政府对本行政区域有管辖权的水量、水质、生物多样性种类、森林蓄积量、重要江河湖泊水功能区水质达标率、森林覆盖率、森林蓄积量、草原综合植被覆盖度、自然岸线保有率、湿地保护率、陆域自然保护区面积、海洋保护区面积、新增矿山恢复治理面积、新增土地治理面积等自然资源资产的结构优化和保值增值工作负责。国家自然资源资产管理委员会（部、局）代表国务院负责对河北省政府的国有自然资源资产管理工作开展定期评估和考核。如果是因为河北省政府的统筹和管理失当，出现了自然资源资产管理的绩效不佳，那么就应当依照职责清单追究河北省党委和政府相关单位与个人的责任，省级党委和政府再依据各部门的职责清单追究有关河北省自然资源资产管理委员会（厅、局）和有关单位的具体管理责任；如果是省内专业监管部门监管失当，如环境污染、开发过度、在自然保护区建设住宅等，导致自然资源资产管理绩效不佳的，那么就应当依照职责清单追究省级党委和政府的责任。省级党委和政府再追究有关专业监管机构和个人的责任。同样地，市级自然资源资产管理委员会（局）的工作，也可采用近似的机制开展评价和考核。

（六）重构环境保护税、资源税和国有自然资源资产使用费的关系

2018 年 1 月 1 日，《环境保护税法》实施，开启了环境保护费改税的工作。按照该法的规定，向环境排放污染物的，要缴纳环境保护税。

对于水体，向其排放水污染物的，按照现行《环境保护税法》，要向国家缴纳环境保护税。因为河流属于国家所有，因此，该税缴纳给了国家，实际上也是缴纳给了河流的所有者。但是，从逻辑上看，一旦实现国有自然资源资产的专门机构管理，那么向河流排放污染物的排放者，就应当基于影响流域自然资源资产品质的行为，向自然资源资产管理机构付费，如排污指标费和排污费。一种行为不能既缴纳税，也付费，因此《环境保护税法》中水污染物类的环境保护税可以在流域停止征收，改回到向流域自然资源资产管理机构支付排污费。

当然，为了简单，也可以实现税费平移的原则，开展相关的立法建设。

对于大气，因为国家不属于所有者，大气环境容量是属于全社会的财富，国家可以基于对公共利益的保护介入该领域加以管理，因此可以继续适用现行的《环境保护税法》，征收环境保护税，不需要向国家和地方自然资源资产管理机构支付自然资源资产使用费。

对于固体废物，可以规定只能在国家所有的土地予以处理处置，如填埋。禁止向集体所有的土地处理处置固体废物，如果国有土地不足以处理处置固体废物的，可以事先征收集体土地，使其变为国有土地。那么依法向国家所有的土地排放固体废物的，应当依照国际规定的标准向土地的所有权行使机构支付处理费。同样地，一种行为不能既缴纳税，也付费，因此《环境保护税法》中固体废物类的环境保护税可以停止征收，改回到向区域自然资源资产管理机构支付固体污染物处理处置费。为了简单，也可以实现税费平移的原则，开展相关的立法建设。

如果将固体废物和水污染物类的环境保护税改为国有自然资源资产使用费，那么，国家应当开展相关的立法，国有自然资源资产使用费的核定权限由国有自然资源资产管理机构行使，接受自然资源和生态环境等专业监管部门的监督，税务部门不再参与。如果嫌工作麻烦，或者费用征收不力，也可以保留目前在固体废物和水污染物领域的环境保护税征收体制，但是其征收和使用，应当按照产权管理的原理进行，如在流域征收的水污染物类环境保护税，就应当作为国有自然资源资本保值增值的财富，上交给国家。国家可以全部返还或者返还一定比例给国有自然资源资产管理机构。

（七）国有自然资源资产管理的法治化

为了保证国有自然资源资产管理的法治化，首先，须对现行《宪法》第9条作出修改，对代表国家行使国有自然资源资产所有权的机构予以明确，为国有自然资源资产管理体制改革奠定宪法基础。

其次，须由全国人大常委会制定综合性的自然资源资产管理基本法律，对自然资源资产管理的原则、体制、制度、责任等基本问题作出全面的规定。最后，对资源法、生态保护法、环境污染防治法、灾害防治法等一般性法律作出调适性的修改，建立自然资源资产清单和权力（利）清单，建立包括特许经营管理信息在内的自然资源资产管理信息平台，厘清所有者和监管者的权力（利）边界，厘清区域和流域所有者的权利边界，厘清区域和流域专业监管机构的监管边界，厘清区域之间的所有权边界，厘清区域之间的专业监管机构的监管边界。为了进一步释放各方活力，建议增加激励和约束机制，如区域和流域自然资源资产的评价考核机制、奖励机制、责任追究机制等。

七、结语

实行国有自然资源资产的专门化和专业化管理，是国家治理领域的一大重要创新。它的实行，有利于激发各方活力，发挥市场作用，促进自然资源权能的要素流动，释放改革红利。这个改革是符合所有者和监管者真正分离的改革初衷的，是2018年机构改革的再改革和再深化。该领域的改革，也可以为集体所有的自然资源资产管理改革，解决"三农"问题提供参考。

第四节　环境保护中介技术服务机构的信用管理①

一、环境保护中介技术服务机构信用管理制度的建设现状

2016年《"十三五"环境影响评价改革实施方案》提出，要营造公平公开的环评技术服务市场，规范环评市场秩序，推进环评技

---

① 本节的核心内容以《环保中介技术服务机构信用管理亟待加强》为题，被《中国经济时报》于2017年7月26日发表。

术服务市场化进程，健全统一开放的环评市场，强化环评机构和人员管理，加强诚信体系建设；优化技术导则体系，加强技术评估队伍建设，发挥技术评估重要作用。目前，环境保护中介服务机构正在发挥越来越大的专业技术作用，如浙江省的一些县级环保部门针对一些相对复杂的项目环境影响评价，均采取专家咨询或者委托第三方技术评估的方式；一些地方在核发排污许可证前，委托中介技术服务机构对企业"三同时"落实情况进行复核，出具第三方监理报告，对未落实环评、未兑现自己承诺、未落实"三同时"的单位不予核发排污许可证。张掖市对于企业在编制环境影响评价文件或者建设中、运行后的环境监测，由企业自行监测，或者由企业与社会化的监测机构协商，委托第三方监测。

环境影响评价机构和环境监测机构的专业化深度介入，有利于减少环境监管机构的工作任务，使监管回归本位。为了让中介技术服务机构发挥作用，目前，各省、市、自治区生态环境部门都在针对环境保护中介技术服务机构开展改革，通过信用管理制度建设促进行业运行的规范化。如南京市一些园区的管委会就购买了第三方公司的环境监测服务，为了保障环境监测数据的真实性，要求监测机构保存监测时的原始材料、数据和视频资料以备查，并对监测机构和环评机构开展信用评估，定期公开这些机构的信用等级，供市场参考。张掖市环境保护局制定了《环境影响评价机构考核管理办法》《社会环境监测机构环境监测质量管理制度》等改革文件。青海省环境保护厅制定了《青海省社会环境监测机构管理办法》，江苏省环境保护厅出台了《关于环评机构信用管理体系的意见》。湖北省全部放开环评市场，外省的环评机构，只要登记就可以进入湖北市场。为了规范中介技术服务机构从业，湖北省环境保护厅抽查后于2016年通报了两批服务质量问题。武汉、宜昌、荆州、荆门市的环境保护局也对服务机构的服务进行了评估，发了通报。浙江省放开了环评、环境监理中介市场，服务价格市场化。为了整体提升技术服务市场的服务质量，浙江省环境保护厅出台了《环评机构监管办法》《环评机构信用等级管理办法》《环评机构考核实施细则》等规范性文件，成立了省环评监理行业协会，2016年有6家环评机构被通报。2015年，浙江省湖州市各区县都制定了环评中介技术服务机构管理考核办法，如长兴县出台了《长兴县环境影响评价机构信用评价和管理考核实施细则（试行）》，从编制质量、环评机构服务质量、环评从业人员管理、环评机构日常监管及环评机构奖惩情况等方面认真开展信用管理工作，及时将考核结果报省环境保护厅并向社会公开。浙江省2017年6月发布《浙江省排污许可证管理实施方案（征求意见稿）》，拟允许委托第三方机构对排污许可证进行审核，扩大了中介技术服务机构的服务业务范围。

总的来看，通过信用管理制度建设，环境保护中介技术服务机构在质量中求生存、在服务中求发展的局面正在形成。预计在未来的两到三年时间内，环境保护中介技术服务行业在竞争中因为服务质量和服务能力两个方面的挑战，将面临大洗牌。

二、环境保护中介技术服务机构的信用管理问题

目前，环境保护中介技术服务市场不发达，中介技术服务机构的发展水平参差不齐，管理问题突出，环境保护中介技术服务机构要想全面替代生态环境部门对企业的专业技术服务和把关功能，可能还需要一段时间。从各地的实践来看，环境保护中介技术服务机构的信用管理，主要存在如下问题：

一是全国层面缺乏统一的环境保护中介技术服务机构的管理立法，中介技术服务机构的法律地位、申请设立条件、申请设立程序、业务范围、业务的法律效力、机构运行、人员管理、质量保证、机构与人员考核、机构与人员信用评定、机构与人员奖惩等，缺乏系统的规定，不利于环境保护中介技术服务的制度化、规范化和程序化。有的地方规定，中介技术服务机构目前可以开展环境监理工作，

而在一些地方，则缺乏相应的规定。

二是一些地方反映，由于环评市场不发达，大量的环评文件由外地的环评机构来编写，而这些机构的常驻工程师少，也不了解当地情况，导致环境影响评价文件编制质量参差不齐，给审批带来一定困难。各地都普遍反映，个人的环评资质目前分为 13 个类别，每人只能注册一个类别，范围狭窄，不利于邻接领域业务的开展。

三是一些地方反映，目前环境监测机构只有质监部门的实验室质量认证，数量太多，市场竞争激烈。如果环评机构的资质将来取消，如何对这些机构实行市场准入，实行奖惩是一个难题。因此，各地呼吁生态环境部加强信用管理、黑名单制度等强有力的手段。此外，今后一段时间，区域规划环评的市场会扩大，建设项目环评的市场会缩小，一些小而散的环评机构可能会在洗牌中被淘汰，如何指导一些机构发展转型，也是一个值得关注的问题。

四是环评报告、环境监测报告、环境监理的质量难以保证。一些地方的生态环境部门提出，目前中小环评机构造假仍然较多，谁给钱干活就给谁说话，环评文件质量存在或多或少的问题。放管服改革之后，如何保证环评材料的质量是一个大问题。有的地方指出，第三方监测机构普遍工作经验不足，内部普遍无严格的质量考核体系，监测报告可信度不高。有的地方指出，中介技术服务机构难以胜任竣工验收监测的技术支撑工作。

三、加强环境保护中介技术服务机构信用管理工作的建议

在现代市场经济条件下，企业对自己的行为承担最终的环境保护责任。企业自己履行环境保护义务或者提供接受市场化的环境保护技术服务来代替自己履行，已经成为各市场经济国家的通例。为此，开展环境保护审批监管放管服工作时，把一些不应由政府管理的事情交给市场中介组织，发挥中介技术服务机构、保险机构、信贷机构等在环境保护治理体系中的作用。在促进环境保护技术服务

市场化的同时，应当发挥中介技术服务机构对企业的专业服务和对生态环境部门在环评审批、"三同时"验收监测、许可证发放等方面的专业辅助作用，加强其规范化管理。建议国家制定改革文件和配套的管理办法，让企业依靠中介技术服务机构而不是环境保护监管部门去把关市场准入的环境保护条件，让企业聘请中介技术服务机构而不是环境保护监管部门去排查环境风险，聘请中介技术服务机构提出环境污染预防和治理措施。

在健全立法方面，首先，建议生态环境部制定《环境保护社会化技术服务机构运营考核办法》和《全国环评机构和环评工程师诚信管理办法》，对环境影响评价机构和环境监测机构实行信用评估。建立技术服务机构和建设单位连带的信用管理制度，凡是环评弄虚作假的，凡是环境监测作假的，凡是环境保护承诺弄虚作假的，在全国范围内实行严厉的连带惩戒。强化质量监管，对环评文件质量低劣的，实行环评机构和人员双重责任追究。其次，建议生态环境部制定《环境保护第三方监理管理办法》，明确环境监理的概念、内容、程序和法律效果。编制影响报告书的建设单位应当组织开展环境监理，不能自行组织环境监理的，委托第三方中介技术服务机构开展环境监理；各省、市生态环境部门应当对第三方环境监理单位实施信用管理；生态环境部门在建设项目"三同时"验收时，应当尽可能到现场开展监督性监测。最后，建议取消环境影响评价、环境监测和环境服务机构的资质，改为对企业实行业务条件制和业绩管理制。符合一定条件的技术服务机构，就可以开业运行。

在环评机构管理方面，中介技术服务机构要按照国家规定的资质等级、评价范围、环评技术规范要求开展环评工作，并对环评结论、监测结论和咨询结论终身负责。严格落实承诺时限要求和环评文件的项目负责人制度，为建设项目投资主体提供规范、全面的环评咨询服务，切实提高服务效率与服务质量；依法开展环境监理工作和环境咨询服务等。要把环境保护纳入建筑等行业职业师的工作中，实现"一岗双责"。基于中介技术服务机构的信用对于保证环境安全和防控企业的生产经营风险至关重要，各省、市、自治区应统一制定环境影响评价、环境监测、环境咨询服务等中介技术服务机构的管理和考核办法，从服务质量、文件质量、从业人员管理、机构日常监管及机构奖惩情况等方面认真开展信用管理工作，及时将考核结果向社会公开。对中介技术服务机构，按照历史业绩、服务质量和企业信用，实行分级分类管理；对于技术服务出现重大失误、错误的中介技术服务机构，生态环境部门不仅要追究其行政责任，接受技术服务的企业还要追究其损失赔偿等民事责任。鼓励知名度高、技术能力强、业绩好、信誉高的社会化环境影响评价、环境监测和环境咨询服务机构在中西部特别是西部地区设立分支机构或者办事机构，配强技术人员，整体提升环评文件、环境监测、环境服务的质量和水平。鼓励环境影响评价单位加强区域环境影响评价的能力。

在中介技术服务机构的从业人员管理方面，无论中介技术服务机构的环评资质是否取消，人员的环评从业资质都应当保留。如果不能保留人员资质，可对人员实行从业条件制度。关于个人环评资质的范围，建议每人可以注册两个业务熟悉的类别；继续实施禁止环评工程师资格证书挂靠制度。环评机构对环评业务人员进行业务考核，质量监督和生态环境部门依据各自的职责，加强对环评人员的业务抽查，并进行信用管理。存在问题的，必须限期改正，并追究相关责任人的责任。

在金融、保险机构参与企业环境管理方面，试点推行一些领域的环境污染责任强制保险。在试点领域之外，鼓励企业自愿参与环境污染责任强制保险。鼓励银行加强对企业的环境信用考核及基于环境信用的有差别的信贷制度，鼓励保险机构加强对企业的环境信用考核及基于环境信用的有差别的保险制度。鼓励金融机构和保险机构成立专门的环境技术评估、风险评估机构，或者聘请专门的机构，加强对服务对象的环境管理和风险排查。

第六章　生态文明与规划发展

第一节　规划环评与建设项目的环境准入

一、各地规划环评对建设项目环境准入的把控情况

为了既控制具体建设项目的环境风险，也控制区域环境风险，各地结合本地实际，按照 2016 年《"十三五"环境影响评价改革实施方案》的部署，开展了区域环境影响评价制度的改革，发挥了规划准入、总量准入、负面清单准入等的管控作用。例如，《江苏省建设项目环境影响评价改革试点方案》规定，对于通过规划审核的，简化建设项目环评审批手续。2017 年 1 月，江苏省政府办公厅发布了《江苏省以"区域能评、环评 + 区块能耗、环境标准"取代项目能评、环评试点工作方案（试行）》，在有条件的五个区域试点开展以"区域能评、环评 + 区块能耗、环境标准"取代项目能评、环评试点工作，建立开发区进区项目准入标准，探索项目准入节能审查、环评特别管理措施（负面清单），实行政策性条件引导、企业信用承诺、监管有效约束的管理模式，逐步实现区域评价取代每个项目的独立重复评价，提升全省开发区进区项目审批效率，更好地优化发展环境、降低企业成本、激发企业活力。浙江省 2016 年在杭州高新开发区（滨江）、湖州莫干山高新技术产业开发区及绍兴市柯桥区滨海工业区开展规划环评清单式管理改革试点，试点园区按照清单式管理要求编制规划环评，将重污染、高能耗、高环境风险的项目列

入负面清单。清单外的项目，降低环评类别，简化环评内容。在环境准入负面清单方面，浙江省出台生活垃圾焚烧、燃煤发电、化学原料药、啤酒、涤纶、氨纶、制革、黄酒酿造等 15 个产业环境准入指导意见，指导基层严格项目环境准入。浙江温州市将电镀、卤制品等企业引入园区，通过区域环境污染集中控制解决个体企业的环境问题。浙江舟山市编制了《舟山群岛新区发展规划环境影响报告书》，通过原环境保护部的审查，成为首个国家级新区规划环评，2017 年，该市又委托北京师范大学对该区实行规划环评跟踪评价。浙江湖州安吉县结合本县特点，出台了特色产业的准入条件，如《安吉县生物质成型燃料生产企业环境准入指导意见》《安吉县海绵发泡企业环境准入指导文件》《安吉县膨润土行业环境准入指导意见》等相关文件；湖州长兴县针对夹浦地区环境容量已经接近饱和的现状，单独对该区域内新建、改建项目主要污染物总量设立了准入条件；南浔区针对电梯行业的表面处理工艺，制定了相关投资总额、税收等准入要求。湖州莫干山高新技术产业园区被列入原环境保护部产业园区规划环境影响评价清单式管理的 19 个试点之一，也是省环境保护厅"规划环评 + 环境标准" 3 个改革试点之一。在规划环评的编制方面，在优化定位和布局的基础上，制定三张规划环评结论清单：一是明确区块功能生态空间清单，二是实施污染物总量管控限值清单，三是项目环境准入条件清单。

总的来看，省、市、县三级层面的规划环境影响评价制度改革，正在稳步推进。

二、规划环评对建设项目环境准入的把控作用与问题

在生态环境部的改革要求下，各地都强化了规划环评对建设项目环境影响和区域环境风险的总体把控作用，如《江苏省"区域环评 + 环境标准"改革试点工作方案》强化规划环评在优布局、控规模、调结构、促转型中的作用，以及对项目环境准入的强制约束作

用。根据改善环境质量目标，制定空间开发规划的生态空间清单、限制开发区域的用途管制清单、园区污染物排放总量管控限值清单和产业开发规划的产业、工艺环境准入清单，实现清单式管理。在门户网站上公开规划环评审查意见和相关管理清单。以规划环评为抓手，简化建设项目环评审批，强化事中、事后环保监管，进一步降低制度性交易成本。《江苏省建设项目环境影响评价改革试点方案》规定，对已通过规划环评审查的区域，在落实规划环评意见并符合区域经济发展规划、土地利用规划、城乡规划、生态环境保护规划等要求的范围内，建设项目环评（需国家、省级环保部门审批的除外）可以简化。符合产业定位的（不含化工和存储、使用危险化学品的）建设项目，其环评类型可相应降低一级。《建设项目环境影响评价分类管理名录》外的建设项目均不需进行环境影响评价，不增加生产设备的技改项目在不新增污染物排放的前提下可实行备案制。规划环评中环境现状、污染源调查等资料可供建设项目环评共享，相应评价内容可简化。西宁市环境保护局注重规划环评对建设项目环评的指导作用，建设项目环评应当符合规划环评的要求，坚持生态保护红线、环境质量底线、资源利用上线和环境准入负面清单，严控污染物新增量，在总量上守住指标，在产业类型、项目规模及污染物排放的环境容量可接受性上从严管控。对于未按规定时限和要求进行规划环评的，不予受理建设项目环评文件。

总的来看，规划环评与建设项目环评相衔接既可保证区域环境安全，也可简化企业申报手续，是一个多赢的举措。从环境法治上看，近几年环境行政审批和监管体制的改革，既是点源等个体项目环境风险管控法治的发展，也是区域环境风险管控法治的发展，体现了中国环境法治由点源环境风险控制向点源与区域环境风险共同控制的模式转型。《"十三五"环境影响评价改革实施方案》提出要推动战略和规划环评"落地"，强化规划环评的约束和指导作用，对规划环评寄予厚望。但是很多地方反映，规划环评的法律地位目前尚不明确，程序不严格，整体缺乏科学性和有效性，因此做样子的多，流于形式。主要原因在于：其一，很多地方园区定位变化太快，战略环评和规划环评难以落地。如果在没有做实的规划环评的基础上简化建设项目环评手续，那么无疑是在增大环境风险。其二，由谁来跟踪和检验规划环境影响评价的效果，谁来调整规划环评规定的措施，也需要明确。其三，按照现行《规划环境影响评价条例》的规定，强制性的规划环评并不包括开发园区的环评，而现有的工业企业都位于产业园区内，由于缺乏法律的支撑，因此规划环评难以依法做实。其四，规划环评是否需要开展区域环境保护的"三同时"工作，目前国家的法律没有明确。以做样子的规划环评为依据，开展建设项目环评手续简化，既对生态安全有很大的威胁，也给生态环境部门的事中、事后监管留下很大的麻烦。因为在环评环节蒙混过关的一些企业，要求它们排放达标很难，要求它们关闭，也面临很大的社会和经济风险。

三、进一步发挥规划环评对建设项目环境准入把控作用的建议

在空间管控方面，其一，各省（自治区、直辖市）、市、县（区）要结合本地特点，出台产业准入条件。在环境容量紧张的地区，要针对新建、改建项目主要污染物总量设立准入条件。地方人民政府也可以针对企业准入设定投资总额、税收、能效等要求；各省级人民政府要制定统一的规范和标准，审查各市县产业环境准入负面清单，对于擅自降低负面清单等级、造成无效投资的，要追究其责任。其二，建议开发园区、产业园区等园区必须进行规划环境影响评价，符合环境功能区划；省级及以下园区的规划环境影响评价，必须获得省级环境保护主管部门的审批，国家级园区的规划环境影响评价，必须获得生态环境部的审批。其三，园区内的建设项目开展环境影响评价或者后评价时，应当与规划环境影响评价相衔

接。园区规划环境影响评价获批的，园区内的建设项目环境影响评价文件和手续应当简化；未获批的，不得简化。对于未按规定时限和要求进行规划环评的，不予受理建设项目环评文件。下一步，生态环境部要针对园区制定规划环境影响评价指南和审批程序。其四，园区定位发生变化的，应当重新组织规划环境影响评价工作，并对不符合园区新定位的企业进行调整，保证战略环评和规划环评切实落地。其五，规划环境影响评价的审批部门应当跟踪和检验规划环评的效果，如果效果不符合预期，应当及时对规划进行后评价或者跟踪评价，采取后续的调整措施，优化或者强化污染防治措施和生态保护措施。推动修改《环境影响评价法》和《规划环境影响评价条例》，确保这些措施进入法律法规。其六，位于被依法限批环境影响报告书（表）区域的建设项目，暂停审批，直至限批取消。

在手续简化方面，其一，要强化规划环评和环境功能区划在优布局、控规模、调结构、促转型中的作用，以及对项目环境准入的强制约束作用。根据改善环境质量目标，制定空间开发规划的生态空间清单、限制开发区域的用途管制清单、园区污染物排放总量管控限值清单和产业开发规划的产业、工艺环境准入清单，实现清单式管理。清单可以长一些，管得细一些，先把空间管起来。建议出台更加细致的《规划环境影响评价技术导则总纲》具体实施要求，突出其导向作用。其二，要实行政策性条件引导、企业信用承诺、监管有效约束的管理模式，把区域评价作为区域共同的评价基础，简化每个建设项目的独立评价，避免重复，提升开发区进区项目的环评审批效率；规划环评中环境现状、污染源调查等资料可供建设项目环评共享，相应评价内容可简化。对《环境影响评价技术导则 总纲》进行"瘦身"。基于市县审批的项目都比较小，应当简化环评文件内容，重点阐述环境影响、环境保护措施及其效果预测。其三，对已通过规划环评审查的区域，在落实规划环评意见并符合区域经济发展规划、土地开发利用规划、城乡建设规划、生态环境保护规划等要求的条件下，建设项目环评（需国家、省级环保部门审批的除外）可以简化。符合产业定位的（不含化工和存储、使用危险化学品的）建设项目，区域环境保护措施到位的，其环评类型可相应降低一级。《建设项目环境影响评价分类管理名录》外的建设项目均不需进行环境影响评价；在工业园区范围，不增加生产设备、土地面积的技改项目在不新增污染物种类和总量的前提下，原来编制环境影响评价书的还要编制环境影响评价书，原来编制环境影响登记表的还要编制环境影响登记表，可以采取备案加企业出具承诺书的方式；如果不在工业园区，环境影响报告书和表应当依法报批，但是手续可以简化。

第二节　雄安新区的科学定位与绿色发展路径①

2017 年 4 月，党和国家作出设立河北雄安新区的重大决策。这是以习近平同志为核心的党中央作出的一项重大的历史性战略选择，是继深圳经济特区和上海浦东新区之后又一具有全国意义的新区，是千年大计、国家大事。为了把河北雄安新区规划好，建设好，发展好，符合预期设想，下面提出一些建设性建议。

一、雄安新区的建设基础

20 世纪 80 年代，中央决定创办深圳等经济特区，是我国对外开放的重大决策和突破口，对我国经济体制改革和现代化建设发挥了重要作用。这些特区靠近港、澳地区，华侨多，资源比较丰富，具有加快经济发展的许多有利条件。当前，建设河北雄安新区的基础条件优越，并且有党中央的坚强领导，有国家强大的经济基础做后盾，有建设国家级经济区的成熟经验为借鉴。

---

① 本节第一至第五部分的核心内容以《我们要一个绿色可持续发展的雄安新区》为题，被《人民日报》中央厨房于 2017 年 4 月 17 日刊登。

从我国创办经济特区的经验教训来看，河北雄安新区首先具备良好的区位基础。当年深圳依托香港、珠海依托澳门、厦门依托台湾、浦东依托上海、滨海依托天津，经济特区建设都取得了成功。由于海南、汕头没有强大的依托，至今未取得引人瞩目的巨大成绩。河北雄安新区紧邻北京、天津、石家庄和保定，离首都新机场很近，雄安新区应作为北京、天津与河北对接、耦合的"齿轮城市"，让京津冀协同发展运转起来，可以把京津冀的一群城市通过核心城市的支持、中心城市的带动、重点城市的支撑，变成有机运行的京津冀城市群。建设雄安新区是深入推进京津冀协同发展的一个重大举措。京津冀地区通过河北雄安新区的接驳，激活一盘棋，带动冀中平原发展，促进京津冀地区环境状况的改善。

其次是生态环境基础。通过南水北调，可以补足白洋淀地区的生态用水。随着未来的建设和京津冀地区整体吸引力的提升，总人口还会增加，白洋淀和华北地区水环境的总体压力还会加大，对水的需求会持续增加，加上白洋淀不是一个湖泊，而是一个淀，其水资源环境承载能力应当引起特别的关注。在白洋淀建设的雄安新区不会是特大城市，不应走大范围、大规模的城市开发的老路；应该是若干个卫星城的综合体，积极建设绿色智慧新城，建成国际一流、绿色、现代、智慧的城市，打造优美生态环境，构建蓝绿交织、清新明亮、水城共融的生态城市。

二、雄安新区的高点定位

在党中央领导下，建设雄安新区必须坚持稳中求进的工作总基调，牢固树立和贯彻落实新发展理念，适应把握引领经济发展新常态，以推进供给侧结构性改革为主线，坚持世界眼光、国际标准、中国特色、高点定位，坚持生态优先、绿色发展，坚持以人民为中心、注重保障和改善民生，坚持保护弘扬中华优秀传统文化、延续历史文脉，建设绿色生态宜居新城区、创新驱动发展引领区、协调发展示范区、开放发展先行区，努力打造贯彻落实新发展理念的创新发展示范区。基于此，应当把握以下几点：

首先，河北雄安新区不是首都副中心。一个中央集权制国家，为了国家的稳定与政令的统一，一般不适宜在异地设立首都的副中心。河北雄安新区主要承担集中疏解北京非首都功能，只是引进不符合首都核心功能定位的单位。

其次，河北雄安新区是京、津和石家庄三角形的内心城市，是一个齿轮城市，通过接驳、耦合，盘活京津冀协同发展的格局。目前，京津冀协同发展特别是产业转移、大气污染的联防联控，实质上的进展不是很快，需要打破僵局。所以，中央的决策很英明，既是不得已的措施，也是立足于长远共同发展作出的积极决策。

再次，河北雄安新区建设，可以发挥其带动冀中平原经济和社会发展的辐射作用，可以维护首都的宁静和绿色发展，缓解首都的环境资源压力。

最后，河北雄安新区的定位是创新驱动发展引领区、开放发展先行区，与浦东新区和深圳特区一样，是对外的窗口，又与天津滨海新区的功能有所区别。由于功能定位不同，一些人认为河北雄安新区会冲击甚至替代滨海新区，这种担心也是不必要的。相反地，两个新区会互补，对于河北雄安新区研发出来的一些工业新动能，实体部分也许会在滨海新区落地。

此外，一个值得注意的重大问题是，白洋淀是华北之肾，千万不要破坏。一些学者指出，白洋淀的水质整体不容乐观，如环境污染控制的规划和管理不善，白洋淀可能会变为一个大污水池。一旦开发过度，保护不当，雄安新区建设的千年大计就可能因为白洋淀环境承载能力不足而遭到破坏。基于此，要坚持生态优先。鉴于2008年以来，河北的污染严重，对其自身建设生态文明的能力不要高估，建议中央建立指导委员会，定期召开雄安新区环保评审会议，并成立常驻的督导组，防止新区建设走调、走偏。

三、疏解非首都的功能和机构分析

建设雄安新区，对于集中疏解北京非首都功能，探索人口经济密集地区优化开发新模式，调整优化京津冀城市布局和空间结构，培育创新驱动发展新引擎，具有重大现实意义和深远历史意义。那么，首都的哪些功能和哪些单位应当迁来新区，值得深入研究。

第一，北京仍然是政治中心、文化中心、科技创新中心和对外交流中心，河北雄安新区可以是科技创新新区，但是北京仍然是科技创新中心，因此指望北京的高科技企业全都迁入，不现实。

第二，一些央企的总部或者分部可以迁来，一些高等学校的本科教学可以迁入。这些人口在北京，加剧了交通拥堵和水资源等的紧张。一些集研发与生产于一体的非资源消耗型、环境污染型企业，可以迁入。批发市场、养老产业等不符合新区定位的产业不能迁入。北京市的汽车制造、印刷等产业，可以采取分税制的方法迁入新区。

第三，一些中央部委下属的非核心的研究机构、设计机构、规划机构可以迁入，特别是市场化的那些研发机构。

第四，产业的迁入要把握一个核心要求，就是增强新区的自我造血能力和可持续发展能力。新区自己吸引一部分高端新产业迁入，如一些高科技研发的民企，可以自愿迁入。此外，新区还要培育一批孵化器和中介，扶持和激励创新和创业，培育新动能。

四、企业和人才迁入的手段

建设雄安新区，可以强制首都范围内体制内的部分企业迁入，鼓励部分体制内的企业迁入，再吸引一部分企业迁入。具体可以采取以下激励手段：

一是可以采取双户口待遇制，或者干脆实施居住证制度。外来人口不迁户口，工作期间凭工作证明孩子可就近入学。退休后返回原地，做好社保、医保和养老制度区域之间的衔接与转移。

二是可以适当开发一些办公用房和高端公租房，政府给予适度的财政补贴。可以采取孵化器的形式扶持，租金可以入股。允许央企和其他企业建设自己的办公用房，建议不允许针对外来人口建设商业住房，改为建设公租房。

三是采取北京、天津和新区分税的方式，激发各方支持新区建设的积极性，有利于企业进驻与非首都核心功能的疏解。

四是建设绿色、快捷的交通系统，高效整合区域发展要素，并防止上下班期间产生交通潮汐现象。

五、河北雄安新区的建设模式和绿色发展路径

我国在经济特区、国家级新区、自贸区、国家综合配套改革试验区、金融综合改革试验区、国家级经济技术开发区建设方面积累了很多经验。雄安新区坚持先谋后动、规划引领、整体打造、分步实施的建设模式。第一，应当成熟一个区域建设一个区域，不要贪大求全。第二，可以制定产业入驻负面清单，防止落后企业进驻。第三，采取卫星城镇的规划方式，建设一些特色产业小镇，防止城市摊大饼的现象重演。第四，坚持城依托水，制定城镇开发利用边界，城大了，白洋淀的生态功能不足了，就变成洗脚池了。第五，依托入驻的高校和研究机构，建立国际交流中心，创建自己的品牌论坛。

雄安新区要建设绿色生态宜居新城，必须坚持走生态优先、绿色发展的新路子。一是要坚持"多规合一"，制定生态保护和水环境保护的专项规划，以水定城，做好资源和环境承载能力评估。二是要保障生态用水和生活用水。三是要在全域实行污水集中处理、垃圾分类收集处理，实现第三方运营。四是要在全域实行煤改气、煤改电，预防和减少大气污染。加强区域联防联控，既防止自己产生大气污染，也共同防治其他区域传来的污染。五是要在全域推广电动出租车、公交车和区际轨道交通。国有企业与政府单位公务用车全部为新能源车。六是要划定生态保护红线，建设海绵城市。

六、河北雄安新区如何夯实"千年大计"的生态环境基础①

中共中央、国务院对河北雄安新区的高标准高定位，使其成为全国乃至世界关注的焦点。中央对河北雄安新区规划建设的定位要求之一就是打造优美生态环境，构建蓝绿交织、清新明亮、水城共融的生态城市。

为了让雄安新区变绿，必须解决白洋淀的水资源、水环境及水生态问题。白洋淀全域位于雄安新区境内，地处低洼地带，属于淀而非湖泊，是华北平原最大的淡水湿地生态系统。周边区域的水汇集于白洋淀，而排水不畅，因此长期以来形成了污染积累和富营养化，加上过去高强度的开发利用，造成白洋淀水资源短缺、泥沙淤积、环境污染及湿地功能下降。这是雄安新区当前面临的生态环境问题。要解决这个问题，唯一的途径就是将把水"搞活"和污染治理相结合。

一是水要进得来。为了恢复白洋淀区域的水生态，在一定时间内调水是必需的。随着白洋淀和雄安新区生态环境保护规划的陆续出台，"南水北调"的来水和周边水库的来水，对于保证白洋淀的生态流量，提升白洋淀的水质，改善白洋淀的生物多样性具有重要意义。

二是水要流得动。随着雄安新区环境保护规划的编制，淀区向外排水的路径已经有了细致安排。水在"进得来"也"出得去"的前提下，就会流动起来，水质的改善就具备了基本的条件。为了确保雄安新区"蓝绿交织"的愿景得以实现，必须在雄安新区的城区和乡村设计科学的水网，水底清淤，增加容量，并疏通河沟，让水自然流动，发挥调节生态的作用，彻底消除黑臭水体。

---

① 本部分的核心内容以《常纪文：蓝绿交织：夯实"千年大计"的生态环境基础》为题，被《中国经济时报》于 2019 年 4 月 3 日发表。

三是要量水规划。雄安新区作为缺水型的北方城市，尽管有南水北调和周边水库的补水，但是长期以来的粗放式发展，雄安新区周边的地下水开采比较严重，历史欠债严重，必须在水资源和水生态的修复方面，留给雄安新区休养生息的空间。表现在以水量区方面，在开展环境影响评价和水资源评价时，要科学界定区域的生态环境容量。在具体的管控措施方面，可以规定禁止开采地下水，建立水资源消耗上限的负面清单制度，不得发展高耗水的钢铁、水电、造纸等行业。对于污水处理设施处理之后的中水，必须回用或者补给到生态之中。

四是要截污治污。截污治污是解决水体污染的基本要求，雄安新区把加强白洋淀生态环境整治作为规划建设新区的重要环节。结合白洋淀生态环境治理工作中的难点，河北省制定了《雄安新区及白洋淀流域 2018 年生态环境治理工作方案》，编制了《白洋淀流域治理实施方案（2018—2020 年）》，启动了白洋淀综合整治攻坚行动，一批"散乱污"企业得到治理，无组织排放得到遏制；一些区域的污水管网和污水处理设施得到建设，区域生产和生活污水得到集中控制。值得指出的是，《白洋淀生态环境治理和保护规划（2018—2035 年）》更是从生态空间建设、生态用水保障等方面做了全方位的规划和统筹设计，为白洋淀生态修复和环境保护提供了科学支撑。

五是要防治面源污染。首先，需要在全域，包括农村，开展垃圾分类和集中转运、统一处理处置工作，防止造成垃圾污染水体的现象。其次，需要开展农业产业结构大调整，在淀区周边一定范围内，禁止种植需要施用农药的水稻等植物，限制种植需要大量施加化肥的植物，限制甚至禁止养殖一定数量以上的牲畜和家禽，防止农业面源污染。对于这些限制，必须给予一定的经济和其他补偿。

只有从源头把水"搞活"，合理和节约利用水资源，预防和治理水体污染，才能全面恢复其"华北之肾"的功能，才能形成科学合理的生产、生活和生态空间，才能为雄安新区的可持续发展奠定生态之基。

为了让雄安新区变蓝，必须进一步解决雄安新区面临的空气污染问题。雄安新区的大气污染防治不能"就雄安来看雄安"，必须立足于京津冀一体化的大视野，采取系统和针对性的方法予以解决。

一是要通过淘汰落后设备、实施特别排放限值、实行严惩重罚等严格的制度，让大气环境法制变成不可逾越的高压线，同时采取区域联防联控的方法，形成北京、天津和河北其他地方共同发力的态势，确保节能减排工作进一步见实效。

二是要针对源解析的结果，在生产、生活和交通领域采取针对性的激励和约束措施，特别是进一步推行清洁取暖，倡导绿色交通。随着未来北京到雄安地铁快线的完成，将在一定程度上减少机动车污染物的排放。雄安新区正在全面推广清洁取暖，能在冬天大幅减少大气污染物的无组织排放。电动汽车、氢能源汽车等新能源汽车将来在雄安新区的推广和使用，更会大大减少大气环境的污染负荷。

三是要继续开展专项环境保护督察和督查。经过近几年的中央环境保护督察和大气污染防治专项督查工作，绝大多数的"散乱污"企业得到整顿，现有的企业有的进了园区，有的提升了技术，有的完善了设施，大气污染物排放逐年减少，如 2018 年雄安新区空气质量有所改善，综合指数为 6.86，较上年下降 7.42%，PM2.5 浓度比上年下降 5.97%。这为雄安新区的天更蓝奠定了坚实的基础。

只有优化了能源结构，管住了化石能源消费总量，推行了因地制宜的清洁供暖，实施了企业达标排放和特别排放限值制度，控制了秸秆焚烧等农业排放，开展了绿色交通体系建设，大气环境负荷的减轻才能持续、稳定，蓝天才能常在。

中央发布建设雄安新区的决定至今两年了。目前来看，雄安新区生态环境保护工作的基础在不断夯实，生态环境保护工作的力度在不断加强。下一步应当以保护优先和绿色发展理念为指导，大力发展科技创新型的产业，增强区域高质量发展的内生动力，同时推动雄安新区生态修复和环境污染治理工作，使绿水青山和金山银山相得益彰，取得新成效。也只有如此，才能在雄安新区推进新时代生态文明的高标准建设，不断迈上新台阶。

第三节　粤港澳大湾区生态环保规划的制定①

2017 年 7 月，在习近平总书记见证下，国家发改委和粤港澳三地政府签署了《深化粤港澳合作　推进大湾区建设框架协议》，粤港澳大湾区的协同发展上升为国家发展战略。其后，《粤港澳大湾区发展规划纲要》开始编制。2018 年 6 月 26—28 日，中共中央政治局常委、国务院副总理韩正在北京分别会见香港特别行政区行政长官林郑月娥和澳门特别行政区行政长官崔世安，就《粤港澳大湾区发展规划纲要》听取意见和建议。2018 年 8 月 15 日，粤港澳大湾区建设领导小组举行第一次全体会议，国务院副总理韩正担任该领导小组组长，香港特首林郑月娥及澳门特首崔世安均担任小组成员。按照惯例，该规划纲要发布后，应当编制包括生态环境保护在内的各项专项规划性文件。现就制定粤港澳大湾区生态环保专项规划性文件，提出一些建议。

一、大湾区生态环保专项规划性文件的制定问题

关于大湾区生态环境规划性文件的制定模式问题。目前，因为内地采取中央集权制，所以专项规划的执行力很强。而香港和澳门地区采取"一国两制"，与内地的政治体制不同、立法体制不同、决策程序不同、行政体制不同，内地和港澳联手制定一个跨法域的生态环保专项规划，详细规定各方的目标、措施和职责，想法很好，

---

① 本节的核心内容以《制定粤港澳大湾区生态环保规划性文件的建议》为题，被《中国环境报》于 2018 年 12 月 13 日发表。

但是三地的审批、生效和执行程序基本不一样，这一想法未必能实现。建议在《深化粤港澳合作 推进大湾区建设框架协议》的框架下，先由三地签署一个生态环境保护目标和行动协调协议，各自走各自的审批或者生效手续，待协议生效后，再由各自制定实施该协议包括生态环保专项规划在内的各专项规划或者行动计划、实施方案，这样可以体现"一国两制"的法治要求。

关于大湾区生态环境规划性文件的实施方式问题。按照内地的体制，在中央设立生态环境保护目标之后，有关部门和地方政府可以制订行动计划或者实施方案，分解任务。但是，香港和澳门地区有自己的规划制定及其实施模式，内地的规划制定和实施模式未必适用。建议在三方要签署的生态环境保护目标和行动协调协议中，确定大湾区总体生态环境保护目标、各自的生态环境保护目标和规划实施协调措施，再发挥"一国两制"的作用，让三地通过自己的生态环境保护管辖权，采取符合各自区情的政策和法制措施，体现灵活性和可操作性。对于香港和澳门地区，可以考虑把生态环境保护和建设的履职情况写进特首向中央政府述职的内容。内地制定的实施生态环境保护目标和行动协调协议的专项生态环境保护规划、行动计划或者实施方案，应当充分体现习近平生态文明思想、党的十九大、组织领导等体现社会主义的特色内容。

关于大湾区生态环境规划性文件的实施协作问题。三方要签署的生态环境保护目标和行动协调协议会涉及三方立法与规划的协调，可以在其中作出原则性规定。但是内地制定的实施生态环境保护目标和行动协调协议的行动计划或者方案，不宜涉及香港、澳门地区的立法制定和政策制定问题，否则会引起对"一国两制"破坏的猜忌。

关于大湾区生态环境规划性文件的方法问题。要开放制定生态环境保护目标和行动协调协议，充分让三地的社会各界，特别是香港和澳门地区政府官员、议会成员、专家学者和实业届代表参与，汲取各方智慧，调动各方的积极性，不要搞成闭门造车式的规划性协议。只有这样，才能形成最广大的共识，有利于生态环境保护目标和行动协调协议形成和实施。三地制订各自的生态环境保护行动计划或者实施方案等规划性文件时，宜由三地按照各自的法律科学、民主制定。

二、大湾区生态环保专项规划性文件的内容问题

关于大湾区生态环境规划性文件的内容定位问题。首先必须弄清区域发展的定位。如果发展定位不清，特别是产业定位不清，区域吸引力、人口分布、人口总量、工业影响就不清晰。这是一个产业综合性的湾区，金融、实体、旅游、文化等产业都有，吸引力更大，人口规模将相当惊人，专业环境保护规划性文件应当围绕经济和社会展开，体现相关性和保障性，而不是自说自话地孤立设立环境保护目标。

关于大湾区生态环境规划性文件的保护目标问题。三方共同商议的生态环境保护目标和行动协调协议，其生态环境保护目标应当清晰。因为三地体制不同，建议围绕各自的目标，发挥各方灵动性，各自制订自己的实施计划或者实施方案等规划性文件，设立具体的子目标或者阶段性目标。

关于大湾区生态环境规划性文件的主要领域问题。大湾区生态环境保护目标和行动协调协议的重点应当是三方都关心的生态环境问题，如海洋、大气和固体废物向内地转移的问题，其他的不做重点要求。至于流向湾区的内地河流的生态环境保护以及肇庆等非沿海市级区域的生态保护措施，由广东省自己制订实施计划即可，不用把具体的举措纳入三地的生态环境保护目标和行动协调协议中。

关于大湾区生态环境规划性文件的关注焦点问题。生态环境保护目标和行动协调协议应有三方都接受的共同连接点。连接点之一是生态环境质量，这是一个约束性的要求。但是这还不够，还须用高质量发展和绿色发展的增量目标作为共同的利益点和兴奋点，建

设生产品质、生活品质、生态品质的大湾区，建设活力四射的大湾区。既要体现生态环境保护目标和行动协调协议的约束性，也要体现生态环境保护目标和行动协调协议促发展的作用。只有这样，各方才能真心实意地去主动实施生态环境保护目标和行动协调协议。

关于大湾区生态环境规划性文件的内容设置问题。因为三地政治制度不同，生态环境保护目标和行动协调协议不宜涉及意识形态的东西，如内地贯彻落实的习近平生态文明思想、党的十九大要求和内地中央集权制组织领导体制等体现社会主义色彩的内容，与香港、澳门地区政体不合，建议不要体现。当然，对于习近平生态文明思想中的具体内容，如绿水青山就是金山银山、环境共治等，不涉及意识形态，香港和澳门地区能够接受的，可以写进生态环境保护目标和行动协调协议。

三、大湾区生态环保专项规划性文件的区际协调和可操作性问题

关于规划区域的明确界定问题。大湾区要划线，落实到具体的地块上，边界不要模糊。生态环境保护目标和行动协调协议的图表要统一和相互协调，以体现统一性。

关于规划区域的协调体制问题。在产业方面，可以参考东京湾区、美国旧金山湾区、纽约湾区等的经验，体现区域高端工业中心、技术创新中心、金融中心等方面的角色，但是在规划协调方面，因为东京湾区、美国旧金山湾区、纽约湾区三个湾区属于一个国家，而粤港澳三地虽然都属于中国，但是不仅涉及三个区际法域，在内地还涉及两个特区和一般行政区域，很复杂，因此可以参考美国和加拿大签订保护大湖协议跨区域保护生态环境的做法。三地的生态环境保护目标和行动协调协议要强调各地规划、法律和执行的协调，建议在协议里规定设立一个相关的协调委员会，并在委员会下设立秘书处。大湾区的内地部分仅涉及广东一个省，可以在国务院和省

级层面搞组织领导体制，在地级市的层面建立市际的协调体制。

关于规划区域的公众参与问题。三地法律规定的广度和深度不同，很复杂。可以考虑在大湾区的内地行政区域试点，拓展行政公益诉讼受案范围，由全国人大常委会授权符合条件的社会组织起诉环境保护不作为、滥作为的地方政府及其有关机构。这样，可以尽可能地实现环境保护法律制度与机制的协调。

关于规划区域的制度和机制协调问题。可以共同开展信息公开措施和信用管理制度建设。建议生态环境保护目标和行动协调协议在制定时，在湾区内推行统一建设政策环评、区域开发环评、建设项目环评的协调机制，按照湾区各具体分区主体功能区建立统一的环境保护产业准入负面清单。这个协调机制必须有力，否则大湾区的环境治理就会步 20 世纪 90 年代太湖环境治理的后尘，虽然投了很多钱，但是各自为战，环境保护的总体效果不好。

关于内地生态环境保护体制的协调问题。建议在目前的法律法规授予有关机关法定监管职权的基础上，系统梳理目前实施的湾长制、河长制、湖长制、山长制，实现有机衔接，促进山水林田湖草的整体保护。

第四节　长江经济带的绿色协同发展①

一、长江经济带绿色协同发展的缘起

水流能够为民族的生存和繁衍提供生态与物质基础，因此古代文明的发源与水流有很大关系，古代文明的传承与流域的生态保护

---

①　本节的核心内容见于《深入推进长江经济带绿色协同发展》（《中国环境报》2018 年 5 月 8 日）和《长江经济带发展的一个核心问题》（《学习时报》2018 年 5 月 28 日）。

也有密切的关系。事实证明，凡是古代文明能够传承至今的国度，都是流域生态得到持久保护的地方。因为流域的断流导致生态环境变迁，使一些古代文明走向衰落。为此，习近平总书记反复强调生态兴则文明兴、生态衰则文明衰，这既是对人与环境互动关系的历史规律总结，也是在新时代下指导经济发展与环境保护关系的生态文明历史观。2017年习近平总书记会见美国总统特朗普时，指出文化没有断过流、始终传承下来的只有中国。究其根本原因，主要是长江、黄河作为中华民族的发源地和关键生态支撑，其流域生态得到长久、有效的保护。

目前，约占全国面积1/5的长江流域养育了全国1/3的人口，创造了全国1/3的GDP，因此必须保护长江流域的生态环境。在农业社会，人类活动对长江流域的生态影响有限，流域的水流长盛不衰，养育了一代代的中华儿女，促进了中华文明的传承和发展。但进入工业社会，人类干预生态环境的能力越来越强，如果不予以科学规划，并进行严格管控，久而久之，流域的生态环境就会面临不可逆的恶化。2016年1月，习近平总书记在重庆考察时，出于对中华民族的长远利益考虑，指出长江拥有独特的生态系统，是我国重要的生态宝库，在当前和今后相当长的一段时期，要把修复长江生态环境摆在压倒性的位置，共抓大保护，不搞大开发，要走生态优先、绿色发展之路，这是对一些地方过去过度开发利用长江流域水资源、水生态、水环境现象的纠偏。之后，国家出台了《长江经济带发展规划纲要》，原环境保护部、发展改革委、水利部联合印发了《长江经济带生态环境保护规划》，湖北、上海、江西、浙江、安徽等地也出台了相关的总体规划、专项规划和地方立法。在过去的两年，长江经济带在强化顶层设计、改善生态环境、促进转型发展、探索体制机制改革等方面取得了积极进展，绿色、有序、协调和规范化发展的格局初步建立。2018年1月，中国全面打响污染防治攻坚战。为了进一步促进长江经济带的生态环境修复，推进长江经济带的绿色和协同发展，2018 年 4 月，习近平总书记再次来到长江流域湖北和湖南段，考察了化工企业搬迁、非法码头整治、江水污染治理、河势控制和护岸工程、航道治理、湿地修复、水文站水文监测等工作情况，指出要走生态优先、绿色发展之路，绝不容许长江生态环境在我们这一代人手上继续恶化下去，一定要给子孙后代留下一条清洁美丽的万里长江。

二、长江经济带绿色协同发展的基本要求与主要措施

推动长江经济带发展是关系国家发展全局的重大战略。关于如何发展，习近平总书记指出，新形势下推动长江经济带发展，关键是要正确把握整体推进和重点突破、生态环境保护和经济发展、总体谋划和久久为功、破除旧动能和培育新动能、自我发展和协同发展的关系。这是对长江经济带绿色协同发展的基本要求。

在整体推进和重点突破方面，首先，各地应服从《长江经济带发展规划纲要》和《长江经济带生态环境保护规划》等专项规划的要求，严守生态优先的规矩，将大局的要求和本地的实际有机结合起来，确保流域内各地区经济、社会发展和环境保护工作的整体推进，如湖南岳阳在打击非法采砂、取缔非法采砂码头、恢复洞庭湖生态方面做出了积极贡献，就是地方利益服从流域利益的一个例证。其次，无论是经济增长还是环境保护工作，都应当放眼未来，面对突出的现实问题，增强各项措施的关联性和耦合性，防止畸重畸轻，同时寻求工作抓手和工作突破口，以点带面，促进长江经济带的全面发展。在目前，应当在长江经济带系统性保护的全局要求下，在各专业领域和局部区域开展具体的工作，如把实施重大生态修复工程作为推动长江经济带发展项目的优先选项；把化工园区的环境风险控制和化工产业的转型升级相结合予以重点推进；扎实开展城镇环境保护基础设施建设，重点开展城乡垃圾整治和厕所革命，防控区域的面源污染；实施好长江防护林体系建设、水土流失及岩溶地

区石漠化治理、退耕还林还草、水土保持、河湖和湿地生态保护修复等工程，增强水源涵养、水土保持等生态功能。只有全局和局部相配套、治本和治标相结合、渐进和突破相衔接，长江流域的生态环境质量才能整体得到长久的保护和持续的提升。

在生态环境保护和经济发展方面，首先，要科学理解生态文明的内涵。生产发展、生活富裕、生态良好是生态文明的基本要求。生产不发展不是生态文明，相反地，高质量的工业、农业和服务业发展为长江经济带的生态环境保护提供坚实的经济和技术基础，因此必须继续促进长江经济带经济的大发展。在过去的两年，有的学者认为，对长江经济带不能开发利用，绿水青山只能保护，不能转化为金山银山。这种思想把生态环境保护和经济发展割裂开来甚至对立起来，是对长江经济带要共抓大保护、不搞大开发的教条主义理解。为此，习近平总书记在 2018 年 4 月考察湖北时指出，不搞大开发不是不要开发，而是不搞破坏性开发，要走生态优先、绿色发展之路，要坚持在发展中保护、在保护中发展，不能把生态环境保护和经济发展割裂开。因此，要在全面、严格保护长江流域生态的同时，科学、合理、有序地利用长江资源和生态环境，做好做足水资源、水生态和水环境的文章，促进绿色工业、绿色农业和绿色服务业的发展，将生态文明建设理念转为可持续发展的现实，将生态要素转为生产要素，将生态财富转为物质财富，让人人有事做，家家有收入，实现环境保护和经济发展的共赢。其次，各地要建立产业准入负面清单，严守资源消耗上限、环境质量底线和生态保护红线，实行总量和强度"双控"，不搞大开发，将各类开发活动限制在环境资源承载能力之内，通过高质量的发展，为未来的可持续发展留足绿色空间，奠定生态基础。只有走环境保护和经济发展协同共进的路子，不走捧着金山银山过苦日子的穷路，将绿水青山转化为实实在在的财富，充分调动老百姓在保护中发展、在发展中保护的积极性，生态文明的理念在实践中才能由灌输、自发走向自信、自觉。最后，要克服流域内企业散乱污的现象，下决心把长江沿岸有污染的企业都搬出去，做到人清、设备清、垃圾清、土地清。企业能够入园区的入园区，通过园区环境保护基础设施的建设和企业的环境污染治理，加强流域环境风险的集中控制，彻底根除长江污染隐患。

在总体谋划和久久为功方面，十九大报告指出，生态文明建设功在当代、利在千秋，我们要牢固树立社会主义生态文明观，推动形成人与自然和谐发展现代化建设新格局，为保护生态环境作出我们这代人的努力。目前，长江经济带的绿色和协调发展蓝图已经绘就，下一步就是推进绿色发展的久久为功了。首先，各地要严守规划和有关法律法规，以流域统筹、绿色发展、科学赶超、生态惠民、生态富民的理念为指导，通过生态引领、城乡一体、特色发展等措施，本着成功不必在我但成功离不开我的政绩观，一张蓝图干到底，一代接着一代干，在渐进中寻求突破，将政府组织的施政自觉变成全社会参与的行为自觉。在这个方面，建议中央和各省市每隔五年制订长江经济带经济、交通、环境保护等方面的行动计划，确保总体目标和各地区目标的清晰性和可达性，让社会和市场主体有投资和发展的稳定感和信心，防止地方领导乱拍板导致的投资浪费、环境污染等问题。其次，各地要在长江经济带一盘棋的大格局下，建立健全科学的综合规划和民主的决策机制，防止老是换频道，体现坚守生态文明的定力。要实施主体功能区战略，推动"多规合一"，不断夯实地方的经济和环境保护基础，使产业结构调整和优化升级有基础、有动力、有能力。为此，建议中共中央、国务院联合出台《地方党委和政府科学和民主决策办法》。

在破除旧动能和培育新动能方面，既要腾笼换鸟，淘汰落后企业，为新动能的进入腾出环境空间和生态容量，又要坚持稳中求进的工作总基调，不搞冒进，防止新旧动能衔接不上，出现经济和社会问题。首先，要解决产业集群效应不明显、产业园区之间关联性小、难以形成长效产业链的"瓶颈"问题，各地要依托特色资源，大力实施"园区承载、项目带动"战略，从严落实循环经济、清洁生产和污染物总量控制要求，着力构建低碳循环的新型工业体系，探索科技含量高、资源消耗低、就业容量大、环境污染小、经济社会双赢的新型工业化道路，实现高质量发展，如宜昌市制订三年行动方案，计划到2020年，陆续关、搬、转134家化工企业，实现沿江1公里范围内化工企业全部"清零"，同时不断培育高附加值、低污染的产业。其次，各地要形成拳头的优势产业，立足于优势产业发展信息平台，搞科技创新，抢占竞争的制高点。建议国家针对流域内各大中城市定期发布《长江经济带绿色和创新发展指数》，鼓励城市群的创新和绿色发展。最后，在长江经济带化工企业环境风险大排查的同时，制定空间开发利用管制办法，将产业准入负面清单和区域环境影响评价相结合，发挥园区的环境风险集中控制作用；对园区内的企业和中介技术服务机构开展信用管理，大力推行环境管家服务，切实提高每个企业的环境保护能力。

在自我发展和协同发展方面，首先，要坚决纠正一些地方因产业结构雷同导致的同质化恶性竞争现象，走特色发展、优势发展、错位发展和协同发展的路子，促进流域内各行政区域产业集聚、产业结构调整、产业布局优化，以中心城市带动重点城市和支点城市发展，以重点城市带动支点城市和卫星城发展，让城市群的各城市都有优势产业，各城就业充分，各城产业错位，形成整体合力；制定促进城乡一体化和区域协同发展的措施，优化空间开发利用格局和产业布局，优化和发展物流、交通等基础设施及其空间布局，缩小投资和就业的地区差异，疏解中心城市和重点城市的人口和就业压力，进一步挤出新动能的产生空间。其次，为了在全流域发展市场经济，促进资源要素的合理配置，必须强调统一市场机制的作用，健全市场更统一的机制。一些在计划经济体制下发展起来的城市，因为难以适应全国统一的市场经济，走向衰落。这些地方要转型升级，必须面对市场，以市场为导向合理布局自己的产业。只有这样，经济更协调、市场更统一的局面才能形成。最后，各地必须重视产业升级、优化、改造和共进的支撑作用。将长江经济带的绿色发展与工业化的升级换代相结合，与发展特色的旅游经济相结合，与发展本土化的现代农业相结合，与发展本地需要的现代服务业相结合，与城乡基础设施等全面建成小康社会的要求相结合，使第一、第二和第三产业在生态文明建设的大格局中多元共进，让老百姓既享受美好的生态环境，又共享经济和社会发展带来的惠益。同时，也要防止长江经济带的下游发达地区借协同发展之名，向上游和中游地区转移落后的产业、工艺和设备。

只有采取以上措施，才能探索出一条生态优先、绿色发展的新路子，永葆母亲河的生机和活力，成为生态更优美、交通更顺畅、经济更协调、市场更统一、机制更科学的黄金经济带。

三、长江经济带绿色协同发展的体制改革

国家和地方都出台了促进长江经济带绿色发展的综合性措施，如湖北率先编制实施《湖北长江经济带生态保护和绿色发展总体规划》，配套编制实施生态环境保护、综合立体绿色交通走廊建设、产业绿色发展、绿色宜居城镇建设、文化建设 5 部专项规划，修改完善多部规划，力争对长江经济带予以全面的发展和提升。如何把长江流域生态系统的整体性、长江流域的系统性和保护措施的综合性相结合，是长江经济带绿色协同发展的监管体制改革的关键。习近平总书记强调，长江经济带作为流域经济，涉及水、路、港、岸、产、城和生物、湿地、环境等多个方面，是一个整体，必须全面把握、统筹谋划。行政监管的方式方法若与生态环境的系统性有机地契合，则监管绩效可最大化。但是在具体的监管中，行政监管具有社会性，一个监管对象的社会属性具有多面性，因此一个专业的监管体系又难以全部涵盖生态环境的各要素。也就是说，生态环

境监管的社会性与生态环境的自然性难以百分之百地契合，这就需要加强统筹。

在下一步开展监管体制改革时，要统筹处理好以下五个关系：

一是山水林田湖的统筹监管关系。目前，机构改革后，自然资源部、生态环境部、水利部、农村农业部已经开展工作，无论哪个部门的监管职责，都难以全部涵盖长江经济带的山水林田湖的保护工作，所以开展机构改革和创新，促进山水林田湖的一体化保护，是一个值得认真思考的问题。可以按照《按流域设置环境监管和行政执法机构试点方案》的要求，将长江水利委员会改名为长江流域综合管理委员会，由国务院直接管理，接受自然资源部、生态环境部、水利部、农村农业部等部门的业务指导，在所管辖的范围内依法行使水资源、水生态、水环境的综合监管职责，促进流域内山水林田湖的统筹规划与保护，破解流域内湿地生态破碎化的难题。

二是处理好流域监管的整体性和属地监管区域性的关系。流域的统筹监管是必要的，但是在转型期，仍然需要继续发挥流域沿岸各行政区域的属地监管作用，如缺乏属地监管的支撑，流域监管的作用就会虚化。下一步，要厘清流域监管机构和属地监管机构的职责关系。

三是处理好上游、中游和下游的关系，处理好流域对岸行政区域之间的关系，健全流域综合断面考核机制，通过生态补偿、生态损害赔偿、流域生态环境预警、流域生态环境事件应急等措施，促进监管的协同化。

四是处理好环境保护中的生产和生活污染监管关系、工业和农业污染监管关系、城市和乡村环境监管关系，确保生态环境监管工作的均衡化。

五是明晰农村农业、水利、能源、自然资源、应急管理、交通运输等部门的监管职责，统筹岸上、岸边与滩涂，统筹水上、水中与水底，正确处理防洪、通航、发电的关系，协调好砂石资源监管、岸堤防洪监管、交通监管、水工程监管、水灾害防治、渔业监管、农业监管、能源监管的关系。基于此，在部门现有职责的基础上，建议建立长江经济带各部门的职责清单。

四、长江经济带绿色协同发展的法制建设

一是创新立法理念，实行综合立法。要从长江流域山水林田湖的生态属性和社会属性考虑，将生态文明建设和山水林田湖一体化保护作为立法基本理念，以改善水资源质量、水环境质量为核心，以维护水生态安全为立法的直接目标，上下联动，打破要素、区域界线，改革监管体制、制度和机制，对整个流域系统实施统一保护和监管，增强长江流域山水林田湖综合管理的系统性、协同性。

二是积极开展立法，填补立法空白。在综合性法律制定方面，基于流域管理的自然特性和流域综合管理的必然趋势，建议制定《流域管理法》作为流域治理的基本法，对流域资源保护和利用、防汛抗洪、生态保护、污染防治等的管理体制、制度、机制作出基本规定，并着重对流域综合监管、流域生态补偿、流域法律责任等方面进行规范。在专门性法律方面，建议积极推动《长江保护法》出台，建立以持续改善长江水质、改善长江水生态、丰富水资源为中心的流域绿色监管模式。如果短期内出台有困难，可先制定《长江流域保护条例》等。

三是推进立法修改，增强立法时效。修订《水污染防治法》《水法》《水土保持法》《森林法》《农业法》等法律法规时，应当在山水林田湖一体化保护的理念下，做好相关法律条款的衔接工作。例如，在饮用水水源保护方面，建议增加水量和水生态保护的内容，并进一步明确相关部门职责；加快推进长江流域水生态红线管控的法制化。

此外，中共中央、国务院以及流域内各省级党委和政府要联合制定文件，加强各区域绿色、协同发展的党政同责法制建设，加强

各区域生态文明建设目标评价考核法制建设，通过权力清单建设，增强绿色发展党政同责、一岗双责和失职追责的可操作性。

五、长江经济带绿色协同发展的机制创新

一是建立流域内统一的生态信息公开机制。建议按照《关于全面推进政务公开工作的意见》的改革要求，出台《长江经济带政府信息公开办法》，提高长江经济带各地方政府公开信息的范围，如环境保护政策和立法、环境保护标准、项目审批、环境保护执法、环境保护行政处罚、环境保护司法、资源环境承载能力预警、环境污染应急、环境保护公众参与、环境保护预算、经济产业结构布局、招商引资政策等情况，进一步加强长江经济带绿色发展的透明度建设，确保投资者和全社会享有知情权。

二是建立流域内统一的生态环境执法监管与目标考核措施。建议借鉴湖南省政府制定《湖南省行政程序规定》的做法，由国务院试点制定《长江经济带行政程序条例》，统一长江经济带的行政执法尺度、方法和标准，使行政管理和执法监督制度化、规范化和程序化。修改《行政诉讼法》，允许原告就部分抽象性行政行为提起行政诉讼，确保流域内市场竞争和管理环境的依法、公开、透明；允许流域内的检察机关提起跨行政区域的环境公益诉讼。在《生态环境损害赔偿制度改革方案》的基础上，总结经验，制定《环境损害赔偿法》，进一步提高环境违法成本，倒逼企业遵守环境保护法律，形成尊重环境价值的氛围。按照国务院办公厅《控制污染物排放许可制实施方案》的要求，尽快制定《排污许可证条例》，推行环境保护的综合许可，把许可管理和环评审批、"三同时"自主验收相衔接，成为企业环境管理制度的核心。开展中央和省级环境保护督察回头看工作；制定实施细则，开展生态文明建设目标的评价和考核工作，倒逼地方产业升级优化，促进地方绿色发展。

三是建立流域内统一的绿色信用管理体系。按照《国务院关于建

立完善守信联合激励和失信联合惩戒制度加快推进社会诚信建设的指导意见》《关于加快推进失信被执行人信用监督、警示和惩戒机制建设的意见》等改革文件的要求，制定《信用管理法》或者《信用管理条例》，整合环境保护守法信用、安全生产守法信用等守法信用管理措施，在长江经济带试点开展统一的信用体系建设，建立统一的生产经营者信用管理制度。强化市场主体责任，加大生态环境损害的惩罚性赔偿力度。另外，加强环境影响评价、环境检测等技术服务机构的信用评估，在政府退出的一些监管领域，提升其对企业的专业化服务水平。

此外，还应加强区域生态环境保护协商合作机制建设，加强长江经济带统一的市场竞争机制建设、协同创新的机制建设和人才流动的激励机制建设。通过机制创新，提升流域内各区域绿色、协同发展的能力和水平。

第五节　生态保护红线的划定和严守①

2012 年党的十八大报告指出，要大力推进生态文明建设，构建生态安全格局，必须建立系统完整的生态文明制度体系，实行最严格的源头保护制度、损害赔偿制度、责任追究制度，完善环境治理和生态修复制度，用制度保护生态环境。在生态保护红线的保护方面也是如此。2013 年，党的十八届三中全会决定——《中共中央关于全面深化改革若干重大问题的决定》设立专门的段落，规定"划定生态保护红线。坚定不移实施主体功能区制度，建立国土空间开发保护制度，严格按照主体功能区定位推动发展，建立国家公园体制。建立资源环境承载能力监测预警机制，对水土资源、环境容量和海洋资源超载区域实行限制性措施。对限制开发区域和生态脆弱

---

① 本部分的核心内容以《明确和严守生态保护的底线》为题，被《中国环境报》于 2017 年 2 月 9 日发表。

的国家扶贫开发工作重点县取消地区生产总值考核"。红线作为禁止突破线，在很多重要的领域已经得到应用，如安全生产红线、耕地保护红线等。党的十八届三中全会提出划定生态保护红线后，一些部门开始结合自己的职责划定生态红线或者生态保护红线。目前，林业、国土等领域已经有了自己的红线，如林业生态保护红线。2014 年广东省人民政府开始林业生态保护红线划定工作，一些自然保护区已经进入了生态保护红线。

一、生态保护红线的划定问题

2017 年 2 月，中共中央办公厅、国务院办公厅印发《关于划定并严守生态保护红线的若干意见》，目的是明确和严守生态保护的底线，维护国家生态安全，防止开发造成不可弥补或者不可逆转的生态后果，为下一步的科学发展提供资源与环境条件。总的来看，该文件具有如下特点：

一是生态保护红线的划定基调突出底线思维。按照山水林田湖系统保护的要求划定生态保护红线，文件规定其是一条底线和生命线，而不是上线或者中线，划定并严守生态保护红线的目的是，保障和维护生态功能、优化生态空间和发展格局，实现一条红线管控重要生态空间，确保生态功能不降低、面积不减少、性质不改变，维护国家生态安全，促进经济社会可持续发展。可以看出，生态保护红线的概念是从国家生态安全的高度提出的，体现了我国生态环境的总体脆弱性和生态安全形势的严峻性。

二是生态保护红线的概念和划定区域具有明确性。很多领域的红线，中央文件或者法律并没有明确概念，而关于生态保护红线，文件作出创新，下了一个定义，规定生态保护红线是指在生态空间范围内具有特殊重要生态功能、必须强制性严格保护的区域，是保障和维护国家生态安全的底线和生命线。为了使这个定义更加明确，更加具有可操作性，文件将红线限定为两个区域，即具有重要水源涵养、生物多样性维护、水土保持、防风固沙、海岸生态稳定等功能的生态功能重要区域，以及水土流失、土地沙化、石漠化、盐渍化等生态环境敏感脆弱区域。

三是划定的体制和制度设计体现超越性。在现实中，很多地方反映，对于同一块区域，不同的部门考虑问题的角度不同，红线太多也大多不完全相同，有的重合，有的交叉，有的甚至不一致，在监管时难以适从。为此文件明确提出要建立由环境保护部、国家发展改革委牵头的生态保护红线管理协调机制，超越部门主义，明确地方和部门责任；各地要加强组织协调，强化监督执行，形成加快划定并严守生态保护红线的工作格局；要求加强部门间沟通协调，国家层面做好顶层设计，出台技术规范和政策措施，地方党委和政府落实划定并严守生态保护红线的主体责任，上下联动、形成合力，确保划得实、守得住。

四是划定方法上有创新，措施上合理。例如，在落实生态保护红线边界方面，按照保护需要和开发利用现状，主要结合自然边界、自然保护区等特殊保护区域边界及江河、湖库、海岸的边界，科学划定，将生态保护红线落实到地块。划定后要明确生态系统类型和主要生态功能，开始用途管制，并且通过自然资源统一确权登记明确用地性质与土地权属，形成生态保护红线全国"一张图"，确保生态保护红线落地准确、边界清晰。这一措施有利于保持生态系统的完整性，防止这些区域被地方开发蚕食。从中央环境保护督察组反馈的情况来看，地方开发蚕食自然保护区、风景名胜区、海洋保护区的情况还广泛存在，因此边界划定工作迫在眉睫。

五是划定分步实施，有序推进。由于红线划分工作任务重，制度建设需要一个过程，因此必须采取逐步推进的策略，为此，文件设计了分步推进的战略：第一阶段，环境保护部、国家发展改革委会同有关部门，于2017年6月底前制定并发布生态保护红线划定技术规范，明确生态功能重要区域和生态环境敏感脆弱区域的评价方法，识别生态功能重要区域和生态环境敏感脆弱区域的空间分布；将上述两类区域进行空间叠加，划入生态保护红线，涵盖所有国家级、省级禁止开发区域，以及有必要严格保护的其他各类保护地等。第二阶段，2017 年年底前，京津冀区域、长江经济带沿线各省（直辖市）划定生态保护红线；2018 年年底前，其他省（自治区、直辖市）划定生态保护红线。第三阶段，2020 年年底前，全面完成全国生态保护红线划定，勘界定标，基本建立生态保护红线制度。第四阶段就是实施效果，到 2030 年全国完成工业化进程时，生态保护红线布局进一步优化，生态保护红线制度有效实施，生态功能显著提升，国家生态安全得到全面保障。

二、生态保护红线的严守问题

一是严守具有可遵守性和可达性。文件要求牢固树立底线意识，将生态保护红线作为编制空间规划的基础，采取国家指导、地方组织，自上而下和自下而上相结合，科学划定生态保护红线，为可遵守性奠定基础。在遵守方面，提出要强化用途管制，严禁任意改变用途，而且生态保护红线只能增加，不能减少，确因国家重大基础设施、重大民生保障项目建设等需要调整的，由国务院批准。这与我国工业化的发展趋势是相适应的。以后经济增长逐步依靠科技含量，减少对环境和资源的依赖，那么生态保护红线的遵守就具有可达性。文件要求明确属地管理责任，地方各级党委和政府是严守生态保护红线的责任主体，要将生态保护红线作为相关综合决策的重要依据和前提条件，履行好保护责任。

二是严守的保障措施有力，可以确保目标实现。文件提出通过评价考核实施目标责任制，如要求环境保护部、国家发展改革委会同有关部门定期发布生态保护红线监控、评价、处罚和考核信息；创新激励约束机制，建立横向生态保护补偿和纵向县域生态保护补偿资金机制；吸收居民参与生态保护红线区域的保护工作；吸收社会资本参与生态保护红线的有关工作；针对考核结果实施奖惩机制和终身责任追究。文件还把党政同责的责任机制纳入保障措施体系，要求环境保护部、国家发展改革委会同有关部门，根据评价结果和目标任务完成情况，对各省级党委和政府开展生态保护红线保护成效考核，并将考核结果纳入生态文明建设目标评价考核体系，作为党政领导班子和领导干部综合评价及责任追究、离任审计的重要参考。造成严重后果的，按照《领导干部生态环境损害责任追究办法（试行）》的规定追究党政领导的责任。值得注意的是，开展生态保护红线的考核，并不意味相关的自然保护区等专项考核会废止，只是说按照《生态文明建设目标评价考核办法》的规定，各专项按照本文件的规定要予以调整，同心、同向、同步调，相互配合和相互支持。

三是严守的任务繁重，需要加强相关工作。红线划定的文件制定难，下一步的落实会更难。现实中存在或者可能存在以下几个问题，需要下一步予以解决：其一，文件要求环境保护部、国家发展改革委、国土资源部会同有关部门建设和完善生态保护红线综合监测网络体系，2017 年年底前完成国家生态保护红线监管平台试运行。这个工程浩大，时间短，任务重，实现起来困难很大，要求尽快开展工作。其二，"多规合一"和生态保护红线的划定工作密切相关，各地如何设计工作制度，把"多规合一"的生态空间优化工作和生态保护红线的生态容量保底工作结合起来，值得考虑。其三，如何把生态保护红线的综合监测体系建立和运行与生态安全预警监测体系的建立和运行有机地衔接起来，需要认真思考。其四，文件要求各有关部门要按照职责分工，加强监督管理，做好指导协调、日常巡护和执法监督，共守生态保护红线，但在现实中，各部门的工作基础、工作标准、工作方法不可能完全一致，以后的执法和监管在细节上如何衔接，如项目审批方面部门之间如何衔接，需要深入探讨。

三、生态保护红线的法制保障问题

2014 年，《环境保护法》修订，第 29 条规定"国家在重点生态功能区、生态环境敏感区和脆弱区等区域划定生态保护红线，实行严格保护"，从底线思维的角度对生态保护红线予以法律化。为推进全国生态保护红线划定工作，原环境保护部于 2014 年制定《国家生态保护红线——生态功能红线划定技术指南（试行）》。经过一年的试点试用、地方与专家反馈和技术论证，原环境保护部于 2015 年印发了《生态保护红线划定技术指南》。2017 年《海洋环境保护法》修正，第 3 条增加如下规定："国家在重点海洋生态功能区、生态环境敏感区和脆弱区等海域划定生态保护红线，实行严格保护。"为了统一、协调各部门、各地方划定的与生态有关的红线，防止政出多门，中共中央办公厅、国务院办公厅于 2017 年 2 月年联合印发了《关于划定并严守生态保护红线的若干意见》，为下一步的科学发展提供资源与环境条件。

《关于划定并严守生态保护红线的若干意见》属于改革文件，而且文件的性质是"意见"，既不是法律也不是法规或规章，在具体的实施中不具备法律上的强制力。但是中共中央发布的改革文件，或者经过中共中央同意印发的改革文件，无论是以中共中央办公厅的名义印发，还是以中共中央办公厅和国务院办公厅的名义联合印发，在中国的政治和法律架构体系中，都具备引领国家法制建设的作用。按照中国共产党的建议和国家立法的互动机制要求，中国的立法机关应当将这些改革文件的建议在环境保护法律法规和规章中予以法制化。基于此，中国下一步大力开展生态保护红线法制建设已具备党的文件基础。由于 2014 年修改的《环境保护法》已经明确提出划定生态保护红线，实行严格保护，因此，中国下一步大力开展生态保护红线法制建设，具备基础性、综合性的法律基础。

在宪法层面上，下一次修改宪法，将生态文明纳入宪法时，可以考虑把对生态文明建设具有重大作用的生态保护红线写进具体的条款中，如把第 26 条规定的"国家保护和改善生活环境和生态环境，防治污染和其他公害。国家组织和鼓励植树造林，保护林木"修改为"全社会要树立尊重自然、顺应自然、保护自然的生态文明理念。国家保护和改善生活环境和生态环境，防治污染和其他公害。国家组织和鼓励植树造林种草、退耕还林还湖，保护林木、草原、湿地、海洋、河流、湖泊、农田等生态，严守生态保护红线，保护生物多样性"。

在法律层面上，目前《环境保护法》《海洋环境保护法》已经明确载入"生态保护红线"，下一步在修改《水法》《草原法》《农业法》《森林法》《海岛法》等自然资源和生态保护法律时，在修改《水污染防治法》《大气污染防治法》等环境污染类法律时，应当结合各自的规范主旨，将生态保护红线的划定和严守要求纳入进去，如地方人民政府对本地区的环境质量和生态保护红线负责，并对生态保护红线的遵守情况进行考核。如果全国人大常委会考虑制定《国家公园法》，则针对生态保护红线的纳入区域，即具有重要水源涵养、生物多样性维护、水土保持、防风固沙、海岸生态稳定等功能的生态功能重要区域，以及水土流失、土地沙化、石漠化、盐渍化等生态环境敏感脆弱区域，把其范围与现有的自然保护区核心区、缓冲区、试验区、外围区，及风景名胜区、野生动物保护栖息地等区域相协调。

在法规层面，除了在《自然保护区条例》等行政法规中明确生态保护红线的要求之外，建议专门制定《生态保护红线管理条例》或者《生态保护红线条例》，把中共中央办公厅、国务院办公厅联合印发的《关于划定并严守生态保护红线的若干意见》从国家立法的层面予以制度化、规范化、程序化。该条例可以考虑分为总则、生态保护红线的划定、生态保护红线的严守、监督管理措施、法律责任、附则六章。在总则部分，具体的内容可以设计为：立法目的、基本概念、适用范围、红线的区域范围、国家基本政策，统一、协调的管理、监督和评价考核体制，宣传措施，奖惩制度等。在生态保护红线的划分部分，具体的内容可以设计为：划定的基本要求，纳入的区域范围，生态保护红线边界的落实，生态保护红线的审批，生态保护红线的部门协调，生态保护红线的区域协调，生态保护红线的信息系统构建和信息公开等内容。在生态保护红线的严守部分，具体的内容可以设计为：部门的行业管理责任，区域的属地管理责任，红线的优先保护地位，被侵占红线区域的退出机制，被破坏区域的生态修复措施，生态与环境监测措施，生态退化和区域侵占预警措施，横向与纵向生态保护补偿措施，生态保护红线的评价和调整措施。在监督管理措施部分，具体的内容可以设计为：部门执法措施、部门信息联动措施、部门联动与联合执法监督措施、行政区域评价考核措施等。在法律责任部分，具体的内容可以设计为：有关监管部门和行政区域监管的行政责任，有关监管人员的行政责任，生态补偿和转移支付的扣罚责任，民事主体破坏生态保护红线的民事责任，破坏生态保护红线的刑事责任。

此外，还要结合实际的工作需要，协调环保、海洋、林业、国土等部门现有的生态保护红线划定技术规范、标准和指南，依照《关于划定并严守生态保护红线的若干意见》的要求，明确规定改由环境保护部、国家发展改革委会同有关部门，制定并发布生态保护红线划定技术规范，明确水源涵养、生物多样性维护、水土保持、防风固沙等生态功能重要区域，以及水土流失、土地沙化、石漠化、盐渍化等生态环境敏感脆弱区域的评价方法，识别生态功能重要区域和生态环境敏感脆弱区域的空间分布；将上述两类区域进行空间叠加，划入生态保护红线，涵盖所有国家级、省级禁止开发区域，以及有必要严格保护的其他各类保护地等。只有这样，生态保护红线的划定才可能实行全国一盘棋，生态保护红线的严守才可能具备可行性，生态保护红线的自然属性与管理属性才能尽量地实现一致性。

第七章　生态文明与美丽乡村

第一节　美丽乡村建设的政策和机制①

一、美丽乡村建设的定位和形态

（一）定位

我国目前共有行政村 58.8 万个，自然村 267 万个。据不完全统计，具有传统文化遗存的村落约 12000 个。2013—2015 年，全国选择产生 1000 个"美丽乡村"创建试点单位，"十三五"时期，连片整治 13 万个村，以整县推进为主。美丽乡村的建设，覆盖面广，参与面广，必须坚持正确的工作定位。否则，在推进中，可能会出现偏差，造成工作上的被动和资金的浪费。为此，农业部办公厅于 2013 年出台了《关于开展"美丽乡村"创建活动的意见》，住房城乡建设部于 2013 年出台了《关于美丽宜居小镇、美丽宜居村庄示范工作的通知》和《美丽宜居村庄示范指导性要求》。2015 年，住房城乡建设部还出台了升级版的《关于 2015 年美丽宜居小镇、美丽宜居村庄示范工作的通知》。一些地方结合本地实际，出台了本地的实施意见，长沙市委、市政府于 2016 年出台《关于落实发展新理念全面推进美丽乡村建设加快实现农村基本现代化的意见》，启动了美丽

---

① 本部分的核心内容以《厘清美丽乡村建设的基本问题》为题，被《中国环境报》于 2016 年 11 月 28 日发表。

乡村建设三年行动计划，建设 100 个示范村和 100 个特色村，实现美丽乡村覆盖率达 80%。美丽乡村建设，要在大格局之中统筹考虑，既要考虑中国经济社会转型、城镇化和城乡一体化、农业现代化的历史规律，也要考虑城乡人口转移、农村人口结构改变等历史现象。

首先，美丽乡村建设应和全面建成小康社会相结合，和精准扶贫的"十三五"要求相结合。总体而言，我国农村地区，无论是东部、中部还是西部地区，虽然发展条件有很大的差异，但是观念依然落后，基础设施薄弱，环境脏乱差现象突出。因此，有必要创建宜居、宜业、宜游的"美丽乡村"，既改善农民的生产、生活和生态条件，又保留住一些典型的自然风貌和文脉神态，留得住乡愁，提升新农村建设的理念和水平，逐步实现城乡基础设施建设、社会保障和公共服务一体化。只有这样，农民收入才会提高，生活品质才会明显提升，生活环境才会更加优美，生活方式才会更加健康，集体文化才会积极向上，农民的获得感才会更多，幸福感也会更强，进而参与新农村建设的积极性才会更高。2020 年，我国要全面建成小康社会，要全面脱贫，因此美丽乡村的建设任务很重。

其次，美丽乡村建设应和生态文明建设相结合。生态文明是指生产发展、生活富裕、生态良好的一种新型文明状态，它涵盖城市和农村两个区域，涵盖工业、农业和其他业态，因此，农村的生态文明建设是生态文明建设的重要内容。开展美丽乡村创建活动，就应当按照生态文明的大格局要求，加强"软"的能力建设和"硬"的基础设施建设，补足农村第一、第二和第三产业发展的短板，重点推进生态农业建设、绿色服务业和绿色工业发展，保证创建的可持续性。

最后，美丽乡村的建设必须和未来农村发展的规律、城镇化发展的规律相结合，甚至和区域一体化的规律相结合，考虑未来产业需求结构的变化、城乡人口结构的变化。

（二）形态

关于美丽乡村的形态，不同的部门和地方基于各自的思考作了不同的概括和总结，有的概括为粗线条的田园美、村庄美、生活美，有的概括为农业生产发展、人居环境改善、生态文化传承、文明新风培育，有的概括为生态环境优美、村容村貌整洁、产业特色鲜明、公共服务健全、乡土文化繁荣、农民生活幸福，有的概括为天蓝、地绿、水净、安居、乐业、增收，还有的概括为布局美、产业美、环境美、生活美、风尚美。目前，布局美、产业美、环境美、生活美、风尚美的外观形态和生产发展、生活富裕、生态良好、风尚美好的实质形态，已经成为美丽乡村建设的形态共识。

在美丽乡村的建设形态方面，应当保持和发展其文脉神态和自然生态，但同时也要避免以下几个误区：一是仅按照城市人的审美要求来建设美丽乡村，忽视当地人的生产和生活改善需求。在一些地方，房屋老旧，城市人的所谓乡愁倒是保留了，但是农民的生产和生活条件依然没有得到改善，农民没有得到实惠，其参与美丽乡村建设的积极性依然没有提高。农村不仅要成为城里人体验乡愁的快乐驿站，还要提升农民在农村生产生活的幸福指数，使乡村成为农民乐居和乐业的美好家园。二是美丽乡村建设变成简单的道路硬化和村容村貌的"涂脂抹粉"，徒有表面，没有重视美丽农民的培育，没有重视支撑美丽乡村持续建设的美丽业态的发展，也就是说，美丽的内涵没有得到提升。如缺乏管理和后续的资金支持，不到几年，这些农村又会被打回原形。三是只重视硬件建设，忽视软件建设。美丽乡村既包括村容村貌整洁之美、基础设施完备之美，还包括公共服务便利之美、社区精细管理之美、产业自我滚动发展之美、农民积极参与之美和美丽制度的构建之美。在美丽乡村的建设中，在引进政府购买社会服务机制、新型社区共治机制、农村产权交易流转机制等村外先进管理经验的同时，也要重视本地村民的民主参与作用，发挥其民主管理的创造性，不断提升农民综合素质，释放农村发展活力与潜力，营造与美丽乡村相适应的软环境。例如，浙江安吉的绿化率高、风景好、空气清新、水体清洁、历史名人也多，该县利用 10 年的时间，通过推进村庄环境的综合提升、农村产业的持续发展和农村各项事业的全面进步，把全县 187 个行政村都建设成为"村村优美、家家创业、处处和谐、人人幸福"的现代化新农村样板。

二、美丽乡村建设的标准和模式

（一）标准

关于美丽乡村建设是否应有标准，一些人持否定态度。他们认为，"美丽"是一个感性的词，每个乡村都有各自的情况，统一制定"美丽"标准不切实际，难以体现各乡村的个性之美。其实，在美丽乡村的建设中，一些基本的要求还是可以统一的，如宅基地面积、房屋高度、道路宽度、垃圾设施、污水处理、教学设施、养老设施等的控制或者建设标准；有一些要求可以灵活把握。对于可以统一的，可以建立标准或者技术指南，目前住建部已经颁布了《美丽乡村建设指南》《农村危房改造最低建设要求（试行）》等指南或者要求，农业部、环境保护部等也结合自己的职责发布了《关于开展"美丽乡村"创建活动的意见》等标准或者指南。一些地方，如湖南长沙出台了《长沙市美丽乡村建设指南》；浙江安吉制定了《中国美丽乡村建设整体规划》，出台了《中国美丽乡村实施意见》。这些标准或者指南明确了美丽乡村建设的领导机构、实施主体、建设方法、建设标准、考核评价、奖励政策和长效管理机制。国家和地方层次的标准或者指南使"美丽乡村"由一个感性的概念正具体化为逐步可操作的方法。

我国地域广大，东部、中部和西部发展不平衡，中心城市周边乡村和重点城市周边乡村发展不平衡，情况千差万别，因此必须因地制宜，要处理好统一标准和尊重差异的关系，处理好全国疆域广袤和区域发展不平衡的关系，尊重发展差异、基础差异和特色差异。我们认为，在规划编制方面，可以分情况统一尺度和方法；在资金项目管理、基础设施建设管理和公共服务的均等化方面，可以建立统一的要求和措施。但是，在生产空间、生活空间和生态空间的安排方面，应当保持原则性和适度的灵活性；在特色产业的发展方面，应当考虑当地的基础和特色，不能盲目走同质化的工业发展道路；在特色文化的保存和弘扬方面，特别是对于建筑风格的保护和乡村非遗项目，要保护好、传承好，不能用同质化的建设标准来评判好坏，更不能予以破坏。

（二）模式

美丽乡村的美是形式各样的，其形成历史和条件也千差万别，因此其建设模式不是千篇一律的，而是多样化的。在多样化之中，可以针对不同区域、不同类型、不同特点和不同发展水平的乡村，归纳和总结出一些典型的建设模式，供各地参考，发挥以点带面的示范带动和引导作用，让各地选择建立符合本地实际的农村产业结构、生产生活空间和生产生活方式。经过几十年来的自发努力和政府引导，全国的美丽乡村模式可以归纳为产业发展型模式、生态保护型模式、城郊集约型模式、社会综治型模式、文化传承型模式、渔业开发型模式、草原牧场型模式、环境整治型模式、休闲旅游型模式、高效农业型模式。其中，产业发展型模式最具有发展前途。还有一些模式兼具上述若干特点，可以称为复合模式。例如，江苏昆山就体现了文化传承型模式、休闲旅游型模式、高效农业型模式等复合型特点；浙江安吉体现了产业发展型模式、生态保护型模式、城郊集约型模式、环境整治型模式、休闲旅游型模式等复合型特点。

值得注意的是，各地基础不同、条件不同、人的素质水平不同，建设美丽乡村应当立足自身基础。首先，不能定位错误，应宜农则农、宜林则林、宜草则草、宜渔则渔、宜游则游、宜工业则工业、宜加工业则加工业。在考察中，我们发现，一些美丽乡村，如浙江安吉、浙江桐庐，风景优美，是一些大城市的后花园，有丰富的游客资源，可以发展乡村旅游和配套的特色休闲农业、农家乐、民宿。对于广大的江汉平原，虽然有油菜花和荷花等资源，但是其溢出效应明显，难以形成经济效益，大力发展旅游缺乏特色基础，如配套建设大量的农家乐和民宿，则属于定位错误，农民不仅难以得到实惠，还可能全面亏损，效果会适得其反。我们还发现，一些乡村，如湖北保康的尧治河，虽然远离中心城市，但是具备丰富的特色旅游资源，吸引力强，也可以把发展旅游资源作为本地的主打产业。其次，美丽乡村的建设，也不能好高骛远。在考察中，我们发现一些美丽乡村，由于各级政府关注，资金充裕，建设的条件好一些，成为样板，但是在其他广大的乡村，虽然同处一个县市，但是由于受关注程度小，资金也不是那么充裕，可以先建设宜居乡村，搞好基础设施的建设，搞好环境卫生和公共服务，等条件不断改善之后，再不断提升建设水平。

三、美丽乡村建设的主体和基础

（一）主体

美丽乡村建设的参与主体包括地方党委和政府、村两委、村民、外来投资者等。目前，各地已经形成建立市统筹、县主导、镇负责、村实施的美丽乡村建设体制。在体制的运行方面，应当基于各自的角色，有序发挥他们的作用，凝聚共识、形成合力。

对于地方党委和政府，应当发挥其主导作用。在美丽乡村的建设中，无论是组织领导、工作方向、产业发展措施，还是资金、技术的支持，都需要地方党委和政府的主导作用。无论是资金的使用，还是建设方向的把握，都需要地方党委和政府的监督。美丽乡村建设是各级政府和各部门的共同责任，所有的相关部门都参与，各司其职，才更有利于工作的开展。从目前来看，住建部门、农业部门、水利部门、生态环境部门、国土资源部门在美丽乡村的建设之中都有职责，但是却缺乏一个牵头的机构或者部际委员会，这就导致多部门多标准的问题，导致多头资金扶持的散乱问题。在一些县市和乡镇，如湖南宁乡的各乡镇，已经设立了协调性的机构——美丽乡村建设办。在推动美丽乡村建设时，建议中央出台文件，要求地方党委和政府应当整合相关部门的资源，成立领导或者协调机构，构建信息公开和共享的平台，把分散在各部门中的惠农资金集中整合到美丽乡村建设的事业上，形成建设合力。

对于村两委组织和村集体经济组织，应当发挥其组织和协调作用。经过调研发现，村集体和村公共事业发展的好坏，村两委的作用至关重要。有的村两委腐败或者带头人无能，存在村集体经济下滑和村容村貌破败的现象；有的村集两委特别是村党支部书记能干且富有公心，村集体经济和村公共事业会得到快速发展。很多乡贤自己或者亲朋好友具有资金和技术资源，能够为美丽乡村的建设助力，因此在湖北等地，地方党委和政府就鼓励能干的乡贤回乡任村干部，发挥致富的带头作用。在浙江金华、丽水、安吉和桐庐，美丽乡村建设之所以成果突出，原因主要有三：一是村级组织有财经积累，通过激励机制开展再分配或者调动财经资源，发挥村民参与的自觉性；二是村级组织有向心力，能够通过笑脸墙、警示墙等方式，调动村民参与美丽乡村建设的荣誉感；三是在美丽乡村的建设中，一些村民能够找到就业的机会，找到民主参与的机会。凡是美丽乡村工作到位的地方，都是把村民利益放在首位、发挥村民创造性和积极性的地方。在这些地方，村民的知情权、参与权、决策权和监督权得到保障，村级组织具有较强的组织力、凝聚力和战斗力。为此，地方党委组织部和统战部应当发挥作用，挖掘品德高尚、有经济头脑的乡贤，予以重点培养和关注，发挥他们在产业链脱贫中的带头作用。

对于村民，应当发挥其主体性、主动性和创造性。乡村是村民的生产和生活场所，村民是乡村的主人，他们最知道问题在哪里，也最知道对策在哪里，所以美丽乡村的建设必须尊重村民的意愿，地方党委、政府和村两委不能大包大办。在编制美丽乡村建设规划时，应当充分听取村民的意见，使规划既美丽，也实际，便利生产、生活和生态保护。在美丽乡村的建设和维护时，要发挥村民的参与和民主监督作用，形成政府引导、专家论证、村民代表民主议事、广大村民监督相结合的美丽乡村规划、决策、建设和运营机制，切实解决政府干、村委喊而群众看的现象，使村民在共同利益和共同追求的大格局中携手共同参与美丽乡村的建设，共享美丽乡村建设的成果。在组建美丽乡村的咨询、议事、招商、运行和监督机构时，吸引他们参加，应当充分发挥乡贤的行为示范和道德感召作用。只有这样，有钱出钱、有力出力、乡贤出智、村民自治的模式才能形成。现实中存在一个普遍性的问题，就是高薪的就业机会仍然在城市，农村精英外流，人气不足，出现空心村的普遍现象。在调研中发现，所有的美丽乡村，除老弱病残外，留下的只有少数民宿和餐饮经营者。大多数外出工作的年轻人，只是在过年过节或者周末时回家看看就走，参与农村建设的积极性不足。由于参与建设的主体老龄化，年轻群体不足，美丽乡村建设普遍存在活力不足和后继无人的问题。在下一步，建议借鉴浙江桐庐的经验，由中央出台政策，责成市县级党委和政府制定激励措施，吸引来自本土的能人或者从本土走出的能人，特别是有担当的乡贤，回乡投资或者创业，带领村民开展产业链建设，使年轻人不离土离乡就能获得较好的就业机会。

此外，还要发挥供销合作社、行业协会在美丽乡村建设中的纽带和扶持作用，发挥外来投资者的拉动作用。一旦外来投资者通过土地租赁，成为土地三权分置的权益享有者，也就成了美丽乡村的建设者。

（二）基础

本源基础。美丽乡村之所以建设成功，并且具有可持续性，必有其本源基础。总的来看，矿产资源、土地资源、生态资源和人文资源是美丽乡村建设的几个主要的本源基础。不过，由于环境保护的需要，矿产资源的开发受限，所以基础性减弱。城市周边、旅游热点地域的土地资源紧缺，通过土地租赁、房屋租赁、股份合作等形式，发挥土地资本的作用，撬动新农村建设的格局，已成为一些农村的主要做法，区域性民宿开发、旅游区开发、会议中心开发等是其主要形式。一些具有特色自然美景和特色人文资源的美丽村落，如浙江安吉、江苏周庄，都属于中心城市或者重点城市周边，生态优势和地缘优势明显，有特色旅游资源的支撑，有土地资源的开发优势，通过服务中心城市或者满足重点城市需求开展功能调整，便可以吸引资本的投资青睐。有了资本的关注，就可以围绕特色和优势做足文章，打造具有全国品牌的产业，农村的基础设施建设和村容村貌美化也就有了经济基础。值得注意的是，各地普遍反映，如果不采取措施吸引村民就业，保证村民的持续就业，将农民抛弃在美丽乡村的建设格局之外，势必难以得到村民的积极响应，会产生很多后遗症，违背美丽乡村建设的初心。一些地方没有准确把握本地的资源优势和劣势，判断失误，投入大量的资本搞民宿、搞生态或者人文旅游、搞落后的工业，但由于特色不足或者吸引力不足，缺乏成本优势，导致产出不足或者盈利不足，挫伤村民的积极性，影响美丽乡村的持续建设。

产业基础。调研中发现，一些地方的门票经济和农家乐、民宿经济比较发达，但是对经济的整体拉动性差，地方政府难以从中得到较大的税费收益，政府财政难以壮大。很多地方政府也觉得，发展工业才是壮大政府财政、创造村民就业机会、提高村民总体收入的有效方法。政府有了钱，也可以通过反哺农业的方式，持续性地为美丽乡村建设提供资金。基于此，美丽乡村的建设必须和城镇化、工业化、信息化和农业现代化相结合，以环境保护、安全生产的法律要求为约束红线，吸引本地资本和外来资本投资本地的特色产业，如会议经济、养老产业、物流经济、互联网经济、特色工业等，做到一村一品一景，一镇一业一强项，一县一态一特色，使产业发展与自然村落相融合。以浙江丽水为例，通过互联网做大了烧饼品牌，建立了标准，年产值达到 7 亿元；浙江安吉的竹产业做足了竹文章，不仅发展了竹家具，还发展了竹纤维纺织产业，全国每三把椅子就有一把产自安吉；昆山的大闸蟹销往全球，电子产业的品牌也在全国颇有知名度；湖北潜江和监利的小龙虾产业在国内闻名，畅销全国。这些特色产业依托和放大了先发及资源优势，推进错位式、差异化发展，实现农业产业链、价值链有效拓展和利益共享，促进了城乡人流、物流和资金流的双向流动，保证了本地的竞争力，对于同类县域持续性地构建美丽乡村具有示范性意义。下一步，国家应当鼓励各地农村结合本地实际，发展电子商务、乡村旅游、运动休闲、养生养老、家政服务等新型业态。

四、美丽乡村建设的投入和措施

（一）投入

政府财政的投入。调研中发现，国内美丽乡村建设的一些样板村落，建设得很美丽，但是由于大部分村落属于空心村，本地产业发展的自我造血能力不足。农村建设的资金，如道路硬化、村貌改善、基础设施建设所需的资金，大多依赖于政府多年的投入、补助和奖励，如水利设施建设资金、危房改造资金、城镇棚户区改造资金、传统村落保护发展资金、道路建设资金、土地整理资金、水土流失治理资金、重点流域重点镇污水管网建设资金、生态补偿资金、林业资金、农业补助资金等。这种政府投入的模式有两个缺陷：一是农民坐等政府资金，等、靠、要的思想浓厚，没有和农村建设与发展的绩效相结合；二是不具有可持续性，一旦政府投入不足，这些农村就会偃旗息鼓，陷入衰败。一些美丽乡村建设的样板，集中了国家、省级和本地财政的优先投入，在广大的中西部农村不具有可复制性，不宜过分宣传。下一步，全国美丽乡村的建设应当采取以下措施：一是仿效浙江安吉和浙江丽水，发展县域和镇域特色工业，壮大政府财政，保证对美丽乡村建设的持续资金投入。二是美丽乡村的建设和农民集体经济产业的做大做强相结合，和精确扶贫相结合，培育新型产业农民，激活农村和农业发展的内生动力。三是加强考核，实行以奖代补，形成"农民筹资筹劳、政府财政奖补、部门投入整合、集体经济补充、社会捐赠赞助"的多元化投入格局，提高农民的参与意识和家乡建设意识。

产业资本的投入。目前，城乡联系和互动增强，城市成本因为逐利而下乡，在一些地方，城乡共同繁荣还是可能的。目前，城市产业资本投入美丽乡村建设，一般基于以下两个考虑：一是当地乡村有特色吸引力，资本能够找到盈利点。目前来看，此类民间资本的介入主要集中于地产、与地产有关的民宿、特色旅游业和特色工业。二是从本地乡村走出去的具有家乡情结的成功人士。例如，在浙江桐庐，因为互联网经济淡化了区位约束因素，从该地走出的几个在国内乃至全球著名的人士，就在本地建设了物流和快递运营的总部或者区域中心，结合生态优势发展本领域的会议和培训产业，取得了成功。目前，民间资本进入民宿和地产，出现了一些问题。调研中发现，民间资本以租赁的名义低价收购民房和附着的宅基地，发展新型地产和旅游经济，或者开发房地产，村子倒是美丽了，开发商受了益，但是村民收益很少，后续性的利益难以得到保障。这种掠夺式开发和经营的方式，没有维护农村和农民的地权，值得警惕，建议不予推广。

土地资本的盘活。农村吸引资本的地方是土地资源，如果土地要素碎片化，则难以吸引外来资本的进入，为此，一些地方的村级组织在保障农民必需土地的同时，适度整合发展所需的土地要素，形成可以对外开发和租赁的连片土地。有的地方把古村落的全体村民整体搬迁，把连片的村落租赁给开发商发展生态旅游和民宿经济，开展土地的适度规模经营。有的地方把村级土地以 20 年、30 年租期的形式，租赁给企业发展工业或者服务业，租金用于建设美丽乡村，用于村民生活条件的改善。这种模式把土地的所有权、承包权和经营权分离的专业合作社或者农村股份制，有效地调动了各方的积极性，实现了农村第一、二、三产业加速融合，也实现了农村和城市的共享共建。

（二）措施

量体规划。在调研中，一些地方反映，一些大学的学术机构或者部委的研究机构做的规划研究或者规划，尽管做了田野调查，但是花大价钱做的规划往往只是一本书，没有参考价值，主要的原因是规划研究人员懂规划但是不懂产业、不懂市场、不懂农村人文和生活习惯，没有把对象村落的自然条件、资源禀赋、经济水平、文化差异放在镇域、县域甚至市域的大格局中充分考察并科学定位，有的研究或者规划采取流水线的工作方法，没有深入乡村，不接地气，不量力而行，地方难以操作。为此，建议中央出台规定，要求规划的制定必须全程吸收村民代表特别是乡贤参加。对于村民代表大会不通过的规划，不予实施；在规划实施中，如发现不切实际的或者难以操作的，要边建边改。在美丽乡村的建设之中，一些乡村在城镇化的进程中由于人口迁徙会越来越萎缩，所以，必要的拆村并点工作是必要的。建议以适度的中心集聚为原则，在消除一批自然村落的同时发展一批自然村落。但是拆村并点工作不要大拆大建，或者异地重建，必须遵循人口流动规律，以提高农民的生活质量为目的。在建设中，要以整治建筑风貌、整治环境和完善基础设施为主，保护农村传统文化的真实性和完整性。

专业培训。村民是美丽乡村建设、维护和运营的主体，加强村民素质教育和职业培训，培育新型产业农民，可以防止空心村的蔓延。培训的对象不仅包括村干部，还应当包括全体村民。由于劳动力成本持续攀升，传统的农业经营方式土地增收功能大幅下降，农业支持空间有限，弊端逐渐显露，农村正经历生产方式、生产技术和工具的全方位变革，对于村民的专业培训，既应当包括农业知识的培训，还应当包括民俗培训、服务培训、投资培训、信息培训、合作经营培训和村集体管理培训，使农民职业多元化、从业专业化、从业信息化。要发挥产业农民的作用，如整合农业生产要素，把农田适度集中到农业能手手中，大力发展连片的现代农业，生产绿色、有机和无公害农产品，既提高科技水平和产品附加值，也减少农村环境污染和生态破坏；再如发挥"互联网＋"和现代物流的优势，村村建立淘宝站，让农村电子商务成为发展现代农业的有力抓手。以长沙市为例，农村电商企业已超过 900 家，农村电商平台规模企业超过 100 家，全市农村电商销售收入已突破百亿元大关。对于村集体的带头人和乡贤，还可以组织他们到典型的美丽乡村考察，拓宽他们的视野，坚定他们的信心，使美丽乡村的建设由自发到自信、自觉，形成思想上和行为上的定力。从长远的角度看，下一步有必要采取智力扶贫的方式，采取"一家至少走出去一个大学生"的扶贫战略。一家出一个人才，对乡村的带动作用是很明显的。

环境治理。农村环境治理是一个大问题，目前很多农村缺乏污水处理设施，村庄污水横流、水质发黑发臭的现象不仅在北方，甚至在南方的枯水季节也存在。在江浙发达地区的广大农村，很多已经通了自来水，垃圾开始统一收集、转运和处理，有的甚至借助乡土熟人社会的乡规民约成功地实现了农村垃圾分类收集和处理；有的建设了分散或者相对集中的污水处理设施，减轻了农村生产和生活对水环境的污染压力，改善了农村的人居环境。以湖南长沙市为例，截至目前，全市已完成330个行政村农村环境综合整治任务，建成乡镇（集镇）污水处理厂76家，建设乡镇垃圾中转站110个、村级垃圾收集站1200个、各类垃圾收集池（桶）65万个，农村垃圾处置设施基本实现全覆盖。但是，农村环境的治理特别是现代治理意识的培育是一个长期的过程，由启动到成熟需要一到两代人的时间，不能操之过急。由于垃圾的清扫、转运和处理需要大量财政资金的支持，污水的处理需要庞大的建设资金和运营资金，因此在广大的中西部地区，目前推广也不现实。可以结合实际，由点到面，逐步进行。另外，一些地方建设的污水处理设施，由于缺乏技术支撑，处于停停转转的状态，很多在建成之后由于缺乏专业的维护失效甚至闲置了。因此，在美丽乡村的建设中，建议出台政策，吸收社会资本和专业力量参与，采取PPP模式，发挥环境保护产业公司在垃圾和污水处理设施建设和运营中的专业作用，这样既减少了建设和运营成本，也保证了环境治理的效果。

特色保持。一些地方开展新农村建设，把农村建设成了小城镇，既丢失了特色，也不利于农民的生产生活和农村传统文化的维护。美丽乡村的建设应当避免这一现象，下一步应做好以下几个方面的工作：一是把乡村的整治建设和现代文明相结合，逐步建设农村阅览室、电影院、信息设备、娱乐场所。二是把美丽乡村的建设和优美的自然生态环境相融合，维护古镇、古村、古街、古桥、古巷、古建筑、古碑、古井、古树等历史风貌的完整性和传承性。三是美丽乡村的建设要继承农村人文传统，特别是发扬团结友爱、互帮互助、尊老爱幼等淳朴民风、良好家风和村民自治等传统，留得住"乡愁"，使农村社会更加和谐、邻里乡亲更加和睦，文化生活更加丰富，精神面貌更加文明，农村生活更加自豪。四是借鉴广东南雄的经验，举办一些姓氏文化节，汇集乡贤在美丽乡村建设中的力量。

村民自治。只有充分参与，村民才能亲身体验美丽乡村建设的获得感，才有美丽乡村建设的认同感。在浙江安吉，村集体所有的票据在报销时需要几人签字，并且扫描上传到县级平台，任何人都可以查阅，这种民主管理的方式减少了矛盾。调研中发现，基层党委政府和村级组织大包大办进行美丽乡村建设的情况仍然很普遍，普通农民对美丽乡村的认识不充分，在美丽乡村运行和维护中的参与度不高。现在迫切需要从规划、建设到管理、经营的全流程，探索建立农民自我组织、自我维护、自我管理的社村民自治机制。只有这样，才能既避免村集体组织领导的贪腐现象，又避免农村宗族势力和黑恶势力控制农村基层组织和经济的现象。

五、美丽乡村建设的保障和监督

制度保障。虽然目前住建部、农业部等已经发布了美丽乡村和新农村建设的标准和指南，但是这些标准和指南的协调性差，有必要由中共中央和国务院联合发布统一、协调的美丽乡村建设意见和标准，既整合和优化资金等资源，又设立基础设施建设、村容村貌保持、房屋建设改造、道路硬化、文化设施建造、水利设施建设、环境治理设施建设等标准，普遍提高村民的福利，提高农村和农业发展的可持续性，为新型农民和新型农业的发展创造更好的条件。为了保障美丽乡村这个升级版的新农村建设，有必要在村民自治的基础上，把美丽乡村的建设、维护、运营全部规范化、制度化和程序化。按照《立法法》的要求，在省级人大常委会的批准下，市级人大及其常委会在历史文化保护、环境保护等方面享有立法权，建议各地级市的人大及其常委会加强美丽乡村的综合性立法和专项性立法。通过法制建设的措施，促进地方党委和政府以及村级组织久久为功，一代接着一代干，将美丽乡村建设的一张蓝图绘到底。

考核保障。美丽乡村建设是地方党委和政府的主要工作，为了确保建设工作的有序推进，应当把美丽乡村的建设纳入地方党政考核体系，建立党政同责的责任分配和追究体制制度机制。如浙江安吉制定了《安吉县生态文明建设行动纲要》，在"美丽乡村"建设考核指标体系中单设了"生态文明"的14项考核内容。此外，有必要针对村两委，建立包括招商引资、村容村貌、建设质量、安全生产、环境保护、财政积累、村民福利、科技应用、管理创新等要求在内的考核指标体系。考核合格了，一些资金才能以"以奖代补"的方式下拨，使村两委的美丽乡村建设组织领导工作稳妥和扎实推进。

公益诉讼监督。为了保证村民的集体利益，可以仿效《环境保护法》的修改经验，修改有关法律，建立农村公益诉讼制度，有序地纠正农村发展中的一些偏差。改革措施有二：一是授权村民针对地方政府提起行政和民事公益诉讼，授权村民针对村集体组织提起民事公益诉讼，保证建设工程和拆迁工作的公开、公正和公平性；二是授权检察机关针对地方政府提起行政公益诉讼，针对村集体组织提起民事公益诉讼。只有这样，才能保证村民在美丽乡村建设中的主体作用。

第二节　乡村振兴中的生态文明考量[①]

目前，乡村生态与环境问题比较突出，是中国全面实现健康中国、美丽中国和现代化强国的短板。2013年国家启动美丽乡村建设，一批乡村的生态环境在美丽乡村示范村和特色村的创建中得到美化。2016年我国启动特色小镇的建设，一批乡村的生态环境在特色小镇的规范推进中得到整治。为了全面解决"三农"问题，中共中央、国务院于2018年2月出台了《关于实施乡村振兴战略的意见》。在

---

① 本部分的核心内容以《乡村振兴中必不可少的生态文明考量》为题，被《光明日报》于2018年4月21日发表。

生态文明新时代，乡村振兴不仅是乡村和乡村产业的振兴，也应是乡村生态文明的振兴。为了打造生产发展、生活富裕、生态良好的美丽乡村升级版，要按照产业兴旺、生态宜居、乡风文明、治理有效、生活富裕的总要求，统筹推进农村的经济建设、政治建设、文化建设、社会建设、生态文明建设。为了使乡村生态文明建设落到实处，中共中央办公厅、国务院办公厅于2018年2月印发《农村人居环境整治三年行动方案》，指出改善农村人居环境，建设美丽宜居乡村，是实施乡村振兴战略的一项重要任务。

乡村振兴中的生态文明建设，必须探寻符合乡村实际的路径，立足于各地优势和特色，找准工作抓手和突破口，以点带面，把握好工作节奏，稳步推进。具体来说，乡村振兴中生态文明的建设应注意以下几个方面的问题：

一是依托城市，在城乡融合发展中推进乡村生态文明的建设。国家有强大的经济实力支撑，完全有条件、有能力实施乡村振兴战略。由于农村经济、技术和人才匮乏，基础设施建设不充分、不平衡，故不应在农村内部寻求解决乡村振兴的良方，应寻求城镇的反哺、支持和带动作用，依托城镇化、工业化、信息化和农业现代化，在城乡一体化进程中提升内部的造血能力，获得外部的经济和技术支持。只有依托城镇的生产、生活和生态需求，乡村振兴的农业综合生产能力才能稳步提升，农业供给体系质量才能明显提高，乡村自然资源和生态资本才能加快增值，也才能既为城镇发展提供良好的环境容量和生态质量，也为城市居民提供优雅舒适的休闲空间，为城市投资者提供投资渠道，实现城镇和乡村协同共进。为此，应建立健全城乡融合发展的体制机制和政策体系，在城镇化和工业化的大格局中推进乡村振兴，激发乡村的生态和自然资源资本的活力，加快形成工农互促、城乡互补、全面融合、共同繁荣的新型工农城乡关系。只有这样，乡村生产才能得到发展，农民生活才能持久富裕，农村环境才能有效改善，乡村生态文明建设的局面才能真正形成。

二是发展产业，为乡村生态文明建设提供坚强的经济支撑。区域缺乏现代工业和现代服务业的支撑，政府强农、惠农、富农的政策难以到位；乡村缺乏第二产业和第三产业的支撑，即使在政府的帮助下，道路硬化，村容整治，粉刷一新，但是凋敝还是必然的。因此，农村第一、二、三产业融合发展水平要进一步提升，实现乡村经济多元化。在第一产业方面，要立足于乡村资源和基础，发展特色和优势产业，克服同质化，做到一村一品一景、一镇一业一强项、一县一态一特色，使产业发展与自然村落相融合，如湖北潜江市小龙虾和湖北监利县淡水螃蟹的生态养殖产业，就在区域产业竞争中因为质量取胜而闻名全国。为了提升土地资本的吸引力，可以适度整合发展所需的土地要素，形成可以对外开发和租赁的连片土地。在第二产业方面，要立足于城镇工业园区，依托乡村资源发展特色工业。有了特色和优势产业的集聚，乡村对人才的吸引力才会增强。有了人才的支撑，乡村特色和优势产业才会不断转型升级。在产业转型升级的时代浪潮中，要淘汰落后产能，鼓励兼并重组，支持主产区农产品就地加工转化增值。在第三产业方面，可借鉴江苏昆山、浙江湖州的乡村建设经验，依托大城市需求，加强快速化的交通网络建设，实施观光园区、森林人家、康养基地、乡村民宿、特色小镇等休闲农业和乡村旅游精品工程，在严格保护中把绿水青山转化为老百姓能够得到实惠的金山银山，实现百姓富、生态美的统一。城镇化是现代文明社会发展的必然途径，部分乡村空心化会是今后一段时间不得不面临的问题。乡村振兴不是强迫进入城镇的人口返回空心村，而是促进乡村生产发展、生活富裕、生态良好、乡风文明。为此，可以结合乡村产业的发展状况和人口居住情况，合理撤村并点，在发展中解决空心村问题。例如，《河北省新型城镇化与城乡统筹示范区建设规划（2016—2020年）》提出，优化村庄布局，对村庄发展定级定位，对保留村、中心村、撤并村实施分类指导、规划和建设，到 2020 年，在现有 5000 个村的基础上建成 1000 个中心村。

三是量体规划，通过"多规合一"形成科学合理的乡村开发利用空间。保留乡愁不是保留破败的乡村和对贫穷的回忆，而是将现代的生产和生活需求融入乡村的生产和生活，同时保护乡村的自然环境和人文风貌。要严守生态红线和历史文化保护线，把文物古迹、传统村落、民族村寨、传统建筑、农业遗迹、灌溉工程遗产与优美的生态融为一体，使村庄形态、自然环境、人文风情和产业发展相得益彰，江苏的周庄、湖南的张谷英村和贵州的荔波就是典型的案例。开展县域乡村建设规划编制或修编时，既要立足长远，顾全大局，统筹城乡发展，也要充分听取村民意见，防止主观臆断或者千篇一律，统筹好生产空间、生活空间和生态空间。乡村生态文明建设的规划要突出重点、分类施策，以建设美丽宜居村庄为导向，以乡村垃圾、污水治理和村容村貌提升为主攻方向。对于县域产业的发展，要做好园区的环境影响评价工作，做好整体的生态环境风险把控，严禁工业和城镇污染向农业农村转移。

四是严格管控，通过乡村生态建设和污染防治倒逼乡村绿色发展。乡村振兴，生态宜居是关键，生态宜业是支撑，因此乡村生态文明建设要严守生态保护红线，统筹保护山水林田湖草，实现绿色兴村。在绿色兴村中，要促进现代农村和农业的生态化，发挥农业的生态保护功能，如 2018 年北京市政府工作报告就指出要突出农业生态功能。在大气污染防治方面，基于对美好生活的追求，北方乡村的能源消费总量大幅提升，也不同程度地导致了大气污染，所以要稳步推进农村散煤替代工作，宜气则气、宜电则电、宜太阳能则太阳能。在水污染防治方面，要按照法律法规和《水污染防治行动计划》的要求，开展水生态保护修复，连通河湖水系，对乡村河塘和黑臭水体进行清淤整治，全面提升乡村水体的生态功能。对于畜禽养殖业，要实行废物的资源化，促进养殖经济和环境保护的协调。

鼓励和支持乡村兴办环境友好型企业，要按照"三线一清单"的要求，在保护文化、旅游、生态等乡村特色产业，保护家庭工厂、手工作坊、乡村车间等振兴传统工艺的基础上，继续打击"散乱污"的作坊式企业，杜绝工业污染"上山下乡"。

五是加强建设，把厕所革命、垃圾集中和污水处理作为乡村生态文明建设的抓手。乡村环境保护基础设施的建设，要坚持因地制宜、分类指导、示范先行、有序推进的原则，逐步解决面源污染问题。对于生活垃圾，要按照《农村人居环境整治三年行动方案》的要求，深入推进农村基础设施建设，重点整治垃圾山、垃圾围村、垃圾围坝等现象，基本实现农村生活垃圾处置体系全覆盖。在有条件的地方，可向浙江金华市金东区和湖南宁乡县菁华铺镇学习，发挥农户单家独院好考评、好奖惩的管理优势，大力推进农村垃圾分类集中统一处置，建立农户分类、专业清扫、村里收集、乡镇转运、区县处置的模式。对于厕所革命，要大力开展乡村户用卫生厕所建设和改造，同步实施粪污治理，加快实现乡村无害化卫生厕所全覆盖，如安徽岳西县2017年就推进全域的农户格栅池建设工作，实现粪污的无害化处理。对于生活污水，要因地制宜地采用污染治理与资源利用相结合、工程措施与生态措施相结合、集中与分散相结合的建设模式和处理工艺，不宜盲目全部采取污水管网的方式。在城镇周边的乡村，可在城镇污水处理一体化或者对接发展的框架内予以延伸解决。以长沙市为例，截至目前，全市已完成330个行政村农村环境综合整治任务，建成乡镇（集镇）污水处理厂82家，建设乡镇垃圾中转站110个、村级垃圾收集站1200个，农村垃圾处置设施基本实现全覆盖。由于农户支付能力整体有限，推广建设运营和维护经济成本低廉的可复制技术和模式是必要的。要探索低成本的规模化、专业化、社会化的环境污染第三方治理机制，确保各类设施建成并长期稳定运行，防止治理设施"晒太阳"，建设资金"打水漂"。

六是发扬民主，发挥村民和村集体在乡村生态文明建设中的主体作用。纯粹地依靠财政资金推进乡村振兴和生态文明建设，不会长远，要形成"农民筹资筹劳、政府财政奖补、部门投入整合、集体经济补充、社会捐赠赞助"的多元化投入格局。调研发现，凡是乡村生态文明建设好的地方，都是村集体经济发达的地方，也是村党建工作做得好的地方，更是乡贤辈出的地方，因此在乡村振兴的生态文明建设中，除发挥党和政府的主导作用外，首先，地方党委组织部和统战部要以乡情乡愁为纽带，引导品德高尚、有经济头脑的乡贤以各种形式参与美丽乡村建设和投资，发挥其对于乡村经济发展和生态文明建设的带动作用。例如，在湖南省宁乡县菁华铺镇陈家桥村的美丽乡村建设中，一个乡贤就捐了近60万元，带动了其他乡贤的捐赠热潮，两年筹集500多万元。其中，湖北省监利县朱河镇李沟村500多户的垃圾分类设备和全村的宣传设施就是依靠乡贤的力量筹集的。其次，要建立各方共谋、共建、共管、共评、共享机制，保障村民决策权、参与权、监督权，动员村民投身美丽家园建设。建立完善村规民约，将美丽乡村的建设要求，如垃圾分类、生态维护、污水处理、庭院美化等纳入村规民约，发扬村民理事会对于生态文明的宣传教育和环境整治的考评作用，借鉴浙江湖州、浙江丽水的笑脸墙和劝进板的工作经验，褒扬乡村新风，用激励机制引导全民参与垃圾分类和庭院美化工作。最后，没有人才和智力的支持，美丽乡村和乡村振兴难以持久，为此要立足本土扶持培养一批农业职业经理人、经纪人、乡村工匠、文化能人、非遗传承人，发挥他们在乡村产业链脱贫中的带头作用。只有这样，示范引领、有钱出钱、有力出力、乡贤出智、村民自治的乡村生态文明建设模式才能形成。

七是以点带面，全面、深入开展乡村生态文明体制改革。乡村的生态文明体制改革事关国家生态文明体制改革的成败。应当按照《建立以绿色生态为导向的农业补贴制度改革方案》，发展绿色农业，扩大"绿箱"政策的实施范围和规模；按照《关于划定并严守保护生态红线的若干意见》的要求，保护生态脆弱区和重点生态区；按照《自然资源统一确权登记办法（试行）》《关于拓展农村宅基地制度改革试点的请示》，推行三权分置和产权流转机制，激发农村要素市场的活力；按照《探索实行耕地轮作休耕制度试点方案》，保护农村土壤环境；按照《湿地保护修复制度方案》，加强生态修复；按照《海岸线保护与利用管理办法》《海域、无居民海岛有偿使用的意见》，开展自然资源的有偿使用；按照《水污染防治法》《关于在湖泊实施湖长制的指导意见》等规定，大力推行河长制、湖长制和湾长制。此外，还要按照其他改革文件的部署，推行生态建设和保护以工代赈做法，提供更多生态公益岗位，把脱贫攻坚和生态建设相结合；推进环境污染的第三方治理、生态环境损害赔偿制度改革，健全地区间、流域上下游之间横向生态保护补偿机制，探索建立生态产品购买、森林碳汇等市场化补偿制度。

乡村面积广、人口多，乡村生态文明建设的好坏事关乡村振兴的成败。只有完善体制、健全制度、创新机制、释放制度红利、吸引各方参与、加强软硬件建设，乡村生态文明才能在城乡协同发展的大格局中不断发展，农业强、农村美、农民富的美丽宜居乡村生态文明建设和乡村振兴目标才能同步实现。

第三节　乡村振兴中的产业生态化和生态产业化①

为了全面解决"三农"问题，中共中央、国务院于 2018 年 1 月出台了《关于实施乡村振兴战略的意见》。在新时代，乡村振兴是生态文明视野下的乡村和乡村产业的振兴。为了打造生产发展、生活富裕、生态良好的美丽乡村升级版，要按照产业兴旺、生态宜居、

---

① 本部分的核心内容以《推动乡村振兴　产业生态化与生态产业化不可偏废》为题，被《经济日报》于 2018 年 9 月 13 日发表。

乡风文明、治理有效、生活富裕的要求，统筹推进农村的经济建设、文化建设、社会建设、生态文明建设，既让产业发展符合环境保护的要求，也让生态产业化，让绿水青山变成金山银山。为此，2018年5月召开的全国生态环境保护大会提出要建立"以产业生态化和生态产业化为主体的生态经济体系"。

一、乡村振兴需要产业生态化

2018年4月，习近平总书记在海口考察时指出，乡村振兴要靠产业，产业发展要有特色，要走出一条人无我有、科学发展、符合自身实际的道路。乡村振兴需要解决资金的长期供给和就业的长期保障问题，没有产业的支撑，即使在政府的帮助下，道路硬化，村容整治，粉刷一新，乡村振兴还是不可持续的，其凋敝还是必然的。在生态文明新时代，这个特色产业的发展必须符合环境保护的要求。2016年年初起始的中央环境保护督察刮起了新时代环境保护的风暴。在这轮督察中，散乱污企业因为承受不了环境成本而纷纷关闭或者整合。一些经过技术改造能够承受环境成本的特色企业和优势企业得以生存和发展。在调研中发现，2016年下半年以来，因为散乱污企业的退出，在环保风暴中得以生存的造纸、化工、建材、冶金企业，享有更多的市场份额，经济效益显著提升，中国经济的高质量发展迈出坚实的一步。

乡村要绿色振兴，须对第一、二、三产业进行生态化改造，转型升级。在第一产业方面，要立足于乡村资源和基础，发展特色和优势农业，防止村落间或者乡镇间同质化的低端竞争。例如，小龙虾在很多人眼里是臭水沟里生长的脏产品，不愿意吃。但是一些地方却让这项产业生态化，培育出了环境友好型的洁净小龙虾产业，如湖北监利县地处江汉平原，那里的人们世世代代由长江和洪湖滋养，环境优美、水质清洁。在市场的指引下，广袤的水田中坐落了数量可观的龙虾养殖池，利用洁净的活水养殖小龙虾和淡水螃蟹。

一个个养殖池，水波荡漾、绿草茵茵、鹭鸟盘旋，俨然一幅人与环境和谐共生的美景。因为养殖生态化，质量好，受到市场欢迎，故在区域农产品竞争的格局中形成了特色和优势而闻名全国。2017年5月，中国水产流通与加工协会授予监利县"中国小龙虾第一县"称号，养殖规模产量居全国首位。这条产业链带动了养殖、收购、加工、餐饮、饲料生产、饲料经营、养殖技术服务行业的发展。监利县生态养殖效益的提高除得益于养殖方式生态化外，还得益于地方党委和政府关闭了污染环境的乡镇企业。在第二产业方面，要立足于城镇工业园区，依托乡村资源发展特色的环境友好型和资源节约型工业。在产业转型升级的时代浪潮中，要淘汰落后产能，支持主产区农产品就地加工转化增值。值得注意的是，转型升级是结合优势和特色的提升，而不是盲目转行，忽视基础的盲目转行可能毁掉一个地方的经济。在第三产业方面，可依托城市的休闲养生需求，加强快速化交通网络建设，实施观光园区、森林人家、康养基地、乡村民宿、特色小镇等休闲农业和乡村旅游精品工程，在严格保护中把绿水青山转化为老百姓能够得到实惠的金山银山，实现百姓富、生态美的统一。

二、乡村振兴需要生态产业化

绿水青山的守护是需要代价的。除生态红线区域外，如果绿水青山变不成金山银山即真金白银，转化不成财富，老百姓受不了益、就不了业、致不了富，照旧会毁林毁草填湖；如果企业在环境保护大潮中受不了益，照旧会污染环境，破坏生态，浪费资源；如果地方财政受不了益，就不会真心支持环境保护工作，就会产生"中央真督察、地方假治污"的现象。针对此问题，习近平总书记指出，经济发展不应是对资源和生态环境的竭泽而渔，生态环境保护也不应是舍弃经济发展的缘木求鱼，而是要坚持在发展中保护、在保护中发展，实现经济社会发展与人口、资源、环境相协调。为此，必须因地制宜,让广大乡村的绿色资源变成城乡都能接受的生态产品和生态服务。一些地方依托城市,在地方党委和政府的支持下,乡贤带动群众在美丽乡村打造民宿经济、旅游经济、特色农业和特色工业,环境与发展已经进入良性循环,如安吉把繁殖能力极强的竹子变成种类丰富、附加值较高的竹产品,经济和生态效益都很好。值得注意的是,并不是所有的农村都能够发展民宿经济、旅游经济。对于不适宜发展民宿经济、旅游经济的地区,可以结合本地气候和自然条件发展生态农业,如江苏盱眙县 2015 年来利用稻田大力推广稻虾综合种养技术,小龙虾质量和产量得到保障,水稻品质和价格也大幅提升,走出了一条"一水两用、一田双收、一举多得、粮渔共赢"的发展模式。只有这样,生态文明的理念才能在乡村振兴的实践中不断地深入。

在产业生态化的结构方面,民宿经济、旅游经济可以促进农民的就业,提高农民的收入,在特色旅游发达的地区,还可以为政府产生一些门票收入。但是对于全国绝大部分地区来说,民宿经济、旅游经济对地方特别是财政的贡献是有限的。对于不具特色旅游资源的乡村,贷款或者引进资本大力发展旅游,要格外慎重。一些地方在城市的辐射圈内,利用山水林田湖的综合美感和美丽村庄的人文资源,发展民宿经济和农家乐经济,取得了成功,但也有不少失败的案例,其中缘由,一是依托的城镇购买力总体不足;二是乡村的自然资源和人文资源缺乏特色,也就是缺乏深度旅游的吸引力。各地要大力发展,既要富群众,还得富财政,主要还得依靠绿色工业和绿色农业的强大支撑。

三、乡村振兴中产业生态化和生态产业化的保障措施

(一)积极开展有经济效益的生态修复

破败不堪的自然环境是难以产生经济效益的。只有修复绿水青

山，才有基础发挥生态溢出和资源再生功能，保护健康，吸引投资，转化财富，最终变成金山银山。为此，2017 年 11 月的中央经济工作会议对生态修复予以重点阐述，要求"加快生态文明建设，只有恢复绿水青山，才能使绿水青山变成金山银山"。习近平总书记在 2018 年 4 月考察长江经济带时提出要全面做好长江生态环境保护修复工作，并指出："推动长江经济带发展，前提是坚持生态优先。要从生态系统整体性和长江流域系统性着眼，统筹山水林田湖草等生态要素，实施好生态修复和环境保护工程。"2017 年中央经济工作会议提出，启动大规模国土绿化行动，引导国企、民企、外企、集体、个人、社会组织等各方面资金投入，培育一批专门从事生态保护修复的专业化企业。

生态修复的最大难处在于资金来源及其投资回报问题。一些地方前两年大把向乡村撒钱，搞生态修复、搞环境整治、搞美化亮化，没有注重乡村内涵的培育和乡村自我造血能力的提升，加上后续资金难以跟上，出现一些烂尾工程。不论方向是什么，良性循环很重要。没有经济效益的生态修复项目，是难以让地方的财政运转具有持续性的。为此，必须对生态修复的方向进行科学的论证，特别是开展投入产出分析。一些地方把生态修复后的城市周边地块建成湿地公园，或者休闲养生场所，在土地价格升值后适度开发商业设施和住宅楼盘，就可以收回投资，实现良性循环。要激发社会资本的投资活力，须加强 PPP、社会参与等立法工作，让社会资本和民间力量放心地进入乡村绿水青山的恢复和维护工作。

（二）大力培养和引进乡村振兴的带头人

没有管理人才、营销人才和科技人才的支持，美丽乡村的建设和乡村的特色振兴难以持久，为此要立足本土，扶持培养一批农村基层干部、农业职业经理人、经纪人、乡村工匠、文化能人、非遗传承人，发挥他们在乡村产业链脱贫中的带头作用。只有这样，示范引领、有钱出钱、有力出力、乡贤出智、村民自治的乡村生态文明建设模式才能形成。值得注意的是，在浙江农村，很多村两委干部人选来源于地方致富的能人，他们积极参选是为了更好地实现自身价值，把集体事业的发展和个人价值的实现有机地结合，实现共同发展。因为自身比较富裕，加上社会监督机制比较健全，他们不愿意占集体的便宜而丢掉个人的信誉和家族的荣誉。而在广大的中西部农村，一些党员干部自身都没有致富，视野不开阔，管理手段落后，让他们带领乡村全体致富，往往难以实现。一些人之所以追求担任村两委干部，有的是为了保护家族利益，有的是为了追求职务补贴，有的是为了揩集体的油。调研中发现，尽管有"八项规定"的制约，农村两委干部公款吃喝的现象还是存在。有的村两委班子成员因为腐败被追责，有的甚至全体倒下。因此，在广大的中西部地区，应当向浙江学习，在政治觉悟高的致富乡贤中发展党员，支持他们担任或者参选村两委干部，使其在高度市场化的社会成为乡村产业生态化和生态产业化的领头人。只有这样，乡村的绿色振兴才有希望。此外，还需要培育乡村垃圾分类、污水处理等方面的环境保护专业人才，帮助解决乡村面源的生活污染问题和产业点源污染问题。

（三）着力推进有特色、有优势的绿色产业

绿水青山要变成金山银山，需要有绿色产业的比较优势。习近平总书记强调，推动经济高质量发展，要把重点放在推动产业结构转型升级上，把实体经济做实、做强、做优。在乡村振兴的时代，各乡村、各乡镇、各县域要形成一县一优势，一乡一品牌，一村一特色，在经济错位发展的地方竞争格局里立足自己的基础，在竞争中找准自己的位置，通过营销手段的信息化和产品、服务的标准化，扩大实体产业和产业服务的影响力，做强自己的比较优势，最终夯实区域生态环境和经济质量的综合竞争力。产业的发展定位和发展规划一旦形成，就要久久为功，保持一定的历史耐心。同时，也要结合市场进行必要的调整。例如，湖北省监利县的小龙虾虽然著名，但是小散养殖户太多，有的经济效益不好。2018年的收购价，价格高时可达13—15元/斤，低时只有6—8元/斤，由于养殖池挖掘成本高，人力成本和饲料成本居高不下，一些小散养殖户亏损严重。对于这种情况，可以适当地对规划予以调整，如鼓励发展各方参股的规模化养殖场所。只有这样，经济效益才有保障。

由于李逵和李鬼难以区分，劣币就会驱除良币，一些好的生态产品就会在鱼龙混杂的市场中难以获得认可。例如，稻虾共作，因为化肥农药施用量明显减少，小龙虾的活动使得水稻的品质更好，这种有机产品的市场更高，可以达到5元/斤。在江苏、湖北等地，每亩水田一般产小龙虾100—120公斤，水稻350—500公斤，收益可达2000—4000元，与传统的稻麦两熟经济相比，增收明显。但是目前市场的信用体系不健全，一些冒充的稻虾共作稻米把市场搅乱了，农民不敢采取稻虾共作的模式。因此，迫切需要加强信用体系建设，通过惩罚机制和社会监督机制来保护生态品牌。只有这样，良币才能得到市场长久的欢迎。

（四）稳妥开展农村土地"三权分置"改革

2018年5月和6月，笔者到土壤肥沃的江汉平原农村调研，发现相当多的农民有的已经弃地，有的计划弃地，主要的原因是小农经济模式下，农资成本、人力成本、机器成本过高，种田全面亏损。例如，中稻每亩平均可收获1000斤，以前水稻1.3元/斤，而2018年降至0.9元/斤，每亩地每年仅收获900元。不算繁杂的人力成本投入，光种子成本每亩就100元，请机器平整耕地每亩需100元，请机器收割每亩需100元，农药等农资成本花费400元。总的计算，在人力密集的农业时代，农民基本没有收益，有的收益甚至为负。而农民在外打工，每天可以获得100—300元的收益，相当于一亩地一年的收入，因此农民倾向于到外面打工而不愿意在家乡务农。2018 年 5 月，湖北省监利县朱河镇一户准备到外面打工的农民对外发布消息，以每亩地 100 元的价格转让土地经营权，并免费赠送自己的秧苗。该事件在当地引起较大社会反响。可见，农田对于很多农民来说已经成了负担。近五年来，一些种田能手以每亩地 100 元左右的价格接手其他农户农田的经营权，通过规模化经营降低各项成本，提高综合效益。尽管如此，一些农田还是被抛荒，不利于国家粮食安全的维护。相当多的农民表示，农村土地农场化规模经营的时代已经到来。

目前，一些农村已经合村并点，土地平整和规模化已经具备初步的基础。为了促进乡村农业产业的生态化和美丽生态的产业化，建议在一些农村，如江汉平原，深度试点农地的"三权分置"改革，适度整合农业发展所需的土地要素，鼓励农民自愿流转土地经营权，将土地平整为连片田地，发展规模型农业，在规模化经营中实现经济、社会和生态效益的统一。投资人或者种田大户可以通过大规模购买土地经营权的方式批量种植"农场"。其他农民则通过持有股份、在农场打工或者外出打工来获得收益。

第四节　农村生活垃圾的分类收集和集中处理[①]

一、农村生活垃圾分类和集中收集处理的时代标志

我国生活垃圾产生量迅速增长，环境隐患日益凸出，已经成为新型城镇化发展的制约因素。2016 年年底，习近平总书记在中央财经领导小组第十四次会议上强调，要普遍推行垃圾分类制度，这关

[①]　本部分的核心内容以《农村垃圾分类和集中处理的理论实践》为题，被《中国环境报》于 2017 年 8 月 15 日发表。

系到 13 多亿人生活环境的改善。2017 年 3 月 18 日，国办转发国家发改委住建部文件《生活垃圾分类制度实施方案》，开始在一些城市试点推进垃圾分类和集中收集处理。2017 年 5 月 26 日，中共中央政治局就推动形成绿色发展方式和生活方式进行第四十一次集体学习，习近平总书记在主持学习时强调，推动形成绿色发展方式和生活方式是贯彻新发展理念的必然要求，必须把生态文明建设摆在全局工作的突出地位，坚持节约资源和保护环境的基本国策。其中，垃圾分类和集中收集处理是绿色生产和生活方式的应有之义。关于垃圾分类和集中收集处理的目标，《生活垃圾分类制度实施方案》提出要加快建立分类投放、分类收集、分类运输、分类处理的垃圾处理系统，形成以法治为基础、政府推动、全民参与、城乡统筹、因地制宜的垃圾分类制度，努力提高垃圾分类制度覆盖范围，将生活垃圾分类作为推进绿色发展的重要举措，不断完善城市管理和服务，创造优良的人居环境。关于意义，《生活垃圾分类制度实施方案》指出要遵循减量化、资源化、无害化的原则，实施生活垃圾分类，可以有效改善城乡环境，促进资源回收利用，加快"两型社会"建设，提高新型城镇化质量和生态文明建设水平。可见，垃圾分类收集和回收利用对国家和社会产生了巨大意义。

　　尽管如此，垃圾分类和集中收集处理，特别是农村垃圾分类和集中收集处理的意义目前还没有认识到位。应该说，纵观发达国家的历史，垃圾分类收集和回收利用一般都是在转型期开始推行的，既是一个资源和环境问题，也是一个生产和生活方式的问题，更是一个国家的经济和社会发展转型的问题，是一个文明的转型问题，即由发展中文明向发达阶段文明转型的问题。中国正处于完成工业化转型的攻坚时期，预计到 2030 年左右，中国将整体完成工业化转型，届时中国的 GDP 增长将主要依赖于科技和管理创新，而不是资源与环境的透支。在今后的十多年时间内，中国将完成绿色生产方式的转型，同时也会完成绿色生活方式的转型。这个转型是一个较长时期的艰巨任务。2017 年 5 月 26 日习近平总书记在主持政治局集体学习时提出，推动形成绿色发展方式和生活方式是发展观的一场深刻革命，要充分认识形成绿色发展方式和生活方式的重要性、紧迫性、艰巨性，把推动形成绿色发展方式和生活方式摆在更加突出的位置。可以说，推进垃圾分类和集中收集处理，特别是在农村地区推行垃圾分类和集中收集处理，是中国经济和社会发展即将进入发达阶段的历史必然性举措，是中华文明发展到生态文明新阶段的一个标志，社会各界要有清楚的认识。从目前来看，各地的认识还很不平衡，推进的进度也不一。只有认识到位，城乡垃圾分类和集中收集处理才能提上应有的议事日程。

在发达地区和经济发达城市的周边农村，农村生活方式近二十年来已经发生很大改变，农村的垃圾构成也发生了改变。以前，农村各家各户都会养鸡鸭牛羊猪，每家都会设置一个圆形的粪坑，将动物的粪便和腐坏的生活垃圾投进去堆肥。如今，养猪已经实行集约化，农业大都实现机械化，农村生活方式日趋城镇化，而且农村的垃圾总量惊人，一些村落出现垃圾围村、垃圾进河的环境污染现象，因此必须推进垃圾分类和集中收集处理。农村的垃圾分类和集中收集处理既是资源节约和环境保护的需要，也是培育新型农民和全面建设小康社会的需要，更是整体提升中华文明发展水平的需要。从发展趋势来说，农村垃圾分类和集中收集处理必须和未来农村发展的规律、城镇化发展的规律相结合，甚至和区域一体化的规律相结合。考虑到未来产业需求结构的变化、城乡人口结构的变化，只有这样，农村垃圾分类和集中收集处理的开展才具有战略性。

二、农村生活垃圾分类和集中收集处理的推行战略

关于试点区域，《生活垃圾分类制度实施方案》规定，2020 年年底前，在直辖市、省会城市、计划单列市和住房城乡建设部等部门确定的第一批生活垃圾分类示范城市的城区范围内先行实施生活

垃圾强制分类。同时也鼓励各省（区）结合实际，选择本地区具备条件的城市实施生活垃圾强制分类，国家生态文明试验区、各地新城新区应率先实施生活垃圾强制分类。可以看出，方案试点的城市是经济基础比较好的大中城市，而且是在城区范围试点。经济基础比较好的大中城市，市民的整体素质也比较高，因此，率先推行垃圾分类和集中收集处理符合中国当下的实际。但是截至目前，尽管尝试了十几年，垃圾分类和集中收集处理还没有在一个城市整体成功，而农村的垃圾分类和集中收集处理却在发达省份或者中心城市周边的农村，如浙江金华、湖南宁乡等地取得了成功，背后的原因值得分析和总结。经过对全国的实地走访和分析，笔者发现，经济发达地区的农村生活垃圾分类和集中收集处理，相比城市区域，更加容易一些，主要原因如下：

一是农村居住一般一家一户，垃圾放在门前，是否进行了分类，其他村民看得清楚，村里也可以组织评价和考核，而城市人绝大多数居住在由楼房组成的小区中，集中设置了垃圾桶，个人倒垃圾时是否已进行垃圾分类，其他人很难发现和考核评价，因此农村垃圾分类和集中收集处理的实施具备自然基础。

二是城市经济条件好，文化素质整体偏高，但是在人的行为集体性趋同方面，城市不如农村。农村是熟人社会，人与人之间在集体劳动、族群社会里有协作，人与人之间的集体行为整体有保留。一旦规则形成，谁要是特立独行，会受到其他人的道德谴责。而城市是高度市场化的陌生人社会，大杂居，社区居民的协作意识差，《生活垃圾分类制度实施方案》提出要落实城市人民政府主体责任，强化公共机构和企业示范带头作用，引导居民逐步养成主动分类的习惯，形成全社会共同参与垃圾分类和集中收集处理的良好氛围，但是如缺乏具有可实施力的强制约束，让市民形成自觉很难，效果不会很好。居民如不自觉，政府的考核会落空。可以说，农村垃圾分类和集中收集处理的实施具备社会学基础。

三是农村基本的自治管理模式和乡规民约还留存，村支部能够发挥党员的核心带头作用，村委会能够发挥村干部和村民小组长的带头作用。另外，很多村集体还设立了村民理事会，组织村民配合、协助村民委员会开展精神文明建设、兴办公益事业，能够发挥各家族代表和乡贤的带头和引导作用。而对于这一点，城市不具备。可以说，农村垃圾分类和集中收集处理的实施具备管理学基础。

四是发达地区的农村有产业，村集体有经济基础，村委会大多由致富的能人担任，村党支部和村委会有公信力，有充分的资源调配能力和对村民的影响力。对于垃圾分类搞得好的，可以进行物质和精神奖励，前者如减免垃圾费，后者如将村民家庭最美的照片张贴在广场上，形成笑脸墙，予以褒扬；对于垃圾分类搞得不好的，予以批判性公示甚至经济制裁。经济制裁的方法一般是扣发由村集体基于集体收入下发的补贴或者津贴。农村是熟人社会，批判性公示和扣发津贴的措施很管用，可以说，农村垃圾分类和集中收集处理的实施具备党建基础和经济学基础。

纵观发达国家的垃圾分类和集中收集处理史，一般都需要一到两代人的时间。中国城市垃圾分类和集中收集处理十几年未取得成功，但是发达地区的农村，正因为具有上述四个基础，却在短短两三年之内取得了初步的成功。例如，湖北省监利县朱河镇，在两年前就已经实行垃圾的统一收集和清运，即村民在各自的门前容器中投放垃圾，村里保洁员用三轮摩托车从每家每户收集，镇里定期安排大卡车转运，最后运至县里进行焚烧发电。目前，很多地方的农村都自发地组织村民代表到浙江金华、湖南宁乡等地考察。农村垃圾分类和集中收集处理的成功模式不断地被复制和创新，说明农村垃圾分类和集中收集处理应当成为生态文明体制改革的重点。我们可以采取农村包围城市的做法，用农村垃圾分类和集中收集处理来助推城市地区的垃圾分类和集中收集处理。建议中央对农村出台垃圾分类和集中收集处理的改革方案，针对发达地区和欠发达地区的农村，分类予以推进。目前，可以在发达地区的农村和一些经济发达城市的周边农村全面推进垃圾分类和集中收集处理，与农村环境整合整治挂起钩来。对于欠发达地区的农村，可以在政府的扶持下，先配套建设好相关硬件设施，免费发放家庭用垃圾桶，鼓励进行垃圾减量化和资源化，培育垃圾资源化的意识。待积累一定的意识基础和经济基础后，全面推进垃圾分类和集中收集处理。

三、农村生活垃圾分类和集中收集处理的参与体制

农村生活垃圾分类和集中收集处理，需要形成共治的主体架构，基于各自的角色，凝聚共识、形成合力。目前，一些地方已经建立市统筹、县主导、镇负责、村实施的农村垃圾分类和集中收集处理的体制。除了要发挥村民的主体性、主动性和创造性之外，更要发挥地方党委政府、村两委、村民理事会和保洁队伍的作用。

首先，必须发挥地方党委和政府的统筹和引导作用。村委会是村民自治组织，如果纯粹地靠村民的自发推动，很多事情很难形成一致的意见，因此必须在尊重村民意愿的基础上，由政府统筹和引导。在农村垃圾分类和集中收集处理的工作中，无论是组织领导、工作方向、基础设施建设，还是资金、技术的支持，都需要发挥地方党委和政府的主导作用，发挥其农业、住建、环保等部门的监督作用。如果有必要，地方人民政府可以成立一个协调办事机构。政府的统筹和引导职能主要表现为：一是制定规划，统筹推进农村垃圾分类和集中收集处理，部署垃圾运输和处理网络；二是辅导村民如何开展垃圾减量化、垃圾分类和垃圾资源化；三是乡镇政府负责转运村集体收集的垃圾，县级政府统一部署垃圾最后的出路，如填埋还是焚烧等；四是对村集体开展垃圾分类和集中收集处理进行经济补助。可见，政府的统筹和引导不仅可以节省经济成本，提高绩效，还可以为村集体提供经济和管理支持，其作用不可或缺。

其次，必须发挥村两委组织的组织和协调作用。在调研中发现，

农村垃圾分类和集中收集处理，村两委特别是村委会党建的作用至关重要。凡是农村工作好的地方，都是村集体经济发达的地方，也是村党建工作做得好的地方。在浙江金华，农村垃圾分类和集中收集处理成效之所以突出，原因主要在于：一是村两委班子很多都是致富的能人，公信力高，具有较强的组织力、凝聚力和战斗力，在他们的带领下，村级组织有资金积累，可以调动财经资源开展公益事业，并通过激励约束机制开展再分配等工作，发挥村民参与垃圾分类、集中收集处理和乡村建设的自觉性；二是村级组织有向心力，能够通过笑脸墙、警示墙等奖励和约束相结合的方式，通过村民理事会的劝导作用，调动村民参与垃圾分类和集中收集处理工作；三是在农村垃圾分类和集中收集处理工作中，一些村民能够找到清扫和运输等就业机会，促进社会的和谐。在经济欠发达的地区，村集体的带头作用总体尚不明显。

再次，发挥村民理事会特别是乡贤的反哺作用。村民理事会一般由乡贤和各家族的代表组成，具有一定的村民代表性，可以帮助村集体推进公益事业。在调研中发现，在湖南宁乡菁华铺镇陈家桥村等地，村民理事会可以在以下领域发挥作用：一是协助政府到每家每户解读政策，开展劝导工作，一些族长的作用尤其明显。二是开展打分和民主评议工作，如对每家每户、每个村民小组的垃圾分类和集中收集处理工作开展打分，并进行民主评议，提出奖励和警示名单。三是对村保洁队伍的工作进行评价和考核。由于村民理事会成员德高望重，其打分和评议工作往往具有很高的公信力。

最后，还要发挥保洁队伍的专业作用。保洁员一般由村集体聘请，或者由承包农村垃圾分类和集中收集处理的专业公司在农村聘请。保洁员一般为兼职，既在家做一些农活，也开展垃圾清扫和运输工作，工资一般为每年 2 万—3 万元，也有的地方多一点。考核合格和优秀的，还有些奖励。在调研中发现，保洁员一般由村集体从各家族家庭经济比较困难的农户中推举，各方都熟悉，都能够接受。

保洁员上岗前，一般都接受专业的培训。培训后，这些熟人构成的保洁员队伍，宣传垃圾分类和集中收集处理政策、专业知识具有明显的优势。

四、农村生活垃圾分类和集中收集处理的经济基础

在调研中发现，凡是农村推行垃圾分类和集中收集处理的地方，都是村集体经济比较发达的地方，都是城乡协同发展比较不错的地方，经济基础比较雄厚。在这些地方，村集体有产业，农村有线电视、农村自来水、农村宽带普及率高，农村耕作全部或者部分实行机械化等。只有在这些地方，目前能够真正解决钱从何来和钱用于何处的难题。

在钱从何来的问题上，目前农村垃圾分类和集中收集处理的资金来源主要有以下三种方式：一是政府投资为主，村集体投资为辅，村民缴纳部分垃圾收集处理费。二是村集体投资为主，政府补贴为辅，村民缴纳部分垃圾收集处理费。三是采取整体打包式的 PPP 投资运营模式，即社会资本投资运营、政府补助、村民缴费相结合的公私合作经营模式。第一种方式主要适用于一些地方政府的示范样板村，第二种方式是村民自觉形成的。例如，在湖南宁乡县，一个村是示范样板村，主要由政府投资支持。邻近的湖南宁乡菁华铺镇陈家桥村不甘落后，采取鼓励乡贤和村民自愿捐款的方式，两年筹集 500 多万元。其中，一个村民就捐了 60 多万元。目前，该村在垃圾分类和村容整治方面取得了很大的成绩。第三种方式中，一些资源可以回收利用，垃圾焚烧发电可以产生收益，加上政府的补助，还是具有一定吸引力的，但是想尝试的人还是很少。目前，浙江金华已经形成了"市县配套、镇村投入、农户收取"的资金投入体制，湖南宁乡则形成了"市县配套、镇村投入、农户收取、乡贤资助"的资金投入体制。《生活垃圾分类制度实施方案》规定，对于城市居民，按照污染者付费原则，完善垃圾处理收费制度。但是和城市相

比，农村集体经济的基础仍然薄弱，一些农户的经济承受能力还比较脆弱，购买垃圾运输车、建设可腐烂垃圾的发酵房，都需要较大的投资，如湖南宁乡菁华铺镇陈家桥村，一个村民小组配一辆垃圾运输拖拉机，因此不能指望通过收取垃圾处理费来支付所有的开支。例如，湖北监利县朱河镇李沟村，每个农户家庭成员每人需缴纳 20 元的垃圾回收处理费。按照 2000 人计算，每年可以收取 4 万元垃圾回收处理费。这点钱，根本不够支付清洁工的工资，更不够支付垃圾运输费，因此需要村集体和乡镇予以补助。浙江、湖北的一些地方，对每个村民补助 80—120 元不等，这对于经济欠发达的地区来说，也是一笔不小的财政负担。因此，还需要地方政府大力发展自己的特色和优势产业来发展经济，为农村垃圾分类和集中收集处理等社会建设筹集经费。除此之外，可以发动一些乡贤捐资，回馈家乡，形成有钱出钱、有力出力、村民自治、共享清洁家园的模式。如果可能，还可以把农村垃圾处理、污水处理、乡村社区服务等服务一揽子打包发包，让垃圾分类与处理者不忘本。

在钱用于何处的问题上，各项补助、投资和收费全部用于垃圾分类和集中收集处理基础设施建设、运输交通工具的建设和运营、清洁队伍的运行、农户的评选奖励活动等。垃圾分类和集中收集处理基础设施建设，包括农户家庭小型分类垃圾桶的统一购置、人口集中地区大型分类垃圾桶的统一购置、垃圾分类和收集处理的知识宣传等。各项费用由村统筹安排，做到专款专用。费用的开支要接受村两委和村民理事会的监督，实现专款专用。当然，垃圾分类和回收处理也有一些来自资源回收的收入，可以用于支持垃圾分类和回收处理。《生活垃圾分类制度实施方案》规定，充分发挥市场作用，形成有效的激励约束机制，湖南宁乡的陈家桥村、杨林桥、沩滨村也开展了这项工作，如村民理事会建立台账，将分类回收资源款的 100% 对保洁员给予补助，提高其分类回收的积极性。

五、农村生活垃圾分类和集中收集处理的制度体系

在规范保障方面，可以考虑建立如下制度体系，促进农村垃圾分类和集中收集处理的规范化：

一是门前三包制度，即农户对自己房前屋后和责任田范围内的环境整洁和垃圾分类负责，村民小组对本小组区域范围内的环境整洁负责。其中，村两委的干部要包组或者分片包干；党员、村民理事会成员要联组包户，把工作做细。在调研中发现，各地的门前三包各有特色，如浙江金华金东区的农户，把传统的陶器锯开，种上花草，古香古色；湖南宁乡的一些村则是用统一的方式种树种草。

二是垃圾收费及其减免制度。尽管收费不足以承担农村垃圾分类和集中收集处理的总费用，但是可以促进村民形成责任感。对于垃圾分类工作做得好的，则予以减免，以示奖励，形成示范带头作用。对于低保户和五保户，免于缴费。

三是垃圾的强制分类制度。《生活垃圾分类制度实施方案》对试点城市提出，实施生活垃圾强制分类的城市要结合本地实际，于2017年年底前制定出台办法，细化垃圾分类类别、品种、投放、收运、处置等方面要求，必须将有害垃圾作为强制分类的类别之一，同时参照生活垃圾分类及其评价标准，再选择确定易腐垃圾、可回收物等强制分类的类别。但是这个分类不符合农村的实际。建议中央制定农村垃圾分类和集中收集处理的改革文件时，对城乡垃圾的分类和回收处理实行区别对待。在城市，垃圾分类一般分为可回收、不可回收和其他垃圾几类。而在农村，根据农村垃圾的物理、化学属性以及农村的整体文化程度，如分为"可腐烂"和"不可腐烂"两类，就更加简单易懂，村民也容易执行。在有的发达地区农村，针对厨余垃圾还购置专门的收集车予以收集；针对危险废物，则上门专门回收。目前，浙江金华首创的"可腐烂"和"不可腐烂"垃圾分类模式得到农村的广泛认可，如湖北省监利县朱河镇李沟村就

为 520 个农户添置了这种类型的分类垃圾桶，在人口集中的地方设置了大型垃圾桶，并且全部以"李沟村××号"的方式进行编号，每户一个编号进行管理，不会弄丢，也不会弄混。农户投放垃圾不符合强制分类要求的，村集体可以采取措施对农户进行培训和经济制裁等自治性约束措施。

四是全程减量制度，即从农户家庭、村级收集、乡镇转运和区县处理处置等全环节，都实行垃圾减量化。农村的垃圾结构目前虽然有所改变，但是和城市相比，容易腐烂的垃圾成分还是多一些，很多垃圾可以就地处理。只有全程减量化，才能保证容易腐烂的湿垃圾经过村集体的统一堆肥后还田，而不至于进入垃圾焚烧发电厂因为热值低而成为累赘。也只有全程减量化，才能让塑料等可以回收利用的垃圾经过村和乡镇两级的过滤进入回收利用渠道，促进资源得到科学、循环的利用。

五是理念培育制度，即通过集体讲授、现场教学、分户指导、宣传牌宣传、实地考察等方式，辅之以经济奖励与约束机制，让村民自觉自愿地形成资源节约、环境保护的绿色生活方式。湖北省监利县朱河镇李沟村竖立了 20 块垃圾分类和集中收集处理宣传牌；在湖南宁乡县的大部分村竖立了通俗易懂的宣传牌，设立了环保学校，发放垃圾分类倡议书，利用"村村响"广播环保知识，垃圾分类和农村环境整治的知识深入人心。

六、农村生活垃圾分类和集中收集处理的运行机制

在运行机制方面，可以建立以下机制体系，促进农村垃圾分类和集中收集处理的规范化、程序化，具有可操作性：

一是分类运输机制。在一些地方，上午运输可以腐烂的垃圾，下午运输不可腐烂的垃圾，破解需要购买分类运输垃圾车的难题。有的地方，将运输的车斗分为可腐烂和不可腐烂两部分，同时收集所有的垃圾。

二是打分评比机制，即邀请村民小组长、村民理事会的成员进行分户打分，开展考评。为了保证考评的公正性，湖南宁乡菁华铺镇采取了异地打分的机制，即跨村或者跨村民小组打分的机制，并且在公开场所详细公布各农户得分的细节。

三是奖励惩罚机制，如浙江金华和湖南宁乡定期评选先进保洁员和清洁农户，予以物质或者现金奖励。例如，浙江富阳灵桥镇，还对村民奖励发酵后的有机肥料。在湖南宁乡菁华铺镇陈家桥村，村委会对每季度当选的优秀保洁员给予400元的奖励，对每季度当选的先进村民小组予以2000元的奖励。湖南宁乡爱卫办要求，每个乡镇每年评选出"十佳庭院""十佳清洁户"各20户，村集体在表彰的基础上，还报送乡镇予以集中表扬。在浙江金华、浙江丽水等地，利用村民广场的笑脸墙和劝进榜两种方式，来实行精神上的奖励与告诫并举。

四是目标评价考核机制，即在对乡镇政府和村集体进行目标评价考核时，既要按照生态文明建设目标评价考核的办法进行综合考核，也要对垃圾分类进行单独考核，体现工作的重要性。

五是党政同责机制，在区县和乡镇一级，实行环境保护党政同责的体制和机制，党委和政府对垃圾分类和集中收集处理负总责。在村一级，村党支部、村委会以及村民小组、党员都要层层压实责任，把工作做细，把垃圾分类和集中收集处理这项利国利民的制度实施好。

第八章　生态文明与蓝天白云

第一节　《大气污染防治法》的实施情况[①]

一、《大气污染防治法》的实施成绩

在大气污染防治法制建设方面，党的十八大后，坚持走党内法规和国家立法相结合的特色法治道路，针对中国的实际，在现有环境保护国家法律法规的基础上，创建了环境保护党政同责、中央环境保护督察、生态文明建设目标考核等具有中国特色社会主义的体制、制度和机制。2015 年修改的《大气污染防治法》于2016 年实施后，这些改革措施得到了长足的发展，破解了以前有法难依、执法难严、违法难究的难题，撬动了整个大气环境保护的大格局，成效显著。

在大气环境污染防治的执法方面，2017 年原环境保护部印发了《火电、造纸行业排污许可证执法检查工作方案》，实现执法检查的规范化和可预期化。在大气污染防治执法方面，执法方式不断创新，采取了天上遥感、地上检查、路面巡查和公众举报相结合的方式。其中，卫星遥感、在线监控、大数据分析、网格热点网格技术分析等方式，在防控区域大气污染、联合预警等方面，发挥了很大的作

[①] 本部分的核心内容以《〈大气污染防治法〉实施两年半成效彰显挑战仍在 让法律"长牙"带电成为完善方向》为题，被《中国经济导报》于2018 年 8 月 9 日发表。

用。另外，执法重点突出，除了加强大气污染防治监控以外，通过对京津冀地区和其他地区"小散乱污"企业的清理整顿，从源头解决大气环境污染的区域化问题；通过对督察和督查发现的问题，采取重点关注和台账式管理，效果大力显现。大气环境保护执法与督查具有要求从严、方法从严、督查从严、内容充实、运行扎实、保障坚实等特点，在具体的实施上，强化顶层设计、强化压力驱动、强化重点治理、强化督查问责。在协同治理方面，做到了规划统一、目标统一、标准统一和措施统一，丰富和发展了联合预警和交叉执法机制。

在大气污染防治的成效方面，过去五年，仅中央财政在大气污染治理方面整体投入就超过 600 亿元，达到 633 亿元。在严格环境法治的保障下，各级党委和政府能够以前所未有的决心和力度治理环境污染，重拳整治大气污染，过去五年重点地区细颗粒物（PM2.5）平均浓度下降 30% 以上，重点城市重污染天数减少一半。在"小散乱污"企业的治理整顿方面，截至 2017 年 9 月底，"2+26"城市淘汰燃煤锅炉 5 万余台，完成燃煤锅炉治理 803 台、5 万蒸吨，完成 3866 家企业挥发性有机物综合整治，71% 的煤电机组实现超低排放。2017 年 9 月以来，原环境保护部联合 10 部门和 6 省市启动了京津冀及周边地区秋冬季大气污染综合治理攻坚行动。2017 年 11 月，原环境保护部联合有关方面出台了京津冀地区秋冬取暖季节大气污染防治的强化方案，提出进一步的限产停产措施，确保实现 2017 年 10 月至 2018 年 3 月 "2+26" 城市 PM2.5 平均浓度同比下降 15% 以上、重污染天数同比下降 15% 以上的目标。通过对能源结构的优化，特别是发展清洁能源取暖，大气污染物排放控制成效显著；单位国内生产总值能耗、水耗均下降 20% 以上。2017 年单位产品生产能耗和水耗均下降 20% 以上。2017 年全国 338 个地级及以上城市可吸入颗粒物（PM10）平均浓度比 2013 年下降 22.7%，首批实施新环境空气质量标准的 74 个城市优良天数比例上升 12 个百分点，达到 73%；

重污染天数比例下降 5.7 个百分点，达到 3%。京津冀、长三角、珠三角等重点区域 2017 年的细颗粒物（PM2.5）平均浓度比 2013 年分别下降 39.6%、34.3%、27.7%，分别达到 64 微克/立方米、44 微克/立方米和 35 微克/立方米。2017 年环保部门重点对 "2 + 26" 城市开展了 "散乱污" 企业综合整治，涉及 6.2 万家，PM2.5 平均浓度同比下降 11.7%，重污染天数下降 28.8%，京津冀地区圆满完成大气十条实施方案设立的目标。北京 2017 年的年均浓度达到 58 微克/立方米，低于 60 微克/立方米的目标。提高燃油品质，五年共淘汰黄标车和老旧车 2000 多万辆。全国的单位 GDP 能耗，2017 年下降 3.7%，实现了年下降 3.4% 的目标。可见，大气污染治理力度有所强化、大气污染治理手段趋于丰富、大气污染源针对性更加准确、大气污染总量控制实现目标、大气污染治理速度超出预想。

二、《大气污染防治法》实施存在的问题

一是目标考核放松，问题追责不严格。按照设计的目的，环境保护考核本应当成为督促地方党委和政府加强环境治理和环境管理的重要手段，但是在一些地方，考核却睁一只眼闭一只眼，如据中央环境保护督察组反馈，河南郑州 2015 年的环境质量不达标，年度考核却合格；2018 年中央环境保护督察组回头看也发现一些地方有类似的问题。考核的形式主义是实质上的护犊子，虽然上下级政府和有关部门人人欢喜，却损害了社会的权益和地方可持续发展的能力。《生态文明建设目标评价考核办法》设计了每年一次的绿色发展评价和五年一次的目标考核，由于地方党政首长的任期一般为 2—3 年，如果不建立明确的前后任责任分割机制，中央花大力气建立的评价考核机制就会落空。

二是治理和管理造假，应付监管与考核方法众多。首先是企业污染物排放监测数据作假。根据原环境保护部督查组的反馈，2017 年 1 月以来，很多地方的企业环境监测数据造假，有的通过监测软

件造假，有的通过检测设备造假，有的采取检测方式作假。由于基层生态环境部门专业性不强，在现场发现不了问题，所以企业数据作假的现象反弹。在 2018 年的中央环境保护督察回头看期间，也发现了类似的问题。其次是环境质量监测数据作假。2016 年，为了应对环境质量考核，西安市两个环保分局就卷入了大气质量监测数据作假的事件，在原环境保护部和公安部的直接干预下，几名责任人被刑拘。在此事件的警示下，地方环保部门环境质量监测数据作假的情况少多了，但是仍然不时发生雾炮车在国家大气环境监测站点附近喷水影响监测数据的现象。若在全国尽快建立统一的生态环境监测网络，此类事件应当会更少。最后是企业治理污染作假，有的企业等监管人员来了就开启环境污染治理设备，等监管人员走了就关闭治理设施；在重污染天气期间，有的企业本应限产却不限产，本应停产却不停产，仍然开足马力生产。这反映地方平衡经济增长和环境保护工作的能力非常有限。

三是机构职责不清，亟须为生态环境部门单打独斗的尴尬局面解困。目前，在大气污染防治领域，一些部门因为职责不清，如煤炭产生的环境污染问题既需要能源部门管理，也需要生态环境部门管理，如果在地方削减煤炭的使用总量，也削减大气污染物的排放总量，目前协调的机制不太顺畅。在执法时，部门职责不清，有时相互推诿，无人执法；有时则是多头执法，大家共同参与。为了改善地方和部门工作作风，为市场主体营造良好和清晰的监管制度化氛围，减少职权不确定性导致的腐败现象，应当全面建立环境保护权力清单，建立尽职免责的环境监管制度，给监管人员依法监管创造法治氛围。只有这样，才能标本兼治，各地才能更好地协调经济发展和环境保护。

四是公众的举报被地方过滤的现象广泛存在，社会的知情权和参与权得不到充分保障。例如，在第一轮中央环境保护督察中，河北、黑龙江等地，一些领导干部就因为过滤公众举报，把真实或者基本真实的举报说成不真实，而被处分。在 2018 年 6 月启动的中央环境保护督察回头看中，还是存在类似的问题。由于河南、河北、黑龙江三省上报的群众举报不属实比例较高，中央环境保护督察组提醒当地党委政府要引起重视。

五是地方人大对于大气环境保护发挥了越来越大的监督作用，各省都建立了省政府向人大汇报环境保护工作的机制，既包括在政府工作报告中汇报，也包括政府向地方人大常委会专门汇报，但是形式重于实质，少有问责的现象，如在专门回报方面，大多数情况是政府的代表先在常委会全会上汇报，然后由人大常委会分组讨论，提出意见，但是并不付诸全会表决，监督作用有限；人大的监督在人大的信息公开方面不全面、不系统，还有很大的提升空间。在市县层面，一些领导人的认识不到位，仍然有一些政府没有建立向地方人大常委会专门汇报环境保护工作的机制。这和《环境保护法》修改时规定不具体有关。

三、促进《大气污染防治法》实施的建议

（一）加强匹配的党内法规建设，促进大气污染防治法的实施力

在环境保护党内法规方面，目前形成了环境保护党政同责及配套自然资源资产负债表、领导干部自然资源资产离任审计、区域生态文明建设目标评价与考核、环境保护责任终身责任追究、党政领导干部生态环境损害责任追究制度等切合社会主义实际的机制。环境保护党政同责是落实环境保护党政同责、检查环境法律法规实施情况的一项重要制度，能够让党纪党规和国家环境保护法律法规在实践中运转起来，使党纪党规和环境法律法规长牙，发挥应有的作用，如 2016 年 1 月至 2017 年年底，第一轮中央环境保护督察全面结束后，全国约有 18000 人被追究责任。一些体制内的人士就是因为

环境保护监督监管不力，依据《党政领导干部生态环境损害责任追究办法（试行）》被追责，一些省部级和厅局级干部被查处，地方党政领导目前被戴上了尽职履责的紧箍。如果就环境保护法律而论环境保护法律，在中国的国情下，是片面的、不完整的。

建议在中央和各省级党委党内法规的规划方面，把《大气污染防治法》的实施责任分解、实施目标评价考核写进去，按照习近平总书记在全国生态环境保护大会上的讲话要求，让环境保护法律的实施既成为社会责任，也成为政治责任。可以修改现行的《大气污染防治法》，在附则中设立一条：中共中央或者中共中央办公厅根据职责，可以联合国务院或者国务院办公厅，作出与本法实施相匹配的行动部署和责任追究规定。只有这样，才能在十八届四中全会决定的框架内，促进大气环境保护的党内法规和国家立法的衔接和协调。

（二）编制权力清单，建立"尽职照单免责、失职照单追责"的制度和机制

首先，建议国务院出台各部委办局的环境保护权力清单，特别是明确各部门的监管失职责任，界定政府部门的监管责任与企业的主体责任；中共中央、国务院联合出台指导地方党委和政府环境保护权力清单的编制指南，明确上级党委与下级党委、上级政府与下级政府的关系；各省级、市级和县级党委、政府、人大、政协和司法机关，借鉴甘肃省的经验，按照中央要求分级联合出台环境保护权力清单，特别是界定地方党委书记和其他常委的责任，界定地方行政首长和副职的职责，形成党政同责、一岗双责、失职追责的体制、制度和机制，利于在统一之中形成职责清晰、相互衔接的分工职责体系。

其次，建议借鉴《中共中央 国务院关于推进安全生产领域改革发展的意见》的做法，明确规定"尽职照单免责、失职照单追

责",区分过错责任与其他事件,给地方党政领导和监管部门松绑。只有这样,才能促使地方生态环境部门放下思想包袱,敢于监管,敢于作为。

(三)加强环境监测数据造假的刑法打击力度

在改革文件方面,为了确保环境监测机构和人员独立公正开展工作,确保环境监测数据全面、准确、客观、真实,中共中央办公厅、国务院办公厅于 2017 年印发了《关于深化环境监测改革提高环境监测数据质量的意见》,重点解决地方党政领导干部和相关部门工作人员利用职务影响,指使篡改、伪造环境监测数据,限制、阻挠环境监测数据质量监管执法,影响、干扰对环境监测数据弄虚作假行为的查处和责任追究。这是中办和国办的一个意见,根据罪刑法定的原则,意见不能作为追究刑事责任的依据。在立法建设方面,2015 年 1 月 1 日起实施的《环境保护法》针对排污单位环境监测数据造假的行为,该法第 63 条规定了行政拘留的措施;针对国家机关和国家公职人员环境监测数据造假的行为,该法第 68 条规定了行政处分的措施。2015 年《大气污染防治法》修改,建立以环境质量管理为核心的监管制度,将环境质量目标管理和总量控制相结合,但是该法没有针对监测数据作假再作出特殊的规定。在司法解释方面,最高人民法院和最高人民检察院于 2016 年 12 月联合发布的《关于办理环境污染刑事案件适用法律若干问题的解释》规定,对于重点排污单位环境监测数据造假的,以破坏计算机信息系统罪论处。所以必须加强专门的立法建设。

(四)进一步推进公众参与,探索建立社会组织提起大气环境保护行政公益诉讼制度

虽然检察机关可以依据《行政诉讼法》提起环境行政公益诉讼,监督环境保护等部门依法保护大气环境,但是生态环境部门和检察

院同属一个党委领导，通过党委协调、检察建议就可以解决纠纷，因此目前的环境行政公益诉讼，虽然有一些作用，但是一些地方人士私下表示，"摆拍"的成分还是有一些。建议修改《行政诉讼法》和《大气污染防治法》等有关环境保护法律，授权社会组织针对地方政府和有关部门提起环境行政公益诉讼的制度，既弥补中央环境保护督察的非常态性不足，也遏制地方政府懒政和地方保护主义问题。

（五）加强地方人大对大气环境保护的权力监督

建议修改《环境保护法》，明确规定地方各级人民政府除了在政府工作报告中阐述环境保护工作之外，还需每年派行政官员参加本级人大常委会，汇报环境保护工作情况；鼓励人大常委和人大代表开展相关质询；建议各级人大建章立制，加强人大对环境保护工作监督的制度化，建立人大对同级政府环境保护专门汇报的表决制度；建议各级人大加强权力监督信息的全面公开与问责机制。

第二节　喷水干扰空气质量监测结果的责任追究问题[①]

一、地方喷水干扰空气质量监测事件的原因

近几年，因为城市开发、工业生产和社会生活的影响，一些城市空气中 PM10 和 PM2.5 的浓度较高。为了降尘，地方政府利用喷雾车或者雾炮车向空中喷水雾的做法比较普遍，不仅在北方地区有，在南方地区也有。但是有的地方却重点在大气环境质量监测站点边

---

① 本部分的核心内容见于《以真实的环境监测数据维护环保考核严肃性》（《光明日报》2017 年 10 月 11 日）和《完善法律法规严惩干扰环境监测行为》（《中国环境报》2018 年 4 月 20 日）。

上持续喷水雾，这就是故意干扰环境监测数据。例如，2015 年 1 月以来，陕西省汉中市持续出现严重的空气污染，1 月 19 日还有网友发帖质疑汉中市环保局给空气质量自动监测设备喷水，当日汉中市环保局回应称是工作人员误认为监测设备上有灰尘，擅自冲洗，并对责任人进行了处理。①

2017 年 9 月至 11 月，西安市曲江国家环境监测网空气质量自动监测站点采样区域，有养护公司进行短时间绿化喷水。经调查，对站点同时段监测数据变化趋势或监测设备性能未造成影响，但客观上已造成人为干扰站点正常运行。调查还显示，相关公司负责人责任意识以及环保意识淡薄，未将空气质量自动监测站点周边作业要求及时传达给绿化带养护人员，养护人员不知情、无意识地影响了环境监测采样工作。相关责任单位和人员已被依纪依法追责。②

2017 年 12 月 2—5 日，宁夏自治区石嘴山市大武口区环境卫生管理站利用喷雾抑尘车连续对大武口区黄河东街国家环境监测网空气质量自动监测站点所在的办公楼墙体进行喷雾清洗，直接影响了监测设备采样口周围局部环境，干扰了空气质量监测活动正常进行。由于当地那几天的温度都在零下 9 度以下，喷水致使石嘴山环保局大楼一夜变冰雕③，招致社会的议论。当地也认可这是一起不规范作业导致的人为干预空气环境监测情况。石嘴山市政府对相关责任人进行了问责，对大武口区环境卫生管理站站长毛某、副站长蔡某分别给予警告处分，并公开通报。自治区环保厅将事件在全区进行通报，要求各地汲取教训，严禁触碰环境监测数据质量的红线。加

---

① 参见《空气质量监测设备上有灰 喷水冲洗被质疑》，载 http：//news.hsw. cn/system/2015/0123/211141. shtml。

② 参见《陕西一空气质量自动监测站点受喷淋，相关单位及人员被追责》，载 http：//news. 163. com/18/0116/11/D8967SR4000187VE. html。

③ 参见《宁夏石嘴山环保局大楼一夜变冰雕 只因为这里有它！》，载 ht-tp：//m. sohu. com/a/217794800_ 681337。

大对站点周围的排查和管控力度，建立长效机制，杜绝此类事件再次发生。对干扰正常环境空气质量监测活动、监测数据弄虚作假等行为，依法依规，严肃追责问责。[①]

2015 年以来，上述类似的事件经常发生，百度搜索显示的结果也不少。可以看出，这些事件大都发生在污染天气期间，而且国家大气环境质量监测站点是重点喷洒的对象，故意的成分多一些，目的是用干扰环境监测的方法来降低直达生态环境部的监测数据。在空气采样口塞棉花、让汽车绕行采样区域等作假手段的恶意性很好判断，但是在采样区域搞日常的绿化喷水、市政降尘，干扰国控点空气质量监测活动，是否属于故意不好判断。所以，一些事件被社会舆论关注后，大多也是以违反操作规程的无心之举予以轻轻处理。另外，2017 年，西安市环境保护局 7 名干扰大气环境监测的官员被判刑后，警示作用很明显，地方环保部门环境质量监测数据明目张胆作假的情况得到有效遏制。不过由于该案件没有公开深挖地方党政领导的责任，所以警示作用还不是很强，打擦边球的造假行为还是偶有发生。

二、现有改革文件、党内法规、国家立法和司法解释对干扰空气质量监测的规定

党和国家开展生态环境考核，目的是倒逼各地加强转型与环境监管。为了促进生态文明建设，2015 年以来，中央出台了最多的生态文明体制改革文件。这些文件的实施，需要以真实、准确的环境质量监测数据为基础。一旦数据失真，不仅严重损害改革的质量，使得环境决策失真、目标考核失真、环境审计失真、生态补偿失真、追责失真，难以发挥环境保护一票否决的作用，严重时可使党和国

---

① 参见《宁夏查处一起人为干扰环境监测事件》，载 http：//www.cenews.com.cn/fzxw/201801/t20180116_ 864385.html。

家生态文明建设和改革总体部署的预期全部落空，使改革功亏一篑。由于环境质量监测数据失真，难以保障环境质量目标的实现，所以必须予以克服。

在体制改革方面，为了使生态环境监测大一统并且有机协调，国务院办公厅于 2015 年出台了《生态环境监测网络建设方案》；为了纠正地方保护主义，增强环境监测监察执法的独立性、统一性、权威性和有效性，中共中央办公厅、国务院办公厅于 2016 年出台了《关于省以下环保机构监测监察执法垂直管理制度改革试点工作的指导意见》，规定市级环境监测机构直属于省级环境监测机构，市级环境监测机构独立于市级生态环境部门和市县级地方人民政府。这些改革措施初步形成了以环境质量管理为核心的大气环境管理模式，实现了环境监管模式的转型，大大提高了环境质量。为了惩罚地方党政机关工作人员造假或者指令、纵容造假，以及对造假失察的行为，中共中央办公厅、国务院办公厅于 2015 年发布的《党政领导干部生态环境损害责任追究办法（试行）》作了专门的责任规定。

在制度创新方面，由于上述改革仍然解决不了环境监测数据的人为干预和作假问题，为了确保环境监测机构和人员独立公正开展工作，确保环境监测数据全面、准确、客观、真实，中共中央办公厅、国务院办公厅于 2017 年印发了《关于深化环境监测改革提高环境监测数据质量的意见》，重点解决地方党政领导干部和相关部门工作人员利用职务影响，指使篡改、伪造环境监测数据，限制、阻挠环境监测数据质量监管执法，影响、干扰对环境监测数据弄虚作假行为查处和责任追究的问题。这是中办和国办的一个意见，而不是规定、决定、办法，按照党内法规的效力规定，难以直接作为对体制内人士进行党纪和政纪处分的依据，如果其能与一些规范性的党内法规和国家法律、行政法规相衔接，也可以根据衔接的文件予以处分。根据罪刑法定的原则，意见不能作为追究刑事责任的依据。

在立法建设方面，2015 年 1 月 1 日起实施的《环境保护法》规定了企业自我监测、信息公开等严格的法律义务，提高了罚款标准，规定了按日计罚、行政拘留、引咎辞职、连带法律责任措施和公益诉讼等新机制。针对排污单位环境监测数据造假的行为，该法第 63 条规定："企业事业单位和其他生产经营者有下列行为之一，尚不构成犯罪的，除依照有关法律法规规定予以处罚外，由县级以上人民政府环境保护主管部门或者其他有关部门将案件移送公安机关，对其直接负责的主管人员和其他直接责任人员，处十日以上十五日以下拘留；情节较轻的，处五日以上十日以下拘留：……篡改、伪造监测数据，或者不正常运行防治污染设施等逃避监管的方式违法排放污染物的……"针对国家机关和国家公职人员环境监测数据造假的行为，该法第 68 条规定："地方各级人民政府、县级以上人民政府环境保护主管部门和其他负有环境保护监督管理职责的部门有下列行为之一的，对直接负责的主管人员和其他直接责任人员给予记过、记大过或者降级处分；造成严重后果的，给予撤职或者开除处分，其主要负责人应当引咎辞职：……（六）篡改、伪造或者指使篡改、伪造监测数据的……"2015 年《大气污染防治法》修改，建立以环境质量管理为核心的监管制度，将环境质量目标管理和总量控制相结合。但是该法没有针对监测数据作假再作出特殊的规定。

在司法解释方面，最高人民法院和最高人民检察院于 2016 年 12 月联合发布的《关于办理环境污染刑事案件适用法律若干问题的解释》对两类作假现象予以了规范：一是对于重点排污单位环境监测数据造假的，按照第 1 条第 7 项规定的"实施刑法第三百三十八条规定的行为，具有下列情形之一的，应当认定为'严重污染环境'：重点排污单位篡改、伪造自动监测数据或者干扰自动监测设施，排放化学需氧量、氨氮、二氧化硫、氮氧化物等污染物的"，依据《刑法》第 338 条"污染环境罪"追究刑事责任。二是针对其他危害环境监测数据真实性的行为，该司法解释第 10 条规定："违反国家规定，针对环境质量监测系统实施下列行为，或者强令、指使、授意他人实施下列行为的，应当依照刑法第二百八十六条的规定，以破坏计算机信息系统罪论处：（一）修改参数或者监测数据的；（二）干扰采样，致使监测数据严重失真的；（三）其他破坏环境质量监测系统的行为。……从事环境监测设施维护、运营的人员实施或者参与实施篡改、伪造自动监测数据、干扰自动监测设施、破坏环境质量监测系统等行为的，应当从重处罚。"2016 年西安市环境保护局两个环保分局的 7 名官员为了让环境监测数据好看，竟然对大气环境质量自动监测国控站点的设备动手脚，西安市中级人民法院于 2017 年 6 月 16 日一审判决李某等 7 人行为构成破坏计算机信息系统罪，判处 1 年 3 个月到 1 年 10 个月有期徒刑不等。

三、如何依据现有党内法规、国家立法和司法解释对喷水事件进行追责

对于宁夏石嘴山干扰空气质量监测采样案件，若要深入追究责任，必须明确如下问题：

一是认定当事人的主观过错。在该案中，地方得出的原因是"在工作过程中，大武口区城管局没有细化喷雾抑尘车作业要求，喷雾抑尘工作不规范，现场作业时连续对大武口区黄河东街国家环境监测网空气质量自动监测站点所在的办公楼墙体进行喷雾清洗，喷雾直接影响了监测设备采样口周围局部环境，干扰了空气质量监测活动正常进行"。显然，地方认为环卫部门不是故意干扰空气质量监测数据的，只处分了大武口区环境卫生管理站站长毛某和副站长蔡某，分别给予警告处分，并公开通报。如果确实不是故意的，这一处分与主观过错程度还是相适应的。如果是故意的，那么环卫管理站的工作人员应当承担比警告更重的处分，在行政上可以给予记过、记大过的处分，在党纪上可以给予记过、开除党籍等处分；如果性质恶劣，可以追究刑事责任。按照《刑法》第 286 条"破坏计算机

信息系统罪"的规定，可以处以五年以下有期徒刑或者拘役；本案的行为持续五天，如果认定后果特别严重，也可以处以五年以上有期徒刑。本案中，授意大武口区环境卫生管理站影响数据的人，也应当按照上述规定，追究其党纪、政纪甚至刑事责任。

二是对当事人的责任认定与处理。处理当事人前须对案件进行定性。如果大武口区环境卫生管理站的工作人员是自己故意干预监测数据，或者是有关部门、有关领导授意其影响空气质量监测数据的，那么就属于行政违法，需要依据编制的性质追究纪律责任。如果当事人是事业单位的编制，追究依据是 2012 年 8 月 22 日人力资源和社会保障部、监察部发布的《事业单位工作人员处分暂行规定》，处分分为警告、记过、降低岗位等级或者撤职（撤职适用于行政机关任命的事业单位工作人员）、开除几类形式。如果当事人在法律、法规授权的具有公共事务管理职能的事业单位中工作，属于经批准参照《中华人民共和国公务员法》管理的工作人员，则参照《行政机关公务员处分条例》的有关规定，给予处分，处分分为警告、记过、记大过、降级、撤职、开除几类形式。如果情节严重，就是刑事违法，需要严肃追究刑事责任。如果追究行政责任，则不能按照《环境保护法》第 63 条的规定处理，因为本案中，环卫部门不属于排污单位。由于环卫部门属于其他负有环境保护监督管理职责的部门，那么可以按照《环境保护法》第 68 条的规定，对于"篡改、伪造或者指使篡改、伪造监测数据的"，对直接负责的主管人员和其他直接责任人员，依据编制的性质分别给予事业单位工作人员警告、记过、降低岗位等级处分，给予公务员或者参照公务员身份管理的人员以撤职、开除，警告、记过、记大过、降级、撤职、开除等处分。性质严重但不构成犯罪的，单位主要负责人应当引咎辞职，或者予以开除。不过《环境保护法》不适用于党委系统的公职人员，所以，对于党委系统的公职人员指使环卫部门篡改、伪造监测数据的，应当按照中共中央《党政领导干部生态环境损害责任追究办法（试行）》第 8 条的规定，追究党纪责任；如果构成刑事犯罪，依照刑法追究刑事责任。如果情节严重，本案经过侦查，确实属于故意，并且有人授意，情节严重的，应对标 2016 年西安市环境监测数据作假的刑罚结果，追究刑事责任。值得注意的是，由于影响环境监测采样和篡改、伪造环境监测数据还是有一些区别，所以，依据《环境保护法》关于篡改、伪造环境监测数据的规定来追责，虽然靠得上边，但是缺乏准确性。

三是对授意或者包庇、纵容造假的领导以及对造假失察的领导的责任追究。2016 年的西安市空气质量监测数据造假刑事案件，并未追究地方党委和政府的责任。如果追究，可以按照 2015 年中共中央办公厅、国务院办公厅《党政领导干部生态环境损害责任追究办法（试行）》的规定，追究区委和区政府有关领导的党纪、政纪责任；如果指令造假的情节严重，还要依据《刑法》第九章"渎职罪"的相关规定追究其刑事责任。在本案中，如果查出是市环境保护局领导直接授意的，那么，应当追究其刑事责任。如果是市领导授意的，也应当追究市领导的刑事责任。追究的依据是该办法第 8 条规定的"党政领导干部利用职务影响，有下列情形之一的，应当追究其责任：……（四）指使篡改、伪造生态环境和资源方面调查和监测数据的"。如果市领导不知情或者包庇、纵容的，分管环境保护和环卫的市领导，要按照该办法第 6 条规定的"有下列情形之一的，应当追究相关地方党委和政府有关领导成员的责任：……（二）对分管部门违反生态环境和资源方面政策、法律法规行为监管失察、制止不力甚至包庇纵容的"，追究党纪、政纪责任。

四是追究刑事责任的法律依据和司法解释依据。追究国家工作人员的环境监测数据造假的刑事责任，目前《刑法》缺乏明文的规定，靠得上边的第 397 条第 1 款规定了"国家机关工作人员滥用职权或者玩忽职守，致使公共财产、国家和人民利益遭受重大损失的，处三年以下有期徒刑或者拘役；情节特别严重的，处三年以上七年以下有期徒刑。本法另有规定的，依照规定"。不过，依据 2016 年《关于办理环境污染刑事案件适用法律若干问题的解释》的规定，本案中，影响数据的不是重点排污单位，而是负责环境保洁的环卫部门，因此不适用第 1 条第 7 项的规定。如果本案中环境监测数据严重失真，那么就属于该司法解释第 10 条第 2 项规定的"违反国家规定，针对环境质量监测系统实施下列行为，或者强令、指使、授意他人实施下列行为的，应当依照刑法第二百八十六条的规定，以破坏计算机信息系统罪论处：……（二）干扰采样，致使监测数据严重失真的"情形，应当追究刑事责任。西安市环境保护局两个分局的人员 2016 年参与监测数据造假，就是按照这个罪名定罪量刑的。由于目前刑法中缺乏国家公职人员指令他人作假的明确罪名，也缺乏国家公职人员直接参与环境质量监测数据作假的明确的罪名，因此《刑法》修改时应当在渎职罪中予以增补。对于后者，目前按照破坏计算机信息系统罪予以定罪量刑不是很合适。

四、如何防止干扰空气质量监测采样事件的一再发生

首先，修改《环境保护法》《大气污染防治法》或者制定保障环境监测数据质量的法规规章时，把干扰环境监测采样的行为纳入违法之中，和篡改、伪造环境质量监测数据并列。这样，可以增强法律处罚的严谨性和可操作性。

其次，把 2016 年最高人民法院和最高人民检察院发布的《关于办理环境污染刑事案件适用法律若干问题的解释》予以法律化，即修改刑法，在渎职罪内针对国家工作人员和国家机关聘用人员、国家机关任务合约单位明确设立监测数据作假罪，把干扰环境监测、篡改环境监测数据、伪造环境监测数据、指令干扰监测数据、指令篡改环境监测数据、指令伪造环境监测数据等行为纳入该类罪名。对施工人员和养护人员设立环境监测数据作假罪，把干扰环境监测采样明确纳入犯罪，解决刑法罪名的不贴切问题。

再次，建议中纪委、中组部、国家监察委和生态环境部联合发布一个既属于党内法规又属于部门规章的文件，将中共中央办公厅、国务院办公厅《关于深化环境监测改革提高环境监测数据质量的意见》的追责要求法制化，成为可以直接依据的追责办法。在该办法中，加大对社会参与和监督的力度，鼓励大多数监测设施对公众开放，让公众更有条件发现环境监测数据造假的现象。

最后，建议中央环境保护督察组在督察回头看时，对类似的数据造假行为予以严惩。对于构成犯罪的故意造假行为，对于指令、唆使造假的官员予以严惩，并向全国通报，形成威慑态势，以儆效尤。建议各省要至少追责几个典型的违法案例，以点带面加强整改，让各级党委和政府及其有关部门不敢造假或者不敢唆使造假，不至于把环境保护的动力传导变成层层传导造假的压力。生态环境部、国家监察委、中纪委、中组部也要采取以案说法的形式加强职业道德教育、纪律教育和法制教育，对各级党委和政府有关人员开展警示教育。

第三节　区域雾霾治理的认识论和方法论问题①

近几年，京津冀地区尤其是北京的雾霾污染，因为波及面广，程度严重，引起国内外的广泛关注。2015 年和 2016 年，雾霾污染甚至覆盖了中国国土面积的 1/3。雾霾污染既伤害国民健康，也损害外来资本和外来人才进入的积极性，还会对资本市场产生一定的冲击。更为重要的是，频发的区域雾霾反映出我国传统的发展模式及其可持续性受到了前所未有的挑战。为此，中央加大了生态文明体制改革和生态文明建设的力度，建立了转型战略和应对举措，从目前来

---

① 本部分的核心内容以《区域雾霾治理的认识论和方法论》为题，被《中国国情国力》于 2017 年 3 月发表。

看，生态文明制度的四梁八柱正在建立，① 生态文明体制改革取得了一些成绩，但也存在一些问题，下一步需要创新思维和方法，通过新的认识论和方法论予以解决。

一、区域雾霾治理要坚持顶部论和阶段论

雾霾治理要坚持顶部论的认识论。所谓顶部论，是指最近几年和今后若干年，环境污染物的排放总量会处于历史高位，复合型污染的特征更加明显，环境质量状况非常复杂。雾霾问题不仅是中国面临的现实问题，也是所有经济快速发展的转型国家所面临的社会现实。在历史上，英国、美国等发达国家的部分地区以前在转型的过程中也遭受了为期十年以上的严重雾霾。最近几年，除了中国以外，雾霾还横扫了印度、越南等经济快速发展的发展中国家，如2016年11月，印度新德里就遭受了10年以来最严重的雾霾，当局采取了关闭热电厂、暂时关闭学校和工地、禁止焚烧垃圾特别是树叶、允许雇员弹性上班等应急措施，机动车单双号限行、人工降雨等后备措施也在考虑之列。② 总的来看，今后10年，中国的主要污染物排放总体上处于跨越峰值并进入下降通道的转折期，到"十三五"末期和"十四五"初中期，主要污染物排放总量的拐点可能全面到来。但是目前，我国京津冀地区PM2.5年均浓度经过治理虽然有所下降，但和发达国家相比，PM2.5前体物的浓度仍然是发达国家的10倍左右。总的来看，今后5年到10年内，中国仍然处于环境与经济发展矛盾的凸显期、环境标准与要求的提高期，如遇上经济下行压力期，过关越坎的难度更大，艰巨性前所未有。

雾霾治理要坚持阶段论的认识论。所谓阶段论，是指为了让环

---

① 参见《努力走向生态文明新时代》，载《人民日报（海外版）》2016年12月3日，第1版。
② 参见帕德马普里亚·戈文达拉扬：《新德里采取措施抗击雾霾》，载《参考消息》2016年12月3日，第6版。

境保护不成为经济社会发展的短板，既要有解决环境问题的历史紧迫感，也要在战略部署上有适当的历史耐心，以与经济社会发展相协调的方式、污染防治与生态建设相结合的方式，在发展中科学、稳妥、分阶段地解决环境问题。雾霾是几十年发展积累形成的，绝不是一两天、一两年可以根治的，必须有中长期的防治战略。中国整体上正在走出先污染后治理的历史困局，一些发达地区已经初步实现了经济发展和环境保护的良性循环。但在中西部的很多地区，边污染边治理、边破坏边修复的状况可能还会持续一段时间。如果坚持努力推进治标与治本措施，环境恶化的现象在 2020 年前可能得到根本遏制。于 2030 年进入以创新经济为标志的制造强国行列后，中国的经济增长不再以资源和环境为代价，经济发展和环境保护协同的局面可能会全面形成。这说明，雾霾治理要遵循经济发展和环境保护的基本规律，不可懈怠，也不可冒进。

二、区域雾霾治理要在区域协同发展和解决大城市病的格局中统筹开展

区域雾霾治理要在区域协同发展的格局中统筹开展。生态环境是一个系统，大气环境也不例外。京津冀地区同属一片天空，在复杂的气候条件下，大气污染物会相互输送，因此每个城市尤其是北京地区的雾霾治理不能完全靠自己，必须在区域协同发展的大格局中予以统筹考虑。京津冀地区雾霾的形成，主要来自工业、机动车和建筑扬尘排放的颗粒物、氮氧化物、硫氧化物等污染物，也来自农业排放、家庭生活排放。对于北京来说，雾霾的形成除了来自天津和河北特别是河北的工业输送之外，主要的还是自己长期发展过程中形成的大城市病。治理大城市病已成为北京市一直坚持的工作重点。北京市三面环山，秋冬季一旦出现静风天气，不利于大气污染物的扩散，容易形成雾霾。按照京津冀地区协同发展的安排，北京市已经疏散了钢铁生产、家具生产等一批工业

和加工业企业，实现了工业的清洁化。根据清华大学对雾霾的监测和分析，无论是PM2.5还是PM10，2016年平均浓度比以前均有一定程度的下降，这得益于中央环境保护督察的严肃追责，得益于《大气污染防治行动计划》给京津冀地区各地设立的年均浓度考核规定，得益于京津冀地区日益严格的工业、机动车排放等管制措施。

区域雾霾治理要在解决大城市病的格局中统筹开展。根据观察，2015年前，北京市比较严重的雾霾天气的形成往往需要两天以上的酝酿期，而到了2016年，比较严重的雾霾天气往往在一天之内就酝酿形成了。尽管平均浓度比以前有所下降，但是大气污染物的形成却加快了，这说明北京市的大城市病不仅没有得到缓解，有些方面还在继续恶化。北京市各城区和乡镇建设面积仍然在扩大，"摊大饼"的现象在房地产的刺激之下仍然没有得到有效遏制。一个生态城市应当是建立在绿色之中的尊重自然的城市，不得改变自然地貌和自然生态，即绿色是城市的主体，建筑和马路应融合在绿色中。但从空中俯瞰，北京市处于三面环山的盆底，主城区和各区城区的地面，除了高楼，就是马路，绿色植被倒成了珍贵的点缀。高楼之中集聚了大量的人口和产业，产生了大量的生活和生产排放；马路上布满了汽车，由于交通拥堵成为常态，加剧了交通排放的总量。加上北京市缺水，人口集聚过多，地下水抽取过量，影响区域生态环境形成良性循环。这种不符合自然地貌限制、自然资源禀赋限制和生态环境保护需要的发展，远超环境容量，不是科学的发展。不仅北京如此，全国很多特大和大中城市，甚至南方生态好的城市，在秋冬季也经常受到雾霾的侵袭。在优势资源集中的城市，居民一边享受过度城市化的政治、经济和社会待遇，一边承受粗放式城市化带来的雾霾、水污染和食品不安全等恶果。

三、区域雾霾治理要采取体制改革和法治创新的方法

要用体制改革的方法缓解和解决区域雾霾问题。为什么这么多的城市出现大城市病？除工业的粗放发展没有得到解决外，主要的原因是中国的大城市往往都是政治优势型城市，如首都、省会城市、副省级城市等，积聚有相当多的政治、经济和社会资源，吸引了产业来落户、吸引人群来就业、吸引学生来就学、吸引病人来就医。这和我国中央集权制的政治体制密切相关。要解决大城市病，必须针对这一体制的缺陷开展针对性的改革，防止改变自然的城市发展格局继续扩大，下一步必须从以下两个方面创新生态文明体制改革思路：一是结合全面建成小康社会的战略，在全国尽快推行城乡经济发展和社会服务一体化和均质化，减少大城市的吸引力；二是形成中央和地方各级党委和政府的权力清单，形成行政区域上下级关系的规范化，让地方在权力清单的范围内有充分的政治、经济、社会、环境资源调配权，让各城市不分行政级别就能在全国范围内形成特色的发展优势，形成对资本和人才的充分吸引力。如果下一步的体制改革，权力还是不断地逐级往上收，那么大城市病还会越来越严重，雾霾的解决还会越来越艰难。

要用法制创新的方法缓解和解决区域雾霾问题。首先，可以考虑拓展环境污染侵权责任的对象范围。按照现行《侵权责任法》和环境立法，环境污染侵权责任一般适用于企业的点源污染。但是，雾霾的发生，各行各业都有"贡献"，损害也是区域的，不再是具体的人群，而是区域人群，这说明传统法律规定的点源污染追责模式在新型污染形态下已经失效。按照目前的侵权责任法和环境保护立法，只有企业超浓度或者超总量排放大气污染物才会承担环境侵权责任，而一些社会性排放和产业性排放，总量很大，但是依据现有法律却不承担侵权责任，如家庭因为取暖等社会生活会排放大气污染物、个人因为驾驶合格的机动车会排放大气污染物、社区化粪池

发酵和农业施肥也会产生大气污染物。在大中城市，因为人口集聚过多，这些排放在大气污染物排放总量中的占比肯定不小，在治理雾霾的工作中不容忽视。建议修改现行《大气污染防治法》，扩大环境侵权责任适用范围，让雾霾治理变成各方面的法律责任，把环境责任和环境成本以适当的形式内在化于各行各业。其次，可以考虑拓展无过错损害污染原则的适用范围。无过错责任原则一般适用于点源污染所造成的侵权现象，对于区域污染物排放总量超过规定指标的省域、市域和县域，无论是否有过错，除坚持党政同责的原则外，还应当给其他受害区域以环境损害赔偿或者污染损害补偿。只有这样，才能倒逼各地加强区域产业结构优化、产业升级改造，开展区域性环境污染管控，加强生态建设。最后，可以考虑拓展共同但有区别责任原则的适用范围。共同但有区别责任原则是气候变化国际应对的一个基本原则，也可以为区域雾霾的联合防治提供借鉴和参考。大气污染联防联控强调各区域和各领域共同的大气污染防治责任，但是这种共同的责任是有区别的。有区别的责任体现在不同发展程度的区域之间，体现在不同的行业或者领域之间，如工业大类中的采矿业、制造业等行业的排放量远远大于农业排放量，第三产业中交通运输业排放的危害远远大于农业排放的危害。因此，工业、农业和第三产业在大气污染联防联控的责任承担方面应当实行有区别的责任原则。同一行业内不同污染程度的企业承担的责任不同，如火电厂、冶炼厂、水泥厂等，这些高耗能的企业既排放大量的细颗粒物，又排放大量的硫氧化物、氮氧化物等污染物质，在整个减排过程中，应当承担主要责任。从综合区域和行业的特点来看，若某区域或行业排放总量较大，其地方政府与行业部门就应当承担主要的管制责任，以京津冀地区为例，北京市目前基本没有什么高污染高能耗企业，但是其交通运输方面的污染物排放量较大，因此北京市政府及其相关部门应当对交通排放管制承担主要的监管责任；河北省的工业排放量份额较大，因此河北省政府及其相关部门应当对其工业减排承担主要的监管责任。为了落实该原则，应当考虑修改《大气污染防治法》等法律法规，明确规定污染物排放量大的地区和行业、领域应当承担区域大气污染主要的减排责任，明确规定排放总量大的行业、领域和地区应当承担与其排放总量的比例相适应的减排责任。此外，还要创新责任分配机制和调控机制，解决各地区的历史责任和现实责任。

四、区域雾霾治理要优化城市管理方法和培育新动能

要用优化城市管理的方法缓解和解决区域雾霾问题。大城市病是因城市管理不当形成的，其解决还得依靠城市管理。目前，用行政命令疏解北京市的教育资源和医疗资源，各方面争议很大，可以寻找其他办法。2017年起，各城市群特别是京津冀地区应当选用一批懂城市管理的专家型官员，通过城市科学、民主管理的手段，缓解区域雾霾问题。第一，应当优化城市空间开发利用结构，遵循地理、气象、生态等基本条件，开展"多规合一"，打非治违，形成科学的、可持续的生产、生活和生态空间；要大力发展一批美丽乡村和特色小镇，既补足发展区域的短板，弥补新动能的区域空白，也可以净化区域空气，形成生态防线；大力发展城乡污水、垃圾集中处理，提升区域环境质量，为工业排放腾出一定的环境指标。第二，以最坚决的态度执行城市开发利用边界制度，防止各城市主城区、各区县城区、各乡镇城区的范围继续膨胀，超过区域生态环境容量；推行党政同责，严格执法，打击环境违法行为，为新动能竞争力的形成奠定坚实的法治基础。第三，借鉴英国伦敦治理雾霾和中国东南沿海发展的历史经验，开展能源结构改革和自然资源消耗总量控制制度，倒逼城市开展资源节约型和环境友好型改革。2016年，按照北京市的统一部署，各城区和平原农村正在进行煤改电和煤改气工程，已有463个村冬季取暖不烧煤；2020年，全市新用水量将封顶在31亿立方米。第四，开展城市交通优化工作，缓解堵车现象，

减少交通排放。目前来看，北京市为了鼓励人们乘坐公共交通工具出行，在三环和一些高速公路上划定了高峰时段的公交专用通道，出发点是好的，但是由于公共交通车数量少，公交专用车道利用率不足，还加重了其他车道的交通拥堵，大气污染物的排放总量不仅没有减少，反而还在增加。建议允许大中型客车、出租车等公共交通工具利用该专用通道，以提高利用率。目前，北京市的公共交通运量资源，在高峰时段已经完全饱和，在地面基本再无做加法的空间。建议北京市借鉴纽约的经验，在现有地铁的沿线，建设快速地铁线，只在重点站停靠，解决交通潮汐现象。通过地下公共交通的快速化，缓解地面交通拥堵和污染物的排放总量。第五，利用经济调控手段倒逼人们选择经济合理的交通方式，调整出行时段和出行区域。尽管诟病很多，但迫于污染形势之严峻，北京市政府不能再优柔寡断，建议尽快出台以下措施管控机动车的污染物排放：实行小汽车号牌的摇号制度和拍卖制度，对于中签的人，才有机会集中竞买号牌；在橙色预警以上级别，实行机动车单双号限行；借鉴伦敦的经验，对机动车征收城市拥堵费，不过，对于五环内、四环内、三环内和二环内可实行差别化的计费政策。第六，对企业生产实行科学的排放管控措施。2016 年冬季，为了应对雾霾的危害，石家庄实行了史上最严的限霾令，规定无论排放是否达标，一些企业在年底前一律停产，因为方法坚决且一刀切，涉及国计民生的医药生产业和一些上市公司，引发了社会各界的争议和资本市场的忧虑，建议创新排污许可管理和总量控制制度，对于企业的污染物排放实行流量管理，即在许可证中载明各企业大气污染物的年排放总量和季度排放总量，让企业合理安排生产的总量，在春季后期和夏秋季多生产，在冬季和春季初中期少生产甚至不生产，安排检修。

要用培育发展新动能的战略缓解和解决区域雾霾问题。目前，中国正在转型，由生产大国转型为生产大国和对外投资大国。一些企业投资正投向域外，在满足这些国家就业和产品需求的同时，也减少了中国国内的环境风险。根据不完全统计，中国目前已有1万多人在国外从事废塑料回收和再生业。如何尽快形成新动能，弥补旧动能优化中出现的经济和社会发展动能不足的现象？如何防止经济增长依然依靠房地产的现象？一些人提出，国家要扶持企业和科研机构加大研发力度，尽早整体提升中国的科技实力。按照目前的预计，中国在2030年左右才能进入制造强国的行列，届时中国才能形成依靠科技创新来支撑GDP中高度增长的局面。在新局面形成之前，旧动能的升级和新动能的形成是一个痛苦的过程。为了减少痛苦，解决未来15年的动能问题，必须挖掘内部潜力，同时引进外部力量。具体来讲，要尽快通过政治体制改革、教育体制改革和社会保障法制建设，继续推进法治建设，保障人们具有居住的安定感和人身、财产的安全感，留住富有人群和技术人才在国内继续发展或者服务于中国，吸引国外机构和人才来华投资和研发。只有这样，中国可持续发展所需的新动能才会很快集聚。也就是说，我国在组织科技攻关形成自主新动能的同时，应当采取并蓄的措施，吸引域外科技成果和产业资本为我服务，壮大新动能。中国也可以加大对域外科技产业的投资，分享发达国家和地区新动能所形成的惠益。

第四节　区域雾霾治理需要来场"大革命"①

一、区域大气污染防治需要革命性措施

2015年1月1日，史上最严格的新《环境保护法》开始实施。根据统计，2015年1—7月，各地按照新《环境保护法》的要求，严格执法，实施按日连续处罚、查封扣押、限产停产案件共计3760

---

① 本部分的内容以《雾霾治理　得来场"大革命"》为标题，被《环境保护》于2016年第1期发表。

件；罚款数额达到 28203.42 万元；行政拘留案件 927 件。在刑事环境司法方面，移送司法机关查处的涉嫌环境污染犯罪的案件共计 863 件；环保部对减排存在突出问题的 5 个城市实行环评限批，对 37 家企业实行挂牌督办，对脱硫设施运行不正常的火电企业扣减脱硫电价款 5.1 亿元。① 衡阳、承德、沧州、临沂、保定、马鞍山、无锡、郑州、安阳、南阳、百色等城市，以及北京排水集团，因为环保工作不力，其主要负责人都被环境保护部约谈。② 在严格执法之下，全国的空气质量得到明显改善。李克强总理为此于 2015 年 7 月作出批示，对大气污染防治取得初步成效予以肯定。③

2014 年至 2015 年，中央和地方一直在努力调整产业结构，特别是新《环境保护法》实施之后的前半年，各地淘汰落后产能的力度很大，如河北省的重产业结构，比例已由 70% 下降到目前的 40%，做出了艰巨的努力，很多人为此付出企业关闭、下岗、转行等痛苦的代价。④ 但是河北省还只是一个刚吃饱饭的省份，做出如此大的奉献已实属不易。如缺乏中央财政的大力支持，短时间内再作出进一步的刮骨疗伤措施，恐怕不利于经济基本面的巩固和社会的稳定。总的来看，2015 年 6 月起，经济下行压力开始加大，⑤ 在山东临沂、河北等地，因为产业结构调整，很多工厂关闭，全国数以百万计的职工下岗或者再就业，经济基本面的维护和社会的稳定成为各地关

---

① 参见《环境保护部通报新环保法及配套办法执行情况》，载《中国环境报》2015 年 9 月 11 日。

② 参见孙秀艳：《诫勉 + 预警，环保约谈促治污》，载《人民日报》2015 年 9 月 12 日。

③ 参见王昆婷：《李克强对大气污染防治工作作出重要批示》，载《中国环境报》2015 年 7 月 20 日。

④ 参见中央电视台新闻频道 2015 年 12 月 18 日《新闻 1＋1》节目"红色预警，又来了"。

⑤ 参见张军扩：《下半年经济仍面临下行压力》，载《经济日报》2015 年 7 月 20 日。

注的头等大事，环境保护法律的严格实施受到严峻挑战。环境保护人士普遍感到结构调整的难度加大，严格执法和保经济增长之间的平衡已很难把握。一些地方甚至放松了对企业环境保护的监管。在此背景下，进入采暖季后，大气污染问题集中显现。例如，京津冀地区和东北地区的雾霾污染持续时间长，一些地方的 PM2.5 甚至出现长时间爆表的现象。① 例如，2015 年 11 月，中央电视台的记者赴东北地区雾霾最为严重的辽宁采访，发现很多工厂连基本的大气污染防治设施都没有，有的即使有设备也不正常运行，环境保护部门的监管条件和能力严重不足。在京津冀地区，北京市甚至启动了史无前例的红色预警，而且还在间隔不远的时间内发出两次红色预警，一些工厂限产停产，中小学校放假。第一次发出红色预警，社会尚夸奖生态文明建设以人为本。但第二次红色预警发出时，人们开始担心红色预警可能成为常态，担心自己的生产经营和生活会受到严重的影响。② 第二次红色预警结束之后，空气质量照样严重污染，但是却没有发出第三次红色预警。学生不仅戴着口罩上学，有的学生甚至还在教室里戴着口罩上课。社会开始争论是否应当在教室里装空气净化器，以保卫我们的下一代。基于此，一些人士甚至把 2015 年的京津冀地区雾霾与 20 世纪 50 年代的伦敦雾霾相提并论。③

　　红色预警是应急措施，是末端的危机应对手段，不是常态，也不应当成为常态。现时的红色预警，社会成本太大，而且转嫁了污染者的污染责任，也不合理。现实证明，在经济下行的巨大压力下，

---

① 参见《辽宁现史上最严重雾霾污染》，载《大连日报》2005 年 11 月 10 日。

② 参见《北京红色预警成常态　两周两次停课家长乱阵脚》，载《中国青年报》2015 年 12 月 22 日。

③ 参见孔令钰：《京城雾霾史上罕见　浓度逼近 1952 年伦敦烟雾事件》，载财新网：http：//china. caixin. com/2015 - 12 - 01/100880241. html？sourceEntityId = 100877861，最后访问日期：2015 年 12 月 28 日。

常规的治理措施已经不起大作用，风已经成为驱除雾霾的关键因素。等风来扫除雾霾的尴尬现象，说明雾霾生成和加重的原因已不全然是《大气污染防治法》的个案执法问题，从更深层次来看，是我国全局性和区域性的产业结构、产业布局、能源结构、能源布局、生活方式出了大问题。① 严重的环境污染特别是雾霾污染，考验地方党委和政府的执政能力，挑战生态文明建设的制度信任和实施效果，必须引起重视。要解决雾霾，必须进行系列的革命性措施。

二、区域大气污染防治可采取的指导思想和法治规则革命措施

（一）主要矛盾定位的革命②

国家策略的制定与实施必须基于社会的主要矛盾。矛盾定位如果不准确或者不清晰，行动战略及其部署就会出现偏差。长期以来，我党将社会主义初级阶段的主要社会矛盾定为人民日益增长的物质文化需要同落后的社会生产之间的矛盾。笔者认为，在发展阶段，这一矛盾永远是一个主要的矛盾。目前，党中央提出供给侧改革，也是承认社会生产还是落后，并没有否定这一矛盾。但是，目前严峻的雾霾污染和水污染，具有全局性，一些地区的环境容量已经基本用尽，环境安全正面临前所未有的挑战。环境污染、生态破坏和资源紧缺已经成为制约经济社会进一步可持续发展的短板。在这个背景下，生态文明才得以进入"五位一体"的格局，绿水青山也是金山银山才得以成为社会的共识。也就是说，资源和环境问题事实上已经成为我国经济社会发展的主要矛盾，并且严峻程度不低于物质文化需要同社会生产之间的矛盾。基于此，有必要修改党章和宪

① 参见常纪文：《这一年环境治理带给我们哪些启示》，载《中国环境报》2015 年 12 月 29 日。

② 该建议于 2016 年 3 月被"十三五"规划纲要的"发展主线"部分采纳。党的十九大对社会主义初级阶段主要社会矛盾的转化进行了全面阐释。

法，把"人民日益增长的物质文化需要同落后的社会生产之间的矛盾"扩展为"人民日益增长的物质文化环境需要和紧缺的资源供给同落后的社会生产之间的矛盾"。社会生产问题显然包括产业结构、能源结构、资源状况和技术落后等问题。只有定好位，把环境污染、生态破坏和资源紧缺纳入社会的主要矛盾，成为全国上上下下着力解决的主要问题，立足于解决环境问题的生态文明理念和措施入党章、入宪法、入法律、入政策，才具备理论和实践支撑。生态文明的建设和改革工作，才能得到全面的部署和推进。

（二）政治法治规则的革命

环境保护工作离不开党委的领导和支持。2013 年 5 月，中国共产党发布《党内法规制定条例》，取代 1990 年的《中国共产党党内法规制定程序暂行条例》，并发布党内法规五年制定规划和其他加强党内法规体系建设的文件。党的十八届四中全会决定要求"完善党委依法决策机制，发挥政策和法律的各自优势，促进党的政策和国家法律互联互动""注重党内法规同国家法律的衔接和协调"，强调了两者对接或者互联互动的重要性。党内法规和国家法律的对接，即互助和联合，是中国特色社会主义法治的重大发展。党内法规的建设主要是健全党组织、规范党组织活动和党员行为、落实各级党委和领导干部的责任，有利于使中国共产党由领导型政党向责任型政党全面转变。在这个背景下，安全生产和环境保护方面的党政同责体制制度和机制开始先后实施，如 2015 年 9 月，中共中央、国务院联合出台《党政领导干部生态环境损害责任追究办法（试行）》，就是一个既在党内有规则约束力，又在国家层面有法律约束力的规范性文件。社会各界对其期望值很高。但是该文件实施三个多月了，雾霾污染如此之严重，至今还没有一个地方党委和党委领导受罚，可见实施之难。下一步，应当针对症结，建立环境保护工作巡视制度，由环境保护部会同中央组织部、中纪委、监察部对各省级和计划单列市党委和政府开展环境保护督查巡视；以自然资产负债表、生态环境保护任期考核和离任审计为基础，完善地方党政领导的考核制度，促进环境保护法律制度在各地实施到位。如有可能，今后在国家层面凡是通过一部环境法律或者行政法规，或者出台一个重要环境政策，中共中央或者中共中央有关部门就要出台相应的党内环境法规，地方各级党委也要出台相应的责任落实法规或者规范性文件，使配套的责任层层落实到各级党委和党委领导身上，让党委和政府一起担当环境保护的重责。2016 年，可以追踪最近几年以环保名义安排的财政资金项目，评估有多少是跟着环保规划走的，又有多少项目产生了多大的环境保护绩效。只有通过党政双重规则的协调建设和落实，不断改革传统的管控式体制制度机制，环境保护工作才能做实，环境保护工作的责权利才能真正实现均衡化，有利于建设创新型国家的政治和法治环境才能真正形成。

三、区域大气污染防治可采取的能源结构、产业结构与产业布局革命措施

（一）能源结构优化的革命

治理雾霾必须具有针对性。最近一篇"千亿治霾资金或无功而返"的文章，因为指出污染治理不具有针对性引起了各方的思考。[①]最近几年，很多机构做过雾霾的源解析工作，但是由于气象条件、产业结构、区域地形复杂，难以得出一个相对精确的定论。尽管如此，对主要的污染物种类已经形成共识，可以归纳为燃煤、机动车、工业源、扬尘和其他，为此可以采取协同控制的措施。在 2015 年的两次红色预警之初，北京的大气处于静稳状态，没有较大的南风，

---

① 参见冯军：《千亿治霾资金或无功而返》，载腾讯财经《棱镜》：http：//dy. qq. com/article. htm？id = FIN2015122801063000，最后访问日期：2015 年 12 月 29 日。

也没有较大的北风①，河北省"压"入北京的大气污染物应当相当有限，而且北京市的机动车实行单双号限行，行驶畅通，机动车的排放大幅减少，对雾霾的"贡献"比重大幅降低，尽管如此，雾霾还是持续地加重。这说明北京采暖季的雾霾污染问题，主要来源还是在于本地。根据监测，北京虽然没有什么污染型工业，但是70%的污染还是来源于自己。在非采暖季，每天燃煤不到1万吨，而在取暖季则高达6万至8万吨，可见散煤燃烧对污染的"贡献"有多大。② 在六环以内，虽然开展实行生产经营单位锅炉的清洁化改造，但是人口过于密集，每个人日常的生产和生活都排放大气污染物，排放总量因此也大。在广大的城乡接合部和农村，大多数是燃烧没有任何污染防治设施的廉价劣质散煤，而且人们的生活条件改善了，对取暖温度和取暖面积的要求都有很大提高，用煤总量还在不断增加。在2015年11月环境保护部组织的煤样抽检中，北京市超标率为22.2%；天津市超标率为26.7%；河北省4市平均超标率为37.5%。其中，唐山市煤质超标比例最高达56.7%。并且出现了好煤用来发电，差煤用于社会生活的现象。③ 为此，必须开展能源结构的优化革命。在"十三五"时期，应当在京津冀地区和其他重点大气污染区域，开展社会能源结构优化的大转型，提高电能等清洁能源在终端能源中的比重，使电力未来成为终端能源消费的主力，力争形成以电为主、气为辅的能源结构。煤炭严格限制用于社会生活，主要用于燃煤电厂发电，并实行超低排放，便于集中、有效控制大气污染物和碳排放。电厂发的电用于社会生活，如做饭

---

① 参见王硕：《北京市环保局释疑为何启动红色预警》，载《京华时报》2015年12月9日。

② 参见曹红艳：《京津冀多地散煤污染严重》，载《经济日报》2015年12月9日。

③ 参见王昆婷：《煤质超标情况仍然较多》，载《中国环境报》2015年11月23日。

炒菜、取暖等。这也是欧美国家能源大转型、治理大气污染的共同经验①，中国要解决污染也必须走这一条路。在转型中，国家对生活用电应实行财政补贴。生活排放的大幅度减少，也可以为工业减排的压力释放赢得一定的时间和空间。

（二）产业结构与产业布局调整的革命

快速工业化和城市化是造成雾霾的重要原因，但不能因为污染而放弃工业化和城市化，必须走低碳、节约和绿色发展道路，形成依靠科技创新促进经济增长的模式，而非继续走以环境资源能源为代价换取 GDP 增长的道路。但是产业转型和精细的城镇化也要遵循历史规律，不是一两天、一两年可完成的。至于什么时候完成，要看工业化进程什么时候实现或者什么时候进入制造强国。创新也不是空喊出来的，而是以宽松的制度环境、充分的经济基础和踏实的安全感为基础，一代又一代人实干苦干出来的。而目前，在产业结构调整方面，沿海地区和北京走在前面，其他中西部地区走在后面。在广大的中西部地区，官僚体制比较僵化，社会与经济活力难以释放，且政府促进经济增长乏术，产业选择有限，经济增长前途和环境保护目标的实现堪忧，为此中央应当做好分区施策和区域之间的战略协同工作，分地区实行分阶段的战略转型目标，不宜搞一刀切。在转型问题上，方法和策略很重要，新的产能上马和旧的产能淘汰要有好的衔接，否则就会出现经济基本面难以巩固和环境污染难以治理的双重危机。在艰难的转型之中，治理雾霾等环境污染光靠说狠话无用无益②，也很幼稚，要把环境保护纳入发展的大盘子中予以通盘考虑，通过环境执法和基础设施建设并重的方式来解决环

---

① 参见《专家称未来能源结构将以清洁能源为主化石能源为辅》，载《经济参考报》2015 年 9 月 21 日。

② 参见邓建胜：《治污不靠说狠话》，载《人民日报》2015 年 12 月 14 日。

境污染。在产业结构调整方面，目前有一个工作可以做，而且见效快，那就是以大区域为单元，结合供给侧改革，通过做加法和乘法的方法优化区域产业结构，如在钢铁、水泥、火电、化工行业开展优化组合工作，即兼并整合和产业提升工作，既保证需求的供给，也保证企业的利润和就业，更减少区域大气和水污染物的排放。在北京地区，要继续提高产业门槛，取消低端产业，降低经济吸引力和人口吸引力，从而减少常住人口数量，减轻北京市的城市病。

四、区域大气污染防治可采取的制度政策和生活方式革命措施

（一）制度政策制定与实施的革命

2014—2015 年，中央开展了系列的生态文明体制改革，不仅发布了总揽全局的生态文明建设指导性文件——《中共中央 国务院关于加快推进生态文明建设的意见》，出台了指导生态文明改革的纲领性文件——《生态文明体制改革总体方案》，还制定了很多配套的改革文件。在此基础上，修改了《环境保护法》《大气污染防治法》等环境法律，大幅度简政放权，下放或者取消了很多环境行政许可，力图构建环境共治的治理体系，形成创新、协调、绿色、开放、共享的新格局。但是，目前的改革也存在一些问题，如生态文明体制改革强调的责任很严格，但在经济下行的阶段，上半年环境保护部门严格审批甚至被拒审的一些项目，在下半年却被审批通过；各部门都在划定红线，最后导致红线太多和红线交叉难以协调的乱象，多规都合一了，但红线未合一；城市摊大饼式发展，规划被冲动的城市扩张一次次地突破，最后沦为摆设，催生城市病；生态功能的有价性和利用的有偿性没有得到法律充分的认可和规范；一些简政放权工作缺乏科学论证，下放后没有工作抓手，或者缺乏有效的约束导致失控，或者由于能力不足难以行使。有的学者指出，生态文

明体制改革文件和其他相关改革文件发布过多、过密，缺乏辅导、突破口和工作抓手，基层无所适从。为了使改革结出实践的果实，必须开展制度和政策实施的革命。建议中央和地方尽快开展生态文明体制改革的辅导和解读工作，开展生态文明体制改革部署的全面考核工作，使每一项改革落到部门、落到各级党委和政府，落到每一件事上，并严格追责，让人民群众切切实实地感受改革带来的环境质量改善成果，树立社会对生态文明改革的制度信心。

目前的环境监测数据，无论是企业的排放数据，还是环境保护部门负责的区域环境质量监测数据，都存在造假现象。中西部地区正处于艰难的发展期和转型期，新型工业的基础差，环境质量的监测数据肯定很难看，而考核年复一年，本级政府和上级人民政府都不希望本地区的考核不合格，故导致环境质量监测数据造假的潜规则现象。① 造假的结果是考核结果皆大欢喜，而环境污染却长期存在，社会很不满意，转型也难以持续推进。这样的考核流于形式，破坏党的执政形象。为了改变这种监管格局，2015 年 8 月，国务院办公厅印发了《全国生态环境监测网络建设方案》，上收全部国控点的监测运行权。2015 年 10 月，中共中央关于"十三五"规划的建议提出，省以下环境监测工作由省级环境保护部门直接负责，实行垂直管理。这些改革措施有利于保证全国生态环境监测数据的准确性，破解因地方政府环境质量数据造假导致考核结果失真的难题。有了真实的数据，环境保护绩效考核和党政领导干部环境保护责任追究，就具有了实施基础。为了破解地方环境执法的保护主义，中共中央关于"十三五"规划的建议还提出，实行省以下环境保护监察执法垂直管理制度，有利于增强环境执法的统一性、权威性、有效性，形成环境保护监管新格局，把环境保护的压力和责任真正传

---

① 参见刘世昕：《部分地方仍存环境监测数据造假，环保部拟出台〈环境监测数据弄虚作假处理办法〉》，载《中国青年报》2015 年 4 月 2 日。

导到各级党委和政府头上。为了使责任落到基层，让环境保护到基层有眼盯、有腿跑。下一步，需要下大力气加强乡镇街道层级的环境执法机构和能力建设。

（二）生活方式改变的革命

大气污染排放的主体众多，每个人、每个家庭、每个企业、每个行业都有份。除了企业的排放以外，每个家庭都要做饭，要排出油烟，据分析，油烟污染对产生雾霾有一定作用；每个家庭在冬季烧煤取暖，对产生雾霾也有一定"贡献"；数量众多的家庭汽车排放，也是造成雾霾的原因。其中，家庭生活排放属于自然性权利，没有纳入现行环境法律的规范，家庭汽车排放目前没有引入排污收费制度，其应否与企业的排放一起承担责任？值得认真思考。

在大城市、特大城市及其城乡接合地带，人口过于聚集必然导致城市病，如雾霾污染等。所以，无论是在城市还是在城市的周围，除了加强科学规划的管控和对生产经营单位的排放进行管制，在"十三五"时期形成以电和气为主的生活能源结构之外，还应用法律手段强制社会形成环境友好型的生活方式。在雾霾面前没有呼吸的特权，每个人都应行动起来，不能老是指望别人行动，一让自己行动革自己的命就跳脚。每个人都应反思自己对雾霾的发生做了什么，对于减轻雾霾污染能够做什么？为此，针对一些主要的社会生活排放行动，法律可以采取力所能及的强制行动，如南方没有冬天烧暖气的习惯，人们习惯于在家里穿着棉衣过冬；而在北方冬天取暖消耗了能源，产生温室气体与大气污染物质，很多人竟然消耗过多的能源，在家里穿衬衣过冬，很不合理。法律可以规定，在夏天，公共场所的温度如低于 26 度，不得用空调制冷；在冬天，公共场所的取暖温度不得高于 18 度，违法重罚。在集中取暖区域，家庭取暖采用按照热流量计费的制度，对于超过 18 度消费的热能部分，按照受益者负担原则，实行超额累进收费制度。对于农村居民家庭取暖，由于购煤管制困难，可以采取如下措施：在近期要加强执法，不准出售超标散煤，违者重罚；在"十三五"时期，通过大气污染专项治理资金的补贴，强制在农村推行区域集中供暖、家庭电采暖、家庭燃气采暖等清洁取暖方式。目前，可以在北方城市发起"我为减轻雾霾多穿一件冬衣"和"我为减轻雾霾少开一次车"的全民活动，鼓励居民养成气候适应性的生活方式。

五、结语

目前，各大中城市人口密集，大气和水环境很脆弱，环境容量极其有限，很难再支撑以前的粗放式生产和生活方式。雾霾之下，应以创新、协调、绿色、开放、共享为发展理念，针对一些突破口，寻找工作抓手，开展革命性的改革措施，把环境保护真正融合到经济和社会发展的进程之中予以统筹考虑。下一步，要实现环境保护战略大转型，必须坚持加强政治法治体制与经济体制改革并举，坚持能源结构优化和产业结构调整并举，坚持产业布局和区域发展格局优化并举，坚持生态建设和污染防治并举，生产污染和生活污染防治并举，规划管控和项目管理并举，科技创新和环境管理优化并举，环境执法监管和基础设施建设并举，宏观调控与执法监管并举①，形成环境友好型的能源结构、区域发展布局与产业结构，促进环境友好型生活方式的养成。只有这样，在大气污染治理领域，才能让人民群众切切实实地感受生态文明体制改革和制度建设的成效。

---

① 参见常纪文：《这一年环境治理带给我们哪些启示》，载《中国环境报》2015 年 12 月 29 日。

第五节　区域大气污染侵权的法律救济问题①

最近几年，因为区域大气污染特别是雾霾污染严重，我国发生了一些公众和社会团体起诉政府和企业的案例。例如，2014 年 2 月 20 日，石家庄市民李贵欣因雾霾污染状告石家庄市环保局，不仅要求被告依法履行治理大气污染的职责，还针对大气污染所造成的健康损失索赔 1 万元。② 再如，2016 年 11 月，河北环保志愿者孙洪彬将郑州市政府告上法院，请求赔偿其在郑州出差期间因遇上雾霾污染而购买的口罩费用，河南省新乡市中级人民法院已受理此案，并组成了合议庭。③ 这些因雾霾污染引发的案例引发了社会各界的关注。关于区域内和跨区域的大气污染损害是否适用于环境保护法律以及《侵权责任法》《民事诉讼法》等立法来救济，我们需要认真地研究。

一、区域大气污染损害救济是否适用《侵权责任法》的问题

《侵权责任法》是针对被侵害的民事权益予以法律责任救济的法律。该法所救济的民事权益，按照第 2 条第 2 款的规定，包括生命权、健康权、所有权、用益物权、担保物权等人身和财产权益。这些权益是环境侵权可能会侵犯的。对于中国最近几年快速扩散的雾霾现象，不是天灾，而是现代工业、交通业和现代生活等人为原因引发的。雾霾污染严重损害人体健康、财产安全甚至生命。受害者是社会公众，在法律上是广大的民事主体。按照《侵权责任法》第

---

①　本部分的核心内容以《区域大气污染侵权的法律救济的法理难题及其解决建议》为题，被《法学杂志》于 2017 年第 4 期发表。

②　参见刘岚：《省会一市民因大气污染状告环保局》，载《燕赵都市报》2014 年 2 月 24 日，第 5 版。

③　参见李显峰：《志愿者因雾霾天告郑州市政府》，载《北京青年报》2016 年 12 月 2 日，第 8 版。

1 条所规定的立法目的——"为保护民事主体的合法权益，明确侵权责任，预防并制裁侵权行为，促进社会和谐稳定，制定本法"，社会公众的利益若受到区域雾霾污染的侵害，该法应当在损害救济方面作出规范上的回应。

在具体的规定方面，《侵权责任法》目前没有对侵权人作出定义。按照该法第一章"一般规定"和第四章"关于责任主体的特殊规定"的规定，侵权责任的主体可以概括出个人、单位、用人单位、网络用户、网络服务提供者、公共场所的管理人或者群众性活动的组织者等行为人。根据第八章"环境污染责任"的规定，责任者包括单个污染者和两个以上污染者，特别是根据第 4 条"侵权人因同一行为应当承担行政责任或者刑事责任的，不影响依法承担侵权责任"的规定，侵权人在一定情况下还应当成为行政责任或者刑事责任的承担者。也就是说，侵权人必须是具体的行为人，而不是模糊的一类人或者抽象的不确定的群体。按照现行《侵权责任法》和环境立法，环境污染侵权责任一般适用于企业的点源污染，但是对于雾霾的发生，各行各领域都有"贡献"，既有工业的"贡献"，也有社会生活的"贡献"，人人都是排放者，所以难以确定具体的致害者；损害是区域的，受害者不再是具体的个人，而是区域人群，这说明基于点源污染追责模式的传统环境侵权责任规定在新型污染形态下已经失效，因此很多环境法学者感叹环境法在雾霾面前苍白无力。[1]

前述的两起侵权诉讼案件都是社会公众或者社会组织起诉人民政府疏于监管，要求政府赔偿人身或者财产损失的案子。此案如果发生在一些发达国家，如德国，如果政府找不到具体的环境污染违法者，为了矫正被破坏的正义、平复受害人失衡心理，受害者不仅

---

　　[1]　参见常纪文：《雾霾污染找谁买单——公益诉讼的法律困境和立法希望》，载《经济参考报》2014 年 3 月 19 日，第 6 版。

可以要求政府严格执法，还可以基于其监管失职要求政府予以经济补偿，该项补偿金一般在基金中支付。[①] 但是在中国，对于雾霾所造成的公众健康和财产损失，到底由谁来赔偿或者补偿，环境保护法律仅有指向性的接口性规定，而无具体的直接规定，如《环境保护法》第64条规定："因污染环境和破坏生态造成损害的，应当依照《中华人民共和国侵权责任法》的有关规定承担侵权责任"；再如，《大气污染防治法》第125条规定："排放大气污染物造成损害的，应当依法承担侵权责任。"这两部法律所指向的《侵权责任法》，在雾霾污染侵权方面的规定却是空白的。因此，如果严格依法，公众遭受的雾霾污染损失，将得不到来自污染排放者和政府的任何赔偿或者补偿。建议修改《侵权责任法》，创新性地设立地方政府对雾霾受害者予以经济补偿和医疗补助的机制。

在《侵权责任法》修改之前，公众可否依据《国家赔偿法》的规定得到政府的赔偿或者补偿？按照《国家赔偿法》第2条的规定，"国家机关和国家机关工作人员行使职权，有本法规定的侵犯公民、法人和其他组织合法权益的情形，造成损害的，受害人有依照本法取得国家赔偿的权利"，而侵犯公民、法人和其他组织合法权益可以进行国家赔偿的情形，按照该法第4条的规定，只包括以下情形：行政机关及其工作人员违法实施罚款、吊销许可证和执照、责令停产停业、没收财物等行政处罚的情形；违法对财产采取查封、扣押、冻结等行政强制措施的情形；违法征收、征用财产的情形及造成财产损害的其他违法行为。雾霾污染的产生与政府规划和监管不到位有关，但不是国家机关和国家机关工作人员主动造成的，不属于上述情形，故按照《国家赔偿法》的现行规定，国家机关和国家机关工作人员对雾霾造成的公众损害不承担国家赔偿责任。这种因为政

[①] 参见汤鸿沛、张玉娟：《德国、法国与中国国家赔偿制度之比较》，载《人民司法》2005年第2期。

府监管不当而由全体公众埋单或者承受污染损害的现象很不合理，建议修改《国家赔偿法》，建立国家对雾霾受害者予以经济补偿和医疗补助的机制。如果不可行，还是应当回归到修改《侵权责任法》的思路上。

二、区域大气污染侵权责任的主体问题

现行《环境保护法》《大气污染防治法》《侵权责任法》关于环境污染侵权模式的规定仍然是基于点源的污染损害。无论致害者是一个还是几个，只要污染者造成受害者的损失，致害与损害之间的法律逻辑还是比较简单和清晰的。但是如前所述，我国当下的雾霾污染形态已由点源污染发展为区域环境污染，由特定的致害者发展成所有人都是致害者，由特定区域的受害者发展成雾霾区域内所有人都是受害者，所以目前的基于点源的环境污染侵权救济法律规定就难以适应区域化、大众化的环境污染损害救济需要了，故区域大气污染侵权的法律救济路径亟须开拓。

雾霾污染的受害者如果起诉特定的违法排放的工业企业要求赔偿，或者环保社会组织作为环境公益诉讼的原告起诉特定的违法排放者要求赔偿生态修复费用，是否可行？2016 年 6 月 2 日，自然之友诉现代汽车（中国）投资有限公司汽车尾气排放超标的环境公益诉讼已被北京市第四中级人民法院立案。被告于 2013 年 3 月 1 日至 2014 年 1 月 20 日从韩国进口并在北京销售全新胜达 3.0 车辆，尾气排放的颗粒物一项数值超过《轻型汽车（点燃式）污染物排放限值及测量方法（北京 V 阶段）》（DB11/946 – 2013）的限值，违反了《大气污染防治法》等相关规定，原告认为被告造成了严重的环境损害后果，应该承担环境侵权的法律责任。[1] 笔者认为，起诉特定的

---

① 参见徐卫星：《自然之友诉现代汽车案有新进展》，载《中国环境报》2016 年 7 月 14 日，第 11 版。

违法企业要求其承担侵权赔偿责任，存在以下三个方面的法律障碍，需要修改立法予以克服。

一是污染致害者和受害者都不明确，难以满足起诉的条件。依据《侵权责任法》《民事诉讼法》和环境保护法律法规有关诉讼要件的规定，若提起民事诉讼，污染受害者要明确，致害者也得明确。但是就不同气象条件下频繁发生的雾霾污染而言，谁属于污染主体目前尚不清楚；目前气象条件复杂、各区域污染相互交织，雾霾污染区域不固定，谁属于具体的受害者也不明确。首先，在雾霾的形成中，不担责的合规的生活排放、交通排放与可能担责的超标排放交织在一起，合规的生活排放、交通排放和工业排放占比很大，对于提高污染物质在大气中的比重起了很大的作用，而超标排放的占比未必高，对于提高污染物质在大气中比重的作用未必大。在自然之友诉现代汽车（中国）投资有限公司一案中，北京市环保局已对被告作出135万元人民币的行政处罚。按照《环境保护法》第59条第2款的规定，"罚款处罚，依照有关法律法规按照防治污染设施的运行成本、违法行为造成的直接损失或者违法所得等因素确定的规定执行"，就已经考虑了环境损害的因素。至于原告是否可以向企业索赔生态恢复损失或者其他损失，得看是否真的造成了污染损害。如果没有占比高的合规的工业排放、社会生活和交通排放，基于环境有容量，超标排放的部分未必会造成环境损害。而按照目前的法律规定，占比高的合规的社会生活和交通排放不承担任何民事侵权赔偿法律责任，因此要求占比低的超标排放者承担生态恢复损失的民事赔偿责任是不公平的。其次，从逻辑上看，超标排放者和违反禁止性规定的排放者众多，原告能否仅揪住其中一个，要求其承担一定的生态恢复损失，也是值得商榷的。最后，《环境保护法》并未直接认可环境损失的提法，只是要求依照《侵权责任法》处理侵权问题。而该法只认可了人身和财产损失，根本未认可环境损失，因此向超标排放的工业企业或者机动车制造商、进口商索赔生态恢复损失的做法未必能得到现有法律的支持。如果司法解释认可索赔生态恢复损失，那么司法解释与法律之间的效力逻辑需要进一步梳理，即要么修改法律认可司法解释的初心，要么修改司法解释，让其与法律规定保持一致。

二是排放主体众多，难以确定责任主体和各自的责任份额。对于雾霾物质的来源，除了企业排放以外，每个人、每个家庭、每个领域都有份，譬如每个家庭燃煤燃气取暖和做饭，对产生雾霾也有一定"贡献"；社区化粪池发酵和农业施肥也会产生大气污染物；大量的合规汽车排放了大量的细颗粒物、氮氧化物和硫氧化物。在大中城市，因为人口集聚过多，这些排放在大气污染物排放总量中占比很大，不容小视。其中，一些达标和符合总量控制指标的排放是合法的，一些个体排放（如抽烟）、家庭排放（如排放油烟）属于自然性权利，没有纳入现行法律责任范围之列，他们应否与企业的违法排放一起承担法律责任值得进一步区别研究。目前，这些污染"贡献"相互交叉，很难算清份额。在责任份额不清的基础上，谈特定企业的赔偿责任或者补偿责任，逻辑上说不过去。由于2016年12月通过的《环境保护税法》按照税负平移的原则，仅对直接向环境排放应税污染物的企业事业单位和其他生产经营者征收环境保护税，不针对产品征税，为此，笔者建议修改《环境保护法》或者《大气污染防治法》，对燃油、燃煤征收产品方面的环境税，把社会生活和交通排放的环境成本内在化，政府把收集上来的资金集中到一个基金之中，支持区域性污染治理和受害者的污染救助。这是一个符合法理并且现实可行的办法。

三是区域之间的大气污染物在气象动力下相互传输、相互影响，仅起诉其中一个区域的政府或者企业也不合理。在雾霾发生区域，每个区域对雾霾的形成都有"贡献"，可以说，某地的雾霾物质可能来自本地，也可能随着气象动力的传输而来自其他某个地域甚至多个区域。目前，污染物传输规律尚不清楚，难以举证其具体的传输模型，因此仅起诉特定地区的政府或者企业，要求其进行补偿或者赔偿，既不科学也不现实。例如，北京的雾霾物质一部分来自本地，另一部分来自天津市和河北省，北京市在减少污染排放上即使做了最大程度的工作也难以独善其身，还是会受到雾霾的污染。鉴于此种法律救济存在缺陷，建议废除最高人民法院环境民事公益诉讼司法解释中有关赔偿损失请求的规定，对《侵权责任法》《环境保护法》和《大气污染防治法》作以下两个方面的修改：其一，规定生态环境部门的罚款必须包括大气环境修复的费用；其二，规定如果地方政府或者生态环境部门不依法监管或者处罚违法企业，授予社会组织以提起行政公益诉讼的权利。

基于以上分析，建议修改《大气污染防治法》和《侵权责任法》，扩大环境侵权责任适用范围，让雾霾治理变成各方面的法律责任，并把环境责任和环境成本以适当的形式内在化于各行各领域，如前所述，可以考虑对燃煤、燃油征收产品方面的环境税。

三、区域大气污染损害是否属于共同侵权的问题

关于来源复杂、相互交融的大气污染物排放所造成的污染是否适用共同侵权的问题，《侵权责任法》目前未涉及。该法第 8 条规定："二人以上共同实施侵权行为，造成他人损害的，应当承担连带责任。"由于工业排放、社会生活和交通排放不存在污染的共谋故意，因此，不属于共同实施侵权行为，该条规定不应适用。该法第 10 条规定："二人以上实施危及他人人身、财产安全的行为，其中一人或者数人的行为造成他人损害，能够确定具体侵权人的，由侵权人承担责任；不能确定具体侵权人的，行为人承担连带责任。"由于所有的排放叠加之后才造成污染损害或者环境质量的下降，不是一个或者数人的行为造成他人损失，因此该条规定不应适用。第 11 条规定："二人以上分别实施侵权行为造成同一损害，每个人的侵权行为都足以造成全部损害的，行为人承担连带责任。"虽然所有的排

放都是分别进行，但是并不是每个人的侵权行为都足以造成全部损害，所以该条规定不应适用。第 12 条规定："二人以上分别实施侵权行为造成同一损害，能够确定责任大小的，各自承担相应的责任；难以确定责任大小的，平均承担赔偿责任。"由于合规的工业排放、社会生活、交通排放和超标排放、偷排行为交织在一起，有的排放数据也不可获得，因此不可能确定所有排放者的责任大小，该条也不应适用。另外，对于不承担责任的情形，按照《侵权责任法》第三章"不承担责任和减轻责任的情形"的规定，仅包括第三人致害、紧急避险、正当防卫、不可抗力、受害人故意，而社会性排放是污染损害的主要原因之一，却不承担侵权法律责任，不能不说是环境法律责任立法的一个重大缺憾。

从现实上和法理上看，**雾霾污染是所有排放者分别排放造成同一损害结果的侵权行为**，因此需要排放者以一定的形式或者比例共同承担侵权责任。但是上述立法缺陷的存在，却妨碍了这个目的的实现，这说明《侵权责任法》需要修改。综上所述，**雾霾的侵权责任必须追究**，但由于难以追究个体责任，因此可以考虑追究区域人民政府的监管责任。在法律规定方面，《环境保护法》规定地方各级人民政府对本行政区域的环境质量负责。这个负责显然包括对本地区的环境损害、健康损害、财产损害负责。负责的理由是监管不当，负责的形式是政府补偿。为了保证政府补偿资金的落实，笔者建议采取以下两个配套措施：一是修改立法，明确政府对违规排放者的环境罚款必须包括经评估的生态环境修复费用和健康损害费用；二是授予地方政府对大气污染采取成本内在化的经济措施，形成政府性基金，用于对清洁能源和超低排放的燃煤、燃油电厂的补贴等。

四、跨区域大气污染侵权责任追究可遵循的原则问题

区域之间雾霾污染侵权责任的明晰，必须考虑每个区域经济结构贡献、污染总量和污染治理能力。基于此，责任追究的原则可以

考虑借鉴《气候变化应对法》的共同但有区别的责任原则。由于各行政区域和各行业领域，如工业领域、农业领域以及社会生活领域等，均对大气污染作出了历史和现实的"贡献"。因此，大气污染联防联控不仅是所有排污企业的责任，是各行业各领域的责任，还是各行政区域的监管责任和公众的减排参与责任，也就是说，无论是第一产业、第二产业、第三产业还是广大的社会公众，都必须参与到大气污染联防联控的工作与行动中来，承担共同的防治责任。但是这种共同的责任还是有区别的，区别性体现在不同发展程度的区域之间，体现在不同的行业或者领域之间。如采矿业、制造业等工业行业的排放量远远大于农业排放量，第三产业中交通运输业排放的危害远远大于农业排放的危害，因此，第一产业、第二产业、第三产业和社会生活领域在大气污染联防联控的责任承担方面应当实行有区别的责任原则。同一行业内不同污染程度的企业承担的责任不同，如火电厂、冶炼厂、水泥厂等，这些高耗能的企业既排放大量的细颗粒物，又排放大量的硫氧化物、氮氧化物等污染物质，在整个减排过程中应当承担主要责任。综合区域和行业的特点来看，若某区域或行业、领域的排放总量较大，其地方政府与行业、领域监管部门就应当承担主要的管制责任。以京津冀地区为例，北京市目前基本没有什么高污染高能耗企业，但是其交通运输方面的污染物排放量较大，因此北京市政府及其相关部门应当对交通排放管制承担主要的监管责任；河北省的工业排放量份额较大，因此河北省政府及其相关部门应当对其工业减排承担主要的监管责任。为了落实跨区域大气污染侵权损害的共同但有区别责任原则，建议修改《环境保护法》《大气污染防治法》《侵权责任法》及相关法律法规，明确规定污染物排放量大的地区、行业、领域应当承担区域大气污染减排的主要责任；明确规定排放总量大的行业、领域和地区应当承担与其排放总量比例相适应的减排责任；明确规定自然排放行为的环境成本内在化经济手段；创新责任分配机制和调控机制，统筹考虑历史与现实的双重责任。

310

由于河北省承接了很多来自北京的非首都功能，因此，北京市应当在经济转型期内，持续给予河北一定的污染防治资金支持。2015 年，北京、天津已投入 8.6 亿元支持廊坊、保定、唐山、沧州四市进行大气污染治理，就是一个很好的开头。①

五、跨区域大气污染的侵权责任及其实施机制问题

在点源污染的法律救济方面，为了促进社会公平，保障无辜受害者的利益，基于公平的基础规则派生出了环境污染损害的无过错责任原则或者严格责任原则，即无论侵害者是否具有过错，只要环境污染造成他人的损害，就得承担损害赔偿的责任。这一原则目前已为《侵权责任法》所采纳，并为《环境保护法》《大气污染防治法》等法律所援引。但是，一个行政区域的污染物排放总量大、浓度高，危害了其他区域的环境质量和健康利益、财产利益，如前所述，个体难以承担区域内和跨区域的环境损害责任，那么污染物输出的行政区域是否应当承担跨区域的侵权赔偿或者补偿责任？若需承担，采取什么追责原则？笔者认为立法尚需明确。

公平、正义作为法的最基础规则，理应为处理区域之间纠纷的机制所遵守。按照公平、正义的基础规则，只要某一区域的大气污染跨界传输造成了其他区域的权益侵害，如人体健康和财产安全的损害、污染物排放空间的挤占、发展权的限制等，便应当承担赔偿或者补偿责任。但是，现行《侵权责任法》和《环境保护法》《大气污染防治法》所规定的环境污染侵权责任仍然是针对点源污染，没有针对跨区域的损害责任。具体分析，《侵权责任法》未涉及任何区域责任。《环境保护法》第 20 条规定了区域、流域污染联防联控的机制，第 31 条规定了区域之间的生态保护补偿机制。例如，第 31

---

① 参见王硕：《京津 8.6 亿助河北四市治理大气》，载《京华时报》2015年 7 月 23 日，第 6 版。

条规定："国家建立、健全生态保护补偿制度。国家加大对生态保护地区的财政转移支付力度。有关地方人民政府应当落实生态保护补偿资金，确保其用于生态保护补偿。国家指导受益地区和生态保护地区人民政府通过协商或者按照市场规则进行生态保护补偿。"但是，该补偿并不是污染损害补偿，而是生态环境保护和建设的补偿。基于此，建议修改上述立法，建立跨区域的环境污染损害赔偿机制或者补偿机制。从目前的立法倾向来看，补偿一词更容易为作为行政管理者的政府所接受，所以建立区域环境污染损害补偿机制的提法要妥善一些。跨区域的环境污染损害补偿机制的建立还是具有法律基础的，如《环境保护法》第20条第2款规定："前款规定以外的跨行政区域的环境污染和生态破坏的防治，由上级人民政府协调解决，或者由有关地方人民政府协商解决。""跨行政区域的环境污染和生态破坏的防治"显然包括跨行政区域的环境污染和生态破坏的补偿事项。建议修改《环境保护法》《大气污染防治法》和《侵权责任法》，明确规定跨区域的环境污染损害补偿责任。补偿金额的大小由污染输出地和污染输入地双方的政府协商，污染输出地的排污大户和污染输入地的受害者可参与。达不成协议的，由上级人民政府协调解决或者裁决。污染输入地的人民政府应当把获得的补偿金用于本地的生态建设和污染救助工作，如给市民发放污染补贴。为了使跨界损害补偿的费用计算更加精确，有关部门应加快大气污染的源解析工作和污染物传输规律研究，拿出令人信服的区域污染总量核算模型和污染传输模型。

为了使上述建议得以落实，笔者认为应修改《环境保护法》《大气污染防治法》和《侵权责任法》，创新地建立配套的实施机制：一是拓展点源污染损害无过错责任原则的适用范围。对于区域污染物排放总量超过规定指标的省域、市域和县域，无论是否有过错，除坚持党政同责的追责原则外，还应当坚持区域环境污染侵权归责的无过错责任原则。只有这样，才能倒逼各地加强区域产业结构优化、产业升级改造，开展区域性环境污染管控，加强生态建设。二是拓展点源污染损害因果关系间接反证原则的适用范围。综合《环境保护法》《民事诉讼法》《侵权责任法》《大气污染防治法》《水污染防治法》及最高人民法院有关环境侵权救济和环境民事公益诉讼的司法解释规定，可以看出环境污染损害民事法律救济的举证责任分配采取的是因果关系的间接反证原则，即原告先拿出初步的证据甚至判断，提出污染损害是被告所致，并清晰地证明自己的受害范围和受害金额。被告若不能证明污染与己无关，则推定污染损害是其造成或者参与造成的，其就应承担环境污染损害的赔偿责任。这种举证责任的分配是基于公平的法理学创新，在工业化和后工业化社会，有利于处于社会弱势地位的污染受害者得到救助，有利于实现社会的公平和正义。但是在现行立法中，这种举证责任的分配原则仍然是基于点源的污染纠纷，包括多个污染源共同侵权或者分别侵权造成同一损害，并不包括一个区域对另外一个区域造成的污染损害侵权。为此，建议拓展因果关系间接反证原则的适用范围，将其引入区域之间大气污染损害的赔偿或者补偿领域。

六、区域大气污染民事公益诉讼的救济方式和救济路径问题

关于雾霾污染公益诉讼的请求能否包括损害赔偿，目前争议仍然很大。《环境保护法》第 58 条规定，提起环境公益诉讼的条件必须是损害社会公共利益。但是在现实中，可以索赔的受损的利益一般是具体的个体健康损害和财产损害，基于这些损害提起的诉讼是私益诉讼。可以索赔的受损的大气环境公共利益，在现实中却难以找到。大气与水、土的属性不一样，它是全球流动的。在国际环境法上，大气的法律地位仅有一些零散的涉及，一直没有清晰和完整的界定。根据一些国际环境法案例（如特雷尔冶炼厂跨界环境污染损害案）的裁判，大气仅供各国共同无害化利用；《气候变化框架公约》也只承认与大气有关的地球气候变化及其不利影响是人类共同

关心之事项。也就是说，大气目前不属于任何主权国家所有但可以为各国及其控制下的事业主体有效利用，基于此，我国的《物权法》也未规定其所有权。另外，水污染物的扩散有路径，预期性强，而大气污染物的扩散预期性差，具有区域性，大风一吹，扩散更远，很难发现纯粹的受损的公共利益，这也是美欧环境公民诉讼制度只规定停止侵权等行为救济的请求而不规定赔偿请求的原因。① 在我国，《环境保护法》并没有规定环境公益诉讼的请求形式，显然是有所担心，虽然最高人民法院关于环境民事公益诉讼的司法解释超越《环境保护法》和《侵权责任法》的规定作出了创新性解释，规定诉讼请求包括损害赔偿，但是并没有得到学界的普遍认可。②

关于大气污染损害赔偿金的核算方式，目前学界和实务界争议也很大。2016 年 7 月 20 日，山东省德州市中级人民法院对中华环保联合会起诉德州晶华集团振华有限公司大气环境污染公益诉讼一案作出了一审宣判，判决被告赔偿因超标排放污染物造成的损失 2198.36 万元。③ 对此，一些环境法学者从学术上提出了理性质疑。质疑之一是，赔偿费用的计算方法是什么？关于赔偿标准，本案中，单位治理成本分别按 0.56 万元/吨、0.68 万元/吨、0.33 万元/吨计算。生态环境损害数额为虚拟治理成本的 3—5 倍，鉴定报告取参数 5，虚拟治理成本分别为 713 万元、2002 万元、31 万元，共计 2746 万元。④ 几年前排放的大气污染物，风一吹，早稀释并扩散很远了，

---

① 参见常纪文：《首起“雾霾公益诉讼案”是个样本》，载《光明日报》2016 年 7 月 26 日，第 2 版。

② 参见张辉：《论环境民事公益诉讼的责任承担方式》，载《法学论坛》2014 年第 6 期。常纪文：《生态文明的前沿政策和法律问题》，中国政法大学出版社 2016 年版，第 296—298 页。

③ 参见邢婷、郑春笋：《全国首例大气污染公益诉讼案一审宣判》，载《中国青年报》2016 年 7 月 21 日，第 6 版。

④ 参见邢婷、郑春笋：《全国首例大气污染公益诉讼案一审宣判》，载《中国青年报》2016 年 7 月 21 日，第 6 版。

有的甚至已经被环境降解了，鉴定机构用虚拟治理成本作为计算标准且以虚拟治理成本的 3—5 倍来计算生态环境损害数额，一些环境法律和政策学者认为难以说得上很科学。

关于大气污染损害赔偿费用的使用范围，目前没有形成一致的观点。中华环保联合会起诉德州晶华集团振华有限公司大气环境污染公益诉讼一案中，法院判决被告赔偿因超标排放污染物造成的损失 2198.36 万元人民币，用于德州市大气环境质量修复。① 由于大气污染物是扩散的，排出后肯定扩散至德州以外，损害其他地方的大气环境质量，而赔偿的费用却仅用于德州市大气环境修复，从费用利用的区域来看显然不合理。判决中指出的修复现在的"德州市大气环境质量"，显然不是以前受损的大气环境质量，因此判决不具有对应性。

基于以上三个方面的争议，建议修改《环境保护法》《大气污染防治法》《侵权责任法》和《民事诉讼法》，明确规定大气污染损害公益诉讼的责任承担形式仅限于请求停止侵权等行为救济方式，让诉讼请求回归设立公益诉讼制度的本意。② 为了从根本上解决区域大气污染法律责任的承担问题，建议采取以下两个措施：一是通过加强行政监管的方式解决大气污染违法现象。如前所述，罚款金额应包括区域环境损害费用，因此可以考虑将其中的区域环境损害费用统一移交至新设立的区域大气环境保护基金。二是如前所述，通过经济手段解决合规的社会性和工业性大气污染物排放行为，如针对机动车排放、家庭生活排放、企业排放等行为，把大气环境成

①　参见邢婷、郑春笋：《全国首例大气污染公益诉讼案一审宣判》，载《中国青年报》2016 年 7 月 21 日，第 6 版。

②　参见常纪文：《从振华污染案看环境公益诉讼问题》，载《经济参考报》2016 年 8 月 9 日，第 8 版。

本以产品税收的形式纳入燃油和燃煤中。① 当然，如果法律难以修改，最高人民法院可以主动作为，基于司法实践作出创新性的司法解释，也是值得鼓励的。

第六节 气候变化应对的中国贡献与策略②

一、中国应对气候变化的贡献

尽管谈判艰难，在中国、美国、欧盟等国家和地区的积极推动下，应对气候变化的《巴黎协定》还是于 2015 年 12 月 12 日最终达成，为 2020 年后全球合作应对气候变化指明了方向，并作出了制度性安排。2016 年 4 月 22 日，中美两国同时签署《巴黎协定》。2016 年 9 月 3 日，中国国家主席习近平和美国总统奥巴马在杭州共同出席气候变化《巴黎协定》批准文书交存仪式，中美两国政府交存了本国的批准书。两个碳排放大国批准文书的交存为《巴黎协定》的生效创造了关键条件。2016 年 11 月 4 日，《巴黎协定》正式生效，标志着合作共赢、公正合理的全球气候治理体系正在形成。《巴黎协定》从开放签署到正式生效仅用了半年多的时间，在《巴黎协定》

---

① 在应否针对机动车征收大气污染方面的环境保护税的问题上，《环境保护税法》（草案）一审和二审时争论都很大（参见邢丙银、曾雅青：《环保税法草案被认为征收范围窄 建议对汽车尾气征税》，载澎湃新闻：http://www. thepaper. cn/www/resource/jsp/newsDetail_ forward_ 1584373_ 1，最后访问日期：2016 年 12 月 26 日）。2016 年 12 月通过的《环境保护税法》第 12 条却规定，对机动车、铁路机车、非道路移动机械、船舶和航空器等流动污染源排放应税污染物的，暂予免征环境保护税即大气污染物排放税。由于机动车在大中城市数量很大，是区域大气污染的主要"贡献者"之一，必须考虑通过经济手段对其污染予以控制。建议修改相关法律，对燃油、燃煤这些产品征税，以倒逼消费者节约能源或者提高利用率，减少大气污染。

② 本部分的核心内容以"马拉喀什大会与应对气候变化的中国贡献"为题，被《光明日报》于 2016 年 11 月 17 日发表。

的达成和生效中，中国作出了历史性、基础性和关键性的贡献，获得了国际社会的一致认可和普遍赞誉。可以说，中国已成为全球气候变化治理秩序的积极主导者。这已经得到 2017 年党的十九大报告和 2018 年《中共中央　国务院关于全面加强生态环境保护　坚决打好污染防治攻坚战的意见》的认可。

中国在应对气候变化方面，积极作为，做到了言行合一。"十二五"期间，中国碳强度累计下降了 20%，超额完成了"十二五"规划所确定的 17% 的目标任务。其中，2015 年中国碳排放强度下降 6.8%，是二十国集团所有国家中力度最大的。[①] 中国的能源结构进一步优化，一些地方正在大力推进清洁能源计划和煤改电、煤改气计划，2015 年非化石能源占一次能源消费比重达到了 12%，超额完成了"十二五"规划所提出的 11.4% 的目标。中国持续推进美丽中国建设，继续开展退耕还林还草等生态建设工作，森林蓄积量提前实现了到 2020 年的目标。全国 7 个试点碳市场配额现货累计成交量达到 1.2 亿吨二氧化碳，全国性的碳排放交易市场于 2017 年建成。[②] 目前中国已经成为全球最大的绿色债券市场，仅 2016 年 1—7 月，中国已发行绿色债券 1200 亿元，占全球的 40% 有余；绿色信贷目前已经占到国内全部贷款余额的 10%。[③] 马拉喀什气候大会召开前夕，中国发布了《"十三五"控制温室气体排放工作方案》等文件，表达自己的目标，阐述具体的措施。2017 年和 2018 年，中国的节能减排和气候应对工作继续取得积极的进展。可以说，中国是全球气候变化治理秩序的坚定实践者。

---

① 参见《中国碳排放强度下降幅度全球第一》，载《国际商报》2016 年 11 月 8 日。

② 参见《解振华：将建全球最大碳市场，试点交易额超 32 亿元》，载《21 世纪经济报道》2016 年 11 月 1 日。

③ 参见闫立良：《易纲：中国的绿色信贷　已经约占国内全部贷款余额 10%》，载《证券日报》2016 年 9 月 8 日。

中国在气候变化应对方面，还超越自己的国际法律责任履行大国道德责任。中国作为发展中国家，按照"共同但有区别的责任"原则，既无强制减排的国际法律责任，又无援助发展中国家应对气候变化的国际法律义务，但是中国充分尊重人类可持续发展的共同目标，充分保护人类可持续发展的共同利益，做出了力所能及的额外贡献。"十二五"以来，中国政府累计投入 5.8 亿元人民币，为小岛国、最不发达国家、非洲国家及其他发展中国家提供实物和设备援助，对其参与气候变化国际谈判、政策规划、人员培训等方面提供支持，并启动在发展中国家开展 10 个低碳示范区、100 个减缓和适应气候变化项目，以及培训 1000 名应对气候变化的专家和官员。[1] 2015 年 9 月，习近平主席访美期间，宣布中国拿出 200 亿元人民币建立"中国气候变化南南合作基金"，支持其他发展中国家应对气候变化。[2] 在 2016 年 G20 杭州峰会上，绿色金融在中国的倡导下被写进会议公报中。在 2018 年的全球应对气候变化峰会上，与会的生态环境部部长李干杰再次提出本国的责任。可以说，中国是全球气候变化治理秩序的忠实维护者。

二、马拉喀什气候大会的焦点和看点

经过全球盘点，目前与实现 2 摄氏度的全球温控目标还有很大的差距，这需要中国、美国、欧盟和其他国家与地区一起继续加大碳排放强度的下降力度。2016 年 11 月 7 日，《联合国气候变化框架公约》第 22 次缔约方会议暨《京都议定书》第 12 次缔约方会议在摩洛哥马拉喀什开幕。本次大会是《巴黎协定》正式生效后的首次缔约方大会，也是一次落实行动的承前启后的大会。中方此次参加

---

[1] 参见《中国应对气候变化的政策与行动 2016 年度报告》。

[2] 参见《习近平访美 49 项成果清单公布》，载《新京报》2015 年 9 月 27 日。

大会，期待各方遵循公平、共同但有区别的责任和各自能力原则，以合作、务实的态度参与新的气候治理进程。大会讨论的议题主要有《巴黎协定》实施细则后续谈判路线图和时间表；督促各国按照《气候变化框架公约》《京都议定书》及多哈修正案的规定，提高2020年前的行动力度，落实自己的承诺，为《巴黎协定》的实施奠定政治基础；发达国家对发展中国家的气候变化应对资金、技术和能力建设援助，特别是发达国家为发展中国家每年提供1000亿美元资金的落实情况进行审视；审议各国落实"国家自主贡献"的行动情况。

在马拉喀什气候大会上，各缔约方所关注的焦点主要有二：一是《巴黎协定》实施细则的后续谈判路线图和时间表，特别是《巴黎协定》的实施模式、程序、指南的谈判问题；二是2020年前，如何使发达国家每年1000亿美元的气候资金、技术和能力建设援助落到实处，确保融资的可及性。如果落不到实处，2020年后执行《巴黎协定》目标的起点基础将被弱化。而投资者则比较关注《巴黎协定》有关碳排放配额的国际交易问题，特别是建立一个共同、健全的会计规则框架和创造一个崭新的、更宏伟的市场机制。

2016年11月17日，大会通过《马拉喀什行动宣言》。综观全程，本次大会具有如下看点：一是此次大会为《巴黎协定》的首次缔约国大会，但是该协定于2020年之后实施，尽管发展中国家整体对发达国家履行《京都议定书》特别是履行气候变化的国际援助不太满意，但是由于机制灵活，所有的缔约国对未来《巴黎协定》的实施充满了期待；二是此次大会仍然涉及发达国家对发展中国家的资金和技术援助问题，发达国家截至目前已筹集了600亿美元的援助资金，虽然离1000亿美元的援助目标要求还有较大差距，但是一些发达国家还是提出了自己的承诺，有助于进一步增强各缔约方之间的互信，为《巴黎协定》的全方位实施创造了良好的政治氛围；三是中国政府、联合国、摩洛哥王国政府共同主办"应对气候变化南南合作高级别论坛"，中国政府提出巩固互信基础、实现优势互补和建立沟通桥梁三个建议，将来增加南南合作项目，进一步体现中国政府与发展中国家携手应对气候变化的决心；四是此次大会是在美国当选总统特朗普提出要退出《巴黎协定》的气氛下召开的，会议弥漫着一定的观望气氛。不过，《巴黎协定》重视各缔约国的自主减排贡献，即使美国退出，从联邦层面上也会重视节能减排，客观上有利于减缓温室气体的排放。值得注意的是，美国的一些州和大型企业一直重视气候变化应对，在州和企业的层面上也会对减缓温室气体的排放作出积极的贡献。基于此，即使美国退出协定，国际社会依然可以加强与美国联邦层面以下的气候变化应对合作。尽管未来面临很大的变数，道路并非平坦，中国等国家和地区的学者对未来全球气候变化应对的合作还是充满信心。可惜的是，美国特朗普总统上台之后，采取了与奥巴马总统时期截然不同的气候变化应对政策，对全球协力应对气候变化产生了巨大的冲击。

三、中国未来的气候变化应对形势研判与策略

（一）中国未来的气候变化形势研判

预计 2035 年左右中国会完成工业化进程，进入制造强国行列。2035 年前，在应对全球气候变化的国际合作格局中，中国还是继续会有很大的作为，主要的原因有以下几点：

首先，中国正处于转型期，通过三十多年改革开放的积累，应对气候变化的经济和技术基础初步形成，中国政府、企业和社会有了全面应对气候变化的初步能力，而且这种能力正在生态文明建设的大格局中不断增强。

其次，中国的大气污染问题目前仍然突出，继续推进节能减排、生态建设工作，既能够减少能源的消耗、减少污染物的排放、改善环境质量、保障人民群众的身体健康，又起到减少碳排放、应对气

候变化和气候灾害的效果，从而增强中国在新的起点上高质量发展的可持续性。基于此，把节能减排、生态建设和应对气候变化工作相结合，已经成为中国各方面的共识，推进气候变化工作的合力已经形成。

再次，中国因为工业排放、生活排放和交通排放所造成的雾霾污染问题依然突出，PM2.5的年均浓度要达到发达国家的年均水平，还有很长的路要走，说明节能减排的空间依然巨大，无论是通过区域发展空间优化、产业布局调整，还是通过工业企业提质增效、公共交通发展、绿色设计与制造，都可以继续腾出较大的碳排放削减空间。而且通过建立全国统一的碳市场，有利于碳减排目标以最经济的方式得以实现。

最后，中国通过国内和国际气候变化的应对，可以提高科技发展的水平、提高绿色低碳转型的竞争力，为绿色、低碳科技技术、装备、产品和服务走出去创造条件，使我国的节能环保产业成长为支柱产业之一。此外，中国的国际政治和经济影响力不断扩大，中国政府有必要在国际舞台上扮演更重要的角色，积极作为，主动提出履行大国责任，既提升中国的软实力，又维护全球的共同利益。

（二）中国今后应对气候变化的策略

在最近几年的气候变化应对国际协商和合作中，中国提高了全球治理的影响力和话语权，国家形象得到很大提升。但是，中国的一些气候变化应对专业人士过于乐观，表现有二：一是认为美国退出《巴黎协定》是一个历史偶然。我们认为，美国总统的选举代表美国的民意，反映的是各阶层、各行业乃至国际现实利益的博弈。特朗普当选为美国的总统既是美国历史的偶然，也是美国历史的必然，必然对美国应对气候变化的国际态度、行动部署乃至全球气候变化应对的进程产生巨大的影响，不可低估，应当做好充分的准备。二是认为如果美国退出《巴黎协定》，中国应当主动出击，站在舞台中央，提升自己的话语权，甚至领导全世界应对全球气候变化。笔者认为，这是非常幼稚的想法。

中国正处于转型期，总体上讲仍然属于发展中国家，中国既不能因为在以前的发展中节能减排工作成效显著，也不能因为以前以环境资源为代价积累了巨大的资金财富，特别是与美国、欧盟等国家和地区一起合作增加了在世界上的话语权，就头脑发热，觉得自己占有或者可以占有绝对的话语权。应对气候变化是科学的现实要求，应当有历史紧迫感，但脱离中国的经济规律谈节能减排和大国责任，脱离全球的经济规律谈气候变化应对，必将带来系统性的经济和社会风险。实事求是地讲，中国应对气候变化的基础和能力目前还很弱。前几年，美国和中国作为全世界的碳排放大国一起联手推动气候变化谈判，促进《巴黎协定》达成、签署和生效，取得了巨大成功，只能说明，代表发展中国家诉求的中国与代表发达国家诉求的美国取得了共识，显示中国可以作出与自己能力相适应的更大贡献，不代表中国已经跻身发达国家，更不代表中国可以承担发达国家能够承担的国际经济和技术援助义务。即使美国退出《巴黎协定》，全球气候变化应对事业仍然需要美国。美国在联邦和州层面，因为有节能减排的国内法要求和联邦最高法院关于温室气体控制的判例约束，对温室气体的排放强度和总量控制，今后还是会作出"自主贡献"的。另外，美国大规模扩张煤电，除非加强环境保护，也是不符合美国国内环保要求的。离开了与美国的合作，中国和国际气候变化应对的国际合作工作必将困难重重，如中国独自站在全球气候治理舞台的中央，也不是美国所希望的。因此，不管美国是否退出《巴黎协定》，中国今后必须继续加强与美国联邦层面的沟通和协调，加强与州和企业层面的合作，在协同共进中逐步提高话语权。中国也不应走回头路放弃气候变化应对工作，因为特朗普政府之后，其他总统上任之后可能会重新重视气候变化应对工作。中国目前重视气候变化工作，一是国内低碳和清洁发展的需要；二是应对气候变化长期国际合作的需要，所以，在国际合作方面，中国的气候变化应对节奏可以有所变化，但是工作方向不能走偏。

中国将来在应对全球气候变化的行动中，应继续秉持包容的心态，坚持努力做好自己的事，坚持走绿色、低碳、循环发展的生态文明之路。中国应结合自己的经济社会和环境保护规划及人类气候变化应对目标，定期盘点本国的履约情况和自主性贡献，不断调整应对策略和行动部署，采取共赢的措施，使国际行动与国内效应相呼应，争取在 2035 年左右甚至更早的时间使本国碳排放达到峰值，为增强我国的可持续发展能力赢得机遇。同时，在今后的全球气候谈判和《巴黎协定》的具体实施中继续发挥建设性作用，也让全球民众受益。为了使应对气候变化工作规范化、制度化、程序化，中国可以考虑制定《温室气体排放管理条例》《温室气体排放交易条例》甚至《应对气候变化法》。《应对气候变化法》的立法准备工作已进行近 10 年，已经很扎实。一旦国际和国内条件成熟，很快就可以出台。

第九章　生态文明与固废管理

第一节　"无废城市"建设方法的科学合理选择[①]

中国在后发追赶的工业化道路上，因为自然资源利用工艺和技术粗放、环境保护基础设施建设滞后、循环经济产业链条不健全、环境污染控制和资源化利用关键技术整体落后等原因，产生了巨量的工业和生活固体废弃物。据统计，截至 2018 年 5 月，我国工业固体废物历史累计堆存量超过 600 亿吨，占用土地超过 200 万公顷。这些堆存既有巨大的环境风险，也有巨大的安全生产风险。在历史堆存的基础上，每年还新产生数量可观的固体废物，近几年，我国工业固体废物年产生量约 33 亿吨。以北京和上海为例，2017 年两地产生的生活垃圾均超过 900 万吨。相当比例的固体废物，包括可以再生利用的固体废物，被一埋了之，既浪费了资源、侵占了土地，也威胁了地表水和地下水的环境安全。因为城市之间处理固废的能力不一、成本不一，于是出现了一些跨区域非法转运、非法倾倒、非法利用和非法填埋的违法犯罪事件。尽管 2018 年生态环境部等部门联合开展了"清废"行动，严厉打击了一些违法犯罪行为，但是这种现象仍然难以杜绝。

由于现代化的工业生产是围绕城市开展的，现代化的社会生活主要是在城市里进行的，于是一些城市出现了固体废物围城的现象，

---

① 本部分的核心内容以《"无废城市"建设应采取科学合理的方法》为题，被《学习时报》于 2019 年 4 月 22 日发表。

危及区域环境安全，不利于城市的安全和绿色发展，不利于城市的可持续发展，也不利于美丽中国的建设。由于固体废物是人民群众反映特别强烈的一个突出民生问题，其减量和利用是衡量区域产业结构调整、区域绿色生产、区域安全生产、区域绿色生活的一个重要标志，也是建设绿色、安全、发展城市的一个重要抓手，为此国务院办公厅于 2019 年 1 月发布了《"无废城市"建设试点工作方案》。对于该方案的实施，必须坚持科学和实事求是的态度。

"无废"城市的建设应当坚持系统论，全面布局。事后从末端解决固体废物的处理处置，不如从全过程科学防控的系统角度，特别是源头减量、资源化利用的角度予以解决。废物的源头产生、中间的再生利用和末端的处理处置涉及工业、农业、第三产业，涉及城市和农村，涉及生产和生活，其解决也要依靠社会、经济、技术和行政等综合手段，是一项系统工程，因此，"无废"城市的建设应当对城市进行系统性的改造和完善，形成固体废物产生量最小、资源化利用充分的良性循环，并确保最终的处置安全。当然，对于一个城市内部难以消化的固体废物，也可以立足于城市群和城市之间的产业协同格局，搭建城市之间的废物利用链条，系统地实现固体废物的跨区域利用。可以说，"无废城市"的建设既是一种先进的城市综合管理理念，也是一种先进的城市群协同发展理念，是提升城市生态文明、建设美丽中国的重要举措。因此，监管部门必须围绕固体废物污染控制的环境保护需求和固体废物有序流动的市场需求，开展适应性的监管改革，不能为了监管省事，就简单粗暴，一禁了之。

"无废"城市的建设应当坚持持久战，不宜搞运动。"无废"城市的建设涉及各方面，其推进涉及城市产业结构的调整，涉及城市工业园区的优化和改造，涉及资源利用和环保技术的创新，涉及环境保护产业的培育，涉及环境保护基础设施的补短板，还涉及城乡垃圾分类，集中收集、转运和处理处置设施的建设，涉及居民和社区垃圾分类意识的提升。这些问题的解决，对于落后的地方特别是中西部地区，对于城市病相当突出的特大型城市，绝不是一朝一夕甚至一两年就可以完全解决的，因此必须树立打持久战的观点。"无废"城市的建设不能被只关注短期效益的投机资本所利用，搞环保运动和跑马圈地，将长期的环境风险和经济风险转嫁到地方政府和居民头上。各城市人民政府必须立足现实，设计长远的工作方案，稳打稳扎，确保实效。不过，为了树立标杆，在 2020 年前，可以在规模适当的城市中，选择一些经济条件较好、环境保护基础设施较为完善、危废管理成效显著、垃圾分类参与度高的地方开展试点，尽快搭建"无废城市"的工作框架，形成一批可复制、可推广的"无废城市"建设示范模式。

"无废"城市的建设应当坚持安全第一，防止出现环境污染和安全生产事故。在"无废"工业园区的建设中，应当按照生态环境部《关于加强规划环境影响评价与建设项目环境影响评价联动工作的意见》的要求，加强工业园区规划环境影响评价与园区内具体建设项目环境影响评价的衔接，选好地址，并严把产业准入负面清单的市场准入关，如有的地方开展了"区域环境影响评价 + 环境标准"改革试点，强化规划环境影响评价在优布局、控规模、调结构和促转型中的作用。在工业园区的规划布局中，既要按照《环境保护法》和"土十条"的要求，考虑环境因素，在园区内设立固体废物特别是危险废物的集中处理处置设施，或者集中收集和转运设施，也要根据《安全生产法》的规定，在环境管控的同时考虑安全生产的风险，防止因为保护环境而引发企业甚至区域的安全生产事故。为了防止一再出现与固体废物有关的重特大安全生产事故和环境污染事故，首先，应当加强应急管理和生态环境两个政府部门的工作衔接，建议出台综合性的《危险废物安全生产和环境管理法》或者《危险废物安全生产和环境管理条例》。其次，需要加强衔接性执法或者联合执法，让应急管理和生态环境保护两个部门在危险废物特别是危险化学品领域开展联合执法。为了防止猫鼠同笼，即监管者和企业成为利益同盟，必须开展工业园区的交叉执法或者对执法队伍定期进行轮换。最后，加强企业员工和社会的有奖举报监督，建立公益诉讼制度，建立举报信息在线记录和公开制度，建立领导干预环境监管的信息记录和责任追究制度。只有这样，才能使政府的固体废物安全生产和环境污染防治监管制度在各界的全民监督之中有效运转起来，使企业内部的安全生产和环境管理制度在政府的严厉监管中实实在在地运转起来，使制度成为不可逾越的高压线，而不是成为书上写写、墙上挂挂的死条文。

"无废"城市的建设必须全面开展，重点突破，方法适当。按照要求，"无废"城市的建设要以大宗工业固体废物、主要农业废弃物、生活垃圾和建筑垃圾、危险废物为重点，如实施工业绿色生产，推动大宗工业固体废物贮存处置总量趋零增长；推行农业绿色生产，促进主要农业废弃物全量利用；践行绿色生活方式，推动生活垃圾源头减量和资源化利用等，要求全面，但也要体现地方特色，结合各地的产业实际，如在一些煤炭等资源产量大的城市开展资源型城市的"无废"建设，可以开展煤矸石回填、粉煤灰修路，尾矿渣加工为建筑砂石等工作；对于建筑垃圾产生量巨大的城市，可以开展粉碎和回用等工作；对于一些旅游型城市，可以在城乡全域开展垃圾分类和集中转运、处理工作。只有这样，才能体现示范性和引导性。"无废"城市的建设必须选择适合的行政、经济和法律工具，确保方法适当，如不要把塑料再生利用和危险废物的再生利用产业妖魔化，应当针对现实的环境污染和安全生产问题开展针对性的污染防治和安全生产工作，而不是一棍子打死；再如，塑料袋的回收，完全可以通过加大塑料袋厚度、生产可以降解的塑料袋等方法解决，而不是简单粗暴、一禁了之。

此外，"无废"城市的建设既要考虑环境效益和社会效益，也要考虑经济成本的可行性。不考虑环境影响的固体废物资源化产业也是不容许的，不考虑经济承受能力的固体废物资源化产业是不可持久的。因此，必须强化固体废物再生利用的网络建设和科技创新，减少经济成本，克服环境污染。为了减少经济成本，促进科技创新，必须培育一批固体废物资源化利用骨干企业，通过规模化、社会化和市场化运作，不断发展壮大，体现"无废"城市的共治性。

第二节　垃圾分类的"小事"需要大统筹

垃圾分类看起来像一件日常生活中的"小事"，但它是经济社会发展到一定阶段的产物，是保护生态环境、节约自然资源、改善生活环境、增强绿色发展和可持续发展能力的需要，是社会文明自我提升的需要，因而对一个国家和民族来说是一件大事。垃圾分类是现代生态文明建设的行为共识，是中国生态文明发展史的必然产物。因此，必须予以高度重视。对此，习近平总书记于 2018 年 11 月在上海考察时指出垃圾分类工作是新时尚；在 2019 年 6 月初作批示时指出，实行垃圾分类关系广大人民群众生活环境，关系节约使用资源，也是社会文明水平的一个重要体现。

各国垃圾分类的启动与实施，须放在经济社会发展的时代大潮中统筹考虑。因为缺乏意识基础，垃圾分类开始太早了不行；因为环境污染的危害和自然资源的短缺，垃圾分类开始太晚了也不行，所以各国必须结合自身的发展阶段，寻找最佳的垃圾分类启动时间窗口，妥善制定垃圾分类战略推行的阶段性目标。纵观欧美发达国家垃圾分类的历史，垃圾分类的全面推进及其法制化都是在工业化的关键阶段即经济和社会转型期全面启动并发力的，如日本从 1975 年静冈县沼津市开始垃圾分类，仅将垃圾分为可燃烧与不可燃烧两类，后逐渐在全国普及和深化，经过近 40 年的发展，日本目前的垃圾分类基本到了极致。德国尽管早在 1904 年就实施了粗放化的城市垃圾分类收集制度，但因为废物总量太多，到了 20 世纪 80 年代中期，垃圾填埋场全面告急，联邦政府于1991年发布了包装条例，随后工业界建立了促进垃圾分类工作细致化的垃圾回收和再加工系统。在工业化的关键时期即转型期，有了前期的生态环境宣传教育，特别是环境污染教训，社会公众接受垃圾分类的规则相对容易一些；有了工业化前中期积累的科技和经济成果，各方面配合政府推行垃圾分类有了经济、技术和管理基础。关键是，在这一时期推进垃圾分类，有助于补齐自然资源短缺的短板，有利于通过全程减量减少垃圾的产出，减少环境负荷，得到各方面的支持。这一历史规律不能违背。

　　我国垃圾分类的决策部署，与发达国家普遍开展垃圾分类的时间窗口是基本一致的。须放在生态文明建设的时代大潮中统筹考虑。在我国，习近平总书记于2016年12月21日主持召开了中央财经领导小组第14次会议，会议提出普遍推行垃圾分类制度。2017年3月18日，国务院办公厅转发国家发展改革委、住房城乡建设部《生活垃圾分类制度实施方案》，决定在46个重点城市开展垃圾分类的先行先试，到2020年年底基本建立垃圾分类相关法律法规和标准体系，形成可复制、可推广的生活垃圾分类模式。2018年12月国务院办公厅印发《"无废城市"建设试点工作方案》，指出要加强生活垃圾分类。2019年的《政府工作报告》要求加强城市生活垃圾分类处理。2019年6月，住房和城乡建设部等9部门在46个重点城市先行先试的基础上，印发《关于在全国地级及以上城市全面开展生活垃圾分类工作的通知》，决定自2019年起在全国地级及以上城市全面启动生活垃圾分类工作，到2025年，全国地级及以上城市基本建成生活垃圾分类处理系统。这意味着，中国城乡全面开展垃圾分类拉开帷幕。目前，我国正处于生态文明建设的关键期、攻坚期和窗口期。窗口期指目前是我国生态文明改革的最佳时机。在这一时期，以习近平总书记为核心的党中央对垃圾分类作出统筹部署，设计出阶段性目标和实现目标的路线图，是符合我国生态环境保护规律和经济社会发展规律的。放眼世界，这与发达国家完成工业化转型的时间窗口期也是基本一致的。因此，可以得出一个结论，我国从分区试点到全面部署的垃圾分类决策是科学、及时、合理的。

我国垃圾分类的统筹部署，需要把握好时间节奏，保持必要的历史耐心。垃圾分类的物质装备容易建设和配备，但因其涉及社会文明观念的转型，涉及人们生活方式的改变，因此是一个细工慢活的系统工程，在推进时既要保持战略定力，也要保持一定的历史耐心。在推进方式上，宜稳中求进，不断深入，不宜"大跃进"地搞劳民伤财的面子工程。从国际上看，垃圾分类从试点到全面顺畅运行，至少需要一到两代人的时间。考虑到我国是后发追赶型国家，发达国家开展环境保护的很多经验和教训可以供我国参考和借鉴。在生态文明方面，目前党和国家生态文明制度建设的四梁八柱基本建成，生态文明的监管和司法体系已经完备，生态文明的社会公众格局初步呈现，与生态环境保护相协调的经济社会发展方式正在全面培育。与此相适应的，生态文明的成效相当显著，全民的生态文明共识已基本形成。具体到垃圾整治方面，与发达国家相比，我国全民形成垃圾分类意识、各地健全垃圾分类体系的时间会大大缩短，进程会大大加快。如在发达地区的农村和大城市的郊区，以浙江省金华市金东区、湖南省宁乡市为例，在短短的三五年时间内，就在农村建成了基本完备的垃圾分类装备体系、垃圾清扫和管理评价体系、垃圾分类打分评价与奖惩体系、垃圾转运和分类处理体系、资金筹集和经济激励体系，乡村生态环境得到了明显改善，村容村貌和乡村风尚大为改观。一些大中城市，如上海、广州、深圳、北京、宁波等，有的已经制定了垃圾分类的地方条例或者规章，违者处罚，如广州市第十五届人民代表大会常务委员会第十一次会议于 2017 年 12 月 27 日通过了《广州市生活垃圾分类管理条例》，再如上海市第十五届人民代表大会第二次会议于 2019 年 1 月 31 日通过了《上海市生活垃圾管理条例》，两者对适用范围、责任主体、分类方法、管理部门职责、源头减量、无害化处置、资源化利用、奖励与处罚等都做了详细的规定；有的准备修改现行生活垃圾管理地方立法，如北京市准备修订《北京市生活垃圾管理条例》，对不按照规定分类投放垃圾的，予以劝阻或者罚款，将已分类垃圾混装运输的，严惩重罚。在社会主义生态文明新时代，用法制来保障和推进绿色生活方式改革的深化，全力推动城乡垃圾分类，将大大推进我国城乡环境整治、改善城乡环境质量的进程。

我国的垃圾分类需要统筹开展、科学管理。首先，需要统筹好城市和农村垃圾分类战略、方式和要求。在新时代，必须在城市和农村同步推进垃圾分类工作，但是要注意推进战略、目标任务、重点项目、配套政策、具体措施和差异。城市和农村的居住条件基础不一样，农村单家独院的居住方式决定了垃圾分类与否好发现、好奖惩，因此在乡村开展垃圾分类具有天然的优势条件。农村总体上是熟人社会，城市基本上是陌生人社会，农户村组管理的协作基础强于松散管理的城市居户，说明在乡村开展垃圾分类具有组织上的优势条件。因此，在城乡一体化统筹发展的时代格局下，城乡垃圾分类的管理方法、组织形式、激励机制等应当有所差别。如在城市，从单位类型来看，可以从机关、学校、医院等公共机构先行启动；从区域来看，可以从具备天然条件的胡同区和别墅区先行启动。在积累一定的经验、产生一定的社会影响后，可以全面推广。当然，一些城镇区域也可以将城乡接合部的农村纳入城镇垃圾分类的涵盖范围，一体化推进。其次，在制订垃圾分类方案的同时，要制定或者修改国家层面的法律法规和地方层面的法规规章，统筹建立健全政府引领和推动体制、监督管理制度、财政投入机制、管理工作体系、激励约束机制、社会参与机制、考核奖惩机制，形成法治为基础、政府推动、全民参与、城乡统筹、因地制宜的垃圾分类管理体制、制度和机制。

我国的垃圾分类需要统筹建立科学的体制。针对城市和农村，应当因地制宜地建立相关的推动和监管体制。在农村垃圾分类的治理体制方面，建议发挥政府引导、村党支部支持、村委组织协调、村民自治、乡贤共治的作用，特别是发挥村级党组织和村民理事会的作用。如让农户对自己房前屋后和责任田范围内的环境整洁和垃圾分类负责，村民小组对本小组区域范围内的环境整洁负责，村两委的班子成员包组或者分片包干；党员、村民理事会成员联组包户。只有这样细致的分工，才能让垃圾分类通过群众工作深入民心，让绿色生活方式成为一种坚持和信念。在城市垃圾分类的治理体制方面，建议理顺商务部门、住建部门、环卫部门、民政部门在垃圾分类方面的职责，整合废品回收体系、小区物业回收体系、环卫垃圾收集体系、居委会工作体系和政策体系，确保工作同心、同向、同行，形成城镇垃圾分类管理的合力。

我国的垃圾分类需要统筹构建本土化的模式。从目前垃圾分类的学术文献来看，介绍国外垃圾分类方法和经验的居多。但是垃圾分类既解决环境污染这一自然问题，也解决社会文明这一社会性问题，因此不能脱离中国的自然和社会国情来设计管理和运行的模式，即体制、制度和机制，更不能学发达国家甚至囫囵吞枣地照搬国外的垃圾分类模式。对学院派和产业界提出的照搬照抄域外模式的垃圾分类建议要慎重对待。应当采取的科学态度和方法是，既要适当地参考借鉴国外的经验，也要立足各城市的现实情况，用中国的思维和方法解决中国本土的现实问题。如从行为的整体性来看，我国是社会主义国家，机关、学校、医院等公共机构的人员响应国家要求的自觉性较强，因此，垃圾分类可以从公共机构先行全面展开。从居住类型来看，平房区、别墅区、胡同区的管理条件和楼房区的管理条件基本不一样，前者单家独院的居住方式决定了垃圾分类与否好发现、好奖惩，因此，对于这类区域也可以先行全面开展垃圾分类。等积累一定的经验并产生一定的社会影响后，再全面推广其经验。从社区建筑密度和人口容量来看，我国楼房区的容积率普遍偏高、居住密度偏大，垃圾桶可能要和车位抢位置，这决定垃圾分类后物流输出系统周转速度要比欧美国家快，如环卫部门每天都要收集垃圾，而不像德国一些社区每几天收集一次，才能保证社区环境的全天候整洁。从垃圾的组分构成来看，我国相对特殊的饮食习惯决定了垃圾的组分与其他国家有一定区别，如厨余垃圾比重大、厨余垃圾中油盐比例偏高，这就决定必须采取符合处理要求的分类、收集、处理方法。从法制意识来看，我们仍然处在社会主义初级阶段，垃圾分类设施的齐备程度、居民的生态守法程度和政府的生态环境执法力度远不及发达国家。如果一味地依靠法律的强制手段，如罚款、拘留等，去倒逼人们遵守垃圾分类的规范，可能会面对普遍违法而难以施行的尴尬境地，如一些街道和社区效仿西方模式，撤了很多垃圾桶，推行"定点定时投放""垃圾不落地"等措施，但是由于人们规则意识欠缺、在家时间不一致等主观和客观原因，还是或多或少地出现垃圾随意丢弃的现象，最后不得不靠人力去打扫解决。

我国的垃圾分类需要统筹构建完善的制度和标准。垃圾分类是一个系统工程，无论是城市还是农村，都可以建立门前三包、分类投放、分类收集、分类运输、全程减量、分类处理等方面的制度。在政策和标准制定上，应当针对这些环节，设计完备的操作规范和保障政策，形成健全的规范体系。如在城市和农村，在建立普遍性垃圾收费制度的基础上，针对困难群体建立费用减免的扶持制度，针对考核优秀的群体，可以建立费用减免的奖励制度。再如对于垃圾分类的标准，一些城市规定了分为可回收、不可回收、有害垃圾和其他垃圾的"四分法"，一些城市规定了分为干垃圾、湿垃圾和其他垃圾的"三分法"，一些地方特别是农村仅规定了简单易行的干垃圾和湿垃圾的"两分法"，不尽相同。由于分类方法复杂，一些专业人士到不同的地方都难以操作正确。因此垃圾分类方法的制定要实事求是，不宜太粗，也不宜太细，只要简单易懂，老百姓方便实施，能够达到节约资源、保护环境的目的，就可以允许推行。只有工作环环相扣、措施设计科学、制度具有可操作性，才能提升垃圾分类的整体效果。

我国的垃圾分类需要统筹设计长效的机制。长效的机制包括资金筹集机制、设施设备运行和清扫机制、观念培育机制、考核奖惩机制。在资金筹集机制方面，在农村除了适当收取农户的垃圾处理费之外，建议还要重点发挥政府以奖代补的财政资金作用，发挥村级集体经济的经费保障作用，发挥"乡贤"的资金捐献作用；在城市除了适当收取居户的垃圾处理费之外，建议主要发挥政府投资的作用。在设施设备运行和清扫机制方面，在农村可以发挥村民人力支持和村级财力保障的作用，吸收困难人群参加垃圾分类、清扫、收集、运输、处置等方面的工作。对于富裕地区的农村，也可以采用市场化、专业化的垃圾分类、清扫、转运和处理处置运行机制。在城市，应当在人民政府的统一部署下，统一采取市场化、专业化的垃圾分类、清扫、转运和处理处置运行机制。在观念培育和行为引导机制方面，对于生活垃圾分类全覆盖的区、街道、乡镇、小区和村落，发挥城乡居民或者村民小组长（楼长、巷长）、村两委或者居委会班子成员、党员、村民理事会成员、垃圾清扫人员、政府宣传人员的分户包干、分组包干、分片包干作用，通过教育引导、督促引导及对先进户的奖励和对落后户的告诫，普及垃圾分类的意识，让示范片区和示范区的城市居民和农村村民养成垃圾分类的好习惯，将自己的绿色个体行动用集体的行为范式展现出来。在行动部署的组织保障方面，还应当对乡镇街道、城市物业与居委会、农村党支部和村委会开展垃圾分类的评价和考核，建立以考核结果为导向的奖惩机制，将垃圾分类和环境整治的成绩与薪金增减相结合。只有这样，才能调动各方面的积极性，以点带面，争取 2025 年在全国地级及以上城市基本建成生活垃圾分类处理系统。

第三节　固废跨区域运输处置监管制度和机制的健全①

一、《固体废物污染环境防治法》修改应关注固体废物跨区域运输和处理处置问题

中国在后发追赶的工业化道路上，因为自然资源利用工艺和技术粗放、环境保护基础设施建设滞后、循环经济产业链条不健全、环境污染控制和资源化利用关键技术整体落后等原因，产生了巨量的工业和生活固体废弃物。据统计，截至 2018 年 5 月，我国工业固体废物历史累计堆存量超过 600 亿吨，占用土地超过 200 万公顷。这些堆存既有巨大的环境风险，也有巨大的安全生产风险。在历史堆存的基础上，每年还新产生数量可观的固体废物，如近几年我国工业固体废物年产生量约 33 亿吨。以北京和上海为例，2017 年两地产生的生活垃圾均超过 900 万吨。相当一部分比例的固体废物，包括可以再生利用的固体废物，被一埋了之，既浪费了资源，侵占了土地，又威胁地表水和地下水的环境安全。因为城市之间处理固废的能力不一、成本不一，于是出现了一些跨区域非法转运、非法倾倒、非法利用和非法填埋的违法犯罪事件。2015 年 1 月 1 日史上最严的环境保护法实施，各地打击了一大批跨行政区域非法运输和处理处置废物的违法犯罪行为。2016 年启动的中央生态环境保护督察和 2018 年生态环境部联合有关部门开展的"清废"行动，发现了大量的固废跨行政区域转移和非法处置问题，其中工业固废、建筑垃圾、生活垃圾、污泥等危险废物在长江经济带和沿海地区跨行政区域非法转移的现象比较严重。尽管有关部门予以严厉打击，但是这

---

① 本部分的核心内容以《健全固废跨区域运输处置监管制度和机制》为题，被《中国环境报》于 2019 年 5 月 28 日发表。

种现象仍然难以杜绝。

目前，《固体废物污染环境防治法》正在修改，应当针对现实存在的问题开展相应的规范修改、规范增补、制度完善工作，为固体废物污染的治标和治本奠定法治基础。修改《固体废弃物污染环境防治法》首要的是修改立法目的，建议面对现实的区域固废处理能力不均衡问题，将科学规划固废处理处置以及规范固废跨区域转移和处理处置纳入立法目的。在此立法目的下，开展相关的体制、制度和机制创新和完善工作。

二、补短板，加强固体废物处理处置能力建设和市场公平竞争机制的建设

严惩重罚一般只能治标，为治本奠定法制基础，但是从根本上解决不了治本的问题，治本还得靠能力建设，《固体废物污染防治法》修订时，建议加强全国和地方的固体废弃物特别是危险废物处理处置能力建设，包括新增处理处置场所，整体提升处理处置的科技含量，促进市场的公平竞争。

一是加强区域内和区域间的固体废弃物特别是危险废弃物处理处置能力的建设规划，摸清底数，结合各地的实际危废产能，加强危废的处理处置能力建设，为企业守法创造就近有处理场所、收纳和收费合理等条件。这是比严格执法和严惩重罚更紧要的工作。目前，从全国层面来看，危废处置产能整体不足，亟须在现有处理处置产能的基础上规划区域性的危废处理网络。从区域层面看，目前各省份、各市级行政区域产废种类和总量与自身的处理处置能力不均，一些省份某些类别有富余，某些类别有欠缺，而有的省份相关指标有富余，由于跨省转移审批周期长，有的为了防止非法清废或者不达标处理处置，不允许外省危废转移到本省，造成危废处理处置能力资源的浪费，在目前的情况下，加剧了一些危废处理处置能力紧缺的地区非法倾倒和非法处理处置危废的现象。建议《固体废

物污染环境防治法》修改时，要求各省级生态环境部门要摸清底数，深入分析实际的处理处置产能与纸面上的处理处置产能关系。监管部门批准的处置产能如果和实际上的产能不匹配，会影响监管部门的决策。为此，建议《固体废物污染环境防治法》修改时，要求各省级生态环境部门立足本地的危废种类和实际产能，结合目前和今后的发展态势，针对各园区和各城市规划合理的危废处理处置设施和场所；对于未设立危废处理处置企业的园区和城市，邻近的园区和城市必须建有相应的危废处理处置企业，并且签订有接纳处理处置的协议，该协议须报共同的上级生态环境部门备案；邻近城市没有处理处置企业的，或者双方未签订接纳处理处置协议的，产废的企业、园区不得生产经营；对于可以跨行政区域转移的危险废物，所在企业、园区和城市必须设立危废收集和转运的设施，并进行专门和全过程管理。对于地方生态环境保护部门不作为、不担当，不对地方的危废作出综合治理的规划部署，导致产废企业停产停工或者危废严重堆积的，应当追责。

二是对现有的危废处理处置格局进行升级，为危废的充分处理处置提供科技支撑。以前，大量的危废处理企业被审批成立，可以最快地解决政府危险废物监管的账面平衡问题，利于政府加大对产废企业的生态环境监管。但由于趋利效应，以前一些地方对危废处理处置企业的监管不到位，导致一些准入的企业技术和管理水平良莠不齐，产生集中污染的风险比较大。在这种条件下，一些地方政府不敢大面积地关停违规企业，因为一旦关停，危险固废就没去处，产废企业也会被逼停，既影响实体经济发展，也危害区域环境安全。目前是环境保护产业需求大的时期，也是环境保护产业转型升级的好时机，随着资本大量涌入市场，对一些落后的危废处理处置企业和设施进行淘汰是必要的。只有这样，才能促进工业园区经济的高质量绿色发展。

三是加强公平竞争，反对市场垄断和价格垄断，对危废的处理处置予以价格上的规范。由于市场垄断等原因，一些地区危废的处理处置价格高昂，不利于为实体经济托底，扼杀了实体经济的根基。价格高昂的弊端还在于倒逼区域的危险废物通过非法的途径转移到处理价格低廉的地区进行非法处理甚至非法倾倒。建议《固体废物污染环境防治法》修改时，要求各省级生态环境部门参考邻近区域的危废处理价格，合理规范本地危废处理处置的定价行为。

三、实行全面和全方位监管，加强固体废物跨区域运输和处理处置的监管

一些行政区域由于地理条件和行政区域面积具有局限性，对于因近期能力建设不足不得不外运处理处置危废的，建议《固体废物污染环境防治法》修改时，规定必须予以全方位、全过程的安全生产与生态环境保护监管。在监管措施方面，《固体废物污染环境防治法》可以开展如下的监管措施改革。

一是实施全过程、全方位监管，即继续加强危险废物全过程的监管，尤其是加大源头管理力度，加强产废单位监管，保证危险废物得到有效处置。危险废物的全方位监管，包括危险废物的安全生产监管和生态环境保护监管。对于危险废物全部或者部分去向不明的，要予以回溯，严格查处。建议《固体废物污染环境防治法》修改时作出如下规定：对于产废企业，如果不能说清危险废物全部去向或者部分去向的，按照非法处理处置危险废物追究行政责任；构成犯罪的，依法追究刑事责任。对于对外接受固体废物的处理处置企业，如果没有全部处理处置，不能说清危险废物全部去向或者部分去向的，按照非法处理处置危险废物追究行政责任；构成犯罪的，依法追究刑事责任。这些规定，可以极大地减少危险废物非法运输和处理处置的现象。

二是开展审批监管和备案管理。在许多行政区域，跨地市开展危废处理处置业务由审批改为备案，极大地盘活了一些地市的处置

余量，大大地缓解了所在省份的危废处置压力。对于跨省级行政区域的转移，业内提出以下两个问题：第一是可否由审批制改为实施备案制，第二是可否用严格的事中事后监管措施来弥补前置审批的不足。一些从业者认为，危废处理处置的产业布局在一些地区特别是发达地区都已基本定型，沿海地区要靠自身解决处置问题，不论是从地理、空间还是资源的有效配置上看，都有很大困难，因此固废跨省级区域转移和处理处置是必然的。但由于跨省级行政区域转移的审批手续复杂，建议加强事中监管的措施，将转运审批改为备案。实际上，从更大的尺度上看，跨省级行政区域配置危废处理处置资源是大势所趋，各省级行政区域不能局限于本地化处置，否则难以实现危废处理处置市场化的初衷，也难以减轻企业和园区的环境和经济负担。如果各地基础设施建设健全，区域危废处理处置能力规划科学、合理，监管手段也到位，那么危险废物跨区域转移实行备案制是迟早的事情。但是目前这些条件都不具备或者不完全具备，省级行政区域之间监管的能力和水平不一，全过程监管的尺度一致性难以保证，废物的跨行政区域转移现象相当突出，所以目前在全国层面对危险废物的跨省级行政区域转移实行备案制，条件不成熟。如果强推，只会总体上加大危险废物在跨区域转移中的污染风险。不过，《固体废物污染环境防治法》修订时，可以灵活处理，设立审批制与备案制并存的双轨制度，即危废在临近两省域跨区域转移和处理处置，如果产废企业和接纳企业合法设立，后者有充分的处理处置能力，两省域对于危险废物的转移和处理处置可以实现同一尺度的全过程监管，经过生态环境部审批，可以在邻近的两省域对某些危险废物的转移和处理处置，由审批制改为备案制。对于备案制下固废的产生、储存、运输、处理处置等活动，监管部门可重点抓处理处置企业的日常规范化监管，对辖区污染物的种类、数量、流向、处理处置措施建立各部门信息共享的台账，健全可追溯体系，实行实时的全环节监管。在具体监管方面，对危险废物的跨区域转移实施网上联单制度，使可追溯制度具有可操作性。

三是推进信用管理和第三方支付。首先，对于危废处理处置企业，应当实行市场淘汰制。从人才、技术、经验和管理上来看，虽然危废处理处置企业的资质门槛高，但是很多项目的实施名不符实，从中央环境保护督察和"清废"专项行动的结果来看，一些项目违法违规严重。对于这一现象，生态环境监管部门、安全生产监管部门等相关监管部门应当建立衔接的安全生产和环境保护监管机制，对危废处理处置企业实施定期考核和业绩管理，并公布考核排名结果，实行信用管理。对于多次违法和严重违法的企业，对其采取市场禁限措施；对于信用良好的企业，予以推介。鼓励信用良好、技术先进、资金雄厚的危废处理处置规模化企业，通过股权交易等方式，整合不规范的规模化以下企业，整体提升区域的危险废物处理处置水平，解决危废处理处置企业鱼龙混杂、良莠不齐的问题。其次，采取第三方支付的信用管理制度，即产废企业将每批货物应当支付的处理处置和运输费用全部划转至生态环境部认定的账户。对于源头产废环节、中间的运输环节和末端的处理处置企业，所在地或者路径地的生态环境监管部门在事前、事中、事后监管中通过验收等手段进行监察，如全程没有发现违法违规的现象，可以网签活动合法的证明。一旦所有环节的证明齐全，运输方和处理处置方就可以收到认定账户转来的全部费用。如一个环节出问题，费用就予以冻结。如出现违法倾倒和非法处理处置的现象，可以规定将其纳入危废运输和处理处置黑名单。

四、衔接危险废物跨区域运输和处理处置的安全生产和环境保护监管体制和机制

在危险废物的运输和处理处置方面，生态环境监管部门和应急管理监管部门、运输监管部门的工作要相互衔接，相互借势借力，以使监管职责既清晰又衔接。2016年以来的中央环境保护督察和环

境保护专项督查，整顿了"散乱污"企业，有利于危险废物处理处置安全生产形势的巩固和发展。同样地，安全生产监管也有利于企业的环保工作。建议《固体废物污染环境防治法》修改时，规定应急管理部门参与中央生态环保督察工作，协同提升危险废物处理处置方面的生态环境保护和安全生产监管工作。两个部门无论是立法还是工作机制，特别是在化学品和危险废弃物安全监管方面要进一步协调。在危险废弃物的监管方面，两个部门都不是行业监管部门，都是本领域的综合监管部门，两者的监管职责要区分，但也要相互介入、相互支持。建议《固体废物污染环境防治法》修改时，规定危险废物运输和处理处置企业的审批由生态环境部门与应急管理等部门协同商议后作出；危险废物运输和处理处置活动的安全生产监管，由应急管理部门负责；危险废物运输和处理处置企业的安全生产和生态环境监管，应当设立统一的审批和监管信息平台。通过协同配合，可以求得安全生产和生态环境保护监管效益的最大公约数。免得一出安全生产事故，就出现各部门和各地方的主管官员被广泛追责的现象。

第十章　生态文明与法治保障

第一节　中国生态环境法治的总体实效与主要经验

一、总体实效

党的十八大以来，新的发展理念和生态文明观不断清晰，生态文明体制改革全面部署，改革四梁八柱基本建立，制度体系逐步健全，体制机制稳步改革，中央环境保护督察在实践中深化，雾霾污染防治攻坚战不断深入，相当多的热点问题在社会各界的参与下得到解决。和以前相比，无论是立法还是执法，近几年都是以环境质量达标和改善为目的，使大气污染防治、水污染防治法律所确立的以环境质量管理为核心的管理模式落地。总的来看，近几年中国生态环境法治工作评估结论如下：生态环境法治的理念在党的十九大报告中得到升华；环境保护的立法体系越来越健全，配套的规章继续出台，规范越来越具有体系性，越来越具有可操作性；省以下的垂直管理体制改革越来越深入，在中央环境保护督察和环境保护专项督查的格局下，运转越来越顺畅，机构配合越来越紧密；制度创新继续发力，环境标准日趋严格，在党政同责的保障下，实效越来越明显；量化追责等环境法律配套的机制创新对于制度的实施发挥了促进作用；执法越来越严厉、规范，环境司法体制正在健全，环境司法制度不断突破，环境信息公开和公众参与持续开展，环境权力监督和民主监督正在见效，环境民主的机制和环境共治的机制建设在实践中不断深化；中央环境保护督察等制度发挥了前所未有的作用。

二、主要经验

党的十八大以来是生态文明建设"五位一体"全面建设的时期，生态环境法治成绩的取得，既有努力的因素，更有方法论上的突破。具体经验可以总结归纳为：通过实行环境共治，发挥地方党委在环境保护大局中的决定性作用，发挥地方人民政府的执行作用，发挥人大的权力监督和政协的民主监督作用，发挥司法机关的监督尤其是公益诉讼审判的作用，发挥社会组织和公民的参与和监督作用，发挥企业的主体作用；通过优化区域的空间发展格局，区域环境风险正在通过规划环境影响评价和建设项目环境影响评价得到控制；通过打击数据造假，建立全国生态环境监测网络，保障了环境保护考核的真实性和准确性，倒逼地方人民政府开展转型升级；通过环境许可管理，使区域以环境质量管理为核心的环境法律制度得以有效实施；通过生态文明建设考核，生产发展、生活富裕、生态良好的发展模式正在确立；通过中央环境保护督察、环境保护专项督查，"小散乱污"型企业正在被清理整顿，产业结构正在科学调整，工业技术正在转型升级；通过党政严肃问责和授权社会组织、检察机关提起公益诉讼，侵占自然保护区、破坏湿地、污染环境的现象被大力遏制，环境保护的形式主义和地方保护主义正在被克服，一批综合和特色的国家公园已经建立，一些植物物种正在恢复，一些消失的野生动物重新出现，生物系统的稳定性在休养生息中得以增强。在全国环境执法大练兵的基础上，通过狠抓党建和执法队伍建设，促进执法的规范化、制度化和程序化，全面提升环境执法监察的水平和实效。目前，全社会的生态环境质量改善的获得感不断增强，生态文明的理念不断深入民心，生态文明建设和体制进一步深化改革的共识已经形成。

党的十八大以来，生态环境法治的具体经验可以归纳为：通过优化区域的空间发展格局，试点环境管家服务，通过对中介组织和企业推行环境信用管理，区域环境风险正在通过规划环境影响评价和建设项目环境影响评价的有效衔接得到控制；通过中央环境保护督察、环境保护专项督查，特别是对祁连山、巢湖等区域的督察反馈，通过"绿盾 2017 国家级自然保护区监督检查专项行动"，对一批省部级和厅局级干部追责，环境保护党政同责、一岗双责、失职追责的机制正在发挥更大的作用，各地重视绿色发展的气氛已经形成。目前，环境保护权力清单正在全面建立，在分工之中开展环境保护大合唱的监管格局正在形成。实践充分证明，环境立法、环境执法、环境司法、环境守法、环境法律监督以及三个"十条"的方向、路径、举措、目标、任务都是科学合理的，生态环境法治的撬动机制和推行机制切切实实发挥了作用，针对性、有效性都是非常强的。

第二节　中国生态环境法治存在的主要问题

党的十九大报告把"和谐美丽的社会主义现代化强国"纳入新时代中国特色社会主义思想，把"坚持人与自然和谐共生"纳入新时代坚持和发展中国特色社会主义的基本方略，将环境问题的解决纳入了党的战略发展目标。针对人民的需要，党的十九大报告提出"永远把人民对美好生活的向往作为奋斗目标"；针对国家的发展，党的十九大报告提出"为把我国建设成为富强民主文明和谐美丽的社会主义现代化强国而奋斗"。无论是美好生活还是美丽中国，都包括了对美好生态环境的考量。可见，对美好生活的向往和对美丽国家的建设已经成为全党和全社会的共识，成为各界共同奋斗的目标。在具体目标的设计上，党的十九大报告指出，第一个阶段，从 2020年到 2035 年，在全面建成小康社会的基础上，再奋斗十五年，基本实现社会主义现代化。其中，生态环境根本好转，美丽中国目标基本实现。第二个阶段，从 2035 年到 21 世纪中叶，在基本实现现代化的基础上，再奋斗十五年，把我国建成富强民主文明和谐美丽的社会主义现代化强国，美丽中国目标全面、高质量地实现。按照目标导向的原则，2035 年前，中国将长期处于转型阶段。在这 16 年时间中，中国的环境保护标准要逐步提升，环境执法要越来越严格，环境司法监督要越来越深入，环境守法应当成为常态，环境监督应当越来越有力。环境信息公开应当越来越全面，公众参与应当越来越有序和有效。但是如何把握好节奏，统筹好发展和环境保护，统筹好发展和执法、统筹好环境保护目标设定和提质增效进程，实现共同提升，是值得思考的大问题。在这个大格局下，审视近几年的生态环境法治成效，会客观一些。近几年，中国的生态环境法治虽然取得了巨大成绩，但是通过执法、司法、守法等环节和中央环境保护督察、环境保护专项督查等情况来看，还是存在一些问题，需要进一步通过发展、纠偏、制度完善、机制创新等方式来解决。

一、法治基础的问题

在法治基础方面，生态环境法治立足的经济和技术基础不足，导致环境法律制度和要求难以全面实施。根据 2017 年和 2018 年中央环境保护督察组的反馈，一些地区传统的粗放式发展方式没有根本改变，绿色发展的能力差，如宁夏自治区贺兰山国家级自然保护区有 81 家采矿企业为露天开采，破坏地表植被，矿坑没有回填，未对渣堆等实施生态恢复；内蒙古矿山环境治理普遍尚未开展；广西自治区全区环保基础设施建设滞后，36 个自治区级以上的工业园区中 24 个尚未动工建设污水集中处理设施；河北省环境保护基础设施建设缓慢，部分河流水库水质恶化明显，滹沱河石家庄和衡水跨界枣营断面 2015 年化学需氧量、氨氮平均浓度分别比 2013 年上升 63% 和 21%，群众意见较大。大气污染防治虽然取得了举世瞩目的成绩，但是从总体上来讲，大气污染防治还处在"靠天吃饭"的状态，天帮忙，空气质量就好一点，天不帮忙，雾霾就比较重。① 这说明无论是环境督察，还是环境保护专项督查，治标的成分多一些。治本还得依靠经济和经济能力的增强，而这是难以一下子实现的，因此，治本的能力需要继续加强。雾霾经常来临，说明生态环境法治的提升空间还很大，未来要做的事还很多，2018 年及以后需要继续严格执法、规范执法、精准执法，辅之以党政同责机制的进一步创新，用新环境保护法律法规的要求，倒逼地方企业通过技术提升、改造，提高环境保护的资本能力。

二、立法问题

环境立法方面，生态文明法律体系的建设缺乏以生态文明为指导的整体立法规划。在具体方面，具有更高法律效力的《排污许可条例》并未出台，排污许可统筹各部门环境监管的效果还不充分；排污权有偿使用、排污权交易制度没有全面推广。《规划环境影响评价条例》没有修改，针对工业园区、开发区的环境影响评价仍然缺乏法律依据；建设项目的简政放权和区域开发的环境风险控制仍然没有得到有效衔接，一些地方的规划环境影响评价仍然虚化。生态环境损害赔偿、生态补偿方面的改革措施，目前没有通过专门立法体现在行政法规层面，对于环境保护所发挥的作用有限。生态保护的综合性立法欠缺，国家公园管理改革措施没有巩固为法律或者行政法规，《自然保护区条例》没有被修改。按照流域进行资源、环境统筹的《长江保护法》《黄河保护法法》目前没有出台。环境公益诉讼，特别是跨区域的环境公益诉讼在诉讼受理、损害赔偿资金管理方面，仍然缺乏法律上的明确规定；在环境执法和司法实践中，

---

① 参见 2018 年 3 月环境保护部部长李干杰在全国"两会"新闻发布会上的讲话。

因环境污染行为具有瞬时性，而后果具有复杂性和长期性，对证据的取得、后果的认定、损失的鉴定、因果关系的认定或推定等事项，存在很大的难度，是实践中急需解决的问题。而目前的国家立法和司法解释，缺乏系统的具有可操作性的规定，各地做法不统一，应继续出台指导性的法律规定或者司法解释。另外，环境保护措施的出台和标准、计划的趋严，缺乏一个整体的规划，企业履行自己的主体责任时，心里没底，大投入之后担心马上又变要求，不知投入是不是打水漂。在这点上，企业对生态环境部门的批评声音较大。这可能与中国正处于转型期，未来发展具有不确定性，生态环境部门对环境问题的阶段定位难以清晰有关。此外，在新时代，环境保护工作也具有新的特点，对于环境污染强制保险、环境信用管理、环境管家服务、环境保护产业化等新型工作，缺乏专门的立法。

三、执法问题

在环境执法方面，问题主要表现在以下几个方面：

一是"一刀切"式的执法，在中央环境保护督察期间和京津冀地区专项环境保护督察期间尤其明显，引起一些人失业，一些企业关闭，尤其是关闭了一些民生服务项目，如小餐馆、豆腐坊等，引起各方面的关注和批评。"一刀切"反映了地方平时环境监管的缺失，也反映了地方怕被追责，使用能规避责任的过度执法方式，如应当批准的许可，不予以审批；对可以轻罚款的企业予以重罚款；对可以整改的企业，不帮助扶持而责令停业甚至关闭；在重污染天气，不论是否达标排放一律关停。这既反映一些地方平时不努力，也反映了环境保护的有些目标过急，或者使用一个单一的标准，没有区分东部和西部、农村和城市、不同行业，导致看法不一。这些简单粗暴的做法，不仅伤了地方经济增长的元气，也损害了环境保护工作的可持续性。目前，虽然得到遏制，但是在实践中还是或多或少地存在。

二是环境保护形式主义仍然突出，治理和管理造假，应付监管与考核方法众多。例如，地方环境质量监测数据作假，为了降尘，地方政府利用喷雾车或者雾炮车向空中喷水雾的做法比较普遍，不仅在北方地区有，在南方地区也有。例如，2017 年 9 月至 11 月，西安市曲江国家环境监测网空气质量自动监测站点采样区域，有养护公司进行短时间绿化喷水。经调查，虽然对站点同时段监测数据变化趋势或监测设备性能未造成影响，但客观上已造成人为干扰，影响了站点正常运行，相关责任单位和人员已被依纪依法追责。① 2017 年 12 月 2 日至 5 日，宁夏自治区石嘴山市大武口区环境卫生管理站利用喷雾抑尘车连续对大武口区黄河东街国家环境监测网空气质量自动监测站点所在的办公楼墙体进行喷雾清洗，直接影响了监测设备采样口周围局部环境，干扰了空气质量监测活动正常进行，相关责任人员已被依纪追责。

三是事中事后监管改革成效很大，"双随机一公开"推进顺利，但是，环境影响评价弱化严重。一些地方以简政放权的名义，在审批时限上大打折扣，甚至推行"零审批"制度，环境影响评价难以严控风险关，这为环境保护许可证制度的顺利实施埋下了隐患。

四是环境监管机关应结合执法实践做好调查取证工作，防止因为证据不足被提起诉讼。环境执法实践中，常见的问题是因为排污行为的瞬时性和复杂性，取证难度大。因此，需要全国结合实践，总结规律，出台环境违法取证的指南。另外，散乱污企业生产时间具有不确定性，排污去向具有不确定性，一些违法偷排和倾倒具有不确定性，必须开展现场的快速检测或者监测。而目前，对一些污染物进行快速检测或者监测的法律效力，环保法律缺乏规定，不利于及时有效地打击这些环境违法行为。

---

① 参见《陕西一空气质量自动监测站点受喷淋，相关单位及人员被追责》，载 http://news.163.com/18/0116/11/D8967SR4000187VE.html，最后访问日期：2017 年 3 月 4 日。

四、司法问题

在环境司法方面，问题主要表现在以下几个方面：

一是地区之间的环境诉讼数量不均衡，虽然采取立案登记制度，但是立案难的现象在司法实践中仍然存在。尽管在最高人民法院的干预下，2015 年腾格里沙漠环境污染公益诉讼案被立案，但是涉及一些群体性事件的公益诉讼案件，还是难以立案。这说明各地的司法尺度还不一致。2017 年 3 月，最高人民法院发布环境公益诉讼典型案例，为人民法院依法审理环境公益诉讼案件提供一定的示范和指导，希望促进案件裁判尺度的统一，进一步提升环境资源司法水平，现在看来，作用有待提高。

二是环境污染责任纠纷案件总体数量不高，环境污染责任纠纷案件审理难点问题没有改观，停止侵害、排除妨害、恢复原状的诉讼请求难以获得支持，新的争议领域时有出现；环境行政诉讼审理质量需要进一步提高，如 2017 年法院审理的环境行政诉讼二审案件中，"依法改判、撤销或者变更"与"撤销原判决，发回重审"的案件分别占比 13.21% 与 6.13%，接近全年审理的二审案件的 20%。

三是因为环境公益诉讼专业性强，成本高，取证难，而社会组织普遍能力较弱，从 2017 年社会组织提起环境公益诉讼的数量上来看，一直很稳定，没有大的起伏，如 2016 年 7 月至 2017 年 6 月，各级人民法院共受理社会组织提起的环境民事公益诉讼案件 57 件，审结 13 件。我国疆域广袤，而一年的公益诉讼案件数量显得相对很少，发挥的作用不是很大，学者们目前期望值越来越小，普遍倾向于建议修改诉讼法律和环境法律，建立社会组织可以起诉地方政府的环境行政诉讼制度。虽然检察机关可以依据《行政诉讼法》提起环境行政公益诉讼，但是生态环境部门和检察院同属一个党委领导，通过党委协调、检察建议就可以解决纠纷，因此目前的环境行政公益诉讼，虽然有一些作用，但是一些地方人士私下表示，"摆拍"的成分还是有一些。

四是所有权主体的自然资源和公共环境之间有相关性，在公益诉讼方面，社会组织提起的可以赔偿的公益诉讼和省级人民政府依据改革方案提起的可以赔偿的公益诉讼，在提起诉讼的主体资格的衔接方面，有待加强。

五是环境行政监管和环境刑事诉讼之间的衔接有待加强。一些地方生态环境部门反映，最近几年，环境保护监管人员执法任务重，普遍感觉很疲劳，但是由于以前的监管疏漏，在中央环境保护督察的压力下，地方党委和检察机关加大追责的力度，环境保护行政监管人员被检察机关问询的事情时有发生，环境监管人员被追究刑事责任的情况在各地都有，如 2017 年全国共有 4451 人被处分，其中，山东、河北两个省份均超过 500 人；执法人员占 55%，市县副局长占 40%，局长占 7%。2018 年，一批市县生态环境局局长和副局长被追责。这严重挫伤了执法的积极性。生态环境部门希望要全面建立尽职免责的制度。

六是在生态环境损害赔偿制度方面，环境法学界研究积极，地方落实的改革方案多，但是实践却很冷，如各试点地区人民法院按照《关于在部分省份开展生态环境损害赔偿制度改革试点的报告》的要求，依法受理案件，但截至 2017 年 6 月，各试点地区人民法院共受理省级政府提起的生态环境损害赔偿案件才 3 件，审结 1 件。[①]另外，跨区域生态补偿的司法纠纷，目前还很不足。

五、守法问题

一是企业污染物排放监测数据作假。根据生态环境部督察组的

---

① 参见《环资审判（白皮书）及环境司法发展报告发布》，载最高人民法院网：http://www.court.gov.cn/zixun-xiangqing-50682.html，最后访问日期：2017 年 3 月 4 日。

反馈，很多地方的企业环境监测数据造假，有的通过监测软件造假，有的通过检测设备造假，有的采取检测方式作假。由于基层生态环境部门监管的专业性不强，在现场发现不了问题，加上经济下行压力大，企业数据作假的现象有所反弹。

二是企业环境影响评价虚化的现象比较严重。尽管有了"三线一清单"和地区的产业准入负面清单制度的初步把关，一些落后的产业被卡在门外，但是一些地方环境影响评价制度的实施，被政府以简政放权的名义，在时间上和程序上放水，审批质量堪忧。有的要求环境影响评价表一天内审批，而在一些地方，科技支撑明显不足。经过调研发现，全国市县两级环境影响评价审批的技术支撑力量严重不足，难以保证其效果。为此，生态环境部在 2017 年下半年开展对地方环境影响评价的督导，取得了一些成绩。但是要想彻底扭转轻视环评的现象，还得继续努力。

三是在重点地区对于企业的违法监管很严厉，但是在非重点地区环境保护违法行为仍然存在，护短的现象在地方仍然存在，中央环境保护督察组到一些地方调研，发现仍然有作假的现象，如天津市水务局作假应付中央环境保护督察组，还有的把群众基本真实的举报核查为不属实的举报，最后由中央环境保护督察组纠正，并追究责任。而且，还有一个现象，就是中央环境保护督察组来了，地方马上通知停产限产，污染状况一下子好转，等中央环境保护督察组走后，污染依旧。这说明中央环境保护督察组的定期督察需要建立常态化的监督机制来配合。

六、公众参与和监督问题

一是公众参与的专门立法层次仍然太低，系统性不够，难以支撑环境共治的社会需要。尽管公民和社会组织热心于给中央环境保护督察组反映情况，但只是短时间的现象，由于社会监督政府的环境行政公益诉讼制度没有确立，社会参与环境保护的积极性总体不高。在信息公开方面，各地虽然都公开了空气污染等环境信息，一些排名靠后的地方党委和政府压力大，但是舆论监督仍然以微信发牢骚等形式出现，处于无序状态。

二是政府环境信息公开不断加强，国家重点监控在线监测数据实现实时公开，但是多数城市发布的重点排污单位名录质量堪忧；《大气污染防治法》拓展的涉气重点排污单位在线监测数据公开，尚未全面落实；重金属等特征污染物、危险废弃物产生、转移、处置、排放信息仍未全面、完整地向公众公开。

三是环境保护社会组织出现两极分化的现象，一些有国际资金支持的组织、一些有国内财团支持的社会组织和国际环境保护的社会组织在华分支机构在环境保护事业中迅速发展壮大，但一些本土的社会组织发展起色不大；环境保护社会组织数量仍然偏少，影响力总体仍然偏弱，建设性总体不足，作为全社会环境保护的参与和协调组织，难以填补政府、公民、中介技术服务组织和企业之间的角色空白，亟须立法予以经济、技术等方面的支持。

四是人大发挥了越来越大的监督作用，各省都建立了省政府向人大汇报环境保护工作的机制，既包括在政府工作报告中汇报，也包括政府向地方人大常委会专门汇报，但是形式重于实质，少有问责的现象依然存在。例如，对于专门回报方面，大多数情况是，政府的代表先在常委会全会上汇报，然后由人大常委会分组讨论，提出意见，但是并不付诸全会表决，监督作用有限；人大的监督在人大的信息公开方面不全面、不系统，还有很大的提升空间。在市县层面，一些领导人的认识不到位，仍然有一些政府没有建立向地方人大常委会专门汇报环境保护工作的机制。这和《环境保护法》修改时规定不具体有关。

五是政协的环境保护民主监督开始发挥作用，政协为政府出主意的事情越来越多，但是缺乏制度化的支撑。而在安全生产方面，《中共中央　国务院关于推进安全生产领域改革发展的意见》就要求发挥政协民主监督的作用。

六是中央环境保护督察制度真抓环境保护，但是这种制度两年才轮回一次，地方如作假应付，一些问题还是暴露不出来。《生态文明建设目标考核办法》确立的绿色发展指数和五年一度的考核，侧重于总体层面，对于发现具体的环境问题，还是有不足。

七、其他问题

在环境保护的措施和机制方面，问题主要表现在以下几个方面：一是大气污染防治存在联合防治部门配合还需要进一步增强、环保督察结果运用还需要进一步强化、区域产业结构调整还需要进一步完善、常态化治理制度建设还需要进一步加强、相关配套性治理措施还需要进一步改进等问题。二是在水污染防治方面，水环境质量改善还需要更加均衡、城市黑臭水体整治还需进一步推进形成长效机制、水污染防治还需进一步深入、河长制初创还需进一步完善。三是异地倾倒、处置固体废物问题还需进一步加大打击力度。四是省市的生态红线划定缺乏一致性，生态红线落地工作未能充分落实，生态红线管控制度尚不完善。

在环境保护督察方面，问题主要表现在以下几个方面：一是2016年1月以来，通过第一轮的督察，中央环境保护督察组形成了强大的震慑力。尽管如此，捂盖子的事情在各地仍然杜绝不了，如浙江湖州隐瞒填埋死猪事件，就在中央环境保护督察组的干预之下于2017年被揭开盖子。有些地方把群众举报的案件说成不属实的比例太高，很多真相的暴露和责任的追究仍然依靠领导的重视和媒体的曝光。如何建立让环境保护党内法规、国家法律法规自动启动和全天候运行的机制，是一个值得法学界、法律界深入研究的问题。二是环境保护督察的作用如何常态化，克服一阵风的缺陷，也是一个值得思考的问题。

在环境保护国际合作方面，问题主要表现在以下几个方面：一是中国政府积极开展国际合作，特别是 2017 年针对洋垃圾进口开展国际解释和协调，取得了一定的谅解，但是国外的舆论压力仍然存在，选择适合的方式讲好中国环境保护故事，是一个难题。二是中国政府在"一带一路"上的推进，引起了西方发达国家广泛的利益参与兴趣，但是也引起了他们政治上的担心和环境保护方面的担忧，应当把环境保护作为中国企业域外投资和转移的底线。中国政府在监控本国企业在外投资的环境保护监控和信用管理方面需要加强。三是我国的环保技术发展整体水平仍然不高，对发达国家的技术转让存在过度依赖，在协商中处于较为被动的位置，自身利益诉求难以充分表达。四是产业合作所占比例较低，市场化程度有待进一步提高。五是我国对环境保护相关国际组织的参与不够充分，这使得我国与这些组织的合作和沟通存在障碍，影响合作效果。

第三节　促进中国生态环境法治工作的总体建议

生态环境保护任重道远，以《环境保护法》为核心依据的生态环境法治也任重道远。为了党的十九大确立的美丽中国建设目标，不仅要牢固树立社会主义生态文明观，还要按照要求加快生态文明体制改革，健全生态文明制度。对未来五年的工作任务，党的十九大作出了推进绿色发展、着力解决突出环境问题、加大生态系统保护力度、改革生态环境监管体制、坚决制止和惩处破坏生态环境行为等行动部署，要求打好污染防治攻坚战和自然生态保卫战，久久为功，为保护生态环境做出我们这代人的努力。按照 2018 年《政府工作报告》的部署，2018 年二氧化硫、氮氧化物排放量要下降 3%，重点地区细颗粒物（PM2.5）浓度继续下降，化学需氧量、氨氮排放量要下降 2%。实施重点流域和海域的综合治理，全面整治黑臭水体。要加强生态系统保护和修复，全面完成生态保护红线划定工作，完成造林 1 亿亩以上，耕地轮作休耕试点面积增加到 3000 万亩，扩大湿地保护和恢复范围，深化国家公园体制改革试点。严控填海造地。加强环境保护基础设施建设，有效利用环境保护资金，把宝贵的资金更多用于为发展增添后劲，为环境民生改善雪中送炭。对照党的十九大的生态文明建设要求和近几年政府工作报告的部署，根据中国生态环境法治的现状，对中国生态环境法治的总体发展，提出如下建议：

在生态环境法治的理论研究方面，建议采取以下措施：首先，建议针对生态环境法治的薄弱领域及法治各环节的薄弱之处、争议之处和不清晰之处加强研究，特别是中国特色社会主义的生态文明法治理论研究，如党委和政府的责任分配和互动关系，党内法规和国家立法的衔接和互助关系，党政追责机制等，特别是目前党政职能在一些领域的合一，如2018年中央环境保护督察职权被授予生态环境部行使，更要研究党政规则的协同关系。其次，没有离开政治的事业，因此生态文明法治的理论研究应当偏重于生态文明的政治化、经济化、社会化、法治化和文明化。目前，仅有国务院发展研究中心、中国社会科学院法学研究所、武汉大学等少数科研机构和法学院校启动了这项工作，建议教育部统一部署推进加强党内法规的学科建设，把党内法规和国家环境保护法律法规的教学、研究融合起来，形成中国特色社会主义生态环境法治学。

在环境保护战略、规划或者行动计划的制订方面，建议明晰2019—2035年经济社会发展的阶段性发展要求和环境保护的阶段性提升要求，让企业的环境保护投入和环境保护工作具有可预期性，增强企业治本的能力。过去五年生态文明建设所取得成绩，从目前来看，需要通过发展经济和技术提升环境问题治本的能力。执法监察与督察既有治标的作用，解决社会关心的热点环境污染和生态破坏等问题，也能通过优化体制和机制，促进治本事项的解决。在现有的经济和技术条件之下，经过几年的严格整顿，环境执法监察、督察的环境效用快要用尽。绿色生产和绿色生活理念的树立和模式的建立，需要一两代人，不是几年就能够完成的，因此环境保护既要有历史紧迫感，也要有必要的历史耐心，需建立国家和地方战略，合理设立目标和标准，把握好环境保护工作的节奏，科学谋划，排出时间表、路线图、优先序，稳步推进，既保护好环境，确保风险隐患得到有效控制，又促进就业，发展经济，实现人人有事做，家家有收入。2017年中国环境保护国际合作委员会的专家组就提出要开展环境保护战略研究，增强战略的清晰性和环境保护措施的可预期性，减少企业因为环境保护措施的不可预期性而产生的投资担忧。目前，环境污染防治的能力出现区域和行业不均衡的现象，有的地方雾霾减轻了，有的地方不降反升，雾霾污染出现扩大化的趋势，有的地方风停了雾霾就来了的现象没有得到根本改观，这说明我们正处于环境污染防治的持久战期间，要做好打攻坚战的准备。而要打好攻坚战，对于环境保护的战略、规划或者行动计划，就要体现区域能力的差异，环境容量的差异，城乡之间的差异，产业之间的差异。只有围绕新格局、新任务，面对新问题，以改革发展的方法实事求是地持续做出新的努力，蓝天白云碧水才能常态化。

在生态文明体制改革措施的落实方面，建议采取以下措施：首先，要围绕人民群众关心的热点问题，继续以问题为导向，制定改革措施，并采取切实措施让改革措施落地，克服区域生态文明理念和成效两极分化的现象，解决区域发展不充分和不平衡的问题。其次，通过城市精细化管理，通过科技和管理创新，推进能源革命、公共交通等改革，加强污水集中处理设施建设，通过清洁措施的采取和清洁能源的推进，系统性地解决大中城市的城市病问题，缓解和解决区域大气污染和流域水污染。最后，发展才是解决环境问题的关键举措，各城市和城市群定好位，做大做强新兴产业集群，加强新旧动能的衔接，提升转型升级的内生动力，只有这样，才能在发展之中解决大气、水和土壤环境问题，才能让绿水青山转化为金山银山。此外，在环境保护措施的继续推进方面，应稳中求进，健全生态文明体制和机制建设，重点加强自然生态空间用途管制，推行生态环境损害赔偿制度，完善生态补偿机制，逐步提升污染排放标准，实行限期达标，加强环境信用和事中事后监管，以更加有效的制度保护生态环境；继续淘汰落后产能，继续压减无效和低效供给，化解过剩产能、淘汰落后产能。

在生态文明立法方面，建议采取以下措施：建议全国人大和国务院做好生态文明法律和生态文明条例的规划制定工作，将改革措施巩固到立法之中，使立法根据理论导向、目标导向和问题导向开展立改废工作。全国人大常委会和国务院应当加强对改革文件的研究，把区域生态补偿、生态环境损害赔偿、省政府代表国家开展生态索赔、环境保护 PPP 机制、环境保护第三方治理机制、排污权交易制度、环境管家服务、环境信用管理等生态文明体制改革措施在法律中制度化或者进一步制度化。在法律层面，建议修改《环境影响评价法》，针对工业园区、开发区的建设规定环境影响评价制度，规定"三线一清单"制度和产业准入负面清单制度，总体控制区域风险；规定党中央、国务院在作出涉及环境保护的重大决策前，如雄安新区的决策，必须开展环境影响评价。在此背景下，修改《规划环境影响评价条例》，使之与 2017 年修改的《建设项目环境保护管理条例》相衔接；尽快制定综合性的《流域环境管理法》，针对大江大河制定专门的《长江保护法》《黄河保护法》，开展生态环境的综合调整法律和综合执法监察，规定河长制、湖长制和湾长制，用法律来巩固按照流域进行水生态和水环境保护的新体制、新制度、新机制，使生态文明体制改革的成效法制化；修改《侵权责任法》或者《环境保护法》，对环境损害的证据取得、后果的认定、损失的鉴定、因果关系的认定或推定等事项，作出统一的、系统性的规定，如果有难度，建议出台司法解释。在行政法规层面，尽快出台《排污许可条例》，使排污许可成为地方环境污染物排放总量控制和环境质量达标的核心手段，使企业的环境监管和环境守法体现一般化和个性化，更加实事求是；巩固以前的环境执法经验和成果，结合2018 年机构改革的综合执法要求，针对生态保护和环境污染防止执法监察，尽快制定《环境执法监察条例》，使执法监察专业化、制度化、规范化、程序化；修改《自然保护区条例》，把祁连山自然保护区破坏事件的处理和 2017 年"绿盾 2017 国家级自然保护区监督检查专项行动"的成果，把生态红线的划定和严守要求，用行政法规的形式予以巩固。在部门规章层面，以改革文件为基础，尽快填补环境污染强制保险、环境信用管理等领域的立法空白。

在生态文明的制度和机制建设方面，建议采取以下措施：第一，在把对社会主要矛盾的新判断写入党章、写入宪法的基础上写入环境保护法律、法规和政策，并在生态环境保护方面对要求予以具体化，成为社会各界共同遵循的准则。只有这样，才能通过高质量、有效益的发展推动形成人与自然和谐发展的现代化建设新格局，实现党的十九大报告提出的"在全面建成小康社会的基础上，分两步走在 21 世纪中叶建成富强民主文明和谐美丽的社会主义现代化强国"的目标。第二，在加强事中监管和事后补救制度建设的基础上，加强事前预防性的制度建设，特别是加强环境影响评价制度的改革，通过修改《规划环境影响评价条例》，建立工业园区和开发园区等园区的规划环境影响评价制度，把区域环境风险控制和建设项目环境影响风险控制相结合。对于一些中西部城市超越发展阶段试点环境保护零审批制度的现象，要立即叫停。第三，要按照十八届四中全会决定和《中央党内法规制定工作第二个五年规划（2018—2022）》的要求，加强党内法规规定的制度和国家法律法规规定的制度的衔接化工作，使中央环境保护督察、环境保护专项督查、环境保护党政约谈具备党内法规和国家立法基础，也使生态环境部这个行政机构行使中央环境保护督察这个党政双重职能的工作职责具备法制基础。第四，统一省市的生态红线划定，科学制定生态红线划定的方式方法，建立健全生态红线管控制度。第五，创新机制特别是信息化、信息公开、公众参与、社会监督和公益诉讼机制，建立行政处罚、引咎辞职、诉讼受理和行政追责等行政措施或者行政处罚自动启动的机制，让行政监管的权力受到权利和其他权力的制度化约束，使环境法律法规实施常态化，让制度和改革措施运转起来，防止成为墙上挂、嘴上讲的摆设。只有这样，才能克服中央环境保护督察非常态化的不足，才能克服地方保护主义的不足。

在环境保护执法方面，建议采取以下措施：第一，应当全面建立环境保护权力清单，建立尽职免责的环境监管制度，给监管人员依法监管创造法治氛围。只有这样，才能标本兼治，各地才能更好地协调经济发展和环境保护。第二，在巩固中央环境保护督察和环境保护专项督查制度的基础上，推行中央环境保护督察回头看和环境保护问题的量化问责制度建设，建议生态环境部联合国家监察委制定《环境保护量化问责规定》。只有这样，天上遥感、地上检查、公众积极参与的机制才能发挥更大的作用，环境保护监督的常态化效果才能显现。第三，加大有奖举报力度，鼓励公众举报工业企业偷排、企业污染物排放监测数据作假和地方环境保护监测部门环境质量监测数据作假的现象。第四，对于"一刀切"式的执法，开展追责和损害赔偿制度建设。第五，结合实践，总结规律，由生态环境部出台指导各级生态环境部门及时、全面、客观取证的《环境违法取证的指南》。第六，为了适应打击散乱污企业和即时违法的工作需要，建议生态环境部门与市场监管部门协商，筛选成熟的技术，强化快速取证的技术手段，提高现场的快速监测和鉴定能力。在此基础上，修改《行政处罚法》《环境保护法》等法律法规，认可这些技术对排污行为和危害后果的认定效力，认可无人机对环境违法行为进行锁定的取证效力。此外，强化环境影响评价制度的实施，使环境影响评价、"三同时"验收、排污许可证管理衔接化、并重化。

在环境保护司法方面，建议采取以下措施：第一，对于立案难或者拒绝受理的环境公益诉讼案件和环境私益诉讼案件，鼓励社会组织和当事人将情况反映到生态环境部常设的中央环境保护督察机构，加强党中央对环境司法的领导和监督；在示范案例的基础上，加强全国环境司法案件审判案卷的统一评估，促进案件裁判尺度的统一，进一步提升环境资源司法水平。第二，在司法部的管理下，尽快成立环境公益诉讼和环境私益诉讼救助基金，解决环境诉讼资金短缺的问题，进一步发挥环境公益诉讼对于环境保护的作用。第三，修改《行政诉讼法》，建立社会组织提起环境行政公益诉讼的制度，社会组织的起诉权应优先于监察机关的起诉权。第四，在环境民事公益诉讼方面，修改《民事诉讼法》和《环境保护法》，明确建立社会组织提起可以赔偿的公益诉讼和省级人民政府依据改革方案提起可以赔偿的公益诉讼制度，如社会组织和省级人民政府关注的利益竞合，前者的起诉权应优先于后者的起诉权；《物权法》第90条与《最高人民法院关于审理环境侵权责任纠纷案件适用法律若干问题的解释》第18条第2款之间应当协调、厘清合同行为与环境侵权行为、努力提高环境污染受害人证明责任能力，改变污染侵权索赔困难的局面。第五，优化审判资源配置，对环境诉讼的热点和重点领域加强配置，切实解决一些生态环境法庭案源过少的问题，提高一审法院环境行政诉讼的审判专业性问题。

在环境保护守法方面，建议采取以下措施：首先，基于落后地区的环境意识总体落后于发达地区的情况，各地区尤其是中西部地区，要通过广播电视、报纸等传统媒体和微信等新媒体，加强对典型违法案例的宣传。其次，大力推行环境信用管理。在2015年原环境保护部、国家发展和改革委员会《关于加强企业环境信用体系建设的指导意见》和2013年原环境保护部、国家发展和改革委、中国人民银行、中国银监会《企业环境信用评价办法（试行）》的基础上，针对企业、环境保护中介组织、环境保护社会组织，建议国务院研究制定《环境信用管理条例》。最后，为了促进环境损害责任社会化，建议在2013年《关于开展环境污染强制责任保险试点工作的指导意见》的基础上，生态环境部联合其他部门尽快出台《环境污染强制责任保险管理办法》。此外，为了有效填补环境监管职责和企业环境守法主体责任之间的空白，促进企业更好履行环境保护主体责任，防止政府的监管错位并且担责，在环境管家服务试点的基础上，研究制定《环境管家服务办理办法》。

在信息公开和公众参与方面，建议采取以下措施：首先，制定《环境保护公众参与条例》，通过各部门的支持和配合，促进社会组织和公民参与环境共治。在信息公开方面，针对各级地方人民政府建立环境信息公开的统一模板，开展考核；加强业务培训，提高信息公开负责人员对环境信息公开法律法规的认识，提高网站管理水平，利用好互联网技术做好信息公开工作；建议尚未搭建信息公开平台的地区，充分利用上级政府网站技术平台开办政府网站，保障技术安全，加强信息资源整合，避免重复投资；对于企业不按照法律要求进行信息公开的，建议修改法律法规，设立按日计罚的制度；在环境保护宣传教育方面，要防止目前一些地方宣传教育网络的空心化、形式化，要明晰环保教育的主体、兼顾环保宣传的新老媒体、注重环保宣传教育的系统化与专业化、环境宣传教育要整体覆盖。对于重点企业环境监测数据作假的，对于企业在一定时间内屡次偷排、连续作假的，建议在2016年《最高人民法院、最高人民检察院关于办理环境污染刑事案件适用法律若干问题的解释》的基础上，修改《刑法》和《环境保护法》，追究刑事责任；修改《绿色发展指标体系》和《生态文明建设目标评价考核办法》，将各地公众代表的评议结果，作为公众满意程度的结果，使公众参与有序化。其次，对环境保护社会组织开展辅导，通过政府购买社会服务的方式，鼓励各级党委和政府与环境保护社会组织合作，开展培训、宣传、社会调查、技术服务和监督；鼓励设立民间河长制、湖长制和湾长制。

在权力监督和民主监督方面，建议采取以下措施：首先，修改《环境保护法》，明确规定地方各级人民政府除了在政府工作报告中阐述环境保护工作之外，还需每年派行政官员参加本级人大常委会，汇报环境保护工作情况；鼓励人大常委和人大代表开展相关质询；建议各级人大建章立制，加强人大对环境保护工作监督的制度化，建立人大对同级政府环境保护专门汇报的表决制度；建议各级人大加强权力监督信息的全面公开与问责机制。其次，推进政协的环境保护民主监督规范化、制度化、程序化，建议在 2015 年中共中央办公厅《关于加强人民政协协商民主建设的实施意见》的基础上，由中办、国办和全国政协办公厅联合发文，将包括环境保护民主监督在内的民生工作协商纳入年度协商计划，并且制定落实和反馈机制。

在中央环境保护督察方面，要大力发挥中央环境保护后督察和环境保护专项督察的抓手作用，充分解决深层次的问题。建议采取以下措施：首先，在中央环境保护督察组督察各省的同时，也要同时督察国家发展改革、自然资源、工业信息、住建、水利、气象等与生态环境保护有关的部门，让这些部门寻找对地方和行业开展环境保护法治指导、协调、服务和监督的不足之处，然后限期整改。只有这样，才能理顺中央和地方生态文明法治的事权关系，才能使国务院有关部门的工作部署和改革措施的推进切合地方的实际，使得改革措施更加有效。其次，督察既要督标，还要督本。既要督环境保护思想是否到位，环境质量是否达标、生态破坏是否恢复、矿山开采是否破坏环境、是否侵占自然保护区、产业淘汰是否执行到位、污染事件是否有效处理、追责是否彻底、环保基础设施是否按期完成、机构是否健全、执法是否积极、联防联控是否顺畅等问题，也要督本，建议下一步还要对照生态文明体制改革文件的要求，督察地方是否开展"多规合一"工作，区域空间开发利用结构是否优化，农村污染处理基础设施是否按期推行，地方是否建立符合本地特色、发挥本地优势而且不与其他地方产生同质恶性竞争的工业、农业和现代服务业链条，体制、制度和机制是否改革到位，规划和建设项目的环境影响评价制度是否衔接，区域产业负面清单制度是否建立，生态红线制度是否贯彻到位，生态文明建设目标评价考核是否真实等。发现问题后，应加强对地方的辅导。

在环境保护国际合作方面，建议采取以下措施：第一，加强对走私固体废物的持续打击，防止洋垃圾非法进入中国；加强对沿海地区循环经济产业的检查和环境监管，淘汰落后、低端的企业和产业园，促进产业园区和产业的转型升级，堵塞固体废弃物走私到国内低端行业的渠道。第二，向广东等地学习，鼓励企业组织联盟，与银行合作，到国外开展废弃物的利用与再生，再将加工后的原料出口到中国境内，促进双赢。第三，加强"一带一路"企业信息平台的建设，加强环境保护交流和合作，促进国内环境信用和国外环境信用的对接，督促中国企业在域外遵守环境法律规定。第四，继续加强野生动物保护的国际合作，夯实象牙贸易禁止的成果，使中国成为野生动物保护领域的引领者。第五，加强环境保护产业合作，提高市场化程度；深度融入国际组织的活动，发出中国声音，保护祖国的利益。第六，加强国内、国际环境法律的衔接，提高履约能力；加强对能力建设与技术转让的呼吁，强调共同但有区别责任原则；关注新兴和优势领域，充分发挥对国际环境法律发展的推动作用；加强国际化环境法律人才培养，提高环境智库国际化水平；积极推进、引领生物多样性等环境保护国际议题的谈判。

党的十九大后的五年，是中国经济和社会发展转型的关键五年，是更高的环境保护要求与经济社会艰难协调发展的五年，因此，必须正视现实的环境与发展问题，加强生态文明法治工作，做好长远的设计和谋划。新时代下，中国的特色道路会越来越清晰，中国国内的发展环境会更加优化，社会主义行政监管和市场经济体制优势会越来越明显，与之相适应，生态文明法治的制度体系会越来越健全，生态文明法治建设的理论、道路、方法和文化将进一步明确。在全局性、战略性的行动纲领指引下，针对中国生态环境保护的法治问题，采取切实有效的措施，予以化解和克服。

第十一章　生态文明与立法完善

第一节　生态文明入宪的问题[①]

十八届三中全会后，生态文明已经成为社会各界的共识，生态文明建设的理论框架已经搭建，各项改革措施按照部署扎实推进，体制、制度和机制建设取得了实质性进展。党的十九大关于生态文明建设和体制改革又作出新的部署。生态文明在党的十八大期间写入了党章，党的十九大结合党的十八大以来生态文明建设和体制改革的具体实践，再次修改了党章。2013 年以来，生态文明每年都以专门的篇章形式进入政府工作报告，2014 年以来进入了所有修改或者制定的环境保护法律法规。2018 年 3 月新一届全国人民代表大会的第一次会议召开，有必要巩固建设和体制改革的成果，让生态文明进入宪法。

一、生态文明入宪的必要性

（一）生态文明入宪是健全中国特色社会主义法律体系、发挥宪法总揽生态文明建设法制格局的内在要求

习近平总书记曾指出，"只有实行最严格的制度、最严密的法治，才能为生态文明建设提供可靠保障"。首先，在国家立法方面，以生态文明为指导，全国人大常委会 2014 年以来修订了《环境保护

---

① 本部分的核心内容被《中国环境管理》于 2016 年第 6 期发表。

法》《大气污染防治法》和《水污染防治法》，《土壤污染防治法》正在起草。修订后的上述法律都在第 1 条开宗明义地提出推进生态文明的立法目的，如《环境保护法》第 1 条规定："为保护和改善环境，防治污染和其他公害，保障公众健康，推进生态文明建设，促进经济社会可持续发展，制定本法。"而且，围绕生态文明"生产发展、生活富裕、生态良好"的衡量标准，上述修订后的法律开展了体制改革、制度设计、机制创新和责任分配工作。其次，以环境保护法律为依据的各类行动计划，如国务院于 2013 年 9 月发布的《大气污染防治行动计划》，于 2015 年 4 月发布的《水污染防治行动计划》，于 2016 年 5 月发布的《土壤污染防治行动计划》，以及国务院办公厅于 2014 年 7 月发布的《国务院办公厅关于印发大气污染防治行动计划实施情况考核办法（试行）的通知》，也全面体现了生态文明建设和改革的要求，譬如《水污染防治行动计划》在开头的"总体要求"部分提出"大力推进生态文明建设"，在结尾的段落提出"要切实处理好经济社会发展和生态文明建设的关系"，并且在措施部分具体阐述了结构调整、产业优化、基础设施建设、环境质量管理、污染物减排、公众参与和社会监督、生态文明建设示范区等方面的措施安排，全面体现了生态文明建设的要求。正在起草的《民法典总则》通过"民法典的绿色化"体现生态文明的建设要求。可以说，不管是环保领域的法律，还是其他相关的行政法律、民事法律和刑事法律，都正按照"五位一体"的要求，通过法律精神和规则体系全面展现中国生态文明建设的道路自信、理论自信、制度自信和文化自信。

但是，作为我国的根本大法，宪法关于环境保护的规定，除第 10 条规定的土地产权和土地使用规定外，仅限于第 9 条规定的"矿藏、水流、森林、山岭、草原、荒地、滩涂等自然资源，都属于国家所有，即全民所有；由法律规定属于集体所有的森林和山岭、草原、荒地、滩涂除外。国家保障自然资源的合理利用，保护珍贵的动物和植物。禁止任何组织或者个人用任何手段侵占或者破坏自然资源"和第 26 条规定的"国家保护和改善生活环境和生态环境，防治污染和其他公害。国家组织和鼓励植树造林，保护林木"。我们不能苛求历史，不能用现在的眼光和要求来批判以前的立法，但是，我们可以放眼未来，立足于现在的条件和基础，用发展的眼光和要求来评价这些规定，如有哪些不符合形势，予以针对性的修改和完善。从这点看，无论是在"序言"中，还是其后的正文中，都缺乏关于生态文明建设的宣誓性阐述和原则性规定。由于缺乏宪法的规定，下位立法关于生态文明的阐释和规定，无论是从逻辑推理上看，从内容的完整性上看，还是从体系的衔接和协调上看，都是有缺憾的。因此，无论是从立意上还是具体规定上，都应当予以弥补。我国是社会主义法治国家，按照中国特色社会主义法律体系的要求，只有宪法有了关于生态文明的思想阐述和原则性规定，发挥总揽全局的规范作用，我国的基本法律和其他法律、行政法规和规章、地方法规和规章、自治条例和单行条例等，才能一以贯之地继承和发展生态文明思想，使生态文明建设真正从法律上进入"五位一体"的格局，真正使生态文明的建设措施法制化、制度化和程序化，切切实实地融入每个企业的生产和每个公民的生活中。

（二）生态文明入宪是党内法规和国家立法相互衔接、促进生态文明改革党内部署和生态文明法制建设全面协调的历史必然

按照党的十八届四中全会的决定，党内法规体系已经成为中国特色社会主义法治体系的重要内容，为了发挥党内法规在国家政治和社会生活中的作用，决定还强调注重党内法规同国家法律的衔接和协调。可以说，党内法规和国家法律的衔接协调和互助是中国特色社会主义法治理论和实践的重大突破。在这方面，国家根本大法——宪法和对党的性质和宗旨、路线和纲领、指导思想和奋斗

目标、组织原则和组织机构、党员义务和权利以及党的纪律等作出根本规定的中国共产党党章，其衔接和协调尤为重要和突出。

2012年党的十八大修改了党章，"总纲"中提出"必须按照中国特色社会主义事业总体布局，全面推进经济建设、政治建设、文化建设、社会建设、生态文明建设""中国共产党领导人民建设社会主义生态文明。树立尊重自然、顺应自然、保护自然的生态文明理念，坚持节约资源和保护环境的基本国策，坚持节约优先、保护优先、自然恢复为主的方针，坚持生产发展、生活富裕、生态良好的文明发展道路。着力建设资源节约型、环境友好型社会，形成节约资源和保护环境的空间格局、产业结构、生产方式、生活方式，为人民创造良好生产生活环境，实现中华民族永续发展"。按照党的十八届四中全会决定的要求，"党章是最根本的党内法规，全党必须一体严格遵行"。2017年党的十九大报告专门就生态文明及其体制改革进行了系统和深入的阐述。党的十九大修改党章时，在社会主要矛盾发生转化的基础上，把生态文明建设和改革的新共识，如"五位一体"总体布局和"四个全面"战略布局、"必须坚持以人民为中心的发展思想，坚持创新、协调、绿色、开放、共享的发展理念""增强绿水青山就是金山银山的意识"等纳入了党章，在具体举措上，还要"实行最严格的生态环境保护制度"。

党的十八大报告指出："要善于使党的主张通过法定程序成为国家意志。"作为中国唯一执政党的中国共产党，其党章关于生态文明的路线和纲领、指导思想和奋斗目标的规定，按照党的十八届四中全会决定的要求，既是管党治党的重要依据，也是建设社会主义法治国家的有力保障。因此，党章关于生态文明的规定，应当得到国家立法特别是首要地得到宪法的承认和转化。

党的十八届三中全会决定对生态文明体制改革作出全面的部署。2013年，中共中央通过了《中国共产党党内法规制定条例》和《中央党内法规制定工作五年规划纲要（2013－2017）》。自此，中共中央与国务院、中共中央办公厅与国务院办公厅联合或者国务院办公厅发布了很多生态文明体制改革文件，开启了党内法规与国家立法或者党内法规性文件与国家行政法律文件衔接和协调的实践，以促进生态文明建设的制度化、规范化和程序化。在建设和改革的总体部署方面，中共中央、国务院 2015 年以来联合发布了《关于加快推进生态文明建设的意见》《生态文明体制改革总体方案》《党政领导干部生态环境损害责任追究办法（试行）》。在具体改革措施的设计和推进方面，中共中央办公厅和国务院办公厅于 2015 年联合发布了《环境保护督察方案（试行）》《生态环境损害赔偿制度改革试点方案》，2016 年联合印发了《生态文明建设目标评价考核办法》和《关于全面推行河长制的意见》，2017 年中央深改组审议通过了《关于在湖泊实施湖长制的指导意见》等改革文件。为了落实中共中央和国务院改革文件的要求，国务院办公厅于 2015 年发布了《生态环境监测网络建设方案》，国家发改委、原环境保护部和目前的生态环境部等部委单独或者联合发布了关于 PPP、污水处理改革、垃圾分类处理、"多规合一"等文件。在环境司法方面，在党中央的领导下，最高人民法院于 2015 年 1 月实施了《最高人民法院关于审理环境民事公益诉讼案件适用法律若干问题的解释》；最高人民法院与最高人民检察院于 2016 年修改了《关于办理环境污染刑事案件适用法律若干问题的解释》；全国人大常委会于 2015 年 7 月通过了《全国人民代表大会常务委员会关于授权最高人民检察院在部分地区开展公益诉讼试点工作的决定》，最高人民法院和最高人民检察院也发布了落实该决定的司法解释。在试点的基础上，2017 年修改了《行政诉讼法》和《民事诉讼法》，巩固了司法试点的成果。

按照宪法的规定，党和政府的活动必须符合其规定。中共中央与国务院、中共中央办公厅与国务院办公厅、国务院办公厅发布了很多改革文件。中共中央及其办公厅参与联合下发改革文件的党内最高规范依据来源于党章关于生态文明的规定，而国务院及其办公厅下发改革文件或者参与联合下发改革文件的国家最高法律依据应当来源于宪法。但是，宪法目前缺乏关于生态文明的直接阐述和系统性原则规定。为此，有必要参考最新的党章中关于生态文明的阐述，修改宪法，让其对生态文明作出理论阐述和原则性规定，为生态文明体制改革的党内法规性文件和生态文明建设的国家法律文件的相互衔接和全面协调奠定完整的党内根本法规基础和国家根本法基础。

二、生态文明入宪的具体建议

正是因为存在如上必要性，目前，将生态文明以合适的形式入宪，不仅已成法学界尤其是宪法学界、环境法学界的共识，还顺应了环境保护、经济产业等社会各界的期望。建议中共中央响应各界的呼声，提出修改宪法的建议，在2018年"两会"上启动全国人民代表大会修改宪法的程序，让生态文明入宪，全面体现生产发展、生活富裕和生态良好的根本要求。在不对宪法进行大改的前提下，生态文明入宪，可以采用科学的思路和方法，适度增补或者修改有关条文，全面体现生产发展、生活富裕和生态良好的根本要求。

（一）生态文明进入宪法的思路和方法

一是内容体现党章的要求，但表述符合宪法的风格。党章关于生态文明的规定与宪法关于生态文明的规定，虽然属于两个独立的规则体系，但是联系紧密。中国共产党按照党章和宪法规定执政，党章规定了执政的理念、纲领、道路、策略、目标，宪法规定了国家运行的根本准则。最好的衔接和协调办法，是参考1999年和2004年两次修宪的经验，把党章关于生态文明的阐述和要求，用法律思维和方法转化到宪法中。党章是对党的组织和全体党员的要求，宪法是对国家机关、企事业单位、社会组织、个人等的要求，因此，宪法在转化党章有关生态文明的规范性要求时，在"序言"中可以对"五位一体"总体布局和"四个全面"战略布局作出阐述，对生态文明的理念、战略和目标作出阐述，在"总纲"中将生态文明的建设要求转化为国家机关、企事业单位、社会组织、个人的基本的权利和义务。

二是采用理论阐述与原则规定相结合的方法。党章在"总纲"的"我国正处于并将长期处于社会主义初级阶段"一段中，把生态文明建设纳入"五位一体"总体布局，确立了其基本的定位。在此基础上，"总纲"专门增设一段"中国共产党领导人民建设社会主义生态文明"阐述生态文明的理念、国策、道路、战略和目标。党章"总纲"对生态文明的设计方法和内容，可供宪法修改时参考。宪法在"总纲"之前还有"序言"，两者的内容都有与党章"总纲"内容契合的地方。可以把党章"总纲"中有关生态文明建设的要求，转化到宪法的"序言"和"总纲"中。其中，"序言"侧重于理论和思想性的表达及道路与目标的阐述，"总纲"侧重于原则性宣誓、基本权利确认、基本义务赋予以及其他基本性事项的规定。

三是梳理现有政策和法律的规定，提炼出生态文明建设的系统性和根本性规定。通过 2017 年党的十九大的修改，党章关于生态文明建设的战略很清晰，路径很明确，目标也可达，转化到宪法的"序言"中，难度不大。难就难在如何把《宪法》第 9 条和第 26 条关于环境保护的规定上升到生态文明建设的高度，并用几句基本的准则性规定概括生态文明的系统性要求。为此，有必要梳理《环境保护法》《大气污染防治法》《野生动物保护法》等环境保护法律法规关于生态文明建设的表述，既梳理出一个对所有主体适用的普遍要求，也梳理出对国家机关、企事业单位、社会组织、个人等适用的不同要求，然后在宪法"总纲"中对生态文明建设分类或者对合并地作出实在性规范。

（二）生态文明进入宪法的具体建议

一是在宪法"序言"中，把生态环境问题纳入新时代我国社会的主要矛盾。2016 年《国民经济和社会发展第十三个五年规划纲要》在"发展主线"部分对现阶段社会的主要矛盾及其解决方法作了新的阐述，即"贯彻落实新发展理念、适应把握引领经济发展新常态，必须在适度扩大总需求的同时，着力推进供给侧结构性改革，使供给能力满足广大人民日益增长、不断升级和个性化的物质文化和生态环境需要"。党的十九大报告和新修改的党章把我国社会的主要矛盾由"人民日益增长的物质文化需要同落后的社会生产力之间的矛盾"修改为"人民日益增长的美好生活需要和不平衡不充分的发展之间的矛盾"，党的十九大报告也把人民群众对美好环境的期盼纳入对美好生活期盼的范围。这是对马克思主义理论和政治经济学的重大创新，有必要纳入宪法，建议把宪法"序言"中"我国将长期处于社会主义初级阶段"扩充为"我国将长期处于社会主义初级阶段，在现阶段，我国社会的主要矛盾是人民日益增长的美好生活需要和不平衡不充分的发展之间的矛盾。应贯彻落实新发展理念、适应把握引领经济发展新常态，在适度扩大总需求的同时，着力推进供给侧结构性改革，使供给能力满足广大人民日益增长、不断升级和个性化的物质文化和生态环境需要"。

二是在宪法"序言"中，把"中国各族人民将继续在中国共产党领导下……把我国建设成为富强、民主、文明的社会主义国家"修改为"中国各族人民将继续在中国共产党领导下，在马克思列宁主义、毛泽东思想、邓小平理论、'三个代表'重要思想、科学发展观、习近平新时代中国特色社会主义思想指引下，坚持人民民主专政，坚持社会主义道路，坚持改革开放，不断完善社会主义的各项制度，按照中国特色社会主义事业'五位一体'总体布局和'四个全面'战略布局，统筹推进经济建设、政治建设、文化建设、社会建设、生态文明建设，发展社会主义市场经济，发展社会主义民主政治，发展社会主义先进文化，构建社会主义和谐社会，建设社会主义生态文明，健全社会主义法制，自力更生，艰苦奋斗，逐步实现工业、农业、国防和科学技术的现代化，推动物质文明、政治文明、精神文明、社会文明和生态文明协调发展，把我国建设成为富强、民主、文明、和谐、美丽的社会主义国家"。

三是在宪法"总纲"中，全面修改第 26 条的规定。共设三款，第 1 款为："增强绿水青山就是金山银山的意识，坚持节约资源和保护环境的基本国策，坚持节约优先、保护优先、自然恢复为主的方针，坚持生产发展、生活富裕、生态良好的文明发展道路。"第 2 款为："国家实行最严格的生态环境保护制度，着力建设资源节约型、环境友好型社会，形成节约资源和保护环境的生产、生活和生态空间格局以及产业结构、生产方式、生活方式，保障公民清洁适宜的环境权。"第 3 款为："国家保护和改善生活环境和生态环境，防治污染和其他公害。国家组织和鼓励植树造林种草、退耕还林还湖，保护山水林田湖草等生态，保护生物多样性。环境污染者和生态破坏者应当承担治理和修复环境的责任。"

四是在宪法"总纲"中，把第 9 条第 1 款修改为"矿藏、水流、森林、山岭、草原、荒地、滩涂、海域等自然资源，都属于国家所有，即全民所有；由法律规定属于集体所有的森林和山岭、草原、荒地、滩涂、海域除外。严守生态红线。对于可以依法开发利用的自然资源和生态环境，国家允许所有权与承包权、经营权分离，调动各方参与保护自然资源和生态的积极性"。将第 2 款规定修改为"国家保障自然资源的合理利用，保护珍贵和有生态、科研、社会价值的动物、植物及其栖息环境。禁止任何组织或者个人用任何手段侵占或者破坏自然资源"。

三、生态文明入宪的最终结果

2018 年 3 月 11 日，十三届全国人大一次会议第三次全体会议表决通过了《中华人民共和国宪法修正案》，生态文明历史性地写入宪法。宪法修正案与生态文明有关的相关修改有：

一是将宪法"序言"第七自然段中"在马克思列宁主义、毛泽东思想、邓小平理论和'三个代表'重要思想指引下"修改为"在马克思列宁主义、毛泽东思想、邓小平理论和'三个代表'重要思想、科学发展观、习近平新时代中国特色社会主义思想指引下"。2018 年 6 月中共中央、国务院联合发布的《关于全面加强生态环境保护　坚决打好污染防治攻坚战的意见》正式在习近平新时代中国特色社会主义思想之下提出习近平生态文明思想。可见，习近平生态文明思想从逻辑上看，也进入了宪法。

二是将"推动物质文明、政治文明和精神文明协调发展，把我国建设成为富强、民主、文明的社会主义国家"修改为"推动物质文明、政治文明、精神文明、社会文明、生态文明协调发展，把我国建设成为富强民主文明和谐美丽的社会主义现代化强国，实现中华民族伟大复兴"。可见，生态文明成为社会主义建设的基本任务。

三是将《宪法》第 89 条"国务院行使下列职权"中第 6 项"领导和管理经济工作和城乡建设"修改为"领导和管理经济工作和城乡建设、生态文明建设"；第 8 项"领导和管理民政、公安、司法行政等工作"修改为"领导和管理民政、公安、司法行政等工作"。可见，生态文明正式成为中央政府的基本工作。

尽管修改比较简单，不及预期，但也是一个巨大的进步。宪法的规定具有基本性，这些看起来简单但是意义深远的规定，为我国生态环境法律的科学发展指明了方向。

第二节 《生态文明促进法》制定的基本问题①

一、立法必要性

生态文明的有关内容，上至《宪法》，下至《环境保护法》《大气污染防治法》《水污染防治法》等环境保护专门法律，都有不同程度的涉及。目前，中国已经进入政治、经济、社会、文化、生态文明建设"五位一体"的社会，需要将生态文明以法制化的措施融入国家生活的主战场。但是，目前缺少一部有关生态文明促进方面的综合性法律。制定专门的生态文明促进法律，可以从宏观、系统的角度为生态文明建设和改革指明方向，做出规划，提出要求，也可以让生态文明建设和改革方面的规范更加具有可操作性。目前，我国关于生态文明的法律规定分散，缺乏有机的整合，不能形成明确、统一的要求，发挥的指导作用也较为局限。2018 年 6 月中共中央、国务院联合发布的《关于全面加强生态环境保护 坚决打好污染防治攻坚战的意见》对习近平生态文明思想作出了系统的阐述，但是在法治的时代，需要将生态文明建设和改革的全面要求转化为法律，通过国家强制力来保障实施。如果全国人大制定一部专门的生态文明促进法，统领各部门法中与生态文明建设相关的条款，会使生态文明建设的法律基础更加扎实，规范体系更加完备，实施更加有力，效果也将会更加显著。

二、立法的名称

根据各方面的讨论来看，关于生态文明立法的名称有以下几个

---

① 本部分的核心内容以《新时代需要一部〈生态文明促进法〉》为题，被《中国环境报》于 2018 年 7 月 13 日发表。

选择：一是《生态文明建设促进法》，二是《生态文明促进法》，三是《生态文明法》。其中，《生态文明建设促进法》的名称仅涉及建设，不涵盖生态文明体制改革，所以标题关键词的缺失必然导致立法内容的缺失，不全面，不能达到该法的立法目的；《生态文明法》涉及生态文明的方方面面，名称太大，过于宽泛，立法时难以聚焦，导致立法缺乏重点，实施起来操作性难，因此也不可取。由于生态文明建设和改革的基本法律应当是一个原则法、框架法，对生态文明的建设和改革作出基本的原则性规定，因此《生态文明促进法》的名称，相对其他两个选择而言，更加合理一些。

三、立法的地位

如果《生态文明促进法》被全国人大常委会通过，那么该法就是生态文明建设方面的综合性、基础性法律。如果该法能被全国人大通过，就能成为一部基本的法律，可以指导《环境保护法》《大气污染防治法》《水污染防治法》《野生动物保护法》等一般性环境保护法律的实施和修改，可以一定程度地弥补《环境保护法》没有成为基本法的缺憾。同时，鉴于生态文明涉及方方面面的工作，超越于环境保护，其促进立法所调整的内容难以为《环境保护法》全部涵盖，而制定《生态文明促进法》这部基本法律，则可以发挥相应的补充作用。目前，党和国家正在贯彻"习近平生态文明思想"，如果把《生态文明促进法》上升为生态文明建设和改革方面的基本法律，势必能够进一步促进我国生态文明法制体系的完善。可见，制定生态文明建设和改革的基本法既是中华民族永续发展的需要，也是中华文明长期繁荣昌盛的新时代的需要。

四、立法的定位

首先，《生态文明促进法》应是一部涉及"五位一体"的法律，即它不仅仅是环境保护法或是环境保护促进法，而应当是促进政治、经济、社会、文化、生态文明一体化发展的综合性法律，是涵盖"生产发展""生活富裕""生态良好"三方面基本内容的综合性法律。因此在制定《生态文明促进法》时，应充分考虑我国当前的政治环境、经济环境、社会文化环境、生态文明建设现状以及我国参与推动全球生态环境治理、建设清洁美丽世界的努力，在现有的基础上，结合现状并指出未来生态文明发展的方向和目标。只有这样，才能使我国生态文明的建设和改革更加富有可行性和前瞻性。

其次，《生态文明促进法》应是一部以促进为手段的法律。该法应从各方面促进我国的生态文明建设，因此主要内容的规定宜粗不宜过细。当然，在监管体制方面可以作出细致的规定。《生态文明促进法》的促进法定位，可以为生态文明建设的一般法律在自己的框架内作出细致的规定留出空间。

最后，《生态文明促进法》应是一部具有综合性和协调性的法律。《宪法》对生态文明作出了基本的规定，《环境保护法》和其他环保法律都把促进生态文明建设作为立法目的的落脚点。但在法律上，"生态文明"的定义却存在缺失。在理论界和实务界，"生态文明"被经常提及，但"生态文明"的法律定义却并不清晰，这在一定程度上限制了生态文明建设和改革的法制发展。在实践中，生态文明容易成为一个框，容易被滥用或者误解。只有明确生态文明"生产发展""生活富裕""生态良好"的基本内涵，才能发挥《生态文明促进法》在经济法学、民商法学、行政法学、社会法学、环境法学方面的价值指引作用，体现该法的综合性和协调性。

此外，《生态文明促进法》应是一部将推进国内生态文明建设和共谋全球生态文明建设结合起来的法律。随着综合国力的增强，我国在共谋全球生态文明建设中，也扮演着越来越重要的角色，是重要的参与者和贡献者。在一些领域，我国甚至是引领者。因此，《生态文明促进法》作为我国生态文明方面的基本法，理应与国际接轨，体现大国意识和大国责任，与其他国家同舟共济、共同努力，构筑尊崇自然、绿色发展的生态体系，推动全球生态环境治理，建设清洁美丽世界。在内容的设计方面，制定《生态文明促进法》时，要有涉及中国参与国际生态文明建设的条文，体现我国在哪些方面是参与者，在哪些方面是引领者；在哪些方面需要积极参与，在哪些方面需要表明态度。例如，中国目前已经是全球气候变化应对和野生动物保护领域的引领者，这可以在该法中阐明。在这些方面甚至更多领域，应明确我国将持续发挥更大的作用，这将为我国参与国际环境治理与生态文明建设打下基础，使我国更好地履行大国责任，做好大国榜样。

五、立法的指导和依据

习近平总书记强调，坚持用最严格的制度和最严密的法治保护生态环境，让制度成为刚性约束和不可触碰的高压线。从国家层面来看，《关于加快推进生态文明建设的意见》《生态文明体制改革总体方案》《关于全面加强生态环境保护　坚决打好污染防治攻坚战的意见》等文件为我国生态文明建设打下了体制、制度和机制基础，为《生态文明促进法》的制定指明了方向，提出了要求。从地方层面来看，生态文明示范区的建设使生态文明制度建设取得重大突破，总结生态文明建设的典型经验，可以为《生态文明促进法》的制定提供更加具有现实意义的借鉴。目前，产权清晰、多元参与、激励约束并重、系统完整的生态文明制度体系在国家和地方层面正在不断建立和健全，这可为《生态文明促进法》的制定充实内容。

制定《生态文明促进法》时，应依据国家生态文明建设和改革的文件要求，紧扣以下两个方面的内容，一是以习近平生态文明思想为指导，确立五大生态文明体系，设计中国生态文明建设和改革的基本原则，构建生态文明建设和体制改革的主要制度。二是系统梳理 2005 年以来中央发布的有关生态文明建设的重要文件以及到目前为止生态文明工作取得的 160 项改革成果，归纳出共识性和规律性的内容，充实到《生态文明促进法》的主要内容之中。

六、立法的基本原则和主要制度

对于基本原则，《生态文明促进法》作为一部基本法律，应当构建自己的体系。这个原则体系的适用范围应当更加广泛，超越《环境保护法》的原则体系。习近平生态文明思想的"八个坚持"体现了这种超越性，应当纳入该法。但是这八个坚持，如坚持生态兴则文明兴，坚持人与自然和谐共生，坚持绿水青山就是金山银山，坚持良好生态环境是最普惠的民生福祉，坚持山水林田湖草是生命共同体，坚持用最严格的制度和最严密的法治保护生态环境，坚持建设美丽中国全民行动，坚持共谋全球生态文明建设，在法律上是价值理念还是基本原则，需要探讨。法律不同于政策文件，它由法律规范组成，体现判断性和规范性，因此对于价值理念性的八个坚持，需要以法言法语的形式予以转化。譬如"坚持生态兴则文明兴""坚持人与自然和谐共生""绿水青山就是金山银山"等，可以作为价值理念，但是要使它们具有判断性、准则性和适用性，成为法律的基本原则，就不能字字照搬，必须转化为自己特有的基本规则。

对于主要制度，《生态文明促进法》制定时，要以习近平生态文明思想及中央生态文明建设和改革文件为指导，围绕蓝天、碧水、净土、生态保护修复、产业结构调整、企业提质增效等方面，开展绿色政治、绿色经济、绿色社会、绿色文化等方面规范体系的构建。对于促进的方法，即建立什么样的生态环境治理体系，要完善生态环境监管体系、健全生态环境保护经济政策体系、健全生态环境保护法治体系、强化生态环境保护能力保障体系、构建生态环境保护社会行动体系，如生态环境保护社会行动体系应当包括公众参与、公益诉讼、宣传教育等制度。

七、立法的体例与主要内容

关于立法的具体内容，制定《生态文明促进法》时，建议按照我国立法框架的设计惯例，围绕 2018 年全国生态环境保护大会提出的五大体系，即生态文化体系、生态经济体系、目标责任体系、生态文明制度体系、生态安全体系，开展具体条款的设计和具体内容的组织工作。

在立法目的方面，制定《生态文明促进法》时，应当把"五位一体"写进去，体现生态文明的地位和作用。当然，作为"绿色"法律，该法在第 1 条中应当阐明通过生态环境保护促进可持续绿色协调发展的目的。

在生态文明的定义方面，制定《生态文明促进法》时，应当予以科学的界定。明确了概念才能划定框子，为该法所有的条文设计和内容部署打好基础，也为生态文明法律体系的形成奠定基础。

在思路和方法方面，制定《生态文明促进法》时，应当明确生态文明建设的目标、战略、任务、路径和方法，完整地体现"绿水青山就是金山银山"的思想，展示在保护中发展、在发展中保护的保护优先、绿色发展思路，提出 2020 年、2035 年和 2050 年的阶段性生态文明建设和改革目标。作为生态文明建设和改革的基本法，该法应从国家全面发展的大局出发，充分考虑我国国情，结合各方面的现状，既要保护好环境，维护好生态，又要在保护的基础上持续推进绿色政治、绿色经济、绿色文化、绿色社会建设。

在管理体制方面，生态文明建设不仅是生态环境、自然资源等少数部门的职责，按照"一岗双责"的要求，还涉及其他相关部门，部门交叉很难避免。因此制定《生态文明促进法》时，要明晰各部门的职责，让生态文明建设变成各地方、各部门共同参与的事项，形成各方面和各层级的合力，从而更加出色地完成生态文明建设和改革的各项任务。

在治理体系方面，制定《生态文明促进法》时，要建立生态文明的国家治理体系，发挥各方面的作用，特别要强调公众的参与和司法的监督作用。环境保护党政同责近期需要继续发挥作用，但是从长远上看，还是需要公众的参与和司法的监督，发挥他们在生态文明权力、权利和利益平衡格局中的作用。由于国家法律法规难以规定地方各级党委的职责，可以尝试性地作出原则规定"环境保护党政同责、一岗双责、失职追责、终身追责"，把地方各级党委的作用以宣誓性的方式写进去，这样有利于党内法规在与该法衔接的格局下，开展细致的目标考核和责任追究体制、制度和机制构建工作。

在促进措施方面，制定《生态文明促进法》时，要综合考虑现实国情和所面临的问题，治标和治本相结合，稳中有进地推进生态文明建设的各项工作。要针对现有经济、民事、行政等法律体系开展生态化工作，同时也要推进生态产业化。生态文明的法律，不能太过侧重于资源节约、污染防治和生态保护，也应该有促进经济绿色增长、增强可持续发展能力等内容；既要强调"绿水青山就是金山银山"，设计制度大力保护生态环境和生态安全，也要致力于如何使"绿水青山"转变成"金山银山"，通过产权改革和激励措施调动绿色发展的积极性。

在工作监督方面，制定《生态文明促进法》时，要与党中央、国务院下发的生态文明文件相衔接，强化评价与考核，创设生态文明建设目标、生态文明建设评价、生态文明建设考核、自然资源离任审计、领导干部生态环境损害责任追究等相关制度，进一步巩固中央环保督察和绿色发展指数评价等工作成果。制定《生态文明促进法》时，可在《生态文明建设目标评价考核办法》的基础上，对生态文明建设的评价标准与考核办法等作出总体规定。在追责方面，可以仅作出一个衔接性的原则规定，不作出具体的规定，这样可以发挥中共中央、国务院《党政领导干部生态环境损害责任追究办法（试行）》的保障作用。

八、配套文件的制定

《生态文明促进法》除了要设计与相关党内法规的衔接规定之

外，其实施还需要配套性地制定相关的法规、规章、标准、行动计划。

首先，制定《生态文明促进法》时，应考虑制定与之相配套的党内法规或者党内文件。若该法原则性地规定地方党委在生态文明建设中的领导作用，规定地方党委和政府要建立权力清单，那么就需要另外出台相应的配套文件，明晰党委和政府在生态文明建设中的职责以及违反职责规定应该承担的责任等。只有这样，才能形成党内和国家两方面的合力，提升该法的实施绩效。

其次，制定《生态文明促进法》时，应进一步完善配套的法律法规体系。例如，全国人大常委会需要以《生态文明促进法》为标尺，对政治、经济、社会、文化、生态环境保护方面的法律法规进行评估，进行系统梳理，按照《中共中央　国务院关于全面加强生态环境保护　坚决打好污染防治攻坚战的意见》的要求，在加快制定和修改土壤污染防治、固体废物污染防治、长江生态环境保护、海洋环境保护、国家公园、湿地、生态环境监测、排污许可、资源综合利用、空间规划、碳排放权交易管理等方面开展法律、法规、规章和标准的立改废工作，既查漏补缺，也升级改造，补足生态文明建设的立法短板。只有这样，我国的生态文明建设和体制改革才能制度化、规范化、程序化、体系化。

第三节　《长江保护法》制定的主要问题①

关于立法理由，需展开充分的梳理。长江的生态环境问题突出，除了执法不严的原因之外，主要还有以下三类原因：一是改

---

① 本部分的核心内容以《〈长江保护法〉制定的若干问题》为题，被《中国环境报》于 2018 年 9 月 18 日发表，文章内容为两次参加全国人大立法专家会的发言内容。

革开放中因法制不健全导致历史环境问题越积累越多，越积累越严重，如长江流域的一些围堰，在新时代必须用发展的方法、改革的方法予以解决。二是由立法分割缺乏系统的统筹造成的，《环境保护法》关于生态保护的规定不太全面、系统、细致，而关于山、水、林、田、湖、草的专门法律，有的制定了，有的则没有制定，出现立法空白；对于现有的专门法律，相互间的衔接和协调也有不足，如农业领域的农业养殖促进和污染防治领域的养殖污染防治规范就缺乏协调。三是由体制机制不顺畅造成的，出现一些谁都无权管、谁都不愿意管及部门间监管尺度和标准不一致等问题，如水面权立法不足，对于游艇、观光等领域出现的问题无法可依。因此，需要以现实的环境问题和上述立法问题为导向，制定一部体现特殊性规范要求和方法的综合性《长江保护法》。该法的制定，是中国环境法律体系形成后，按照现实需要开展立法整合的一个应用立法创新试点。如立法成功，可为《黄河保护法》的制定提供参考。

关于立法定位，首先，立法应当定位为"保护"法，内容要以如何保护长江的生态环境展开。为了维护法律的衔接性，也要设立对长江流域开发利用的原则性或者宣誓性规定。其次，《长江保护法》应当是关于长江保护的综合性、协调性、基础性法律，以综合性调整为主。关于立法地位，它应当与《水法》《水土保持法》《农业法》《水污染防治法》《土壤污染防治法》《森林法》《草原法》等专项法律一样，属于一般性法律，以《宪法》为根本遵循，以《物权法》等基本法律为立法指导，以《水法》《水土保持法》《农业法》《水污染防治法》《土壤污染防治法》《森林法》《草原法》等法律的规定为方法支撑。因此，要在相关的法条中设立与其他法律衔接的立法指引接口，以体现其综合性和协调性。

关于立法目的，可以加强山水林田湖草、上游中游下游和水上、水面、水下、水底的综合协调管理，改善长江流域的总体生态功能，提升生态文明建设的绩效与水平。

关于立法思路，按照特殊的现实问题、特殊的立法目的、特殊的方法开展立法。现在社会上有一种思维，那就是一出现问题，就习惯性地批评立法有问题。对于长江经济带出现的水资源、水生态、水环境、水安全问题，如果是执法不严造成的，可以完善配套的考核等机制，促进严格执法；如果是立法不健全造成的，要系统地梳理现有的法律有哪些方法上的欠缺，然后针对性地建立可操作的特殊方法，即特殊的体制、特殊的原则、特殊的制度、特殊的机制、特殊的责任，予以解决，如基于不同区域不同发展定位开展差别化考核，解决一些生态保护区域以环境为代价追求GDP的问题；基于国有的自然资源资产产权，可以建立对山水林田湖草进行长江流域自然资产综合管理的模式，替代传统的一些监管方法，如排污许可的审批主体由生态环境部转向行使长江流域自然资源所有权的机构。国务院委托的机构或者公司可以集中统一行使这些权利，通过生态环境保护和一些科学合理的经营措施，促进国有自然资源资产的增值。这种产权管理和行政监管相结合的模式，可以进一步促使生态环境保护行政监管机构瘦身。当然，把现有的法律调整方法予以整合，也是一个立法的创新，体现立法的特殊性。

关于立法的方法，为了保证《长江保护法》的实施力，建议以管区域、管行业为主，尽量依靠现有的专门法律管企业，为此可以建立考核评价体系、执法和应急联动体系、综合监测体系、信息共享体系、流域空间规划和产业规划体系、统一和协调的司法体系等，不要复制《水法》《水土保持法》《农业法》《环境保护法》《水污染防治法》《环境影响评价法》《土壤污染防治法》《森林法》《草原法》等法律已有的规定，也不要全部推翻这些法律设立的法律制度另行设立全新的制度。为了保障《长江保护法》的实施效果，还需要完善《水法》《水土保持法》《农业法》《环境保护法》《水污染防治法》《环境影响评价法》《土壤污染防治法》《森林法》《草原法》等法律法规，让它们更好地发挥作用，在各自的调整领域打好生态环境法治基础。

关于立法的内容，建议围绕以下七个方面加强立法设计：一是宣布国家关于长江保护的方针和政策。要解放思想，实事求是，确立保护优先、绿色发展，在保护中发展和在发展中保护的原则。二是处理全局和属地的关系，即处理好流域生态建设、资源保护、污染防治的整体性和属地利益分配的关系，处理好流域监管和属地监管的关系，设立地方党委和政府决策的环境影响评价制度。三是处理好上游、中游和下游的保护联动问题，从"三江源"到上海，从干流和一级、二级支流及大型湖泊，采取信息共享、市场准入、产业结构集聚规划、生态补偿、污染应急、水坝修建论证等措施。四是处理好水量、水质和水生态的综合保护关系，水量、水质是根本，水源地保护是重点，水土保持是基础，生物多样性是保护成效的表征。五是处理好工业、农业、服务业（交通等）的绿色化，城镇和乡村建设的绿色化。六是协调流域的生产、生活、生态关系，把水、草地、湿地、国家公园连起来，防止生态碎片化。七是体现地方立法的趋同化与协调性，可以通过挂牌督办、中央环境保护专项督察等措施，提升执法监察的权威，震慑地方保护主义；促进流域执法与地方执法的标准、尺度、方法的协同化，促进流域司法和守法的一致性。

在管理和监督体制方面，按照流域监管体制改革方案的要求，建议设立协调性议事机构长江保护委员会。办事机构设在生态环境部。建议设立单列的综合执法监察机构和监测机构，由生态环境部和水利部共管，以生态环境部管理为主。为了防止部门监管分割和国家投资的重复化，提升监管的综合绩效，建议以长江水利委员会下设的执法监察机构为主体组建流域综合执法队伍，包括水资源、水污染、水生态、水运输、矿产资源开采等方面的综合执法；建议依托长江水利委员会组建的长江水文站网，统筹开展水量、泥沙、水生态、水环境的综合监测，不要推倒重新构建，毁掉已有的工作基础和优势。建议加强人大对长江流域生态环境保护的监督，要求政府、检察院、法院每年向同级人大常委会专门汇报综合保护的情况。

在制度建设方面，重点解决区域、行业、部门职责和工作的相互打通问题。一是在信息共享方面，《土壤污染防治法》的制定为部门间信息共享树立了一个榜样，《长江保护法》应当有所作为，解决水利部和生态环境部的水质和水量信息不共享问题，解决上游、中游和下游的信息不共享问题。二是对于有跨区域环境影响的工业园区的建设问题，要加强环境影响评价的区域沟通，加强区域特色产业的协调管理，如长江中下游水质中磷超标问题突出，主要是由于长江流域湖北段一些城市的磷化工产业集聚，历史遗留的磷石膏堆场存量巨大，新增量也大，须从全流域的角度建立统一的规划管控制度和产业准入制度，予以规范解决。

在执法和司法方面，按照流域设立长江流域生态环境法院和综合执法队伍要解决一个现实的问题，就是流域管辖和属地管辖的关系问题。流域分为一级、二级甚至三级、四级支流，管辖的范围往上溯源到底多远才算科学，需要界定，否则一些省市县的生态环境执法和司法，基本上都属于流域监管机构或者司法机构，流域监管机构忙不过来，管不了，也管不好。建议针对长江流域的一级、二级甚至三级、四级支流，采取分级监管和分级司法，衔接好流域执法和司法与属地执法和司法，确保各自尽责与职责衔接。

此外，还要解决经费欠缺的问题，建议设立专项经费，如鼓励社会捐赠和各方投入，设立长江流域的公益保护基金，专门用于长江经济带的生态修复。对于流域范围内环境污染损害的赔偿资金，也可以纳入其中进行统一管理。要建立流域地质灾害预防预报，提高水安全保护的科学性。

第四节 《野生动物保护法》修改的难点和亮点①

2016 年 7 月 2 日，全国人大常委会高票表决通过《野生动物保护法》三审稿。新法规定不得虐待野生动物，对待野生动物遵守社会公德，具有历史意义，体现了中国生态文明建设的要求，同时也体现了中华文明法制化的与时俱进性。

一、修改的难点

《野生动物保护法》在修订中，在以下热点方面，各部门、各方面都有不同的想法，有的甚至有不同的利益，争论很激烈，修法拉锯战也比较厉害。

一是"动物福利"一词应否进入这部法律的问题。修订初稿时，在本人和其他环境保护专家的推动下，"动物福利"进入了条文草稿里。后来动物保护人士之间出现了一些意见分歧，如有的动物保护人士说，《野生动物保护法》就是野生动物福利保护法，"动物福利"应该入法；而有的动物保护人士则不同意，说"动物福利"是给人工控制下的野生动物的，会刺激野生动物的驯养繁殖，增加驯养繁殖现象，不利于野生动物的整体保护。后来，争论来争论去，还是没有形成一致意见，全国人大也担心社会上出现"人的福利都没有搞好，你们还搞动物的福利立法"的指责，就把它拿掉了。尽管如此，《野生动物保护法》通过稿还是规定了野生动物福利保护的实质性条款，如第二章"野生动物及其栖息地保护"规定栖息地的保护，实际上就是保护野外的野生动物的福利；第三章"野生动物管理"第 26 条甚至规定了"并根据野生动物习性确保其具有必要的

---

① 本部分的核心内容以《新修订的〈野生动物保护法〉亮点多》为题，被《人民日报》于 2016 年 7 月 25 日发表。

活动空间和生息繁衍、卫生健康条件"等实质性保护要求。

二是可否利用野生动物的问题。因为现行的《野生动物保护法》的立法目的之中，有"合理利用野生动物资源"的规定，基本方针中有"国家对野生动物实行……积极驯养繁殖、合理开发利用的方针"的规定，一些动物保护人士看了就不高兴，指责"利用"在条文中出现的次数太多，不适应目前的社会发展要求。其实，看一部法律是不是前进了，不要单纯看某个字眼或者词语出现了多少次。即使立法只规定一处"利用"，但里面如包括太多利用的内容，也没有什么进步。立法的进步更主要地是看它的立法目的、基本理念、主要思想和制度构建是不是前进了。通过稿有很多进步之处，如保护栖息地、对待野生动物不得违反社会公德、不得虐待野生动物等，实质上大大加强了对野生动物的保护。一些动物保护人士特别在意"利用"出现了多少次，出现得多了，就说它是"利用法"，我不赞同。由于禁止对所有的野生动物进行商业利用很困难，所有的国家都未做到，在本人的建议之下，立法目的中的"合理利用野生动物资源"曾一度被修改为"规范利用野生动物资源"。规范是个中性词，主要还是限制甚至禁止。但是，动物保护人士还是不愿意，最后的处理结果为：其一，在立法目的之中把包括"利用"的这一句拿掉了，变成拯救珍贵濒危野生动物，维护生物多样性和生态平衡，推进生态文明建设；其二，把基本方针中的"积极驯养繁殖、合理开发利用"改成"规范利用"。实事求是地说，从形式上看，通过稿中的"利用"一词少多了，但是从内容上看，目前野生动物的商业性人工繁育还没有废止，甚至修改的内容离动物保护人士的期望更远，即提出分类管理的问题，对于人工繁育技术稳定成熟的国家重点保护的野生动物品种，可以不作为野外物种来对待。言下之意，可能在一定程度上作为经济动物对待，这更加刺激了一些动物保护人士。这说明立法是一个利益和价值逐渐平衡的过程，很多追求难以一下子实现。

三是野生动物资源到底归谁所有的问题。有的说属于国家所有；有的说不属于国家所有，而属于全社会甚至全人类所有。有的提出，"野生动物资源属于国家所有"的规定，会促进将野生动物作为资源进行商业性利用行为的发生，这不符合现代国家的发展要求。其实，该规定是现行法第3条规定的，立法修改时想予以保留。面对质疑，有关机关的解释是，野生动物资源属于国家所有，指的是物种资源，如遗传物质资源。

二、修改的亮点

一是以生态文明为指导，以德与依法保护野生动物相结合，认可了实质性的动物福利，明确提出不得虐待野生动物，对待野生动物不得违反社会公德。在现行的《野生动物保护法》中，对虐待动物等一些违反社会公德的行为并没有加以明确的限制和禁止，此次《野生动物保护法》修订，在动物福利方面作出了如下具有历史飞跃性的规定：其一，虽然没有明确写出"动物福利"这四个字，但是在第26条中，却规定了实质性的动物福利保护内容："人工繁育国家重点保护野生动物……根据野生动物习性确保其具有必要的活动空间和生息繁衍、卫生健康条件，具备与其繁育目的、种类、发展规模相适应的场所、设施、技术，符合有关技术标准和防疫要求……"这种用实质性规定来取代名义条款的做法，在转型期也是一个聪明之举。等社会进一步形成动物保护意识之后，再明确规定"动物福利"一词，水到渠成。其二，明确在第26条中规定"不得虐待野生动物"。禁止虐待动物这一规定最早出现于清末时期京城的城市管理规定之中。中华民国时，南京等地的地方法也作了专门立法，并细化了虐待的具体情形。此次《野生动物保护法》修订，增设此规定，是中国反虐待动物史上的一个里程碑。其实，不得虐待动物就是最低层次的动物福利保护，此修改也是中国动物福利保护法史乃至世界动物福利保护法史上的一件大事。其三，在第29条中规定"利用野生动物及其制品的，应当以人工繁育种群为主，有利于野外种群养护，符合生态文明建设的要求，尊重社会公德，遵守法律法规和国家有关规定"。这为禁止残忍地对待野生动物、残忍地利用野生动物打下了法制基础，是中国人道立法的重大进步，是中华文化法制化的进步。对待动物人道，必然促进人与人之间的和谐。这些进步，为国家下一步研究制定《反虐待动物法》奠定了基础。

二是加强野生动物栖息地的保护。在这方面，此次立法修改将第二章"野生动物保护"改为"野生动物及其栖息地保护"，实行了保护对象的全面性、系统性和相关性。例如，在制定规划的时候，对野生动物栖息地、迁徙通道的影响要进行论证；再如，建设铁路、桥梁等工程时，可能破坏一些野生动物的栖息地和迁徙通道，就应该采取一些补救的措施。为了保护野生动物栖息地，新法还规定国家林业行政主管部门要确定并发布野生动物重要栖息地名录。另外，很多野生动物消失和它的栖息地碎片化有关系，所以必须促进野生动物栖息地的整体化。目前国家正在根据国家公园改革方案，研究国家公园立法，这对于整合自然保护区、湿地公园、森林公园、野生动物保护栖息地等相关区域，是一个利好。

三是回归科学，把"驯养繁殖"改为"人工繁育"。因为一些野生动物是难以驯养的，所以与"驯养繁殖"相比较，"人工繁育"一词要科学一些。为此，驯养繁殖许可证也改为了人工繁育许可证。人工繁育分为公益性质和商业性质两类，修订后的法律对商业性人工繁育收紧了，采取名录制。在收紧的同时好像又有点放宽，即对于技术成熟稳定的一些国家重点保护野生动物品种，可以不按照野外野生动物的品种进行管理。言下之意，可以按照特殊的经济动物来处理。在这一点修改上，目前分歧还比较大。

四是限制和规范野生动物的利用。其一，把现行法方针里的"合理利用"改成了"规范利用"，即把"国家对野生动物实行加强资源保护、积极驯养繁殖、合理开发利用的方针，鼓励开展野生动物科学研究"改为"国家对野生动物实行保护优先、规范利用、严格监管的原则，鼓励开展野生动物科学研究，培育公民保护野生动物的意识，促进人与自然和谐发展"。保护思路的修改，体现了立法对野生动物保护的生态效果、社会效果及全社会共治作用的重视。在具体规定上，如新法第30条规定："禁止生产、经营使用国家重点保护野生动物及其制品制作的食品，或者使用没有合法来源证明的非国家重点保护野生动物及其制品制作的食品。禁止为食用非法购买国家重点保护的野生动物及其制品。"其二，把"三有"动物的判定标准"有益的或者有重要经济、科学研究价值"修改为"有重要生态、科学、社会价值"。去掉了经济价值的判定标准，意味着利用野生动物在我国会越来越规范，条件或者限制会越来越严格，保护的野生动物品种可能越来越多，既体现了国家的经济进步，也体现了公众思想的进步。

五是重视对野生动物损害的补偿。野生动物伤人和毁坏财物的案子很多，对财产和人身伤害的补偿，现行法仅规定"因保护国家和地方重点保护野生动物，造成农作物或者其他损失的，由当地政府给予补偿。补偿办法由省、自治区、直辖市政府制定"，而很多地方政府没有钱，给予受害民众的经济补偿往往是不充分的。野生动物资源属于国家所有，国家所有的受保护的野生动物伤害了老百姓，老百姓自己承担全部或者部分损失也是不科学的。此次修订规定了"有关地方人民政府可以推动保险机构开展野生动物致害赔偿保险业务"，通过保险制度来部分解决损害的补偿。另外，新法还规定"有关地方人民政府采取预防、控制国家重点保护野生动物造成危害的措施以及实行补偿所需经费，由中央财政按照国家有关规定予以补助"，解决了地方资金紧缺和对损失补偿不充分的现实问题。资金渠道解决了，有利于全社会形成保护野生动物的氛围，促进人与野生动物的和谐共处。

六是提出了各方面参与的制度和机制。例如，规定国家鼓励公民、法人和其他组织依法通过捐赠、资助、志愿服务等方式参与野生动物保护活动，支持野生动物保护公益事业；各级人民政府应当加强野生动物保护的宣传教育和科学知识普及工作，鼓励和支持基层群众性自治组织、社会组织、企业事业单位、志愿者开展野生动物保护法律法规和保护知识的宣传活动；教育行政部门、学校应当对学生进行野生动物保护知识教育；新闻媒体应当开展野生动物保护法律法规和保护知识的宣传，对违法行为进行舆论监督。可以说，新的《野生动物保护法》是一个野生动物保护的共治法。

七是扩大了违法行为的范围。其一，不得提供违法交易的平台，如"禁止网络交易平台、商品交易市场等交易场所，为违法出售、购买、利用野生动物及其制品或者禁止使用的猎捕工具提供交易服务"。其二，不得违法生产和购买以动物为材料的食品，如"禁止生产、经营使用国家重点保护野生动物及其制品制作的食品，或者使用没有合法来源证明的非国家重点保护野生动物及其制品制作的食品。禁止为食用非法购买国家重点保护的野生动物及其制品"。其三，禁止一些广告行为，如"禁止为出售、购买、利用野生动物或者禁止使用的猎捕工具发布广告。禁止为违法出售、购买、利用野生动物制品发布广告"。其四，不得违法放生，如"任何组织和个人将野生动物放生至野外环境，应当选择适合放生地野外生存的当地物种，不得干扰当地居民的正常生活、生产，避免对生态系统造成危害。随意放生野生动物，造成他人人身、财产损害或者危害生态系统的，依法承担法律责任"。

八是法律责任更加严厉。其一，除规定没收违法所得外，还规定了按照货值多少倍来处罚的措施，如有的罚款是野生动物货值的1—5倍，有的是2—10倍，如"违反本法第十五条第三款规定，以收容救护为名买卖野生动物及其制品的，由县级以上人民政府野生动物保护主管部门没收野生动物及其制品、违法所得，并处野生动物及其制品价值二倍以上十倍以下的罚款"。其二，立法修改结合目前的社会管理实际，引进了诚信管理的有效方法，如"将有关违法信息记入社会诚信档案，向社会公布"。其三，对失职渎职的政府官员规定了撤职、开除和引咎辞职等严厉的法律责任，如"野生动物保护主管部门或者其他有关部门、机关不依法作出行政许可决定，发现违法行为或者接到对违法行为的举报不予查处或者不依法查处，或者有滥用职权等其他不依法履行职责的行为的，由本级人民政府或者上级人民政府有关部门、机关责令改正，对负有责任的主管人员和其他直接责任人员依法给予记过、记大过或者降级处分；造成严重后果的，给予撤职或者开除处分，其主要负责人应当引咎辞职"。

三、结语

此次《野生动物保护法》修改，虽然过程曲折，但是结果很好，有很大的进步。当然也存在一些遗憾。遗憾是难免的，可以在以后的修订中予以弥补。下一步，国务院及其有关部门应当制定实施细则和标准，制定或者定期修订重点保护野生动物名录、"三有"动物名录、野生动物重要栖息地名录和人工繁育国家重点保护野生动物名录，把进步的规定实施好。

第十二章　生态文明与执法司法

第一节　澳大利亚新南威尔士州的环境执法和司法[①]

澳大利亚新南威尔士州的环境法治，尤其是环境执法和司法很有特色，对于世界环境的法治起了一定的推动作用。我国环境执法与司法体制的改革，目前取得了一些进展。下一步，要采取有力的措施使改革部署全部落地并见真效，有必要对于借鉴的域外做法，针对中国面临的现实问题，到域外予以实地再考察。2016 年 7 月 18 日至 22 日，笔者访问澳大利亚新南威尔士州，拜访该州的环境保护局及其地区办公室、土地与环境法庭、司法委员会等机构，并到该州的钢铁厂实地参观，就澳大利亚环境法治的热点及其背景以及中国目前遇到的一些环境法治疑点和难点进行了深入探讨。

一、新南威尔士州的环境执法

1990 年，新南威尔士州为了应对现实的环境问题，州议会决定制定新的环保法律，建立一个有效的机构，这个机构就是现在的州环境保护局，该局还在一些地方设立了地区办公室。相对中国而言，新南威尔士州环境保护局的以下几个工作经验可以供我国参考：

一是建立严格的法律和配套的导则与指南等文件，建立忠实且

---

① 本部分的核心内容见于《新南威尔士州：用法律为环保"保驾护航"》（《中国环境报》2016 年 8 月 24 日）和《新南威尔士州的土地和环境法庭》（《学习时报》2016 年 9 月 26 日）。

强有力的环境保护执行机构。一个好的监管机构应当是灵活、透明、反应及时、适应新情况，并为决策提供技术和法律支持的机构。对于达不到要求的污染物排放企业，环境保护部门可依法提起诉讼，近五年，州环境保护局有 100 多个胜诉的案件，树立了威信，所以企业很重视环境保护局的执法和建议。

二是建立监管机构和企业互动的监管文化。监管文化，如环境保护局服务于企业，企业自觉保存环境管理记录和监测信息、企业负责人签字上报准确的环境信息、企业每年向州环境保护局提交守法报告等，环境保护部门也对企业开展守法审计。环境监管文化不是在短时间内可以建立的，这需要长期的积累和不断的努力，为此环境保护部门需要长期发起守法运动。

三是环境保护管理与环境污染防治、生态保护要现代化，要让公众充分了解、支持和参与。该州的环境保护局每三年向公众报告环境保护工作，并接受公众的反馈。为了协调企业与社区的关系，形成良性互动的局面，环境保护局在一些地方协调设立了"社区协商委员会"。

四是建立环境影响评价报告的并联审批制度，建立包括水、土、气、固废、噪声等方面的综合许可机制。为了简化手续，减轻企业的负担，环境保护部门应当设立详细的分类表格，如哪些需要许可，哪些不需要许可等。目前，该州大约有 2800 个企业有排污许可证，许可证附加了各种各样的监管条件，确保环境不受影响。

五是每五年建立一个空气质量管理计划即减排计划，一期接着一期干，逐步提高污染治理要求，提高环境监管水平。改进措施遵循经济规律和科技规律，讲求持续性和有效性，因此对企业和社会都很公平。20 世纪 90 年代，新南威尔士州的第一个五年空气质量管理计划就投入了 20 亿澳元。和中国一样，开始时，该州大气污染的来源也不清楚，后来投入巨资，花了 4 年时间普查污染源，花了 6 年时间建立监测网络，对排放源进行详细的监测与分析，并研究州际之间的大气污染如何互相影响等，最终取得了成功，为科学、有效地开展空气质量管理奠定了基础。

六是平衡环境保护与经济发展的关系，执行相对灵活的环境质量改善战略。企业和环境保护局一直都在思考，什么对企业最好？什么对环境最好？如何实现环境保护与经济发展的平衡？在平衡中，实用和经济的技术就能得到广泛的运用。1980 年左右、2008 年左右和 2013 年以来，在世界经济衰退的背景下，澳大利亚经济也陷入艰难的境地，很多企业经营困难，失业率提高，该州的环境保护部门在解决关键性环境问题的基础上，主动放松了环境保护改善的目标和手段，以减轻企业的负担。一旦经济形势好转，如企业开始盈利，环境改善的计划就开始趋严执行。

二、新南威尔士州土地与环境法庭的地位与作用

澳大利亚是一个联邦制国家，新南威尔士州是联邦的一个州。尽管该州不是澳大利亚面积最大的州，但属于人口最多和经济最发达的州。在州一级，为了高效解决数量众多的专业化土地和环境纠纷问题，防止案件久拖不决，该州于 1979 年制定了一部法律——《土地与环境法庭法》，授权设立土地与环境法庭。土地与环境法庭和该州的最高法院平行，级别相同，类似于中国省一级的高级人民法院，具有权威性。由于该法庭敢于应对政府败诉所导致的压力，所以公信力更高。该法庭可以审理规划、环境和土地的纠纷事项。如果对最高法院的裁判或者土地与环境法庭的裁判不服，可以上诉至州上诉法院。州上诉法院与州最高法院在一起办公，实质上属于一个机构两块牌子，一些最高法院的法官及土地与环境法庭的法官还同时担任州上诉法院的法官。不过，案件上诉后，上诉审的法官与原审法官不同，这样可以保证裁判的公正性。

新南威尔士州只有一个土地与环境法庭，并没有在悉尼等市设立低层级的法庭，这样既精减人员编制，也保证案件审理的专门化，

符合案件处理的专业化需求。值得指出的是，该法庭的设立并没有得到其他州的复制。由于该州只有一个土地与环境法庭，所以该法庭审理的案件是比较饱和的，是澳大利亚联邦审理案件数量最多的法庭，该法庭 2010 年审理 1115 个案件，2011 年审判 1263 个案件，2012 年审判 1282 个案件，2013 年审判 1024 个案件，2014 年审判 1104 个案件。相比之下，中国疆域更大，设立的环境法庭数量也更多一些。截至 2016 年 6 月，全国共建立专门的环境法庭 191 个，环境合议庭和巡回法庭 367 个，贵州、福建、海南、江苏、重庆等地建立了三级环境资源审判组织体系。而建立环境公益诉讼的新《环境保护法》自 2015 年 1 月 1 日实施以来，截至 2016 年 6 月，全国法院共受理社会组织提起的环境民事公益诉讼一审案件 93 件，自 2015 年 7 月全国人大常委会授权监察机关提起环境公益诉讼试点以来，共受理监察机关提起的环境民事和行政公益诉讼 21 件。当然，这些法庭除了审判公益诉讼案件以外，还审理环境资源的权属、侵权和合同纠纷案件共 195141 件。有些地方实行"三合一"审判体制，即环境法庭既审理环境民事纠纷，也审理环境行政纠纷和环境刑事案件。在调研中，瑞典的环境法庭法官指出，瑞典全国共有 5 个法庭；美国的学者也指出，在美国的联邦层面，环保署和内政部有相关的行政法庭，严格意义上讲，它们不属于环境法庭，仅类似于中国的行政复议机构；在州层面，费蒙特州和华盛顿州设立了涉及环境保护的法庭；在地方层面，13 个州的大约 30 个市或者县设立了涉及环境保护的法庭。另外，在发达国家，环境纠纷的案件普遍较少。在交流中，中外法官和学者们有一个共识，就是环境法庭应按需设立，案件多的地方可以设立常设性的环境法庭，案件少的地方也可以设立环境合议庭或者环境巡回法庭，这样可以节约司法审判的资源，减少国家财政的支出。国外的学者和法官也担忧，如果过分强调环境法庭的专业性和专门性，忽视民事、行政和刑事审判的一般规律，可能会使环境法庭的作用在今后偏离司法审判的主流，导致环境司法审判边沿化。

三、新南威尔士州环境司法体系的运转

新南威尔士州的土地与环境法庭除了一个首席法官外，还有五个法官，审理的案件范围主要包括土地和自然资源产权纠纷、许可等行政纠纷、占地等补偿纠纷、相邻纠纷等。世界各地的环境法庭既有共同点，也有不同点。共同的地方，例如，审理环境民事公益案件，都支持行为救济的请求，而不支持环境损害赔偿的请求；环境损害赔偿的请求一般依据普通法或者其他法审理；都审理涉及许可的行政纠纷。不同的地方，如瑞典的环境法庭不审理刑事案件，而澳大利亚新南威尔士州的土地与环境法庭还审理土地和环境刑事案件；在瑞典，受理因修公路与机场导致的纠纷多，但在澳大利亚，这些纠纷一般依据联邦法律而非州一级的法律来处理。瑞典的环境法庭审理环境侵权（torts）与妨害（nuisance）案件，而澳大利亚的土地与环境法庭则不审理此类案件，主要的原因是，1979 年成立土地与环境法庭的立法授权没有涉及相关事项。如果州最高法院把案件移送到土地与环境法庭，那么该庭就可以受理。就移送的案件数量来看，移入该庭的数量大约占 90%，从该法庭移出的案件大约占 10%，由于土地与环境法庭有效率，成本小，公信力高，深得各方认可，所以，不断有新的法律授权该庭审理新的类型的案件。

关于起诉主体，在新南威尔士州，对于土地和环境犯罪，由州环境保护局充任"检察机关"向土地与环境法庭起诉。在州以下，对于犯罪情节较轻的土地与环境刑事案件，一般由市政委员会提起诉讼。对于土地与环境民事案件，只能向州土地与环境法庭提起诉讼。州环境保护局设立了法律事务部，一些公职人员具备一定的资格和条件就可以担任起诉者。州环境保护局可以直接行使的民事处罚，幅度在 1.5 万澳元以内。超过 1.5 万澳元处罚为刑事处罚，往往由州环境保护局向土地与环境法庭提起刑事诉讼，由法庭裁决。按照统计，州环境保护局每年大约向法庭提起 80 起刑事案件。按照

法律，土地与环境法庭最多可以判处 7 年的监禁和 200 万澳元以内的罚金。不过和民事罚款相比，刑事罚金的裁判过程要长一些。另外，市民和社会组织也可以提起民事和行政诉讼，但是由于诉讼费用，特别是司法鉴定费用巨大，没有十足的把握，原告一般承受不起，滥诉的风险巨大，所以一般人不敢尝试。但由于败诉的被告要支付胜诉的原告（如州环境保护局）的起诉成本和调查成本，所以企业对于环境保护法律还是很顾忌的，一般不愿意违反。

关于审判地点，为了便民和实效，新南威尔士州土地与环境法庭还采取电话、网络审理和实地审理等多种审案方式，如法官和专家委员会经常去实地考察，甚至开展实地审判，尤其是涉及土地的案件，既便民，也让法官和专家委员会接地气。很多案件在实地的考察和审理中就解决了。例如，审理树木产权和相邻纠纷的相对简单的案件，95% 都在树下审理。甚至有些很复杂的案件，一进入现场进行审理，事情就变得简单了。

关于审判程序，为了保证环境法庭的专业性，除了法官以外，还设立了由 21 个专家组成的专家委员会，其中，全职委员 7 人，非全职委员 14 人，专业涉及规划、建筑、科学、工程等多个领域。专家委员会参与调解纠纷，参与案件的实质性审查，如涉及补偿等法律问题，法官就可以介入。很多案件，在专家委员会的实质性审查协助之下，事实就清晰了，当事人就会协商选择调解、调停等最适合自己的纠纷解决方式，纠纷在进入开庭审理的程序之前就解决了。例如，在调停中，专家委员会可以提供一个解决方案供各方参考，进而协商出一个各方都能接受的方案。一年大约有 5 起案件采取此类方式得以解决。在土地和环境纠纷中，90% 的案件都和解了，不用开庭。这种机制，可以体现案件审理的专业化和专门化，并保证案件审判的效率。另外，在澳大利亚，前面的司法判决可以成为先例，为后面所援引，所以，专业人才作用的发挥，还能够保证案件审理的一致性和可预期性。

关于审判方法，首先，案件在审理过程中法官常常运用利益平衡的自由裁量权方法，如涉及土地征用问题，原住民要搬迁，政府要给补偿，农民则想要更多的补偿，那么法官就不得不采取一定的利益平衡措施。如果最佳可得技术有名录，那么法官必须按照名录裁判；在缺乏法律与导则的情况下，法官可以决定哪些技术属于最佳可得技术。值得注意的是，环境保护部门在许可的过程中也采用利益平衡的机制，在一个案例中，某露天矿的开采影响一个小村庄，因为该矿的开采可以提供就业和税收，环境保护部门在提出环境保护要求的基础上许可开采。但是土地与环境法庭在审理中裁决许可无效，因为采矿涉及野生动物保护等由其他部门审查或者许可的事项，需征求其他部门的意见而未征求，所以，环保部门不能作出许可决定。其次，社会组织与个人如果对环境保护局通过环境影响评价文件所作的决定和许可不服，可以向土地与环境法庭起诉。如果是对履行的法律程序不服，如公众参与没有做，法庭则以法院的身份裁判；如果是对决定和许可的内容不服，这时法庭的身份则更像是一个政府的决策者，它可以基于实质审查作出许可与拒绝许可的决定。

关于案件管理，新南威尔士州的土地与环境法庭将受案范围分为八类予以分类管理。对于所有的案件，采取数据库管理、时间管理、费用管理等方法进行审判管理，不断地评估工作的成效，以及是否符合法庭设立的目标，确保案件审理的时效性，降低司法成本。新南威尔士州的司法委员会还建立了环境司法数据库，对于环境案件分类并分情况进行指导，针对法官自由裁量权的行使进行培训，确保案件审裁判的一致性。司法人员可以免费进入该系统，社会公众则需支付一定的费用才能进入。为了不断提高法官的素质，州司法委员会还鼓励法官自愿接受一年一次的为期五天的培训。最近几年，94%的法官每年都自愿接受了培训。为了加强环境司法人员之间的交流，加强司法机关、执法机关与学界的交流，州土地与环境法庭每年召开一个学术性质的年会。值得注意的是，在中国，法官经常受到舆论的影响。在新南威尔士州的土地与环境法庭，法官独立审判，而且是终身制，专家委员会的委员也不能随意解聘，因此可以保证法官审理案件的独立性。如果案件审理有社会争议，法庭会让法官拒绝接受媒体的采访，以保护法官。

四、总结

新南威尔士州的环境法治在世界上久负盛名，它既有发达国家环境法治的一些共性，也具有自己的个性，如土地与环境法庭的设立及其运行以及环境保护局起诉职能的授予等，都是自己结合工作需要探索出来的，并没有学习别人。对此，中国的环境法治工作，既要参考发达国家的经验，更要学习他们的环境法治创新方法，立足中国的国情，在中国的既有法治格局下，用中国的思维和方法解决中国的环境问题。特别要警惕手段性借鉴的方式，即为了达到部门或者机构的目的，不论证参考和借鉴对象的背景和条件，而仍然采取定向性或者选择式的方式予以借鉴。这种借鉴一般不接中国的地气，很难解决现实的环境问题，有时也可能会产生一些不必要的麻烦。

第二节　野生动物走私与中国的法治应对

一、中国野生动物及其制品走私的情况及其原因分析

（一）中国野生动物及其制品走私的情况

中国是野生动物及其制品需求大国。因为国内或者国外有需求，如果立法有漏洞，或者执法不严格，就会产生境内的非法贸易和跨国的走私现象，从而危及有关国家受 CITES 公约保护的动物物种安全。最近几年，中国经常发生一些走私案件。典型类型如下：

　　第一类走私案件是走私可以生产中药的野生动物及其制品。这类走私的野生动物包括穿山甲、黑熊等野生动物活体，穿山甲鳞片、熊胆、熊胆粉等野生动物制品。《濒危野生动植物种国际贸易公约》（CITES）将穿山甲列为最高级别保护动物，禁止一切国际贸易。由于穿山甲鳞片具有活血散结、通经下乳、消痈溃坚等疗效，中国的法律仍然规定，经过特殊许可，一些企业可以利用其生产中药。由于价格昂贵，发生了一些走私案件，如上海海关 2016 年 12 月 27 日通报，已查获一起特大货运渠道走私进口珍贵动物制品案，抓获犯罪嫌疑人 3 名，查获穿山甲鳞片逾 3 吨。据悉，这是目前中国海关查获的最大一起穿山甲鳞片走私案。[①] 一只穿山甲身上有 0.4—0.6 公斤鳞片，走私 3 吨鳞片意味着有 5000—7500 只穿山甲被残忍杀害。熊胆具有解毒、消炎、护肝等功效，由于资源稀缺，一只野生熊的熊胆，在中国大陆的市场价格达到 20000 元人民币，每公斤优质熊胆粉的市场价格在 3000—4000 元人民币，每头小熊的国内合法转让价格为 8000—10000 元人民币。中国、韩国、日本、越南、马来西亚、缅甸、老挝、印度尼西亚 8 个亚洲国家存在国内的熊胆制品交易。越南于 2005 年加入《濒危野生动植物种国际贸易公约》，目前越南已禁止"活熊取胆"，但仍存在非法取胆、销售熊胆的行为，1 升新鲜的熊胆汁价格不到 1 美元，远远低于中国、韩国、日本的市场价格，因此在这些国家生产的熊胆粉，很多用中文商标进行包装，仿造中国的熊胆制品。外国游客的购买及走私在一定程度上刺激了越南、老挝等国家养熊业的发展。据一些国际机构的调查，柬埔寨、缅甸、老挝为主要黑熊输出国，这些国家的熊有很多被捕捉或者走私到中国和越南。2014 年 3 月 2 日，贾某和黄某没有经过许可，从缅甸非法运输 22 只黑熊幼崽进入中国云南，被公安部门查

---

　　① 参见颜维琦、曹继军：《上海海关查获特大穿山甲鳞片走私案》，载《光明日报》2016 年 12 月 29 日，第 11 版。

获。2016 年 2 月，两男子被法院以非法运输珍贵、濒危野生动物罪各判处有期徒刑十二年，并处没收财产 60 万元。① 根据分析，这些熊大部分被走私到中国大陆的养熊场，用于取胆并改善熊厂的基因资源。

第二类走私案件是走私象牙、犀牛角、海龟壳等可以生产贵重工艺品的野生动物制品。在中国，以象牙和犀牛角为原料雕刻成的工艺品价格非常昂贵，为中国富人所追求。而在中国本土大象已经很少，犀牛已经灭绝。中国从 1993 年起，禁止犀牛角及其制品贸易，取消了犀牛角药用标准，对出售、收购、运输、携带和邮寄犀牛角的行为都要依法查处。目前非法交易的犀牛角主要是非洲犀牛角，基本上都是走私入境的。2016 年前，中国政府合法地从非洲国家进口象牙原料，以防止本国的象牙雕刻工艺消失。除中国政府特许的工艺品经营商店外，其他销售者的销售都是非法的，原料来源也大多违法。由于国内外价格差异很大，有的甚至可以获得 40 倍的利润，因此一些人冒着进监狱的风险走私。例如，2013 年 12 月 1 日，被告人姜某由科特迪瓦经阿联酋转机，携带 6 根象牙制品进入中国，象牙净重 14.535 千克，价值人民币 605629.84 元，未向海关申报任何物品，最终因涉嫌走私珍贵动物制品罪被公诉。法院最终判决，姜某犯走私珍贵动物制品罪，判处有期徒刑六年六个月，并处罚金人民币 6 万元。② 2016 年前，中国的一些地方法院审理了象牙走私入境的案件，有的数量达到数百公斤。一些中国人到非洲走私象牙，也被惩罚，如 2016 年 3 月 18 日，两名中国籍男子在坦桑

---

① 参见罗昌彦：《两男子从缅甸非法运输黑熊入境获刑十二年》，载中国新闻网：http://www.chinanews.com/m/sh/2016/02 - 24/7771445.shtml? wm = 3258_ 0023，最后访问日期：2017 年 3 月 2 日。

② 参见李婧：《女子从科特迪瓦走私象牙获刑 称为收藏不知违法》，载人民网：http://legal.people.com.cn/n/2015/0915/c203936 - 27587646.html，最后访问日期：2017 年 3 月 3 日。

尼亚被控在非洲非法偷猎及交易象牙，他们非法拥有 706 段牙，重 1.8 吨，各被判处三十年有期徒刑或缴纳罚款共 1087 亿坦桑尼亚先令，这可能是目前已知的坦桑尼亚此类犯罪中最严厉的判决。[1]

第三类走私案件是以食用为目的走私野生动物及其制品，如穿山甲、老虎、鸟类等野生动物活体和鸟类、虎肉、狮肉、熊掌等野生动物肉制品等。其中，穿山甲和熊掌的走私最为常见。在中国境内，穿山甲等野生动物已经很难看到，而境内消费的一些穿山甲及其肉制品大部分来源于东南亚国家的走私活动。2015 年 9 月，广东省江门市的缉私警察查获一艘走私船，装有穿山甲冻体 414 箱，共 2674 只。这是近年来全国海关查获的最大穿山甲走私案。[2] 据了解，一公斤熊掌在俄罗斯卖大约 400 元人民币，而到了中国，可卖到五六千元，价格高出俄罗斯的十倍，因此刺激了走私活动。例如，2013 年 5 月，中国满洲里海关查获由俄罗斯向中国走私的熊掌 213 只，此案是全国海关查获数量最大的一起熊掌走私案。[3] 2015 年 12 月 23 日，这一纪录被刷新，俄罗斯滨海边疆区查获 527 只熊掌。[4] 此外，中国内地消费的熊掌还来自越南、马来西亚、老挝、缅甸等东南亚国家。

第四类是走私可以观赏的野生动物，如孔雀等鸟类、猴、龟、蜥蜴等。这些动物有的进了动物园，有的被人当成宠物饲养。例如，

---

[1] 参见：《2 名中国人在坦桑尼亚走私象牙 被罚 3.26 亿元》，载消息网：http：//www. cankaoxiaoxi. com/world/20160321/1105302. shtml，最后访问日期：2017 年 3 月 5 日。

[2] 参见：《查获穿山甲走私案 缴穿山甲 2674 只》，载中国新闻网：http：//www. chinanews. com/tp/hd2011/2015/11 – 03/577924. shtml，最后访问日期：2017 年 3 月 1 日。

[3] 参见韩秀：《中国最大走私熊掌案：213 只熊掌至少来自 63 只棕熊》，载中国新闻网：http：//www. chinanews. com/fz/2013/07 – 21/5065993. shtml，最后访问日期：2017 年 3 月 5 日。

[4] 参见：《俄罗斯远东查获 527 只熊掌》，载中国青年网：http：//picture. youth. cn/qtdb/201512/t20151224_ 7454405. htm，最后访问日期：2017 年 3 月 5 日。

2016 年 8 月 3 日，广西东兴市公安局在东兴市边境查获 20 只走私入境的国家二级保护动物长尾猴。[①] 在中国国内的一些宠物店铺，都可以买到违法获取的野生动物。

（二）中国野生动物及其制品走私的主要原因

中国的野生动物及其制品很少走私到其他国家，只有少数的熊胆粉等中药材料走私到比较发达的亚洲国家。野生动物及其制品走私到中国境内的案件要多得多。中国的经济发展十多年来一直很强劲，购买力比较强，出于以下原因，对一些野生动物及其制品的需求强劲，引发了一些走私行为。

一是以野生动物及其制品为原料的中医药，其替代技术的研发仍然不成熟。虎骨、牛黄和麝香的人工合成替代技术取得了重大进展，已获得社会的公认，故得到广泛的应用，这对于保护野生动物有积极的作用。但是人工熊胆和人工熊胆粉的替代研发不足，尽管天然熊胆和熊胆粉价格昂贵，更多的人仍然选择天然熊胆和熊胆粉，这无疑会刺激市场需求，导致部分企业非法从野外捕捉或从国外走私黑熊。另外，穿山甲的鳞片可以用猪蹄甲替代，两者含有相似的无机元素和种类基本一致的氨基酸，在动物实验中，对急、慢性炎症均有抑制作用，但是由于宣传不够，替代品仍然难以获得社会的信任。

二是山珍海味的中国传统饮食文化仍然有很大的影响力。从历史角度来看，我国的传统文化历来追崇"民以食为天"的理念。在生产不发达且物质不丰富的时代，山珍野味进入饮食文化是历史的必然。但随着人口的增长和工业化、城镇化的推进，一些区域的生

---

① 参见：《广西东兴市警方查获 20 只走私入境猴子》，载人民网：http://gx. people. com. cn/n2/2016/0823/c374241 - 28879130. html，最后访问日期：2017 年 3 月 5 日。

态环境不断恶化，珍稀野生动物的种群数量总体呈下降的趋势，保护野生动物是现实生态环境保护的必然要求。目前，中国人已经可以通过经济动物来满足自身的蛋白质需求，不再需要捕杀野生动物。但是很多人仍然信奉野生动物大补的观念，一些富人有炫耀性消费的习惯，这对于野生动物保护仍然是一个很大的挑战。目前，保护野生动物正成为中国年轻人群的共识，只要出现野生动物走私或者食用重点保护野生动物的现象，新闻就会关注，这体现了中国社会文明的进步。例如，在 2017 年 2 月 18 日的"世界穿山甲日"，一条"同仁堂被曝合法采购 1500 公斤穿山甲片"的新闻被各大网站转载，引起社会的普遍质疑，很多人纷纷指出，应当废除穿山甲片入药的传统。[1]

三是部分官员的贪腐行为，助长了吃请或者赠送野生动物及其制品的不良习气。在中共中央 2012 年 12 月出台"八项规定"之前，买卖和食用野生动物的行为很猖獗。在现实中，食用重点保护野生动物的人，一些是行使公权力的官员。官员接受这种吃请或者礼物，助长了权力交易的腐败现象。一些国外的媒体更是把这种腐败行为与中国政界的整体道德联系起来，严重破坏了中国政府的国际形象，必须予以打击。一些官员因为接受吃野生动物的宴请而被追究责任，如台州仙居县公安局官员王小洲吃穿山甲一事，引起舆论反响，后来被给予警告处分。[2] "八项规定"实施近四年多来，公款吃饭的现象少多了，更何况消费昂贵的野生动物菜肴，因此一些销售野生动物及其制品的餐馆关门了。

此外，还有一些人出于对野生动物的观赏和其他爱好，购买野生动物，也会刺激走私和非法贸易行为。

---

① 参见严慧芳：《吃穿山甲大补之说不可信》，载《南方日报》2017 年 2 月 22 日。

② 参见汪洋：《台州仙居官员吃穿山甲 纪委：当事人受警告处分》，载 http：//news. eastday. com/eastday/13news/auto/news/csj/u7ai1747315 _ K4. html，最后访问日期：2017 年 3 月 5 日。

二、中国应对野生动物及其制品走私的执法与成效

（一）中国应对野生动物及其制品走私的执法行动

中国于 1980 年 12 月 25 日加入《濒危野生动植物种国际贸易公约》，该公约于 1981 年 4 月 8 日对中国生效。中国一直重视对 CITES 公约的遵守，制定了《野生动物保护法》等有关法律法规，在《海关法》《刑法》中作出了针对性的规定。按照规定，没有 CITES 允许进出口证明书，禁止贸易、携带、邮寄珍贵稀有野生动物及产品进出中国国境。根据《海关法》第 82 条和《刑法》第 151 条的规定，走私国家禁止进出口的珍贵稀有野生动物及其制品的，构成走私罪，情节特别严重的，处无期徒刑或死刑，并没收财产。

中国政府严格实施野生动物法律法规，打击走私行为，维护国家声誉，保护生态平衡。2013 年 1 月 6 日至 2 月 5 日，由我国主导，会同亚洲、非洲等 22 个国家，成功开展了一次代号为"眼镜蛇行动"的濒危物种联合缉私活动。共查处了走私濒危物种案件 71 起，处理违法人员 85 人，查获走私象牙 185 千克、犀牛角 13 千克、穿山甲鳞片近 50 千克、盔犀鸟喙 76 件。2013 年 12 月 30 日至 2014 年 1 月 26 日，中国组织亚洲、非洲和北美 28 个国家，成功开展了"眼镜蛇二号行动"，查获走私象牙 286 公斤、网纹蟒蛇皮 802 张、穿山甲鳞片 120 公斤。[①] 我国政府于 2014 年 1 月在广东省东莞市首次公开销毁查没的 6.1 吨象牙及其制品后，于 2015 年 5 月 29 日又公开销

---

① 参见：《中国海关严打野生动物走私专项行动》，载国家林业局政府网：ht-tp：//www. forestry. gov. cn/wlmq/3585/content‐773841. html，最后访问日期：2017 年 3 月 5 日。

毁了 662 公斤查处没收的象牙。① 2015 年 10 月 9 日，中国外交部发言人华春莹在例行记者会上表示，保护象等濒危野生物种、打击盗猎及相关非法贸易是世界各国的共同责任，需要国际社会合作应对。中国政府认真履行国际义务，加强国内立法、管理和宣传教育，严厉打击有关走私犯罪活动，积极参加相关跨国联合执法行动。

（二）中国打击野生动物及其制品走私行动的成效

近几年，野生动物保护执法工作非常严厉，遏制了走私严重的势头。由于全社会的文明意识提高需要一个过程，因此即使出台了涉及国内贸易和进口的象牙禁令，制定了严厉打击野生动物违法犯罪行为的《野生动物保护法》，零星的偷猎和走私行为还是会时有发生。最近几年发生了一些典型案例，影响巨大：一是 2014 年 11 月，河南省确山县农民汪某就因为逮了 87 只癞蛤蟆，被判处拘役三个月，成为此类案件受罚第一人。② 此后两年，一些抓青蛙的农民也被判刑。二是 2015 年 11 月，河南新乡一大学生暑假期间和朋友在老家掏了 16 只鸟，并在网上售卖，然而这些鸟却是燕隼，为国家二级保护动物，该学生被法院判处有期徒刑十年六个月。这些案件对全社会的震慑作用非常大，随着不断的宣传教育和严格的执法司法，盗猎和走私行为会得到极大的遏制。值得指出的是，由于严厉的打击和不断的宣传教育，接受现代环境保护教育的年轻人群对野生动物及其制品的兴趣普遍不足，走私量从长期来看会不断减少。

在媒体监督不发达的时代，很多走私和盗猎行为不为人所知，

---

① 参见杨舒文：《拯救于"濒危"边缘　我国打击走私野生动物犯罪在行动》，载中国日报网：http://china.chinadaily.com.cn/2015 - 07/03/content_21170470.html，最后访问日期：2017 年 3 月 5 日。
② 参见李钊：《确山农民逮 87 只癞蛤蟆　以非法狩猎罪被刑拘三个月》，载大河网：http://news.dahe.cn/2014/12 - 01/103848909.html，最后访问日期：2017 年 3 月 7 日。

而现在环保志愿者出现在每个城市，媒体特别是自媒体发达，因此即使违法犯罪案件很少，也很快能被全社会知晓。目前媒体报道一些案件，不等于野生动物走私和偷猎案件比以前增多了，相反地说明公众的参与意识和监督能力提高了。在中国广大的乡村，消失二三十年的野生动物又重新出现了，说明中国的生态保护发挥了效果。

但根据新闻披露的情况来看，野生动物及其制品的走私活动最近出现了一些新情况、新特点，值得引起注意：一是出于改善饲养熊的基因的需要，走私熊的行为可能会时有发生；熊胆粉在中国目前产能过剩，一些人将农户生产的熊胆粉通过航空运输等方式走私到韩国、日本等国家。当然，也有一些东南亚国家生产的低价熊胆粉走私到中国。二是中国的一些富人和一些腐败的官员私下消费虎肉、熊掌、穿山甲等野生动物制品，其中以熊掌、穿山甲的消费最为突出，但是自中国政府实施"八项规定"严格限制公款消费以来，野生动物的总需求量整体下降。① 由于新闻媒体特别是自媒体发达，很多违法的行为容易被发现或者被举报，很多人不愿意冒险消费或者走私野生动物。三是一些野生动物被中国人当宠物饲养，刺激了一些境外的捕获活动和对中国的走私活动。四是 2016 年 12 月 30日，中国政府宣布全面禁止国内象牙贸易决定，但仍然有非法的收藏需求，黑市的价格可能因为货源缺乏得以提升。

三、中国打击野生动物及其制品走私的立法发展

（一）全国人大常委会对刑法关于野生动物及其制品犯罪的解释

1997 年的刑法只对非法猎捕、杀害国家重点保护的珍贵、濒危野生动物，对非法收购、运输、出售、走私国家重点保护的珍贵、

---

① 参见胡红吉：《中央八项规定得到落实　野生动物消费市场"瘦身"》，载《富阳日报》2015 年 4 月 15 日。

濒危野生动物及其制品的行为，规定了入罪条件和刑罚处罚措施。由于消费是犯罪链条的源头，因此必须打击非法购买的行为，才能有效阻止野生动物非法捕猎、运输、走私等行为。2014 年 4 月 24 日，全国人大常委会通过了《关于〈中华人民共和国刑法〉第三百四十一条、第三百一十二条的解释》，针对以食用为目的购买国家重点保护野生动物及其制品的行为作了规定，如"知道或者应当知道是国家重点保护的珍贵、濒危野生动物及其制品，为食用或者其他目的而非法购买的，属于刑法第三百四十一条第一款规定的非法收购国家重点保护的珍贵、濒危野生动物及其制品的行为"。该"解释"把个人、单位为食用或者其他目的非法购买国家重点保护的珍贵、濒危野生动物及其制品的行为，确定为非法收购的行为，体现了以下两个突破：一是食用、收藏等个人目的被纳入犯罪动机；二是突破了以往"收购"的经营性特征，把基于非经营性的个人食用、收藏等也作为犯罪行为对待。对于具体的刑罚措施，《刑法》第 341 条第 1 款规定："非法猎捕、杀害国家重点保护的珍贵、濒危野生动物的，或者非法收购、运输、出售国家重点保护的珍贵、濒危野生动物及其制品的，处五年以下有期徒刑或者拘役，并处罚金；情节严重的，处五年以上十年以下有期徒刑，并处罚金；情节特别严重的，处十年以上有期徒刑，并处罚金或者没收财产。"可以看出，此立法解释的目的有二：一是通过强制惩戒措施，引导人们形成环境友好型的生活方式和饮食文化，减少腐败，保护生态环境，提升环境道德的水平；二是通过源头控制，减少"市场"需求，从而减少以牟利或者其他目的而捕猎野生动物特别是珍稀野生动物的行为，减少走私和非法运输、销售野生动物的行为。① 从某种程度上讲，此立法解释也是为了配合"八项规定"的深入实施、打击官员腐败。

---

① 参见常纪文：《"山珍野味"与"食文化"的法律规制》，载《文汇报》2014 年 6 月 6 日。

2017 年 2 月 6 日，中国的互联网流传"官员请吃穿山甲"事件。事件起因是一名香港商人于 2015 年 7 月 15 日发微博称，自己在广西考察期间，在当地官员邀请下，在其办公室吃了穿山甲菜，并配发相关图片。后来，该微博被大量转发并引发社会热议。经过核查，上述宴请活动相关费用由私人支付，参加宴请的一名官员已于 2016 年 5 月因涉嫌受贿罪被检察机关依法逮捕。请客的企业老板和购买穿山甲的厨师于 2017 年 2 月因涉嫌非法收购珍贵、濒危野生动物犯罪被刑事拘留。

（二）2016 年《野生动物保护法》的规定

2016 年 7 月修改的《野生动物保护法》顺应了人道对待动物的国际潮流，在第 26 条中明确要求"不得虐待野生动物"，在第 29 条中明确规定"利用野生动物及其制品的，应当……符合生态文明建设的要求，尊重社会公德，遵守法律法规和国家有关规定"。

为了从源头和中间环节打击野生动物的走私和非法贸易，2016 年的《野生动物保护法》从以下三个方面作出了禁止性规定：一是禁止违法购买野生动物及其制品，如第 30 条为此规定："禁止生产、经营使用国家重点保护野生动物及其制品制作的食品，或者使用没有合法来源证明的非国家重点保护野生动物及其制品制作的食品。禁止为食用非法购买国家重点保护的野生动物及其制品。"二是禁止违法发布野生动物的广告，如第 31 条规定："禁止为出售、购买、利用野生动物或者禁止使用的猎捕工具发布广告。禁止为违法出售、购买、利用野生动物制品发布广告。"三是禁止违法提供交易场所，如第 32 条规定："禁止网络交易平台、商品交易市场等交易场所，为违法出售、购买、利用野生动物及其制品或者禁止使用的猎捕工具提供交易服务。"对于违反者，该法规定了没收违法所得和罚款等行政处罚措施；对失职渎职的政府官员，规定了撤职、开除、引咎辞职等严厉的法律责任。这有利于有关部门依法行使其职责。《野生动物保护法》的修改是中国道德法律化的又一大进步，通过法律适度地保护野生动物，不仅有助于维护社会公众的人道情感，还弘扬了怜悯生命等传统美德。

在打击野生动物走私的国际合作方面，2016 年的《野生动物保护法》第 36 条指出，国家组织开展野生动物保护及相关执法活动的国际合作与交流；建立防范、打击野生动物及其制品的走私和非法贸易的部门协调机制，开展防范、打击走私和非法贸易行动。这为中国将来更好地履行 CITES 公约，更加广泛地打击野生动物走私行为奠定了法律基础。

2016 年的《野生动物保护法》第 5 条第 2 款规定：“国家鼓励公民、法人和其他组织依法通过捐赠、资助、志愿服务等方式参与野生动物保护活动，支持野生动物保护公益事业。”目前，“让候鸟飞”“中国江豚保护行动网络”“自然之友”等环保社会组织和一些环保人士活动，采用自行车、汽车、小船、无人飞机等巡逻工具，活动在江豚、候鸟、穿山甲等野生动物保护的第一线。譬如在 2016 年的候鸟迁徙季节，迁徙途中的环保社会组织广泛参与护鸟，中央电视台、地方电视台以及其他新闻媒体也积极支持，一些捕鸟的犯罪嫌疑人被公安机关抓捕。再如，2017 年 2 月 26 日，接到群众举报，广西防城港警察在边境的一出租屋内查获 70 只野生乌龟。[①]

（三）近年来中国政府发布的象牙及其制品禁令

2012 年年底以来，中国政府崇尚生态文明制度建设，既扭转之前以牺牲环境为代价的发展模式，也在国际上树立重视生态环境、促进中国和全球可持续发展的国际形象。为此，在国际舞台上，特

---

① 参见：《涉嫌走私野生动物 男子欲行贿 30 万求“放过”遭拒》，载广西新闻网：http://www.gxnews.com.cn/staticpages/20170301/newgx58b6244a‐15983226.shtml，最后访问日期：2017 年 3 月 5 日。

别重视气候变化应对和野生动物保护的国际合作。2015 年 2 月 26
日，国家林业局发布公告称，我国实施临时两项禁令：一是禁止进
口 CITES 公约生效后所获得的非洲象牙雕刻品，二是禁止进口在非
洲狩猎后获得的纪念物象牙。临时禁止进口措施实施期间，国家林
业局暂停受理相关行政许可事项。例如，经国家林业局批准，浙江
省已有 2 家从事象牙定点加工企业和 7 个象牙定点销售点。接到通
知后，浙江省林业厅表示，自公告之日起浙江全省立即实施了非洲
象牙雕刻品的临时进口禁令。① 2015 年 3 月 2 日，中国国家主席会
见来访的英国威廉王子，习近平介绍了中方在保护大象等野生动物
方面的政策和所做的工作，希望加强该领域国际合作。② 两天后，
威廉王子来到云南省的西双版纳，考察大象保护的现状。③ 2015 年 9
月 25 日，作为全世界象牙的两大目的地国，中国的国家主席习近平
与美国当时的总统奥巴马在美国一致决定，在各自国家颁布禁令，
除少数特例外，全面停止象牙进出口贸易，并采取有效、及时的政
策逐步停止本国的象牙及其制品贸易。在 CITES 公约第十七届缔约
方大会（2016 年 9 月）召开之前，美国的 7 个州为了实施联邦法
规，采取了更为严厉的州级管控。2015 年 12 月 2 日，中国国家主席
习近平在津巴布韦考察野生动物救助基地，察看了基地救助的野生
动物。习近平承诺中方将继续通过物资援助、经验交流等方式，帮
助津方加强野生动物保护能力建设。可见，中国的野生动物保护外
交和国际合作由被动地适应转向主动地参与。

---

① 参见：《一纸禁令颁行：我们还能买非洲象牙制品吗》，载新浪网：ht-
tp：//collection. sina. com. cn/yjjj/20150228/1040180518. shtml，最后访问日期：
2017 年 3 月 7 日。

② 参见刘华：《习近平会见威廉王子》，载《新华每日电讯》2015 年 3 月
3 日，第 1 版。

③ 参见胡超、杨依军：《英国威廉王子访问西双版纳与大象"亲密接触"》，
载新华网：http：//news. xinhuanet. com/local/2015 - 03/04/c_ 1114523809. html，
最后访问日期：2017 年 3 月 7 日。

2015 年 3 月的临时禁令于 2016 年 3 月到期后，国家林业局随即宣布对进口象牙及其制品采取更加严格的管控措施，2015 年实施的象牙临时禁止进口的措施延期至 2019 年 12 月 31 日，并扩大禁止进口的象牙及其制品范围。

国内如果有市场需求，必然会或多或少地刺激境外走私和偷猎。为了进一步树立中国在环境保护方面负责任的大国形象，国务院办公厅于 2016 年 12 月 29 日发布《关于有序停止商业性加工销售象牙及制品活动的通知》，要求分期分批停止商业性加工销售象牙及制品活动。其中，2017 年 3 月 31 日前先行停止一批象牙定点加工单位和定点销售场所的加工销售象牙及制品活动，关闭的总数量达到 67 家，其中包括 12 家雕刻厂。2017 年 12 月 31 日前全面停止，105 家持证机构全部关闭。这项禁令必将使很多象牙雕刻师失业，很多合法的收藏者难以卖出手中的象牙艺术品，损失很大。可以说，中国为了保护非洲大象，付出了巨大的代价，也得到了 CITES 成员方的广泛好评。中国的香港特别行政区目前也在起草新的法律，拟设立 5 个过渡期，逐步关停辖区内的象牙贸易。

在中国的示范下，一些国家和地区也在开展相关的工作，但是态度的坚决程度，与中国相比还有些差距。例如，欧盟在 2017 年 7 月 1 日通过了新的规定，禁止库存原料象牙的再出口，然而欧盟在内部仍然保留了一定规模的象牙贸易市场，包括象牙配件的古董交易。

四、中国应对野生动物走私的法律问题与对策建议

一是国内野生动物保护名录与 CITES 公约附录不一致的问题。按照《野生动物保护法》的规定，国家对野生动物实行分类分级保护，对珍贵、濒危的野生动物实行重点保护，对国家重点保护的野生动物分为一级保护野生动物和二级保护野生动物。国家重点保护野生动物名录，由国务院野生动物保护主管部门组织科学评估后制

定，并且根据评估情况每五年对名录进行调整，报国务院批准公布。一些在国际上受到相当重视的野生动物，如黑熊和穿山甲，属于被列入 CITES 附录 I 的保护动物，但是在中国国内，仅属于国家二级重点保护野生动物，保护级别小于一级保护动物。由于穿山甲在中国处于濒危状态，在对国家重点保护野生动物名录调整时，应当将其列入一级保护野生动物范围。对于野生黑熊，也应当列入一级保护动物。这样，有利于更加严厉地打击涉及这些动物的走私犯罪活动。

二是人工饲养的野生动物与野外野生动物的保护等级差异问题。2016 年的《野生动物保护法》第 28 条作出了一个极具争议的规定，那就是：对人工繁育技术成熟稳定的国家重点保护野生动物，经科学论证，纳入国务院野生动物保护主管部门制定的人工繁育国家重点保护野生动物名录。根据有关野外种群保护情况，此类野生动物的人工种群可不再列入国家重点保护野生动物名录，实行与野外种群不同的管理措施。按照这种规定，黑熊的人工繁育技术已经成熟稳定，野外黑熊的数量也比较稳定，那么处于人工饲养下的黑熊以后就可能不作为野生动物处理，走私或者违法收购人工繁育的黑熊，就不按照走私非法收购珍贵濒危野生动物处理。这也许和 CITES 公约的精神有些出入。对于饲养的虎、熊等动物，还是按照 CITES 公约的规定，继续纳入国家重点保护野生动物名录。此外，建议加强人工熊胆替代品的研制，逐步消除黑熊和熊胆制品走私的现象。

三是监管机关的人员不足，监管能力有限，难以发现和打击所有的走私行为。首先，建议野生动物保护监管部门和公安机关建立有奖举报措施，促进公众参与和监督；对于公众提交的举报信息，必须予以重视，否则追究责任。其次，建立各部门、各区域共享的野生动物监管信息平台，建立部门间、区域间的监管协作机制，健全联合或者协同执法机制。最后，《野生动物保护法》下一次修改时，建议明确规定民事公益诉讼制度，允许社会组织和个人起诉走私、偷猎、销售、运输野生动物及其制品的单位和个人，让其承担生态环境损害的责任。

四是一些执法机关对于违法行为仍然存在不作为和慢作为的问题。有的违法者甚至在工商部门、公安派出所和地方政府旁销售野生动物及其制品而没有人管。对此，首先，应当针对地方政府及其林业部门、公安部门、海关部门、工商部门、环保部门建立监管的权力清单，规定尽职照单免责、失职照单追责的机制，解决地方政府之间以及监管部门之间相互推诿的问题。对地方政府建立野生动物保护工作的考核制度，对于乱作为、不作为和慢作为的执法部门，应当追究责任。其次，《野生动物保护法》下一次修改时，建议明确规定行政公益诉讼制度，允许社会组织和个人起诉乱作为、不作为或者慢作为的地方政府及其监管部门。只有这样，才能督促地方政府及其监管部门依法监管。

五是打击野生动物走私的国际合作机制需要细化。首先，建议在国家林业局的协调下，加强国内外民间组织在野生动物保护以及打击走私和偷猎、非法运输、销售方面的交流和合作，形成超越国界的打击野生动物走私的民间信息网络。其次，由国务院协调，出台林业、工商、海关、环保、公安等部门打击野生动物及其制品走私和非法贸易的部门权力清单，细化部门之间的协调机制，建立统一的野生动物国际贸易和国内贸易的信息平台。最后，由外交部牵头，协调林业、工商、海关、环保、公安等部门的立场，建立协同的国际谈判和国际合作机制，建立统一的野生动物国际贸易和国内贸易的信息平台。此外，中国政府要和 CITES 公约秘书处协商，并与野生动物及其制品原产地、运输地国家加强重点沟通，针对跨国走私，共同健全涉及中国的沟通、协调和通报机制，建立相互衔接的执法机制。只有这样，走私和非法贸易行动才能得到系统的遏制。

此外，2016 年《野生动物保护法》修改时，"动物福利"一词

在本人和有关环境保护法教授的呼吁下，一度被写入修改草案，①
但有动保人士认为，动物福利一般适用于圈养动物，如果用于野生
动物，等于变相鼓励和认可捕获和圈养野生动物，野生动物的保护
变成了野生动物的利用，故坚决反对，有的甚至上书最高层。由于
没有形成一致意见，"动物福利"一词和有关的明文规定最后还是被
拿掉了，只保留了一些实质性保护野生动物福利的隐含条款。② 由
于野生动物的运输和收容还是涉及动物福利问题，所以该法没有涉
及。对于如何人道对待被查获的走私野生动物，中国建立野生动物
的福利保护规定，开展国际间的动物福利保护制度建设对话，也是
必要的。

五、结语

野生动物走私及与之相关的国内非法贸易情况是不断变化的，
因此中国的应对措施也是不断调整的。中国已经有了严厉的法律措
施，下一步，应当坚定信心，加强宣传教育，发动社会参与，持续
严格执法，中国的野生动物保护国际合作会取得更大的成效。中国
作为负责任的野生资源大国和环境保护大国，其形象也势必得到国
际社会的进一步认可。

---

① 参见周辰、李步青：《〈野生动物保护法〉修订将首次立法认可动物福
利》，载澎湃新闻：https://news.qq.com/a/20141216/009656.html，最后访问
日期：2017 年 11 月 6 日。
② 参见：《专家谈新版野生动物保护法的修订之路》，载中国网：http://
cn.chinagate.cn/news/2016 - 08/02/content_ 39008384.html，最后访问日期：
2017 年 11 月 6 日。

第三节　环境保护的形式主义及其防治①

一、环境保护形式主义导致环境污染和生态破坏

2015 年 1 月，中国史上最严的《环境保护法》实施；2016 年 1 月，实施大气污染联防联控和重点污染天气应急制度的《大气污染防治法》生效。这两部法律对企业规定了信息公开、淘汰落后生产工艺、排污许可等严格的环境保护法律义务，引进了环境民事公益诉讼制度，设置了按日计罚、行政拘留、限产停产等严厉的法律责任，对监管失职的地方政府有关领导人规定了引咎辞职等严格的法律责任。中共中央、国务院发布《党政领导干部生态环境损害责任追究办法（试行）》，对环境保护工作不力的地方党委、政府及其有关部门进行追责。不仅对单位，还对生态破坏、环境质量退化或者环境污染事件负有监管职责的个人，追究党纪、政纪甚至法律责任。2016 年 1 月，中央启动了中央环境保护督察制度，一大批企业受罚，一大批不作为、慢作为、轻作为和胡作为的地方党政领导干部被追究责任，在全国范围内纠正了很多地方不符合绿色发展的行为。2016 年 10 月，中共中央办公厅、国务院办公厅发布《生态文明建设目标评价考核办法》，对各行政区域的绿色发展每年进行评价，且每五年进行考核。对于考核不合格的，追究责任。

按理说，政策和法律编制了这么严密的法律义务和法律责任网络，企业应不敢再违法违规，地方党委和政府也应不敢再懈怠，环境质量应当得到迅速的提升，但是最近的现实情况却不理想。在2016 年年底至 2017 年年初的冬季取暖季节，为了保护京津冀地区的

---

① 本部分的核心内容见于《如何破解环境保护形式主义》（《中国经济时报》2017 年 5 月 24 日和 25 日）。

大气环境质量，很多地方实施错峰生产方案，一些企业被限产或者停产，损失巨大。在2016年3月上旬和中旬召开的全国"两会"期间，原环境保护部的正副部长们带队，亲自到京津冀大气传输通道的重点城市进行专项督查，大气环境质量暂时得到明显改善。但是"两会"之后，供暖季节结束，雾霾卷土重来，京津冀地区再次遇上黄色甚至橙色预警。2018年京津冀地区秋冬季大气污染防治方案出台后，实行了更加科学的方法，即一市一策，允许地方有适当的管制灵活性，结果雾霾天气一下子就多了。也就是说，严格监管空气质量就好，放松监管空气质量就差。这说明，形式主义是导致部分区域严重雾霾的原因之一。

二、环境保护形式主义的具体表现

生态文明体制改革以来，特别是新《环境保护法》实施和环境保护党政同责体制推行以来，环境监管的作风总体硬朗了很多，环境保护的成效也明显得到体现，但是环境监管的形式主义并没有得到根本解决，有的是由一种形式转为另外一种形式，有的却更加深入。甚至中央环境保护督察组下去，也遇到形式主义的软抵抗。2017年年初，原环境保护部部长陈吉宁也指出，有的地方搞形式主义，有的地方搞一刀切的应付主义。形式主义在实践中呈现以下几类表现情况：

一是文山会海，到基层检查走过场。地方每年都会迎接一些评价、考核、督查、督察，有的在实践中探索或者"学习"，形成了一套应付办法，就是以文对文，以会对会，以下文代替工作的部署落实，以开会代替领导的工作重视，以地方党政领导到企业特别是好企业摆拍一下代替现场的检查督促，以罚款代替责令企业整改。文下完了，会开完了，领导走了，罚单下了，工作就没有下文了。结果，环境质量继续超标，生态环境继续恶化。上级若来追责，地方会说，我下了文，我开了会，我也去了企业，因此我没有责任。结果，肇事企业因为无法向其他企业推卸责任，最基层的监管人员因为无法再向下推卸责任，就成了大家眼中的"替罪羊"。由于地方党政主要领导不重视，即使监管部门采取"五加二""白加黑"的方式工作，也难以保证不出现环境污染违法行为和环境污染事件。

二是治理和管理造假，应付监管与考核的方法众多。首先是企业污染物排放监测数据作假。根据原环境保护部督查组的反馈，2017 年 1 月以来，很多地方的企业环境监测数据造假，有的通过监测软件造假，有的通过检测设备造假，有的采取检测方式作假。由于基层环境保护部门专业性不强，在现场发现不了问题，所以企业数据作假的现象反弹。其次是环境质量监测数据作假。2016 年，为了应对环境质量考核，西安市两个环保分局就卷入大气质量监测数据作假的事件，在原环境保护部和公安部的直接干预下，几名责任人被刑拘。在此事件的警示下，地方环保部门环境质量监测数据作假的情况少多了。若在全国尽快建立统一的生态环境监测网络，此类事件应当会更少。最后是企业治理污染作假。有的企业，监管人员来了就开启环境污染治理设备，等监管人员走了就关闭治理设施；在重污染天气期间，有的企业本应限产却不限产，本应停产却不停产，仍然开足马力生产。这反映地方平衡经济增长和环境保护工作的能力非常有限。

三是目标考核放松，问题追责不严。按照设计的目的，环境保护考核本应当成为督促地方党委和政府加强环境治理和环境管理的重要手段，但是在一些地方，下级是上级提拔的，上级爱面子，不愿意揭下级的短。对于下级行政区域的严重环境问题睁一只眼闭一只眼。下级汇报工作时，多说好，少说差，多说努力，少说目标实现情况。作检查时，成绩说一大堆，涉及问题轻飘飘。例如，2016年，中央环境保护督察组反馈，河南郑州 2015 年的环境质量不达标，年度考核却合格。考核的形式主义是实质上的护犊子，虽然上下级政府和有关部门人人欢喜，但是却损害了老百姓的权益和地方可持续发展的能力。《生态文明建设目标评价考核办法》设计了每年一次的绿色发展评价和五年一次的目标考核，由于地方党政首长的任期一般为2—3年，如果不建立明确的前后任责任分割机制，中央花大力气建立的评价考核机制就会落空。值得指出的是，2016年1月，中央环境保护督察制度开始实施，副部级领导和正部级领导带队代表中央去地方督察；2017年年初，原环境保护部的部长和副部长带队到地方开展专项督查，至今已经处理了数千的党政官员，数千的企业负责人和其他责任人员被行政拘留甚至刑事拘留，但是从统计数据来看，被处理的干部层级仍然偏低，大多是乡镇和区县级部门的工作人员，处级领导被追责的少，地厅级及以上的领导被追责更罕见。即使追责，也是诫勉谈话的多，记过以上的处分少。其实，环境问题的严峻性与市县党政主要领导的政绩观直接有关，对地方党政领导高抬贵手，却对部门与乡镇的干部追责必然导致两个现象，其一，地市级领导未必真正重视环境保护督察工作，有的认为中央环境保护督察不过如此，是纸老虎，这样会导致环境保护的压力从上到下层层衰减；其二，部门和乡镇工作人员是市县党政领导执政思路的具体实践者，被处理心里不服，挫伤了执法队伍的积极性。

四是遇上困难绕着走，不敢于作为，不敢于担当。首先，有的上级生态环境部门把难管的事推给下级生态环境部门，如把一些管坏了的行政审批或者许可下放给下级部门，有的把本应由自己履行的执法监管职责推给下级部门。表面上看，是上级重视下级，而背后的现实考量是现在追责严厉，上级不敢担责，把下级当替罪羊。由于市县级特别是县级生态环境部门能力不足，难以承担一些技术性很强的许可和监管工作，必然导致不作为或者不敢作为的问题。在现实中，基层的老百姓会批评环保部门不办事、不服务，而基层生态环境部门只能忍声吞气。下级环保部门私底下批评上级生态环境部门已成为一个普遍的现象。由于基层生态环境部门既应接受本地的党政领导，也应接受上级的业务指导，因此出现工作两难和两头受气的现象，如何平衡各方面的关系而不是一心严格执法就成了基层环境监管者不得不考量的因素。其次，一些上级政府或者部门的环境保护政策和工作部署不接地气，缺乏可实施性，而下级不敢得罪上级，导致一些工作流于形式，甚至出现一些面子工程。有时领导来了，就应付一下，工作出现一阵风的现象。结果，真正应当引起重视的问题没有解决。最后，干活的人少，围观的人多；实地监管的人少，动嘴督察和监督的人多；上面的人多，下面的人少；上面的专业素质高，下面的专业素质差；上面的设备全，下面的靠眼睛看、鼻子闻和手指头摸，使监管能力呈现倒金字塔的配置结构，好的法律、好的政策、好的决策、好的改革措施和好的科研成果，很难切实落实到下面特别是最基层。此外，还有一些部门四处抢环境监管权，而自己的责任田却在荒废；一些地方在流域和区域环境的协同治理方面，持消极态度。

五是监管由一个极端走向另外一个极端，对环境保护和促进经济增长都不负责任。以前，一些地方生态环境部门不负责任，完全听命于地方保护主义，不执法、慢执法、轻执法。自从 2016 年中央启动环境保护督察活动后，一批不作为、乱作为、轻作为的地方工作人员特别是生态环境部门的执法监管人员被追究责任，有的被诫勉谈话，有的被行政处分，有的甚至被追究刑事责任，在全国范围内震慑了不依法行政的行为。自此，官员为了自保，不被处分或者不进监狱，一些地方政府特别是监管部门开始转变执法思维，由地方保护主义转向"官员保护主义"，如应当批准的许可，不予以审批；对可以轻罚款的企业予以重罚款；对可以整改的企业，不帮助扶持而责令停业甚至关闭；在重污染天气，不论排放是否达标一律关停。这些简单粗暴的做法，不仅伤了地方经济增长的元气，也损害了环境保护工作的可持续性。这也是对党和政府工作极不负责任的表现。总的来说，这种简单粗暴的消极执法监管行为，东部地区要少于中西部地区。

此外，有的部门因为环境保护主责不明显，或者逃避监管责任，对于环境保护工作口头上重视，对于部门配合和协调总是避重就轻，不狠抓落实，成为环境保护工作的冷眼旁观者。很多学者和地方官员反映，尽管有中央和地方的支持，生态环境部门目前仍然是环境保护的单打独斗者。

三、环境保护形式主义的产生原因

除了一些地方经济和社会发展能力不足以外，环境保护形式主义的产生原因还有如下方面：

一是责任与权力不匹配，不仅身心疲惫，还杜绝不了违法。按照环境保护法律法规的有关规定，地方人民政府对本地区的环境质量负责；按照中央的要求，地方党委和政府对本地区的环境工作负责。为了对环境保护工作进行专业管理，国务院和地方政府设立了生态环境部门。按照《环境保护法》的规定，生态环境部门是对生态环境保护进行统一监督管理的部门。在实践中，地方生态环境部门就成了地方党委和政府所依托的环境保护牵头部门和兜底部门。但是这个牵头和兜底，是与生态环境部门本身的定位和职责不相符的。生态环境部门对于一些关键的事项，如产业结构调整、违法企业的关闭等，是没有监管权的。由于一些结构性的环境问题是宏观调控不当造成的，一些环境问题是地方政府不责令关闭企业造成的，一些环境问题是区域城市规划与管理不当造成的，还有一些环境问题是部门之间不协调造成的。对于这些问题，生态环境部门无监管权力，而其他部门旁观，因此难以有大的作为。譬如一些地方反映，由于环保部门介入不了宏观决策，缺乏统一监管的手段，因而被动地成为地方粗放式经济增长的助推者、发展计划目标的远望者、城市基础设施的旁观者、财政预算资金的乞讨者，最终成为社会责骂的首选者。一旦出事，地方生态环境部门和分管环境保护工作的地方领导，就难免成为追责的背锅侠。目前形成了一个怪圈，一旦环境问题被曝光并被上级责成查处，地方党委和政府的第一反应就是处理环保系统的干部，目的有二：其一，打上级环保部门的脸，你查我的地盘，让我难堪，我就处理你系统的干部；其二，向上级党委政府和社会舆论交差，你看我都处理监管部门的人了，态度多积极呀。

二是激励约束机制不健全，严格执法的人难以得到重用。在环境保护的实践中，出实招、严格执法的地方领导干部，虽然对中央的生态文明政策负责，对地方的绿色发展负责，但是往往容易得罪地方，有的甚至被地方戴上不顾大局阻碍经济和社会发展的帽子，在地方难以得到提升。而一些处理事情老到的领导干部，善于与上级打游击战或者太极拳，上面强调时下面抓一抓，上面松时下面放一放，有的甚至为企业和下级政府或者部门通风报信，他们因为善于保护地方环境污染者和生态破坏者的利益，往往容易获得地方的认可和提升。更有甚者，怕自己担责，不管下面有无监管能力和条件，就把职责放权给下面行使，出了事情由下面背锅。久而久之，地方的这种干部激励倾向就带坏了队伍，带坏了作风，破坏了地方可持续发展的能力。有的干部甚至为了地方的利益和面子，亲自去造假。2016 年西安市两个环保分局为了环境监测数据好看，竟然对国控大气环境质量监测站点动手脚，后来被严肃追责。

三是基层信息难以为上面真实掌握，上级的文件或者部署冒进、不接地气或者相互矛盾，基层难以落实。目前，中央和省级部门分工很细，但是工作部署一到基层，上面的千条线就由乡镇的一根针来牵着。上面的文件有的没有考虑基层千差万别的实际情况，不考虑基层财政的承受能力和工作能力，缺乏可实施性；有的脱离发展阶段搞环境保护冒进，对基层没有补偿措施，让基层接受不了。地方既要发展 GDP，解决行政事业单位吃饭的问题，又要保护环境，由于能力不够，工作常常处于两难境地，逐渐形成了应付上面工作部署和绩效考核的经验。有时，各部门下发的文件，由于视角与方法的不同，要求与目标也不同，基层难以适从，只能各自应付。由于监管信息共享机制目前还不顺畅，国家和省级监管部门的人少，不可能延伸到基层的每个角落，对出现的问题很多发现不了，即使发现，也鞭长莫及，除非引起社会的强烈关注。也就是说，基层的真实信息难以为上面全面、及时、准确地掌握。

四是监管能力和监管功底不足，导致不会管和管不了的现象。环境保护上头热、中间温、下头冷，除基层党委和政府因为发展不足不重视环境保护的原因外，专业化能力不足也是一个重要的原因。基本功不扎实，区县和乡镇是短板，跟不上改革的步伐和节奏。有的区县环境保护监管人员不足，有的区县和乡镇专业水平欠缺，不会管的现象突出，即使到了现场，也难以发现问题，环境保护大检查全覆盖的质量不高。即使发现问题，也因为缺乏专业思维，难以及时解决问题。基于此，一旦出现环境问题，有关部门的领导和地方党政领导就会因为党政同责被追究责任。基于此，要实现党政同责，必须实现基层监管人员的专业化。有的市县生态环境部门仍然靠监管对象上缴的排污费来发工资，监管缺乏公平性和公正性。要保证环保部门依法监管，尽职履责，必须尽快全面推进省以下环境保护监测监管垂直管理体制改革，从上面一揽子解决经费保障问题。

五是社会治理结构不均衡，技术服务机构和社会组织的作用没有得到充分发挥。在国家环境治理结构中，技术服务机构和社会组织具有不可替代的结构性作用，不仅可以监督政府，还可以通过提供专业化服务，协助政府发现问题，解决问题。但是在现实中，技术服务机构和社会组织的作用有待进一步发挥。例如，新《环境保护法》实施后，社会组织监督企业的积极性一度很高，但是现在却有些回潮，因为他们发现，监督个体的企业不如监督政府依法行政管用，而现在，有关的立法缺口并没有打开。因为一些社会组织的曝光促使了一些环境问题的解决，却导致社会组织在一些地方开展活动更加困难。在一些地方，一些社会组织的成员在巡查中受到人身威胁。加上一些社会组织发育不成熟，采取对抗式而不是合作式的工作方式，导致社会监督难以发挥预期的作用。

六是制度不健全，出现一些监管空白或者不愿意、不敢监管的现象。对于监管职责，法律法规的规定比较宏观。但在法律法规的具体实施中，会遇到千差万别的具体情景，在条文上难以看到针对性的明确答案。而相当多的地方目前还没有建立全面的环境保护权力清单，地方党政领导之间的领导责任和部门之间的监管责任一锅粥，没有明确区分，就会出现一些监管空白，出现部门协调和互动机制不健全的问题。由于职责不清，环境监管如不出事，你好我好大家好，一旦出事，就会相互推诿。对于监管空白或者监管交叉领域，如有部门政策红利，大家都愿意管，如没有部门政策红利，大家都不愿意管。对于一些问题，如果有的部门主动担当，介入监管，一旦出现问题，就可能被追责，因此很多部门都不愿意主动监管。另外，很多企业有着纷繁复杂的社会关系，严格执法可能得罪人，不利于部门工作的开展和个人的前途，也不利于监管部门大胆监管。基于此，一些地方的党委和政府，工作不实，以下文来替代具体的工作推动和监管，各部门也纷纷效仿，层层发文，一直到居委会、村委会不能向下发文才截止。由于缺乏狠抓落实的机制，中央的生态文明改革部署难以及时落实到基层。

七是地方利益关系错综复杂，一些追责要求没有得到严格实施。首先，对于失职的地方政府官员，《环境保护法》规定了引咎辞职的法律责任。但该法实施2年多，很少听说县（区）长、副县（区）长以上干部引咎辞职的现象。再如，中央环境保护督察组代表中共中央、国务院下去督察，其权威堪比中央巡视组，在严峻的环境形势面前，这么高端的督察组织形态理应打一些环境保护不作为的大老虎，但是从追责的情况来看，处理的大多是牵涉关系层面不高的低阶官员，对于县级特别是地厅级领导干部，因为牵涉的层面更高，被处理的数量不多。即使是追责，往往也是高高举起，轻轻落下。一些地方干部反映，地方环境问题的出现，是与县以上地方党委和政府的态度和部署有关的，如果不打他们的板子，会导致权责不匹配，给人不敢动真格的印象，不利于维护中央环境保护督察制度的严肃性。尽管有了中央环境保护督察制度，原环境保护部在2017年3月至4月开展的大气环境专项督查，还是发现大量企业弄虚作假，如环保部通过对京津冀地区的18个城市的督查发现，2017年3月16日以来，多地都存在"散乱污"企业或企业群违法违规复产情况。甚至在一些地方，连中央环保督察组下去督察时都敢造假，可见地方保护主义根深蒂固。这说明，中央环境保护督察和环境保护专项督查工作下一步要打大老虎。其次，党政同责的制度建设尚需加强，特别是生态环境部门以外的其他部门的问责制度建设不足，一些部门事实上成为中央环境保护督察工作的看客而不是参与者。此外，一些地方每年开展的环境保护考核，多年不敢揭短，导致地方环境保护工作形式主义的蔓延和深入。

四、如何破解环境保护的形式主义

在国家层面，为了破解大气污染防治的形式主义，2018年6月，生态环境部出台了《禁止环保"一刀切"工作意见》。2018年9月，生态环境部出台了《京津冀及周边地区2018—2019年秋冬季大气污染综合治理攻坚行动方案》。后者要求在调整优化产业结构方面，严控"两高"行业产能，巩固"散乱污"企业综合整治成果，深化工业污染治理；各地禁止新增化工园区，加大各类开发区整合提升和集中整治力度，减少工业聚集区污染；加快推进排污许可管理。在加快调整能源结构方面，有效推进清洁取暖，开展锅炉综合整治。在积极调整运输结构方面，要求大幅提升铁路货运量，加快车船结构升级。在优化调整用地结构方面，要求加强扬尘综合治理，推进露天矿山综合整治，严控秸秆露天焚烧。在实施柴油货车污染治理专项行动方面，要求严厉查处机动车超标排放行为，推动高排放车辆深度治理；加强非道路移动源污染防治；强化车用油品监督管理。在实施VOCs综合治理专项行动方面，要求按照分业施策、一行一策、一厂一策、一条生产线一策的原则，推进重点行业VOCs治理；加强源头控制；强化VOCs无组织排放管控；全面推进油品储运销VOCs治理。

特别值得指出的是，在有效应对重污染天气方面，《京津冀及周边地区2018—2019年秋冬季大气污染综合治理攻坚行动方案》出台了纠正以前产生"一刀切"效果的几个重大措施：一是定量化减排。在黄色、橙色、红色预警级别中，二氧化硫、氮氧化物、颗粒物等主要污染物减排比例分别不低于全社会排放总量的10%、20%和30%，VOCs减排比例不低于10%、15%和20%。细化应急减排措施，落实到企业各工艺环节，实施清单化管理。优先调控产能过剩行业并加大调控力度；优先管控高耗能、高排放行业；同行业内企业根据污染物排放绩效水平进行排序并分类管控；优先对城市建成区内的高污染企业、使用高污染燃料的企业等采取停产、限产措施。二是针对性强，一市一策、一厂一策，落实到企业、车间和生产线。文件要求各城市要结合本地产业结构和企业污染排放绩效情况，制订错峰生产实施方案，细化落实到企业具体生产线、工序和设备，并明确具体的安全生产措施。三是实行差别化错峰生产，严禁"一刀切"。各地重点对钢铁、建材、焦化、铸造、有色、化工等高排放行业，实施采暖期错峰生产；根据采暖期月度环境空气质量预测预报结果，可适当缩短或延长错峰生产时间；对行业污染排放绩效水平明显好于同行业其他企业的环保标杆企业，可不予限产，更加具有针对性和可操作性，不对经济发展和社会就业产生大的影响。

在地方层面，一些地方也出台了相应的文件，如2018年9月，河北省也出台了一个针对环境保护督察期间不许"一刀切"的文件，就是为了促进环境保护持续和有效地开展。

　　形式主义害干部，形式主义坏作风，形式主义损环境，形式主义误经济，一句话概括，就是形式主义损害生态文明建设和改革。为了进一步破解环境监管形式主义，建议采取以下几个方面的措施。

　　在环境保护的监管体制方面，应编制权力清单，建立"尽职照单免责、失职照单追责"的制度和机制。一是建议国务院出台各部委办局的环境保护权力清单，特别是明确各部门的监管失职责任，界定政府部门的监管责任与企业的主体责任，不能混淆；中共中央、国务院联合出台指导地方党委和政府环境保护权力清单的编制指南，明确上级党委与下级党委、上级政府与下级政府的关系；各省级、市级和县级党委、政府、人大、政协和司法机关，借鉴甘肃省的经验，按照中央要求分级联合出台环境保护权力清单，特别是界定地方党委书记和其他常委的责任，界定地方行政首长和副职的职责，形成党政同责、一岗双责、失职追责的体制、制度和机制，利于在统一之中形成职责清晰、相互衔接的分工职责体系，为生态环境部门单打独斗的尴尬局面解困。建立权力清单有利于规范各级党委和政府的运作，防止相互推诿和滥权的现象，解决多头执法、无人执法、无人负责的现象，改善地方和部门工作作风，为市场主体营造良好和清晰的监管制度化氛围，减少职权不确定性导致的腐败现象。二是为了防止一些部门变成只拿大棒的执法部门，建议在权力清单的编制之中，给环境保护、工业信息、发展改革等部门增设如何帮助地方和企业发展资源节约型和环境友好型经济的职责。三是建议借鉴《中共中央　国务院关于推进安全生产领域改革发展的意见》的做法，明确规定"尽职照单免责、失职照单追责"，区分过错责任与其他事件，给地方党政领导和监管部门松绑。只有这样，才能促使地方生态环境部门放下思想包袱，敢于监管，敢于作为，不至于成为背锅侠。

　　在环境法治的主体结构方面，要进一步发挥所有国家治理主体的环境保护作用。一是要发挥环境监测、环境治理、环境影响评价、环境政策和法律咨询等技术服务机构的作用。对于企业环境保护和政府环境监管能力落后的地区，应当采取政府和企业购买社会技术服务的模式，减轻企业负担，提升监管能力。二是在一些领域推进企业环境污染的强制性保险，推进保险公司和金融机构加强能力建设，对其服务的企业开展第三方评估和监督作用，弥补政府监管和企业内部环境管理的不足。三是借鉴《中共中央　国务院关于推进安全生产领域改革发展的意见》的规定，设立环境行政公益诉讼制度，进一步发挥社会组织监督地方政府的作用，促进依法履职。四是明确中央环境保护督察组在环境法治中的主体地位，在生态环境部设立常态性的中央环保督察办公室，在针对各地的定期督察空档期发现并解决环境保护问题；加强部门协调，充实国家发改委、工信部等在中央环境保护督察中的角色，连动地解决地方环境保护问题。

在环境保护的法制建设方面，要按照生态文明体制改革要求改造现有的环境法制，特别是衔接党内法规和国家立法的规定，衔接环境立法的规定和现行司法解释的创新性规定，让中央的生态文明体制改革措施在国家立法层面有支撑。一是一些现行立法，很多仅在第 1 条立法目的之中简单写"建设生态文明"，而对于改革的一些具体举措，如排污权有偿使用和排污权交易、环境保护 PPP 机制、生态文明建设目标评价考核、统一的生态环境监测网络、民事和行政公益诉讼制度的改革、中央环境保护督察、环境保护专项督查等，要么没有涉及，要么仅有原则性的涉及，不利于生态文明建设和改革的规范化、制度化和程序化，难以为地方遵守生态文明视野下的环境保护要求提供有效的规则体系。为此，建议全国人大和国务院法制办加强生态文明系统深入的法制化工作。二是建议中央各部委办局发布生态文明体制改革和推进文件之前，中央深改组有关工作组加强审查，促进部门改革的协同性。三是修改《刑法》，把数据造假、闲置污染治理设施、拒绝环境保护检查等环境违法行为入刑，予以严厉打击，营造守法的良性氛围。只有改造了国家立法，协调了部门之间的改革措施，才能为中央环境保护督察和环境保护专项督查等工作的顺利开展奠定国家层面的法制基础。

在环境保护的科学决策方面，要推行科学决策和民主决策，从源头预防环境问题的产生。建议中共中央、国务院联合出台《地方党委和政府科学和民主决策办法》，促进地方各项事业科学和民主决策，促进地方坚持绿色发展、科学赶超、全域统筹、生态引领、城乡一体、特色发展，通过生态惠民、生态富民的措施激发各方积极性，让地方领导一代接着一代干，使经济持续稳定向前发展，使产业结构调整和优化升级有基础、有动力、有能力，让社会和市场主体有投资和发展的稳定感和信心，防止地方领导乱拍板导致的投资浪费和环境污染问题，为地方留下环境监管困难的尾巴。

在环境监管的能力建设方面，要开展领导人才的优化和监管人才的专业化工作。一是建议中共中央和国务院联合制定《党政领导干部公开选拔、交流和培养办法》，加强各级党政领导干部的公开选拔工作，把一大批具有创造力和政策实施能力的优秀干部选拔到更高的领导岗位上来，有利于形成能干事、更能干成事的经济和社会发展氛围，有利于形成良好的国家治理环境。这对中西部地区尤其重要。对于中西部地区，要从东部沿海地区和北京等大城市公开选拔一些懂经济、懂科技、懂环保、懂安全生产、懂法治的中高级干部。二是促进东部地区官员到中西部地区挂职或者交流任职，促进西部地区官员到东部地区挂职，更好地优化中西部地区的领导干部结构，促进东部地区和西部地区的发展思想和领导方法交流，促进环境保护和经济发展的协调统一。三是加强基层生态环境部门特别是西部地区生态环境部门的人才建设和能力建设，用激励政策引进专业化干部，稳住专业化干部，并开展终身的职业教育，解决不能管和不会管的问题。

在国家环境治理的方法方面，要解决监管有效性的问题。一是要修改《行政诉讼法》和有关环境保护法律，授权社会组织针对地方政府和有关部门提起环境行政公益诉讼的制度，既弥补中央环境保护督察的非常态性不足，也遏制地方政府懒政的地方保护主义问题。二是要依靠现代科技和健全的制度发现违规、解决违规，如依靠信息化，可以保证监管信息的准确性，充分发现企业排放违法，弥补现场巡查和监测发现违法的或然性不足。三是中央环境保护督察要抽查地方环境执法的信息系统和案卷，解决不作为和轻作为的问题，维护环境执法的公平性，特别是解决针对国有企业执法普遍偏软的问题，解决针对散、乱、污企业执法的不作为问题。对部门开展督察，解决部门之间配合、协调不够和对地方指导不充分的问题。四是在年度绿色发展指数评价和部门环境保护专项考核的基础上，在两年一次的中央环境保护督察制度的基础上，建立积分制性质的追责制度，即在中央环境保护督察和生态环境部组织的专项督查中，如果在一年内两次发现同一类型的问题，要自动追究地方党政主要领导的责任；对于一年内四次发现问题，建议地方党政领导引咎辞职。五是开展中央环境保护督察和生态环境部的专项督查的阶段性第三方评估，完善制度，更好地发挥其作用。建议中央环境保护督察组下一步要更加敢于碰硬，追究一批地厅级和省部级领导的生态环境保护责任。

在区域环保责任的落实方面，要奖惩分明，让地方切实重视环境保护。一是对于资源环境承载能力出现黄色以上预警的区域，建议根据预警级别分别实施相应期限的区域限批或者项目审批冻结，对开发区域采取严格的土地供应、区域开发信贷等限制措施，采取惩罚性的财政转移支付和通报措施。区域限批或者冻结期间整改，制定最严格的产业负面清单和污染物排放标准、节水标准、环境保护税或者排污收费标准等，制订错峰生产和特定时段的限产、停产方案，减少污染物的排放；造成生态破坏的，应按照主体功能区的定位，限期制订生态修复方案和划定生态红线区的方案。二是对于环境保护年度考核不合格的，实行一票否决，地方党政领导不得提拔或者平级交流到更加重要的岗位上；出现生态环境重大损害的，按照《党政领导干部生态环境损害责任追究办法（试行）》追究责任，且责任要从重。三是对于黄色以上预警区域，省级党委和政府要派出督导队伍进行为期两年的综合督导，增强其发展的内生动力，帮助这些区域走出环境保护与经济发展的困境。预警区域如果在限期内脱离预警，则给予财政奖励。

第四节　环境公益诉讼的理论和实践问题①

　　环境公益诉讼制度发端于 20 世纪 70 年代的美国。基于日益严重的公共环境问题和日益激烈的环境保护社会运动，美国国会在《清洁空气法》和《清洁水法》中设立公民诉讼的条款，为公民通过司法审查监督政府和企业提供了法律依据。公民诉讼制度后来在欧美、澳大利亚等国家和地区广泛设立并实施。我国 2015 年实施的《环境保护法》借鉴了这一司法经验，设立了环境公益诉讼制度。与美欧国家不同的是，我国的公益诉讼仅限于民事公益诉讼，排除社会组织基于社会公共环境利益监督政府依法行政的行政诉讼形式。2015 年 1 月初，为了促进环境公益诉讼的实施，最高人民法院公布出台《最高人民法院关于审理环境民事公益诉讼案件适用法律若干问题的解释》。截至 2016 年 6 月，全国共设立了 558 个环境法庭、环境合议庭和巡回法庭。2015 年就审理了大大小小 50 余件环境公益诉讼案件，2016 年的数量更多一些。总的来说，环境司法的专门化起步很好，对于保障生态文明的建设起了不可替代的作用。

---

　　① 本部分的内容见于《首起"雾霾公益诉讼案"是个样板》（《光明日报》2016 年 7 月 26 日）和《从振华污染案看环境公益诉讼问题》（《经济参考报》2016 年 8 月 9 日）。

2016 年 7 月 20 日，山东德州市中级人民法院对中华环保联合会起诉德州晶华集团振华有限公司大气环境污染公益诉讼一案，作出一审宣判，判决被告赔偿因超标排放污染物造成的损失 2198.36 万元，用于德州市大气环境质量修复，并在省级以上媒体向社会公开赔礼道歉。消息见报后，社会普遍赞赏司法之严厉，而很多环境法学者却从学术上提出了一些理性的质疑。

质疑之一是，环境公益诉讼的本义是什么？对于侵犯环境私益的行为，受害者可以根据《侵权责任法》和环境法律提起私益救济之诉。对于侵犯环境公益的行为，在欧美国家，公民和社会组织可以依法提起公民诉讼，起诉政府或者企业，预防即将发生或者制止正在发生的公益侵犯行为。公民诉讼的本义，在法治国家，不只是社会起诉企业，更主要的是社会起诉政府，让政府依法履行环境保护监管措施。而在中国，目前仅设立了环境民事公益诉讼制度，并没有针对社会组织设立环境行政公益诉讼制度，因此社会组织只能起诉企业而不能起诉政府。本案中，振华公司 2013 年就超标排污，2014 年被原环境保护部点名批评，并被山东省环境保护行政主管部门多次处罚，但其仍持续超标向大气排放污染物，这说明地方政府的监管措施主要是罚款，对污染物违法排放的制止不力，因为缺乏环境行政公益诉讼制度，社会组织并不能起诉德州市政府，督促其及时采取必要的包括责令关闭在内的严格监管手段。这也说明，由于缺乏环境行政公益诉讼的支持，环境民事公益诉讼在环境污染的事前预防和事中制止方面，作用微乎其微。2015 年，中国的环境民事公益诉讼案件过少，远远低于社会预期，除了社会组织的能力不够或者经费有限外，主要的还是社会并不太认可环境民事公益诉讼的作用。基于此，必须尽快建立环境行政公益诉讼制度，使环境公益诉讼具有民事和行政诉讼两翼，如此实施更加平稳，作用更加巨大，也更具有合目的性。

质疑之二是，环境公益诉讼的角色是什么？本案中，环境损害赔偿的数额累积 2000 多万元，而这 2000 多万元是长期累积计算的。环境法学界普遍质疑，在这期间，地方环境保护部门是否尽职履责？如果已尽职履责，违法不会长时间持续发生，赔偿数额也不会如此之大。很多环境法学者提出，生态环境部门不能把自己执法的压力转移到司法机关，不能用天文数字的赔偿来威慑企业，警告企业都守法。环境民事司法耗时长，是通过个案裁判来维护社会公平正义的最后一道防线，而此之前，环境行政机关必须严格执法，开展普遍性的监管和个案化的处罚，如采取按日计罚的行政处罚手段，及时有效地预防和制止环境违法行为，不能放任事情恶化，并把监管的责任和解决问题的难题推卸给司法机关。为此，应还原环境公益诉讼的角色，仅让环境法庭和合议庭处理环境民事纠纷，不能让环境司法承受不能承受之重。

质疑之三是，环境公益诉讼的请求是什么？新《环境保护法》第 58 条规定，提起环境公益诉讼的条件必须是损害社会公共利益。但是在现实中，很难确定实实在在的社会公共利益特别是可以索赔的受损的社会公共利益。河流属于国家所有，土地属于集体所有或者国家所有。土地上的附属物——植物和动物，要么属于国家所有，要么属于集体所有或者土地的承包人所有。水污染的受害者是国家、集体或者土地承包户，他们可以就自己的利益提起损害赔偿诉讼，但此诉讼属于私益救济诉讼而非公益救济诉讼。即使企业污染了河流，但是按照宪法，水流属于国家所有，生态修复或者赔偿请求权的主体也是国家。在此类案件中，很难找到属于社会的受损权利。即使找到了相对独立的社会公共利益，可能也是休闲利益、美感利益等，但是这些利益又难以与赔偿挂钩。环保社会组织即使依法提起环境民事公益诉讼，也难以证明这些社会公共利益的可赔偿性。大气与水、土的属性不一样，它是全球流动的，不属于任何主权国家所有，我国的《物权法》也未规定其所有权。在国际环境法上，大气的法律地位是"人类共同之关切之事项"，它仅供各国共同无害化利用。另外，水污染物的扩散有路径，预期性强，而大气污染物的扩散预期性差，具有区域性，大风一吹，扩散更远，很难发现纯粹受损的公共利益。这也是欧美环境公民诉讼制度只规定停止侵权等行为救济的请求而不规定赔偿请求的原因。在我国，新《环境保护法》并没有规定环境公益诉讼的请求形式，显然是有所担心，而环境公益诉讼司法解释却填补了这一欠缺，规定了赔偿损失的诉讼请求，显然是缺乏必要的研究，不合法理。本案作出赔偿损失的裁决时，悉尼正召开一个环境公益诉讼研讨会，瑞典和澳大利亚环境法庭的与会法官以及精通中国环保法的美国环境法学者，都表示了不理解。因为违背法理设立赔偿损失的诉讼请求，也产生了一些后遗症，那就是赔偿资金由谁管理的问题。目前大多由地方政府管理，而地方政府往往因为监管不力才导致环境污染问题，让他们去管理该项资金，显然不合适。建议修改环境公益诉讼司法解释，收窄诉讼请求的形式，仅限于请求停止侵权等行为救济，让诉讼请求回归设立公益诉讼制度的本意。

质疑之四是，赔偿费用的计算方法和利用范围是什么？关于赔偿标准，本案中，单位治理成本分别按 0.56 万元/吨、0.68 万元/吨、0.33 万元/吨计算。生态环境损害数额为虚拟治理成本的 3—5 倍，鉴定报告取参数 5，虚拟治理成本分别为 713 万元、2002 万元、31 万元，共计 2746 万元。几年前排放的大气污染物，风一吹，早稀释并扩散很远了，有的甚至已经被环境降解了，鉴定机构用虚拟治理成本作为计算标准且以虚拟治理成本的 3—5 倍来计算生态环境损害数额，一些环境法学者认为，难以说是科学的。在赔偿费用的利用方面，既然认可赔偿损失的请求合理，那么赔偿费用的使用范围也要合理。本案中，法院判决被告赔偿因超标排放污染物造成的损失 2198.36 万元人民币，用于德州市大气环境质量修复。由于大气污染物是扩散的，排出后肯定扩散至德州以外，损害其他地方的大气环境质量，而赔偿的费用却仅用于德州市大气环境修复，从费用利用的区域来看，显然不合理。判决中指出的修复现在的"德州市大气环境质量"，显然不是以前受损的大气环境质量，因此，判决不具有对应性。

此外，环境法学界普遍质疑律师费及诉讼支出费用的判决结果。法院认为，原告关于律师费仅订立委托合同，未实际支付，法院不予支持。而一些环境法学者认为，按照《合同法》，应当支付的尽管目前未支付，但也属于必须支付项，也应得到法院判决的支持。我们支持后者的观点。

第十三章　生态文明与督察问责

第一节　中央生态环保督察的现状与法制改进

一、中央环保督察的法制依据

2013 年 7 月 18 日，习近平同志提出安全生产党政同责、一岗双责、齐抓共管的理论。2015 年 8 月，天津港大爆炸后，习近平同志将该理论升华为安全生产"党政同责、一岗双责、失职追责"。2016 年 10 月，安全生产"党政同责、一岗双责、齐抓共管"以及"尽职照单免责、失职照单追责"的规定进入《中共中央　国务院关于推进安全生产领域改革发展的意见》。在安全生产"党政同责、一岗双责、失职追责"思想的启迪下，党的十八届三中全会以来，环境保护党政同责、一岗双责、失职追责的理论和实践开始萌芽和发展。

党的十八届三中全会以来，中共中央、国务院出台了系列政策和改革文件，特别是政府目标责任制考核和生态文明目标评价考核的相关文件，都为我国实施环境保护党政同责，督促地方党委和政府共同重视环保工作，落实地方党委和政府的环境保护责任，奠定了政策和制度基础。

（一）党和国家的政策性文件

实行党政同责的评价考核，是在党的十八大之后开始设计、推行的。党的十八大报告提出，加强环境监管，健全生态环境保护责任追究制度和环境损害赔偿制度。这一阐述为今后五年乃至更长时间的生态环境保护改革奠定了工作基调。党的十八届三中全会决定提出建立生态环境损害责任终身追究制，并对评价考核的差别化、评价方法、考核对象以及责任形式作了基本规定。党的十八届四中全会决定把党内法规纳入中国特色社会主义法治体系，是中国特色社会主义法治理论的一个重大创新。中共中央和国务院联合发布对地方党委和政府开展生态文明建设评价考核尤其是党政同责的联合法规性文件，是在中国法治体系的创新格局内开展工作的。党的十八届五中全会讨论了"十三五"规划的建议，建立目标责任制，合理分解落实，为生态文明建设评价考核尤其是党政同责联合法规性文件出台奠定了技术基础。

在专门规范方面，中共中央和国务院联合发布了一些生态文明建设评价考核的文件，如 2015 年 4 月，中共中央、国务院发布《关于加快推进生态文明建设的意见》，对评价考核体系的建立和责任追究做出了基本的要求；2015 年 9 月，中共中央、国务院出台《生态文明体制改革总体方案》，根据不同区域主体功能定位，实行差异化绩效评价考核。这些文件的出台，为党政同责的实施奠定了坚实的专门政策基础。

（二）党的法规和国家法律法规

在国家法律法规层面，2014 年修订的《环境保护法》中明确规定实行环境保护目标责任制和考核评价制度。《水污染防治法》《大气污染防治法》均有关于地方各级人民政府对本行政区域水和大气环境质量负责的规定。然而，这些规定都明确了各级政府应该对环境质量负责的问题，在党委责任方面没有涉及。这就要求必须按照党的十八届四中全会精神，把环境保护党内追责的党内法规体系作为中国特色社会主义法治体系的五大组成部分之一，予以丰富和发展。在党内法规层面，有关环境保护责任追究的文件一般是以由党中央及其有关部门发布的，具有党内约束力的规定、办法、条例等形式出现。2015 年 7 月，中共中央办公厅、国务院办公厅联合印发了《党政领导干部生态环境损害责任追究办法（试行）》。这是中共中央党内法规和国务院行政法规性文件相结合的综合性"联合法规"，它规定地方各级党委和政府对本地区生态环境和资源保护负总责，党委和政府主要领导成员承担主要责任，其他有关领导成员在职责范围内承担相应责任。由于我国是中国共产党领导的国家，中国共产党具有组织领导的权力，党的文件不仅可以决定对党的干部问责，还可以决定对政府官员问责，因此，该文件被认为是环境保护党政同责的基础性文件。为了让上级党委和政府发现下级党委和政府的环境保护工作问题，督促地方解决自己的问题，2015 年 10 月，国务院办公厅还印发了《环境保护督察方案（试行）》，之后，湖南、贵州、浙江、福建等相当多的省份出台了自己的实施方案。2016 年 10 月，中共中央办公厅、国务院办公厅联合出台了《生态文明建设目标评价考核办法》，建立了绿色发展指标体系和生态文明评价指标体系，每年度开展一次绿色发展指标体系评估，每五年开展一次考核。

总的来说，在中国特色社会主义法治条件下，党政同责是新时代撬动环境保护工作新格局的关键措施，在此基础上的中央环境保护督察制度则是落实环境保护党政同责的配套措施。通过几年的生态文明体制改革，中央环保督察问责既有党和国家的政策依据，也有国家法律依据，还有党内法规的依据。开展中央环保督察问责，不仅是一个政治问题，也是一个法治问题，并且已经于法有据。

二、中央环保督察的历史贡献

2016 年起，中共中央、国务院开始推行中央环境保护督察工作。2016 年年初，首个中央环保督察组进驻河北省，开始试水环境保护督察工作。在整个督察工作中，共有 31 批 2856 件环境举报问题已办结，关停取缔非法企业 200 家，拘留 123 人，行政约谈 65 人，通报批评 60 人，责任追究 366 人。督察组代表的是中共中央、国务院，督察的主线是核实地方是否走生态文明路线。由于反馈的意见尖锐，摆出的问题很实，问责也很严厉，对于全国的地方保护主义有很大的震慑作用，引起各省、市、自治区的高度关注。

2016 年 7 月，第一批中央环境保护督察组进驻河南、黑龙江、江苏、宁夏等 8 省、市、自治区。督察工作结束后，收到了中央环保督察组的反馈意见，截至 2016 年 11 月反馈督察结果时，已有 3000 多人被问责。其中，河南省 2451 件环境举报问题已办结，责令整改企业 2712 家，立案处罚 1384 件，处罚金额 9750 万元，拘留 108 人，约谈 618 人，问责 449 人；黑龙江省责令整改 1034 件，立案处罚 220 件，拘留 28 人，约谈 32 人，问责 13 个党组织、20 个单位和 560 人；内蒙古共办结环境举报问题 1637 件，关停取缔违法企业 362 家，立案处罚 206 件，拘留 57 人，约谈 238 人，问责 280 人，边督边改的效果得到群众肯定。

2016 年 11 月底，第二批中央环境保护督察组进驻北京、上海、湖北、广东、重庆、陕西、甘肃 7 省、市，实施督察问责，2017 年 4 月督察反馈完毕，共立案处罚 6310 件，拘留 265 人，问责 3121 人和 2 个单位。例如，自中央第三环境保护督察组 2016 年 7 月 15 日进驻江苏省开展工作以来，江苏省纪检监察机关针对环保工作领导不力，造成严重损失、产生恶劣影响的，针对环保工作不负责、不担当，监督乏力，该发现的问题没有发现，产生严重损害的，针对发现问题不报告不处置、不整改不落实等情况，开展严肃问责，如针对南京、常州、镇江三市 4 个水质不达标断面被区域限批的问题，省纪委立即责成相关地市调查核实，严肃追究责任，22 名领导干部被给予党政纪处分。2017 年 5 月，中央对第二批督察的个别地方开展了最严厉的追责，省委省政府被要求向中央作出深刻检查，几名省部级干部被追责，几个厅长被撤职，一些地市的市委书记与市长、县委书记与县长等被处理，体现了中央环保督察的严厉性和严肃性。

2017 年 5 月，第三批中央环境保护督察组进驻天津、山西、辽宁、安徽、福建、湖南、贵州 7 个省、市，开始进行督察问责。截至反馈前夕，已经有 4000 多人被追责，其中包括厅级干部。针对发现的严峻问题，不排除中央会对地方厅级以上干部开展追责。

2017 年 7 月，第四批中央环境保护督察组督察全国剩余的省份。在此基础上准备开展督察回头看的工作。值得注意的是，青海省是第四批接受中央环境保护督察的省份。在中央环境保护督察组进驻之前，该省已经实施了省内督察，并且开展了督察回头看的工作。督查回头看的工作，将对国家层面的制度建设产生一定的借鉴意义。

2018 年 6 月，中央环境保护督察回头看启动。第一轮督察问责了 1.8 万多人，解决了 8 万多件人民群众身边的生态环境问题。第一批督察回头看反馈时已追责 6219 人，推动解决了 3 万多件生态环境问题，生态环境质量总体上进一步好转。

中央生态环境保护督察和以前的中央环保督察属于环境保护的政治巡视和法治巡视，规格高，敢于碰硬，对一些地方党委和政府甚至作出了形式主义、官僚主义、假装整改、敷衍整改、拖延整改、甩手掌柜等定性，倒逼地方各级党委和政府重视环境保护、层层传导环保压力，调整产业结构，淘汰落后的工艺和设备，解决"散乱污"问题，对于促进绿色发展起了重要的作用。一些久而未决的问题得到及时解决；对于近期不能解决的问题，建立了整改的长效方案，如河南省全力实施大气污染防治攻坚战，大气环境质量出现好转势头；江苏省环境保护工作成效显著；黑龙江省 2015 年地表水河流水质一至三类比例比 2010 年提高 17.8 个百分点，"十二五"期间松花江流域干流水质由轻度污染转为良好，2016 年上半年全省排名 PM2.5 和 PM10 浓度均值同比均下降 20% 以上，"十二五"期间全省森林覆盖率提高 1.5 个百分点；云南省的生物多样性保护工作走在全国前列，近 40 个珍稀濒危物种得到及时拯救，约 90% 的典型生态系统得到有效保护。督察期间，截至 2017 年 5 月 17 日 20 时，督察组向山西省交办群众反映问题 19 批，共计 1982 件。短短 20 天时间，前 14 批共 1322 件已办结 1293 件，办结率达 97.81%。可见，中央环境保护督察实现了党依党规领导环境保护事业、政府依法开展环境保护公共服务、人民依法监督环境保护工作的有机统一，是立足于中国的实际，用中国的思维和方法解决中国自己问题的中国特色社会主义法治形式，更加坚定了党和政府以及全社会持续、深入开展生态文明建设和改革的决心与信心。

在环境整治中，环境友好型企业占有了更大的市场份额，促进了经济的高质量发展，如 2017 年 GDP 实际增长 6.9%，工业增速回升，企业利润增长 21%。可以说，有了环境保护党政同责和以之为基础的中央生态环境保护督察等特色法治制度，解决了以前环保法律实施过软的问题，促使环境保护真正进入"五位一体"的大格局。目前，我国生态环保从认识到实践发生历史性、转折性、全局性变化。

三、中央生态环境保护督察的转型和变化①

中央生态环境保护督察制度的实施取得如此大的成效，主要的原因是坚持了四个不变，即坚持党中央对生态环境保护督察的坚强领导不变，坚持改善生态环境质量和为绿色发展保驾护航的目的不变，坚持治标与治本结合推进经济社会发展和生态环境保护相协调的方式不变，坚持环境保护党政同责、一岗双责、失职追责、终身追责的原则不变。在生态文明新时代，面对新的生态文明建设目标和新的任务，中央生态环境保护督察制度的实施呈现了一些新特点。具体来讲，在以下几方面正出现一些转型和变化。

---

① 本部分的核心内容以"中央生态环境保护督察步入新阶段"为题，被《中国环境报》于 2019 年 4 月 15 日发表。

从督察功能来看，中央生态环境保护督察从注重生态环境保护向促进经济社会发展与环境保护相协调转型，推进了国家和各地的高质量发展。2016 年开始的中央环境保护督察，因为涉及历史积累环境问题的解决，涉及的主体众多，涉及的利益纷繁复杂，面对的社会质疑声音不小，遇到的各方面阻力也不小。但是督察组顶住了压力，经过三年多的工作，生态环境质量得到明显的改善，经济质量也得到一定的提升，例如，在对"散乱污"企业的环境整治中，环境友好型企业占有了更大的市场份额，经济效益不断提高。2017 年我国 GDP 实际增长 6.9%，企业利润增长 21%；2018 年我国 GDP 实际增长 6.6%，全国税收收入比上年增长 9.5%。可以说，中央生态环境保护督察解决了以前环保法律实施过软的问题，促使生态环境保护真正进入"五位一体"的大格局。此外，中央生态环境保护督察组从 2018 年起就反对"一刀切"，禁止采取简单粗暴的措施。生态环境部与一些地方党委和政府针对督察整改出台了禁止环境保护"一刀切"的工作意见，要求各地把握生态环境保护的工作节奏，严禁"一律关停""先停再说"等敷衍整改的应对做法。这些措施，有利于经济社会和生态环境保护的长远协调共进。

从督察事项来看，中央生态环境保护督察从侧重环境污染防治向生态保护和环境污染防治并重转型。2016 年至 2017 年，尽管中央环境保护督察组通报了包括填海、破坏湿地、侵占自然保护区搞建设、在自然保护区开矿、生态修复措施缺乏、破坏林地、河道采砂在内的生态破坏案件，关注了生态保护，但从总体来看，通报的事项中，环境污染防治事项偏多，如水环境质量和空气质量、污水处理设施配套管网建设、工业园区环境污染、区域性行业性环境污染、规模化畜禽养殖场污染、城镇垃圾处理、饮用水水源地保护等问题，主要的原因可能是环境保护部的主要职责偏重于污染防治。2018 年 3 月，国家开展机构改革，生态环境部成立。2018 年 8 月，中央环境保护督察更名为中央生态环境保护督察。研究发现，在此后一些地方的中央生态环境保护督察反馈意见中，生态保护内容所占的比重增多，例如，2018年10月16日，中央生态环境保护督察组对江西省委、省政府的反馈意见除了继续关注2016年中央环境保护督察提出的"稀土开采生态恢复治理滞后"问题以外，还专门设置一段"流域生态破坏问题突出"评价当地的生态破坏问题。

从督察模式来看，中央生态环境保护督察从全面的督察向全面督察与重点督察相结合转型。2016—2017年开展的第一轮中央环境保护督察，前无古人，目的之一是通过社会举报、现场检查、空中遥感、地面监测等方式，发现、暴露历史积累和现实存在的环境污染和生态破坏问题，发现产业结构和工业布局问题，所以督察组反馈的内容是全方位、多层次的。到了中央生态环境保护督察回头看阶段，因为有第一轮督察所获得的全面的资料，督察的针对性就强一些，针对已发现问题的点穴式和紧盯式督察色彩就浓厚一些，例如，2018年中央生态环境保护督察组在江西开展督察"回头看"时，就围绕该省制订的督察整改实施方案开展针对性督察，如江西省提出到2017年年底基本完成48个县的污水处理设施及配套管网建设，但督察组随机抽查景德镇浮梁县、上饶婺源县、鹰潭余江县等地的污水处理厂，发现进水化学需氧量浓度均低于排放标准；鹰潭市新城区污水管网建设滞后，信江新区污水处理厂"清水进、清水出"，月湖新城污水处理厂大量生活污水直排；萍乡市生活污水处理能力严重不足，大量溢流污水直排河道。紧盯关键问题，能够促进地方补齐基础设施建设的短板和产业结构的调整。2019年启动的第二轮中央生态环境保护督察工作，还会围绕中央和各省市制定的污染防治攻坚战行动计划和方案，采取针对性的督察；还会针对重点国有企业开展生态环境保护督察，让国有企业在社会主义制度下整体发挥生态环境保护的领跑者作用，以点带面，提升所有企业在新时代的守法水平。

从督察方式来看，中央生态环境保护督察从监督式追责向监督式追责和辅导性辅助并举转型。中央环境保护督察自启动以来，发现了一大批生态环境问题，并追责了一大批领导干部，这对于地方提高生态环境保护的意识和责任感很有必要。但是一些地方在督察后指出，一些生态环境问题的产生原因是地方人才缺乏，能力建设滞后，科技和管理能力不足，地方发现不了问题，即使发现也难以解决问题。他们希望中央能够帮助地方充分发现本地的问题、分析问题的产生原因，并提出解决问题的具体对策。只有这样，各地今后才能不犯同样的错误，各地干部才能不被稀里糊涂地追责。针对这个现象，从 2017 年 10 月起，环境保护部把中央环境保护督察和大气污染防治专项督查相结合，研究大气环境质量改善途径和重污染天气应对措施，派出队伍下沉到京津冀大气污染传输通道的"2 + 26"城市，帮助制定大气污染控制的"一市一策"，例如，2018 年11 月 26 日，陕西省韩城市召开大气污染防治"一市一策"跟踪研究项目启动暨冬季污染防治攻坚工作推进会，对全市大气污染防治"一市一策"驻点跟踪研究进行安排部署，国家大气污染防治攻关联合中心的专家们参加了会议。从目前来看，辅导性措施的采取得到了地方的欢迎，地方官员和企业阶层对中央生态环境保护督察的抵制心态有明显弱化。

从督察重点来看，中央生态环境保护督察从着重纠正环保违法向纠正违法和提升守法能力相结合转型，既治标，也治本。地方出现的一些生态环境问题，表面看是企业的违法问题，但从深层次看是地方政府的生态环境保护基础设施建设滞后问题。2016 年开始实施的中央环境保护督察既指出各地的环境违法违规、环境执法松软、环境质量不达标等环保违法违规现象，也按照"水十条"的部署，对各地污水处理设施建设的情况开展通报。例如，对广西壮族自治区的督察反馈意见就指出，全区环保基础设施建设滞后，36 个自治区级以上的工业园区中 24 个尚未动工建设污水集中处理设施。区域污水处理设施建设属于提升守法能力的治本事项，可见，反馈意见不仅关注治标，还考虑治本。在第一轮督察后，各地的污水处理设施建设进展普遍得到提升。到了中央生态环境保护督察回头看阶段，督察意见指出的空间开发格局优化、产业结构调整、淘汰落后产能、产业区域布局、垃圾收运和处理、淘汰"散乱污"企业等治本事项，比重有所增加，体现了治标与治本并重，如 2018 年 10 月中央生态环境保护督察组对江苏的反馈意见，除了关注污水处理设施的建设之外，还专门拿出一部分指出"产业结构和布局调整不够到位"，从根本上提升解决工业环境问题的能力。各地制订的整改方案既包括整治违法违规的治标措施，也包括如何长效地保护生态环节的治本措施。

从追责对象来看，中央生态环境保护督察从主要追责基层官员向问责包括地方党政主官在内的各方面、各层级官员转型。地方出现的一些生态环境问题表面看是基层的执法问题，实质上是地方党委和政府的重视程度问题，问责主官要比问责一线执法人员影响力更大。2016 年 1 月在河北试水的中央环境保护督察，问责的对象主要是处级以下的官员，难以克服虚假整改、敷衍整改和拖延整改的现象，环境保护压力传导层层衰减。随着中央对河北省委原书记、甘肃省委原书记、山西省委原书记等省级党委原负责人的处理，被问责的干部级别整体有很大的提高，如在第一轮督察中，山西省问责 1071 人，其中厅级干部 22 人；湖南省追责 1950 人次，其中厅级干部 28 名。在部门层面，一些地方的正厅级干部被处理，如湖北省质监局原党组书记、局长受到党内严重警告处分，原省农业厅党组书记、厅长受到党内警告处分，原省经信委党组书记、主任受到党内警告处分；甘肃省林业厅原党组书记、厅长与甘肃省国土资源厅厅长蒲志强等主管受到行政撤职等处分。在地方层面，在第一轮中央环保督察组移交问题追责中，江苏省问责了 3 个县委书记和 3 个县长；湖北省也问责了近 10 名区县委书记和区县长。实践证明，问责地方党政主官和部门主官，对于倒逼地方各级党委和政府层层传导环保压力，调整产业结构，淘汰落后的工艺和设备，解决"散乱污"问题，促进绿色发展，作用巨大，另外，基层官员对问责的怨言明显减少。

从督察规范化来看，中央生态环境保护督察从专门的生态环境保护工作督察向全面的生态环境保护法治督察转变。首先，与督察工作相关的法制建设得到加强。中央环境保护督察起步时主要的依据是《环境保护督察方案（试行）》和《党政领导干部生态环境损害责任追究办法（试行）》。之后，中央结合实际中遇到的问题，制定了《中国共产党问责条例》《中国共产党纪律处分条例》，修改了《中国共产党巡视工作条例》，发现和处理生态环境问题违纪违规的党内法规依据更加配套。为了促进中央生态环境保护督察工作人员廉洁奉公，生态环境部党组还制定了《中央环境保护督察纪律规定（试行）》等专门文件。其次，在督察中，为了实施精准问责，防止追责扩大化，相当多的地方党委和政府联合出台了生态环境保护"党政同责""一岗双责"的权力清单文件。根据内蒙古、黑龙江、江苏、江西、河南、广西、云南、宁夏8省区2017年11月16日同步公开的第一批中央环保督察问责情况，地方党委追责46人，地方政府追责299人；在有关部门追责中，环保193人，水利81人，国土75人，林业63人，工信59人，住建51人，城管38人，发改31人，农业9人，公安9人，交通6人，安监4人，国资委3人，旅游2人，市场监管等部门42人。可见，以前由政府主要承担生态环境保护责任的局面以及政府部门中主要由生态环境保护部门承担生态环境保护责任的局面，已经得到一些改变。

从督察体制来看，中央生态环境保护督察正在得到其他机构巡视和督察工作的协同支持，督察的权威性得到进一步增强。2018年6月，中央纪委通报了几起地方政府和国有企业环境保护违纪违规问题追责情况；2018年全国人大进行了《大气污染防治法》实施的执法检查，该工作被称为环境保护法律巡视；2018年6月，自然资源部作出了几起侵占农地、破坏林地、填海造地、侵占湿地等案件的自然资源督察通报。2018 年 8 月，自然资源部还设立了国家自然资源督察办公室。这些制度化的巡视和督察工作对于配合中央生态环境保护督察制度的实施，起了重要的协调、促进和保障作用。

中国的生态环境保护正发生根本性和转折性的变化，与此相适应，中央生态环境保护督察正从以督促地方端正生态环保态度和打击生态环境违法为主要任务的阶段，步入以强调增强生态环保基础、提升绿色发展能力为主要任务的阶段，其制度建设越来越健全，其实施越来越得到深化，其重要领域越来越得到各方面认可。在这一阶段，中央生态环境保护督察制度作为社会主义生态环境法治制度的重要内容，其有效实施将有利于 2020 年污染防治攻坚战目标的实现，并为 2035 年基本实现美丽中国的目标奠定坚实的基础。

四、中央生态环境保护督察法治依据的不足及其完善建议

（一）不足

在督察的法治依据方面，中央生态环境保护督察依据的是中共中央办公厅、国务院办公厅联合下发的《环境保护督察方案》，因为涉及中国共产党的党务，环保法律法规不宜对中央生态环境保护督察作出细致、系统的规定。一旦中央生态环境保护督察认定党政机关及其有关领导干部有责任，按照中共中央、国务院联合印发的《党政领导干部生态环境损害责任追究办法（试行）》追究责任人员的党纪、政务和法律责任。对于行政监管人员法律责任的认定，《环境保护法》等国家环保法律法规有明确的规定。地方党委在地方环境保护事务中属于决策者和监督者的角色，地方政府属于在党委领导下推进环境保护工作的执行机构，因此，对于党务人员是否违规和如何追责，需要作出规定。目前的规定见于《党政领导干部生态环境损害责任追究办法（试行）》。该办法既属于党内法规，也属于

行政法规性文件，不属于国家法律。国家法律基于自身的角色限制，不可能对认定党员是否尽职履责作出明确规定，更不可能对党务干部如何追责作出细致的规定，所以迫切需要加强党内法规和国家立法的衔接，通过两者的衔接来实现责任追究的互助法治效果。

在整改的法治依据方面，地方反映如下问题：一是督察整改的一些事项，如企业内部并不造成环境污染的物质堆放混乱现象，法律并没有界定为违法行为，没有规定处罚措施，但是在实践中往往被纳入督察追责的范围。二是整改缺乏统一的标准，容易产生分歧，如矿山企业恢复原状的整改，是拆毁建筑物还是要进一步修复生态，没有明确的规定；环境整治要恢复到什么程度才算合格，也没有明确的规定。因为缺乏标准，有的地方领导害怕被追责，一声令下就把一批企业停产甚至关闭了，社会影响较大。因此，为了提高督察的规范性，需要立法明确哪些属于督察事项，哪些仅属于意见事项。

在问责的法治依据方面，既要法定，也要精准。在调研中发现，一些基层官员在被问责后叫屈，主要的原因是其职责与权力不匹配，而且部门接的监管任务越多，暴露的问题越多，就越容易被问责。需要建立问责法定原则，为想干事、真干事的环保铁军减轻思想压力。

（二）建议

为了弥补督察法治依据的不足，建议修改《环境保护法》，在总则部分原则性规定："国家实施中央生态环境保护督察制度，对有关部门和各省、自治区、直辖市开展生态环境保护督察。"在法律责任部分，作出与党内法规相衔接的指引性规定："党员领导干部违反职责规定应追责的，按照《党政领导干部生态环境损害责任追究办法（试行）》的规定执行。"只有这样，才能实现党的十八届四中全会提出的党内法规与国家立法相衔接的社会主义法治要求，使中央生态环境保护督察既具有党内法规的依据，也具有各层级国家立法的依据，促进中央生态环境保护督察在法治的轨道上长远地发展。

为了弥补整改法治依据的不足，建议明确规定督察整改的事由须是法律规定的强制性义务；出台整改的评判标准或者细则，对照验收；对于艰巨或者复杂的整改，可以规定分阶段予以验收。由于一些基层能力较弱，对整改的理解容易出现偏差，建议主管整改事项的部委加强对地方的整改指导，防止走弯路或者重新整改。另外，整改事项的提出，须经督察组集体审议通过。

为了弥补问责法治依据的不足，建议由中央统一部署，针对中央各部委和地方各级党委、人大、政府、司法机关及其隶属机构，建立权力清单，实行尽职照单免责、失职照单追责的问责法定制度，给监管人员依法监管创造法制氛围。

五、中央生态环境保护督察参与主体的局限及其克服建议

（一）局限

从参与主体来看，目前参与中央生态环境保护督察工作的机构包括中共中央办公厅、国务院办公厅、生态环境部和其他相关部委等。根据督察的组成、程序和追责情况来看，全国人大、中纪委（国家监察委）的角色作用需要加强。

在人大的督察参与方面，中共中央办公厅于 2018 年 10 月印发了《关于统筹规范督查检查考核工作的通知》，要求强化各级党委统筹协调，严格控制督查检查总量，切实减轻基层负担。目前全国人大在推行环境保护法律巡视，而中央生态环境保护督察属于中国特色社会主义法治巡视，两者的关系需要协调。

在中纪委（国家监察委）参与方面，以下监督作用需要发挥：一是规范中央生态环境保护督察组的督察行为，防止出现违纪违规现象。2018 年云南省环境保护督察组在丽江出现高标准接待现象，

被云南省纪委通报，就是典型的事例。二是发现和查处地方党委和政府不重视生态环保的政治问题，发现和查处党政领导干部环境保护违纪违法的行为。三是发现环境保护领域官商勾结、国有企业内部腐败等问题的线索，开展针对性的打击。

（二）建议

对于全国人大的环境保护法律巡视，可以选择如下协调方式：一是予以保留，独立地开展工作，但是要与中央生态环境保护督察相协调；全国人大要派员参与中央生态环境保护督察。二是整合进中央生态环境保护督察工作体系，与对地方党委和政府的督察一体化进行。2018 年 6 月《中共中央　国务院发布关于全面加强生态环境保护　坚决打好污染防治攻坚战的意见》规定，"制定对省（自治区、直辖市）党委、人大、政府以及中央和国家机关有关部门污染防治攻坚战成效考核办法，对生态环境保护立法执法情况、年度工作目标任务完成情况、生态环境质量状况、资金投入使用情况、公众满意程度等相关方面开展考核"，建议加强全国人大对地方各省级行政区域生态环保执法检查方面的考核和监督。

在中纪委（国家监察委）的督察参与方面，建议中纪委（国家监察委）参与中央生态环境保护督察，明确其作用，细化其参与程序和案件移送程序，发挥其对地方违纪违法的震慑作用。

六、中央生态环境保护督察对象的欠缺及其弥补建议

（一）欠缺

从督察的对象来看，目前包括地方各级党委、政府和企业。地方普遍反映，为了促进中央部委之间有关生态环保的政策更加协调，中央部委的政策制定更符合地方的实际，中央部委更支持地方环境保护监管能力和污染防治能力建设工作，需要启动中央部委的环境

保护监督。为了落实环境保护领跑者制度，地方也呼吁对国有企业率先实行专项督察。

（二）建议

建议按照《环境保护督察方案（试行）》和《中共中央　国务院关于全面加强生态环境保护　坚决打好污染防治攻坚战的意见》的督察规定，在中央生态环境保护督察回头看结束后，尽快督察国家发展改革、生态环境、自然资源、国有资产管理、工业信息、住建、水利等与生态环保有关的部门，发现其对地方和行业开展指导、协调、服务和监督的不足，然后责令采取制度建设、能力建设等限期整改措施。只有这样，才能使各部门的工作部署实事求是，指导既周到又贴心，使得生态文明体制改革和建设措施落到实处。另外，可以专门针对国有企业开展中央生态环境保护督察的专项回头看工作。

七、中央生态环境保护督察领域的交叉问题及其理顺建议

（一）问题

从督察的领域来看，2016 年以来，中央环境保护督察组和目前的中央生态环境保护督察组通报了一些填海、破坏湿地、侵占自然保护区、在自然保护区开矿、破坏林地等案件。中央生态环境保护督察的主体是中共中央和国务院，办公室设在生态环境部，生态环境部负责日常的工作。而按照现行法律和国务院的授权，自然资源部接替原国土资源部、原国家海洋局代表国务院开展国家国土资源督察、国家海洋督察，自然资源部下属的国家林草局接替原国家林业局开展林业督察，形成了综合性的国家自然资源督察制度。中编办 2018 年 8 月印发自然资源部"三定"方案，巩固了上述督察体制，设立了国家自然资源督察办公室。2018 年 6 月，自然资源部作出了几起侵占农地、破坏林地、填海造地、侵占湿地等案件的督察

通报。其中，破坏林地、填海造地、侵占湿地也是中央生态环境保护督察的范围。因此有必要理顺两项督察的关系，克服多头督察的现象。

（二）建议

首先，建议理顺中央生态环境保护督察与国家自然资源督察的关系。这种关系的理顺可以采取两种模式：第一种模式是设立专门的中央自然资源督察制度，与中央生态环境保护督察并列，代表中共中央、国务院对各省行政区域开展陆地与海洋自然资源、生态修复与保护、生态空间管控等方面的政治和专业巡视；中央自然资源督察办公室设在自然资源部，不再保留国家自然资源督察办公室。第二种模式是将国家自然资源督察纳入中央生态环境保护督察体系，由中央生态环境保护督察组代表中共中央、国务院统一开展生态环境和自然资源方面的综合督察，中央生态环境保护督察组办公室的设立维持现状，仍然设立在生态环境部。由于中央生态环境保护督察的名称涵盖环境污染的防治和自然资源、自然生态的保护，因此，可以维持该名称不变。在第二种模式下，可选如下任一方式落实具体的自然资源督察工作：其一，保留自然资源部下设的国家自然资源督察办公室和几个地区的督察局，在中央生态环境保护督察办公室的统一部署下推进本部门负责的自然资源督察工作；其二，自然资源部参与中央生态环境保护督察，但不再代表国务院专门行使国家自然资源督察权。

其次，建议开展法律依据的明晰工作。如采取第一种模式，修改《环境保护法》《土地管理法》《矿产资源法》《森林法》《草原法》等自然资源法时，建议督察的法律依据规定为"国家实施中央自然资源督察制度，开展陆地与海洋自然资源、生态修复与保护、生态空间管控等方面的综合督察"，将国家自然资源督察上升为中央自然资源督察。如采取第二种模式，修改《环境保护法》等法律时，建议督察的法律依据规定为"国家实施中央生态环境保护督察制度，开展自然资源、生态保护和环境污染防治方面的综合督察"。具体的实施办法由中共中央办公厅、国务院办公厅联合制定。

八、中央生态环境保护督察事项的重点及其转变建议

（一）问题

中央生态环境保护督察的目的不是追责，而是标本兼督，促进经济发展与生态环保相协调。督察的重点目前主要倾向于生态环保认识是否到位、环境质量是否达标、生态破坏是否恢复、矿山开采是否破坏环境、是否侵占自然保护区、产业淘汰是否执行到位、污染事件是否有效处理、追责是否彻底、环保基础设施是否按期完成、机构是否健全、执法是否积极、联防联控是否顺畅、整改是否到位等问题。中央生态环境保护督察回头看重点盯住督察整改不力，甚至"表面整改""假装整改""敷衍整改"等生态环保领域形式主义、官僚主义问题。总的来看，既有督标之举，也有督本之措，但是督本的色彩需要加强。

（二）建议

建议对照《生态文明体制改革总体方案》和其他生态文明建设和体制改革文件的要求，将以下治本措施纳入督察事项：地方是否开展"多规合一"工作，区域空间开发利用结构是否优化，农业农村环境综合整治基础设施是否按期建设和运行，产业结构是否体现错位发展、特色发展和优势发展的要求，环境保护监管机构和人员配备是否健全，环境保护基础能力建设是否到位，企业环境管理是否专业化，体制、制度和机制是否改革到位，规划和建设项目的环评是否衔接，区域产业负面清单制度是否建立，生态环境监测数据是否一贯真实，生态文明建设目标评价考核是否严格等。发现问题

后，建议中央有关部门加强对地方整改的工作辅导和财政支持，针对共性问题改进政策。

九、中央生态环境保护督察问责的层级及其提升建议

（一）问题

在问责对象方面，在中央层面，截至目前，追责中央部委及其干部的情况基本没有发生，要求中央部门结合问题改进政策也没有机制性的要求。在地方层面，被处理的干部层级已有明显提高，最高涉及省级干部。例如，在第一轮督察中，山西省问责 1071 人，其中厅级干部 22 人；湖南省追责 1950 人次，其中厅级干部 28 名，得到社会肯定。但是，问责的领导干部中，部门副职和地方副职者居多，部门正职者有一些，但县级党政主官被追责的比例偏小，市级党政主官被追责的更少。例如，在第一轮中央环保督察组移交问题追责中，江苏省有 3 个县委书记和 3 个县长被问责，但没有问责市长和市委书记；湖北省问责 221 人，涉及一些县长、县委书记和厅长，但也没有问责市长和市委书记。而地方是否真正重视环境保护，市县级特别是市级党政主官是关键，对其追责不严，必然导致环境保护的压力传导层层衰减，出现虚假整改、敷衍整改和拖延整改的现象。目前在基层，把市县级党政主官作为督察问责重点的呼声很高。

（二）建议

在中央层面，如生态环境问题与中央部门的工作失误、失职有关，建议由中央生态环境保护督察组提出整改建议，并依据《中共中央 国务院关于全面加强生态环境保护 坚决打好污染防治攻坚战的意见》的规定，制定追责机制，追究相关人员的责任。在地方层面，对于不重视环境保护或者虚假整改、敷衍整改和拖延整改普遍的市县，建议问责党政主官，倒逼地方重视生态环境保护；如果

是地方立法失职造成的问题，则可比照祁连山生态破坏追责的做法，追究立法草案起草和立法草案审定人员的责任。

第二节 甘肃祁连山生态环境事件的责任追责①

一、中央为什么要对祁连山生态环境事件严肃追责？

生态文明立足于中国的现实环境问题，着眼于中国的可持续发展问题，在党的十八大进了党章，进入了"五位一体"的发展格局。党的十八届三中全会后，生态文明进入了众多的环境保护法律法规，这说明生态文明是全党的意志和国家的意志，各方必须予以重视。

生态文明不是空洞的口号，它的落脚点是生态良好，因此各地应当发展绿色经济，而不是牺牲资源与环境来发展黑色经济。甘肃是国家确定的西北地区乃至全国的重要生态安全屏障，是黄河流域的重要产经地。生态兴则文明兴，生态衰则文明衰，祁连山的自然保护对于稳定西北部的生态，对于黄河流域经济社会的可持续发展和黄河文明的持续兴盛，具有重大意义。从全局的利益来说，在自然保护区内开矿、建水电站，收益小，损失大，是得不偿失的表现。地方保护好该地区的生态，就是对全国最好的贡献。中央对祁连山的保护一直很重视，各地要站在全局的角度审视本地的生态文明建设工作，不能有丝毫的懈怠。祁连山自然保护区事件由来已久，不是一天两天形成的，说明当地党委和政府在环境保护方面杀鸡取卵式的靠山吃山的本位主义思想浓厚，缺乏全局精神，不敢碰硬，执法不严，在生态保护工作方面缺乏钉钉子的持续工作精神。

在环保执法监管方面，各地以前普遍存在一种侥幸心理，认为

---

① 本部分的核心内容以《祁连山生态环境问题通报带来哪些思考》为题，被《中国环境报》于 2017 年 7 月 24 日发表。

国家那么大，中央发现不了地方所有的环境违法违规行为。他们没有想到中央环境保护督察工作采取了天上遥感、地上巡视和电话接受举报的方式，发挥了社会普遍的参与和监督作用。公众的踊跃检举和监督，使得环境污染和生态破坏现象被广泛曝光。此次中央严厉通报甘肃，不是说这个问题是甘肃独有，根据中央生态环保督察组的反馈来看，其他一些省份也有不同程度的侵占和破坏自然保护区的问题。其他各省份不能因为中央只通报甘肃，就对本地的生态环境问题掉以轻心。

二、祁连山生态环境事件反映了什么问题？

祁连山自然保护区事件，既是一个发展观的问题，也是一个具体的实践问题。中央为了促进全国和地方生态文明的发展，先后出台了《生态文明体制改革总体方案》《党政领导干部生态环境损害责任追究办法（试行）》《生态文明建设目标评价考核办法》，划定了生态红线，制定了领导干部自然资源资产离任审计的制度，对地方的环境保护工作，从事前、事中到事后进行了全面系统的规范，一些规定还进入了国家法律，地方应当理解中央的意图，扎扎实实地推进生态文明建设。地方生态文明的建设能力有大小，但至少认识要到位，态度要端正。对甘肃来说，该地区的一些地市和有关自然保护机构因为生态环境保护问题被有关部门约谈过，被中央环保督察组督察过，虽然有一些整改行动，但是没有引起足够重视，如整治方案瞒报、漏报 31 个探采矿项目，不作为、乱作为，监管层层失守，不担当、不碰硬，整改落实不力，整改成效不大，落实党中央决策部署不坚决不彻底，不符合生态文明的要求，为此总书记多次进行过批示。

祁连山自然保护区事件，既是一个执法和守法的问题，也是立法的问题。《甘肃祁连山国家级自然保护区管理条例》历经三次修正，部分规定始终与《中华人民共和国自然保护区条例》不一致，将国家规定"禁止在自然保护区内进行砍伐、放牧、狩猎、捕捞、采药、开垦、烧荒、开矿、采石、挖沙"10 类活动，缩减为"禁止进行狩猎、垦荒、烧荒"3 类活动，而这 3 类都是近年来发生频次少、基本已得到控制的事项，其他 7 类恰恰是近年来频繁发生且对生态环境破坏明显的事项。2013 年 5 月修订的《甘肃省矿产资源勘查开采审批管理办法》违法允许在国家级自然保护区实验区进行矿产开采。《甘肃省煤炭行业化解过剩产能实现脱困发展实施方案》违规将保护区内 11 处煤矿予以保留。以前，很多地方出台环境保护形式主义的地方立法，如一年只能对企业进行几次环境执法等，并以立法权在人大推卸责任，说地方党委和政府无权干涉地方立法。这一次事件的处理涉及主管立法草案工作的领导，给各地党政领导和立法机关的领导提了一个醒，那就是不得用地方立法来为环境保护形式主义开脱。开脱者必须担责。这个警示有利于全国法制的统一。

值得指出的是，对于祁连山自然保护区地方立法与国家立法不一致的问题，经过了严密的法学论证，一些权威的宪法、行政法、刑法和环境资源法学者参与了论证，观点是一致的。正是因为地方自然保护区立法与上位法不一致、地方改革方案和中央改革方案不一致，导致地方开发出现问题。可见，中央的通报事实清楚，性质认定正确，处理也合法合规。

三、地方如何进行整改？

祁连山的生态环境事件，经过约谈和中央环境保护督察后，总书记多次批示，中央督察组专项督查，中央政治局常委会开会研究，可见性质之严重。中央的通报措辞很严厉，如"问题的产生，虽然有体制、机制、政策等方面的原因，但根子上还是甘肃省及有关市县思想认识有偏差，不作为、不担当、不碰硬，对党中央决策部署没有真正抓好落实"，处分也很严厉，如按照党政同责、一岗双责、终身追责、权责一致的原则，经党中央批准，决定对相关责任单位和责任人进行严肃问责；责成甘肃省委和省政府向党中央作出深刻检查，时任省委和省政府主要负责同志认真反思、吸取教训。在严格的追责面前，地方的表态也很诚恳。现任甘肃省委书记已表态，要深入反思检讨，吸取深刻教训，知错就改、知耻奋进。目前，甘肃省已对所有的县委书记进行了生态文明建设的培训。由于祁连山国家级自然保护区76%的面积在张掖境内，张掖市委也作了表态。整改还是要看行动。建议各省吸取甘肃的教训，做好以下三个工作：一是以此事件为契机，举一反三，统一思想，树立生态文明理念，将新发展理念贯穿到生态环境保护的全过程。二是针对本行政区域发现的类似问题，开展专项清理，一一整改，并以点带面。矿产资源项目、水利水电项目、旅游项目整改、整治和修复保护，要建立工作职责清单，落实党政班子分工负责抓整改工作机制，开展了多波次、多形式的"大督察""回头看"工作，确保整改进度、确保整改质量。三是建立绿色发展的中长期战略，促进发展观的转型，培育新动能，推动区域生态文明建设整体上台阶、上水平，让生态文明理念由灌输、自发引导到自觉和自信。

由于生态文明体制改革文件比较多，相互的关系是什么，具体的要求是什么，如何有效部署，笔者在调研中发现，这是各地特别是市县层面普遍反映的问题。目前地方迫切需要解决以下两个问题：一是希望加强对地方的生态文明辅导和能力扶持，让地方对生态文明的内涵、要求以及改革部署有相当清晰的概念，对生态文明的建设路径和方式有清晰的认识；二是既要督促，也要帮助，即帮助地方建立起适应生态文明要求的绿色增长内生动力，形成适应新常态要求的绿色增长内生动力，是各地培育生态文明建设能力的关键问题，是一个长效机制的问题。

四、全国各地如何吸取祁连山事件的教训？

中央环境保护督察组在对河北的督察以及第一轮、第二轮和第三轮的督察中，处理了 1 万多人，涉及省级、厅级、处级及以下干部。这次处理，涉及三名省部级干部，严厉性和严肃性前所未有，体现了环境保护党政同责原则和环境保护的终身责任追究原则在实践中的不断深入。在督察中，中央环境保护督察组既发现了个性的问题，也发现了共性的问题，如对生态文明的认识，很多地方不到位，执法不严格，基础设施建设不到位等。中央对祁连山事件的严厉通报和严肃处理，对于全国具有以下几个方面的意义：一是生态文明建设是国家和民族的长远发展战略，是基于生态科学的政治红线，任何人都不能违反。二是任何地方、任何级别的领导都要维护生态文明建设，扎扎实实地推进生态文明建设，落实新发展理念，实施绿色发展战略。三是地方立法既要遵守国家法律法规和党内的环境保护法规，也要维护党内法规和国家法治的统一。

2017 年 6 月以来，通过到甘肃、青海、内蒙古、江苏、浙江、湖北等地调研发现，省市县三级党委和政府都很敬畏党内法规和国家法律严格的追责，内心被甘肃的严肃追责深刻触动。我相信，对生态文明规则的敬畏在下一步会不断转化为生态文明建设和改革的具体实践，用生动的生态文明实践来回应中央的期盼。

后 记

本人于 2014 年 1 月从北京市安监局副局长的岗位调到国务院发展研究中心，从事生态文明的政策和法治研究工作。2016 年 2 月，结合两年研究的所思所得，出版了《生态文明的前沿政策和法律问题》一书，被收入中国政法大学出版社"中青年法学文库"。其中提出的一些建议，如开展大部制改革，成立"自然资源部""生态环境部""国家公园管理局"，各级人民政府设立生态环境委员会，生态文明建设目标评价考核要坚持党政同责，民法典的绿色化等，基本得到采纳。因在环境保护党政同责理论首倡、生态环境党内法规和国家立法衔接协调方面的法学研究贡献，2016 年 7 月被全国人大环资委、环境保护部等评为"绿色中国年度人物"（2014—2015）。本人的一些评价和建议，当时看起来很尖锐，如建议环境公益诉讼司法解释取消赔偿损失的诉求，现在看来，有一定的学术前瞻性。

本书的内容是 2016 年至 2018 年参与改革研究和立法论证的一些心得和体会，有的内容已经作为文章发表。在这三年期间，提出的一些学术建议被决策界采纳，主要如下：

在重大政策方面，本人于 2015 年下半年接受国家发改委委托，参与"十三五"规划纲要中生态环境保护风险的预测，提出要修改社会主义初级阶段的主要社会矛盾，将生态环境问题考虑进去。2016 年年初，本人还发表文章《雾霾治理需要来一场大革命》，明确呼吁对社会主义初级阶段的主要社会矛盾予以修改，保障人民群众对美好生态环境的需要，还专门提出修改建议。2016 年 3 月，该建议被"十三五"规划纲要的"发展主线"部分采纳。党的十九大对社会主义初级阶段主要社会矛盾的转化进行了全面阐释。关于雄安新区建设，本人发表了一些学术建议文章，从头到尾参与雄安新区生态环境保护规划的论证工作，并于 2018 年 10 月被推举为该规划报批稿的评审牵头人；对粤港澳大湾区在"一国两制"三法域的背景下如何制定生态环境保护规划，也参加专家会并发表文章提出了自己的学术思考和建议。

在改革部署方面，中国生态文明基本制度和重大政策如何改革，必须对长期的发展方向与走势进行预测，为此，本人在对改革现状进行全面评估的基础上，提出了中国生态文明基本制度和重大政策面向 2035 年的发展趋势、战略方向、主要思路、发展重点和基本任务。环境污染防治的生态文明体制重大改革，目前基本告一段落。今后的重大改革将集中在生态空间管控、生态价值的实现、自然资源资产确权登记和自然资源资产管理等方面，为此，本人撰写了《自然资源资产管理的体制和机制》《生态产业化和产业生态化》等文章。其中，关于自然资源资产管理的体制和机制的系统研究，在国内少见。

在改革推进方面，2016 年撰写的《如何防治环境保护形式主义》、2017 年撰写的《生态文明体制改革需继续稳中求进》等文章，学术反响很好，其中的一些建议还被决策层采纳。2018 年年初完成的中国 2017 年生态环境法治的评估报告，主要观点被原环境保护部部长在 2018 年全国两会上引用，报告还于 2018 年 8 月成为全国政协常委会的参阅资料。关于雾霾污染损害如何开展法律救济，开展了法理学上的分析，对现行立法的缺憾进行了剖析，提出了立法建议，填补了学术研究的空白。结合自己亲自推动湖北监利县农村垃圾分类收集处理的经历，就农村生活垃圾的分类收集和集中处理提出了体制、制度和机制建设的建议，在资源回收界有一定的学术影响。在气候变化应对方面，本人建议不要盲目乐观但也不能放弃，所采